全国高职高专教育建筑工程技术专业新理念教材

建筑工程图识读实训 （第二版）

主编 刘晓平 张小平

同济大学出版社
TONGJI UNIVERSITY PRESS

内 容 提 要

本书立足于土建类各专业实践性教学环节，按国家现行的相关规范，采用了项目教学法进行编写，着重培养学生识读建筑工程图与审图的能力。

全书共分 3 个单元，单元 1 为建筑工程施工图引读篇，以引例（别墅建筑）为载体，详细介绍了建筑、结构、给排水、电气等专业施工图的用途、内容及识读方法。单元 2 为工程实例实训篇，以某教学楼、某住宅楼和某金工车间为载体介绍了 3 种不同结构体系（框架结构、砖混结构、钢结构）的施工图的识读。单元 3 为建筑工程图自审与会审，采用 2 个项目分别介绍了建筑工程图自审及会审的目的、内容、程序，并附有实训教学工作手册及图纸自审与会审能力评价标准，意在使学生能够尽快将所学专业知识与生产实际相结合，以提高学生的职业技能。

本书在每个实训项目前均有项目概述、学习目标、学习重点、教学建议及关键词，项目后均附有实训练习及能力评价标准，以便于评价学习成果。

本书可作为高职高专土建类及相关专业的实训教材，也可作为建筑施工、房产等相关企业管理人员岗位培训教学参考用书。

图书在版编目（CIP）数据

建筑工程图识读实训/刘晓平，张小平主编. --2
版. --上海：同济大学出版社，2015.8（2019.12 重印）
全国高职高专教育建筑工程技术专业新理念教材
ISBN 978-7-5608-5891-3

Ⅰ. ①建⋯　Ⅱ. ①刘⋯②张⋯　Ⅲ. ①建筑制图—
识别—高等职业教育—教材　Ⅳ. ①TU204

中国版本图书馆 CIP 数据核字（2015）第 162343 号

全国高职高专教育建筑工程技术专业新理念教材

建筑工程图识读实训（第二版）

主编　刘晓平　张小平
责任编辑　马继兰　　责任校对　徐春莲　　封面设计　陈益平

出版发行　同济大学出版社
　　　　　（www.tongjipress.com.cn　地址：上海市四平路 1239 号　邮编：200092　电话：021－65985622）
经　　销　全国各地新华书店
印　　刷　常熟市大宏印刷有限公司
开　　本　787 mm×1092 mm　1/8
印　　张　28
字　　数　698 000
版　　次　2015 年 8 月第 2 版　　2019 年 12 月第 4 次印刷
书　　号　ISBN 978-7-5608-5891-3

定　　价　48.00 元

编 委 会

序

2014 年，国务院印发了《关于加快发展现代职业教育的决定》，全面部署加快发展现代职业教育，提出"到 2020 年，形成适应发展需求、产教深度融合、中职高职衔接、职业教育与普通教育相互沟通，体现终身教育理念，具有中国特色、世界水平的现代职业教育体系"。"十一五"期间，中央财政投入 100 亿元专项资金支持职业技术教育发展，其中包括建设 100 所示范性高职学院计划，各省市也纷纷实施省级示范性高职院校建设计划，极大地改善了办学条件，有力地促进了高等职业教育由规模扩张向内涵提升的转变。

但是，我国高等职业教育的办学水平和教学质量尚待迅速提高。课程、教材、师资等"软件"建设明显滞后于校园、设备、场地等"硬件"建设。课程建设与教学改革是提高教学质量的核心，也是专业建设的重点和难点。在我国现有办学条件下，教材是保证教学质量的重要环节。用什么样的教材来配合学校的专业建设、来引导教师的教学行为是当前大多数院校翘首以盼需要解决的课题。

同济大学出版社依托同济大学在土木建筑学科教学、科研方面的雄厚实力，借助同济大学在职业教育领域研究的领先优势，组织了强有力的编辑服务团队，着力打造高品质的土建类高等职业教育教材。他们按照教育部教高〔2006〕16 号文件精神，在全国高职高专土建施工类专业教学指导分委员会的指导下，组织全国土建专业特色鲜明的高职院校的专业带头人和骨干教师，分别于 2008 年 7 月和 10 月召开了"高职高专土建类专业新理念教材"研讨会，在广泛交流和充分讨论的基础上，确立了教材编写的指导思想。具体主要体现在以下四个方面：

一、体系上顺应基于工作过程系统的课程改革方向

我国高等职业教育课程改革正处于由传统的学科型课程体系向工作过程系统化课程体系转变的过程中，为了既顺应这一改革发展方向又便于各个学校选用，这套教材又分为两个系列，分别称之为"传统教材"和"新体系教材"。"传统教材"系列的书名与传统培养方案中的课程设置一致，教材内容的选定完全符合传统培养方案的课程要求，仅在内容先后顺序的编排上按照教学方法改革的要求有所调整。"新体系教材"则基于建设类高职教育三阶段培养模式的特点，对第一阶段的教学内容进行了梳理和整合，形成了"建筑构造与识图"、"建筑结构与力学"等新的课程名称，或在原有的课程名称下对课程内容进行了调整。针对第二阶段提高学生综合职业能力的教学要求编写了系列综合实训教材。

二、内容上对应行业标准和职业岗位的能力要求

建筑工程技术专业所对应的职业岗位主要有施工员、造价员、质量员、安全员、资料员等，课程大纲制定的依据是职业岗位对知识和技能的要求，即相关职业资格标准。教材内容组织注重体现建筑施工领域的新技术、新工艺、新材料、新设备。表达方式上紧密结合现行规范、规程等行业标准，忠实于规范、规程的条文内容，但避免对条文进行简单罗列。另外在每章的开始，列出本章所涉及的关键词的中、英文对照，以方便学生对专业英语的了解和学习。

三、结构上适应以职业行动为导向的教学法实施

职业教育的目的不是向学生灌输知识，而是培养学生的职业能力，这要求教师以职业行动为导向开展教学活动。本套教材在结构安排上努力考虑教、学双方对教材的要求，采用了项目、单元、任务的层次结构，以实际工程作为理论知识的载体，按施工过程对教学内容进行排序，用项目案例作为教学素材，根据劳动分工或工作阶段划分学习单元，通过完成任务实现教学目标，目的是让学生得到涉及整个施工过程的、与施工技术直接相关的、与施工操作步骤和技术管理规章一致的、体现团队工作精神的一体化教育，也便于教师运用行动导向教学法，融"教、学、做"为一体的方法开展教学活动。

四、形式上呼应高职学生的学习心理诉求，接应现代教育媒体技术

针对高职学生的心智特点，本套教材在表现形式上作了较大的调整，大幅增加图说的成分，充分体现图说的优势；版式编排形式新颖；装帧精美、大方、实用，以提高学生的学习兴趣，改善教学效果。同时，利用现代教育媒体技术的表现手法，开发了与教材配套的教学课件可供下载。利用视频动画解释理论原理，展现实际工程中的施工过程，克服了传统纸质教材的不足。

在同济大学出版社和全体作者的共同努力下，"全国高职高专教育建筑工程技术新理念教材"正在努力实践着上述理念。我们有理由相信该套教材的出版和使用将有益于高职学生良好学习习惯的形成，有助于教师先进教学方法的实施，有利于学校课程改革和专业建设的推进，并最终有效地促进学生职业能力和综合素质的提高。我们也深信，随着在教学实践过程中不断改进和完善，这套教材会成为我国高职土建施工类专业的精品教材，成为我国高等职业教育内涵建设的样板教材，为我国土建施工类专业人才的培养作出贡献。

高职高专教育土建类专业教学指导委员会
土建施工类专业指导分委员会
2015 年 7 月

前　言

　　《建筑工程图识读实训》是针对高等职业教育土建类各专业第二阶段教学（能力提升阶段），为提高学生综合职业能力的教学要求编写的实训教材。本书拟在培养学生综合读图与审图的能力，使学生通过阅读工程实例全套图纸，掌握建筑方面采用的国家标准，培养学生查阅资料和国家建筑标准设计图集的能力，争取让学生在校期间能够掌握建筑工程技术与管理工作所必需的工程语言，为毕业后从事专业技术与管理工作打下良好的基础。

　　本书包括 3 个单元的内容，用项目案例作为教学素材，采用项目教学法，精选了 4 个典型工程的全套施工图作为识图实训的载体。单元 1 以别墅建筑为引例，分别介绍建筑、结构、给排水、电气施工图的用途、内容和图示方法。在单元 2 中加大了各种结构类型施工图的识读训练，内容编排结合常用的混凝土结构、砌体结构和钢结构展开。每个项目都有全套施工图，并在大部分图中加有解读或说明，以便帮助读者更好地理解全套图纸。单元 3 结合专业实际工作，加强了图纸自审与会审能力训练，讲述图纸自审与会审的内容、程序和要求。书中还配有实训教学能力评价标准。

　　本书是根据教学使用的要求编写的，在编辑和整理的过程中，对原图做了必要的修改，所以，书中涉及的图纸仅供教学使用，不可作为工程施工图使用。

　　本书既是高职高专建筑工程技术专业实训教学用书，也可供土建类其他专业实训教学选择使用，同时可作为建筑施工、房产等相关企业管理人员岗位培训教学参考用书。

　　本书由上海思博职业技术学院刘晓平、山西建筑职业技术学院张小平担任主编，由刘晓平负责全书统稿。单元 1 和单元 3 由刘晓平编写；单元 2 项目 1 由张小平编写；单元 2 项目 2 由四川建筑职业技术学院宋良瑞编写；单元 2 项目 3 及附录 A 由新疆建设职业技术学院于沙编写。

　　本书在编写过程中遴选了典型工程的施工图，在此向原设计人员致以诚挚的谢意。限于编者水平，书中难免存在不妥之处，欢迎读者批评指正。读者可将对本书的意见和建议发送到 52703931@qq.com，我们将及时加以改进。

编者

2015 年 7 月

目　录

序

前言

单元1 建筑工程施工图引读篇

项目 1.1 建筑工程施工图综述

房屋建筑工程施工图是建筑工程界用来表达和交流技术思想的、规范的工程技术"语言"。它是建筑工程上所用的能够准确表达出建筑物的功能布局、形状和尺寸大小、建筑构造做法、结构构件布置、结构构造及设备管线安装的图样。

房屋建筑工程施工图是指导施工、审批建筑工程项目的依据，是编制工程概预算以及审核工程造价的依据，是竣工验收、技术资料存档和工程质量评价的依据。

房屋建筑工程施工图是由多种专业按照国家相关标准的规定，用投影法准确绘制的图样。看懂建筑工程施工图是每一个参与工程施工与管理的工程技术人员和技术工人必须掌握的专业技术知识，只有看懂图纸才能准确理解设计意图，严格按图施工以及开展各项相关工作。

1.1.1 房屋建筑的组成及作用

房屋建筑按其使用功能的不同分为民用建筑（居住建筑和公共建筑）、工业建筑（各种厂房、仓库、车间等）和农业建筑（粮仓、温室、养殖场等）。虽然各种房屋的使用要求、结构形式、规模大小各不相同，但一般都是由基础、墙柱、楼地层、楼梯、屋顶、门窗等基本部分和雨篷台阶、阳台、天沟、雨水管、勒脚、散水等附属部分组成，如图1所示。各组成部分的作用如下：

1. 基础

基础是房屋最下面埋在地面以下的承重构件。它承受房屋的全部荷载，并把这些荷载传给它下面的土层——地基。

2. 墙柱

墙柱是房屋的垂直承重构件，它承受楼地层和屋顶传来的各种荷载，并把这些荷载传给基础。外墙同时也是房屋的围护构件，抵御风、雨、雪等恶劣气候的影响，内墙同时起到分隔房间的作用。

3. 楼地层

楼地层是房屋的水平承重和分隔构件，它包括楼板和地面两部分。楼板将建筑空间划分为若干层，并将其所承受的荷载传给墙或柱。楼面直接承受各种使用荷载，在每一楼层把荷载传给楼板，在首层把荷载传给它下面的地基。

4. 楼梯

楼梯是多层及高层建筑中联系上下层的垂直交通构件，也是火灾等灾害发生时的紧急疏散要道。

5. 屋顶

屋顶是房屋顶部的围护和承重构件，用以防御自然界的风、雨、雪、日晒和噪声等，同时承受屋顶的全部荷载，并将荷载传给墙或柱。

6. 门和窗

门与窗属于围护构件。门具有出入、采光、通风、防火等功能，窗具有采光、通风、观察的作用。

7. 其他

除上述基本组成外，还有一些附属部分，如雨篷、散水、台阶、阳台、天沟、雨水管、勒脚等，它们的作用各不相同。

1.1.2 建筑工程施工图的种类及特点

一套完整的建筑工程施工图按专业主要分为建筑施工图、结构施工图和设备施工图（水、暖、电施工图）。各专业图纸分为基本图和详图两部分，基本图表明全局性的内容，详图表明某些局部详细尺寸和材料组成。

1. 建筑施工图（简称"建施"）

主要表示建筑物的总体布局、外部造型、内部布置、细部构造、装饰和施工要求等。基本图包括总平面图、建筑平面图、立面图、剖面图。详图包括墙、楼梯、门窗、卫生间、屋面、檐口、雨篷及各种装修、构造的详细做法。

2. 结构施工图（简称"结施"）

主要表示承重结构的布置情况、构件类型、配筋情况。基本图包括基础图、平面布置图，详图（构件图）包括梁、板、柱、楼梯、雨篷等配筋施工图。

3. 设备施工图（简称"设施"）

主要表示管道（或电气线路）与设备的布置和走向、构造做法、设备组成和设备的安装要求等。基本图包括平面图和系统图，详图包括构配件制作和安装图。

1.1.3 施工图的编排顺序及内容

一套房屋工程施工图的编排顺序一般为：图纸目录、建筑施工图、结构施工图、设备（水、暖、电）施工图。

1. 图纸目录

图纸目录包括该工程是由哪几个专业图纸组成，各专业每张图纸的名称、图号等，以便于查找图纸。图纸的编排顺序是：设计总说明、总平面图、建筑施工图、结构施工图、设备（水、暖、电）施工图。各专业图纸的编排，一般是基本图在前，详图在后。

2. 建筑施工图

建筑施工图的编排顺序是：建筑总平面图、各层平面图、各个方向的立面图、剖面图和建筑施工详图。在图类中以建施-××标志。

3. 结构施工图

结构施工图的编排顺序是：基础平面图、基础详图、结构平面图（梁、板、柱平法配筋图）、楼梯结构图、结构构件详图及其说明等，在图类中以结施-××标志。

4. 设备（水、暖、电）施工图

设备施工图的编排顺序是：设备（水、暖、电）平面图、系统图和施工详图，在图类中以设施（电施）-××标志。

1.1.4 建筑工程施工图识读的方法和步骤

1. 识读方法

识读建筑工程施工图的一般方法是"总体了解、顺序识读、前后对照、重点细读"。对全套图样来说，先看目录、说明，再看建施、结施和设施。对每一张图样来说，先看标题栏、文字，再看图样。对各专业图样来说，先看建施，再看结施和设施。对建筑施工图来说，先看平面图、立面图、剖面图，再看详图。对结构施工图来说，先看基础图、结构平面布置图，再看构件详图。对设备施工图来说，先看平面图、系统图，再看详图。

2. 识读步骤

（1）总体了解　一般先看图纸目录、设计说明和总平面图，了解工程概况，如工程设计单位，建设单位，新建房屋的位置、高程、朝向、周围环境等。对照目录检查图纸是否齐全，采用了哪些标准图集并备齐这些标准图。

（2）由粗到细、按顺序识读　在总体了解建筑物的概况以后，根据图纸编排和施工的先后顺序从大到小、由粗到细，按建施、结施、设施的顺序仔细阅读有关图纸。

建筑施工图：看各层平面图，了解建筑物的功能布局以及建筑物的长度、宽度、轴线尺寸等。看立面图和剖面图，了解建筑物的层高、总高、立面造型和各部位的大致做法。平、立、剖面图看懂后，要能大致想象出建筑物的立体形象和空间组合。看建筑详图，了解各部位的详细尺寸、所用材料、具体做法，引用标准图集的应找到相应的节点详图阅读，进一步加深对建筑物的印象，同时考虑如何进行施工。

结构施工图：通过阅读结构设计说明了解结构体系、抗震设防烈度以及主要结构构件所采用的材料等有关规定后，按施工先后顺序依次从基础结构平面布置图开始，逐项阅读各标高楼面、屋面结构平面布置图和结构构件详图。了解基础形式，埋置深度，墙、柱、梁、板等的位置、尺寸、配筋、标高和构造等。

设备施工图：看设备施工图要沿水流和电流的方向阅读，主要了解水、电管线的管径、走向和标高，了解设备安装的情况，便于留设各种孔洞和预埋件。

（3）前后对照、重点细读　读图时，要注意平面图、立面图、剖面图对照读，平、立、剖面图与详图对照读，建施和结施对照读，土建施工图和设备施工图对照读，做到对整个工程心中有数。

根据工种的不同，对相关专业施工图的新构造、新工艺、新技术要重点仔细阅读，并将遇到的问题记录下来，及时与设计部门沟通。

要想熟练地识读施工图，除了要掌握投影原理、熟悉国家制图规范和有关标准图集外，还必须掌握各专业施工图的用途、图示内容和表达方法。此外，还要经常深入现场，图纸和实物对照。

1.1.5 房屋建筑施工图的特点

（1）房屋建筑施工图中的各种图样，除水暖施工图中管道系统图是用斜投影法绘制以外，其余的图样都是用正投影的方法绘制的。

（2）由于房屋的形体庞大而图幅有限，所以施工图一般都是缩小比例绘制的。

（3）由于房屋是用多种构配件和材料建造，所以施工图中多用各种图例符号（见附录 A）来表示构配件和材料。

（4）房屋设计中有许多配件和构造做法已有标准定型设计，并有标准图集供选择，所以凡采用标准定型设计之处，只要标出标准图集编号、页数、图号即可。

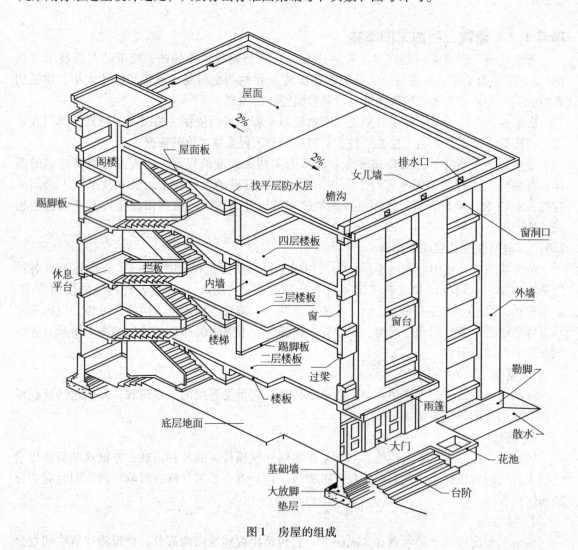

图 1　房屋的组成

项目1.2 某别墅建筑建筑工程施工图识读

1.2.1 工程图纸目录

图 纸 目 录 (DRAWINGS LIST)

建设单位 CLIENT	×××置业有限公司	项目名称 PROJECT	龙盛·右岸美墅P46、49号楼	设计阶段 DESIGN PHASE	施工图	版本编号 EDITION NO.	第1版	工程编号 PROJECT NO.	06051-46-49	电脑编号 COMPUTER NO.		页次 PAGE	第 页	日期 DATE	

专业 SPECIALITY	序号 NO.	图纸编号 DRAWING NO.	图纸名称 DRAWING TITLE	图幅 DRAWING SIZE	版本编号 EDITION NO.	备注 REMARKS	专业 SPECIALITY	序号 NO.	图纸编号 DRAWING NO.	图纸名称 DRAWING TITLE	图幅 DRAWING SIZE	版本编号 EDITION NO.	备注 REMARKS
建筑专业	01	建施-01页	建筑设计总说明	A2	第1版			27	结施-08页	二层楼板配筋图	A2	第1版	
	02	建施-02页	工程做法	A2	第1版			28	结施-09页	三层楼板配筋图	A2	第1版	
	03	建施-03页	总平面图	A2	第1版			29	结施-10页	屋面板配筋图	A2	第1版	
	04	建施-04页	一层平面图	A2	第1版			30	结施-11页	一层梁配筋图	A2	第1版	
	05	建施-05页	二层平面图	A2	第1版			31	结施-12页	二层梁配筋图	A2	第1版	
	06	建施-06页	三层平面图	A2	第1版			32	结施-13页	三层梁配筋图	A2	第1版	
	07	建施-07页	屋顶平面图	A2	第1版			33	结施-14页	屋面梁配筋图	A2	第1版	
	08	建施-08页	①-⑬轴立面图	A2	第1版			34	结施-15页	节点详图（一）	A2	第1版	
	09	建施-09页	⑬-①轴立面图	A2	第1版			35	结施-16页	节点详图（二）	A2	第1版	
	10	建施-10页	Ⓐ-Ⓙ轴立面图	A2	第1版			36	结施-17页	楼梯详图	A2	第1版	
	11	建施-11页	1-1剖面图	A2	第1版			37	结施-18页	楼梯构件详图	A2	第1版	
	12	建施-12页	2-2剖面图	A2	第1版		给排水专业	38	设施-01页	说明及图例	A2	第1版	
	13	建施-13页	墙身详图（一）	A2	第1版			39	设施-02页	一层给排水平面图	A2	第1版	
	14	建施-14页	墙身详图（二）	A2	第1版			40	设施-03页	二层给排水平面图	A2	第1版	
	15	建施-15页	节点详图 卫生间详图	A2	第1版			41	设施-04页	三层给排水平面图	A2	第1版	
	16	建施-16页	楼梯详图	A2	第1版			42	设施-05页	屋顶排水平面图	A2	第1版	
	17	建施-17页	门窗表及大样	A2	第1版			43	设施-06页	给排水系统图	A2	第1版	
结构专业	18	结施-01页	结构总说明	A2	第1版		电气专业	44	电施-01页	设计说明及图例	A2	第1版	
	19	结施-01a页	结构总说明(续)	A2	第1版			45	电施-02页	基础接地平面图	A2	第1版	
	20	结施-01b页	结构总说明(续)	A2	第1版			46	电施-03页	一层电气平面图	A2	第1版	
	21	结施-02页	基础平面布置图	A2	第1版			47	电施-04页	二、三层电气平面图	A2	第1版	
	22	结施-03页	基础详图	A2	第1版			48	电施-05页	一层照明平面图	A2	第1版	
	23	结施-04页	桩位平面布置图	A2	第1版			49	电施-06页	二、三层照明平面图	A2	第1版	
	24	结施-05页	柱平面布置图	A2	第1版			50	电施-07页	屋顶层平面图	A2	第1版	
	25	结施-06页	柱表	A2	第1版			51	电施-08页	电气系统图	A2	第1版	
	26	结施-07页	一层楼板配筋图	A2	第1版			52	电施-09页	电气系统图	A2	第1版	

地址 ADDRESS		邮政编码 POST CODE		互联网址 WEB SITE		电子邮箱 E-mail		电话 TEL.		传真 FAX	

1.2.2 建筑设计施工总说明

建筑设计施工总说明

1. 设计依据

(1) 建设单位提供设计任务书。

(2) ××市规划局提供的用地规划、规划红线图。

(3) 与本地块相关的规划条件通知书及本地块的地形图红线范围图文件。

(4) ××城市规划管理技术规定。

(5) 国家规范、法规：《住宅设计规范》(GB 50096—2014)，《住宅建筑规范》和 (GB 50368—2012)。

(6) 《建筑设计防火规范》(GB 50016—2014)。

(7) 《民用建筑设计通则》(GB 50352—2011)。

(8) 《汽车库建筑设计规范》(JGJ 100—98)。

(9) 《汽车库、修车库、停车场设计防火规范》(DB 50067—97)。

(10) 《屋面工程技术规范》(GB 50345—2012)。

(11) 《建筑地面设计规范》(GB 50037—2013)。

(12) 《夏热冬冷地区居住建筑节能设计标准》(JGJ 134—2010)。

(13) ××省《居住建筑节能设计标准》(DB 33/1015—2009)。

(14) 国家及当地现行有关的规范、规定及标准。

2. 项目概况

(1) 工程名称：龙盛·右岸美墅P46、49号楼。

(2) 建设地点：××市××路号。

(3) 建设单位：××龙盛置业有限公司。

(4) 建筑面积：住宅面积510.24 m²（一层建筑面积185.83 m²，二层176.55 m²，三层建筑面积147.86 m²)。

(5) 建筑等级：工程等级三级；设计使用年限50年；耐火等级二级。

(6) 建筑特征：结构形式为钢筋混凝土柱框架结构，抗震设防烈度为6度。

(7) 建筑层数：3层。

3. 设计标高

(1) 本工程单体±0.000相对应的绝对标高4.400 m（黄海高程）。

(2) 本施工图标注的标高除注明者外均为完成面标高（建筑面标高），注明为结构面标高的除外。

(3) 本工程标高以m为单位，其他尺寸以mm为单位。

4. 节能设计（表1）

(1) 建筑体形系数：建筑外表面积与体积之比（不包括非封闭阳台）为0.45。

(2) 住宅部分采用外墙外保温，材料为聚苯颗粒保温砂浆。

(3) 外门窗均为断热铝合金框低辐射中空玻璃门窗，气密性等级为3级，门窗具体由厂家二次设计，其指标需满足本次设计要求。

表1 建筑节能设计说明

部位		传热系数限值 $K/[W\cdot(m^2\cdot K)^{-1}]$			热惰性指标D	平均窗墙面积比	节能做法的（平均）传热系数 $K/[W\cdot(m^2\cdot K)^{-1}]$	保温材料及构造做法	备注
		2.5≤D≤3	D≥3.0						
屋顶		0.8	1.0		2.42		0.67	保温层采用挤塑聚苯板厚度40mm	
外墙	南	1.0	1.5		4.04		1.54	采用外墙外保温，材料为聚苯颗粒保温砂浆25 mm	
	北	1.0	1.5		4.05		1.53		
	东	1.0	1.5		4.10		1.50		
	西	1.0	1.5		4.10		1.50		
窗（含阳台透明部分）	南 偏东30°至偏西60°					0.36	3.50	断热铝合金单框低辐射中空玻璃门窗	
	北 偏西60°至偏东60°					0.26	3.50		
	东 偏东60°至偏东30° 遮阳：无					0.04	3.50		
	西 偏东30°至偏东30° 遮阳：无					0.04	3.50		
进户门		3.0						多功能进户门（保温、隔声、防盗)	
分户墙		2.0						加气混凝土砌块	
楼板		2.0							
天窗									

注：因部分指标不满足《××省居住建筑节能设计标准》(DB 33/1015—2009)的相应要求，需要进行热工权衡判断计算，计算书通过对围护结构热工性能的权衡判断，此工程的全年能耗未超过参考建筑的全年能耗，完全满足《××省居住建筑节能设计标准》。

5. 防水设计

(1) 地下工程：防水等级为二级，选用两道防水：①结构防水混凝土，详见结构图纸；②防水材料选用聚氨酯防水涂膜3 mm厚。

(2) 屋面工程：防水等级为二级，选用两道防水：①细石混凝土（双向配筋）厚40mm；②防水卷材SBS厚3 mm。

(3) 有防水防潮要求房间楼板处，墙下部做150高C20混凝土同墙厚与楼板整体浇筑。

(4) 潮湿水房间楼、地面及墙身：30mm厚细石混凝土，随捣随细拉毛聚氨酯防水涂膜3 mm厚；20厚1:3水泥砂浆找平层；钢混凝土楼板，地面降50 mm，钢楼板，地面降50 mm，厨房、卫生间楼地面完成面均较同层楼地面降低30 mm。

(5) 卫生间地面应向地漏方向做出不小于0.5%的排水坡。

(6) 凡各种竖向管井壁上的检查口，门洞底面标高均平踢脚线顶的高度或按图注施工。

6. 建筑防火

(1) 本工程选用的防火门、防火卷帘均应向有消防部门颁发许可证的厂家订货，并事先提供样本及型号，经本院认可后定货。

(2) 本工程防火分区间的防火墙体应砌筑密实，其顶部应与梁板紧密连接，不得留有缝隙。防火墙部位有设备管线穿之时应待设备管线安装好再封砌，必须砌至梁板底，严密封死。

(3) 吊顶、轻质墙体等装修材料采用不燃材料，当必须采用其他材料时，必须采取其他有效措施，使达到消防规范相应的耐火极限要求。

(4) 安装在管线竖井上的检查门均采用丙级防火门或采用不燃材料制成的装饰性检查门。

(5) 防火墙和设备间上疏散用的平开防火门应设闭门器，双扇平开防火门安装闭门器和顺序器，常开防火门须安装信号控制关闭和反馈装置。

7. 墙体工程

(1) 本工程墙体除钢筋混凝土墙及图中特别标明者外，外墙采用混凝土砖，内墙均采用加气混凝土砌块，M5混合砂浆砌筑。砖的标号要求详见结构施工图。

(2) 墙身防潮层：墙身水平防潮层采用40 mm厚C20细石混凝土加防水剂内配两根φ4纵向钢筋，墙身竖向防潮层均采用防水涂料，用于较低地坪的外墙外侧。

(3) 当采用轻质隔断时，可由甲方自定墙体材料，如玻璃隔断、轻钢龙骨FC板墙、木质隔断、铝合金隔墙等。本工程的轻质隔断墙的限制荷载为110 kg/m²。

(4) 本工程的预留孔及预埋件在施工时与各专业图纸密切配合进行，且应在施工时加强固定措施，避免松动，一般不允许事后开凿；预留洞的封堵：混凝土墙开洞的封堵见结施，其余砌体墙留洞待管道设备安装完毕后，用C15细石混凝土填实；变形缝处双墙留洞的封堵，应在双墙分别增设套管，套管与穿墙管之间嵌缝嵌缝油膏；留洞标注：LD1φ75/300；LD2φ75/2 200；LD3φ75梁底设置。

(5) 凡有各钢楼梯和石材幕帘的预埋件及玻璃采光顶的预埋件由甲方指定厂家根据立面（或平面）分格确定预埋位置及尺寸，本工程的预埋件须在混凝土之前做好，混凝土浇筑前必须定好防水卷帘门生产厂家，以便进行构件预埋。

(6) 凡预埋在混凝土或砌体中的木砖均应事先做沥青浸透的防腐处理，设备安装及管道敷设及吊顶等所需的预埋件（除可采用膨胀螺丝固定者外）应与土建施工同步进行。

8. 门窗工程

(1) 本工程的铝合金窗（或百页）均立樘位于墙的中心线内侧，其外皮与墙中心线齐平（图纸另有注明者除外）。

(2) 本工程平开门（包括自行关闭的木质防火门）均立樘于开启方向的墙内侧粉刷。

(3) 一般木质弹簧门和铝合金地弹簧门（除图中注明者外均立樘于墙的中心线上。

(4) 门樘宽度未注明者在混凝土墙和柱处为240 mm，在砖墙为120 mm。

(5) 本工程门窗均为断热铝合金单框低辐射中空玻璃门窗（6+12A+6），建筑外门窗抗风压性能等级为3级，气密性能等级为3级，隔声性能等级为3级，水密性能等级为3级，保温性能等级为7级。技术标准参照所选型图集；住宅部分窗离地900 mm以下采用6 mm厚安全玻璃，大于1.5 m²窗玻璃采用安全玻璃。

(6) 玻璃由厂家根据计算确定且遵守《建筑玻璃应用技术规程》、《建筑安全玻璃管理规定》发改运行[2003]2116。

(7) 门窗立面图表示设计洞口尺寸，加工时数量和尺寸需现场核实后制作，厂家在制作非标准门窗与组合门窗的拼接料须经过强度和刚度的计算方可进行制作。防火门窗

及卷帘等特种门的安装制作需按设计要求和专业标准由专业厂家制作。

9. 屋面工程

(1) 本工程屋面详细构造做法另见建筑构造做法说明细。

(2) 凡钢筋混凝土现浇屋面板在施工时应连续浇捣不允许设置施工缝（后浇带除外）并切实保证混凝土的密实，屋面上的人孔，通风口等留洞处也应尽量一次浇捣完成。

(3) 本工程的刚性防水屋面块面积不大于6 m×6 m应设置分仓缝，缝宽20 mm，用建筑油膏嵌缝，上部用200 mm宽卷材盖缝或按图纸或标准图施工。

(4) 在采用柔性防水材料卷材的部位，其节点构造详见建筑大样图及相关标准图集，在转角部位均应设置卷材附加层，当卷材上面设计不需要保护层时，施工期间应保证其不遭受人为损坏。

(5) 防水卷材收头处用铁皮集钢钉固定后再用沥青胶泥封牢。

(6) 平屋顶坡度2%，檐沟、天沟坡度1%。

(7) 土建屋面构配件：选用国标99J201（一）穿女儿墙屋面水落口：99J201（一）29页，屋面门出口：99J201（一）42页，块瓦屋面墙脊，斜天沟：00J202-1的22页，坡屋面与垂直墙面泛水构造参00J2002-1 32页C，D，相关技术要求和未注明节点均可照00J2001-1。

10. 室内粉刷

(1) 本工程内墙粉刷除另有材料做法说明细表或由甲方另行委托进行精装修的部位外均采用1:1:6水泥、石灰、砂composed的混合砂浆打底，再用细石纸筋灰充面，涂料由甲方会同本院共同确定其品种和色调。

(2) 凡内墙阳角或内门大头角均应以1:2水泥砂浆做保护角，其高度应大于1 800 mm或同门洞高度。

(3) 凡内墙阴角或墙面与平顶粉刷交接处（除图纸注明加做木制阴角线板外）均用粉刷做出小圆角。

(4) 凡混凝土表面抹灰，须对基层面先凿毛或洒1:0.5水泥砂浆内掺结剂处理后进行抹面。

11. 油漆、涂料

(1) 本工程选用的油漆、涂料及其他饰面材料均应会同本院有关人员共同看样选色后再订货施工。

(2) 凡露明铁件均应采用防锈漆两度以上防锈，其罩面漆品种及色调按图纸注明的要求施工。

(3) 大面积的内外墙和重点部位的涂料色调（或质感）由厂方做出不同深浅度或不同质感的样板由各方会同本院研究确定。

12. 装饰工程

(1) 本工程选用的油漆、涂料及其他饰面材料均应同本院有关设计人员共同看样透色后再订货施工。工程选用的油漆、涂料和饰面材料应为环保绿色产品。

(2) 凡露明铁件均应采用防锈漆两度以上防锈，其罩面漆品种及色调按图纸注明的要求施工。

(3) 配电箱、消火栓、水表箱等的墙上留洞一般洞深与墙厚相等，背面均做钢板网粉刷，钢板网四周应大于孔洞100 mm。

注：建筑设计总说明

建筑设计说明是用文字形式来表达工程概况及要求的图样，一般包括以下内容：

(1) 该工程设计的依据性文件和相关规范。

(2) 工程概况。

(3) 建筑构造做法与材料。

(4) 建筑节能设计说明及节能材料做法。

(5) 施工要求以及注意事项。

×××建筑工程设计有限公司		建设单位	×××置业有限公司
		工程名称	龙盛·右岸美墅P46、49号楼
设计	校对		工号 06051
制图	审核	建筑设计施工总说明	图号 建施01
专业负责	项目负责		日期 ×年×月

工 程 做 法

屋1 上人平屋面（块材屋面）
a: 5厚或甲方自定块材
b: 25厚粗砂垫层
c: 40厚C20细石混凝土，内配双向φ6@200网片，保护层厚度不小于10，混凝土分隔缝不大于6 000×6 000，混凝土水灰比不应大于0.55，每立方混凝土水泥用量大于330 kg 含砂率35%～40%，灰砂比应为1:2～1:2.5，设缝做法详国标图集99J201-1第37页
d: 干铺沥青油毡或塑料薄膜一层，搭接宽度100，做到连片平整的隔离层
e: 20厚1:3水泥砂浆找平层
f: 40厚挤塑聚苯泡沫塑料板
g: 铺设3厚SBS防水卷材
h: 20厚1:3水泥砂浆找平层
i: (抗压强度>0.3MP)1:8水泥膨胀珍珠岩或其他轻骨料混凝土找坡>2%最薄处30厚
j: 钢筋混凝土结构板

屋1 详图
a: 5厚或甲方自定块材
b: 25厚粗砂垫层
c: 40厚C20细石混凝土，内配双向φ6@200网片
d: 干铺沥青油毡
e: 20厚1:3水泥砂浆找平层
f: 40厚挤塑聚苯乙烯泡沫塑料板
g: 铺设3厚SBS防水卷材
h: 20厚1:3 水泥砂浆找平层
i: 轻骨料混凝土找坡>2%最薄处30厚
j: 钢筋混凝土结构板

屋2 非上人坡屋面（有保温层）
a: 英红瓦系统
b: 25×20挂瓦条，40×10@400顺水条（水泥钢钉固定）
c: 40厚C20细石混凝土找平层（内配双向φ16@200网片）
d: 干铺沥青油毡
e: 40厚挤塑聚苯乙烯泡沫保温板
f: 铺设3厚SBS改性沥青防水卷材
g: 20厚1:3水泥砂浆找平层
h: 钢筋混凝土结构板

屋2 详图
a: 英红瓦系统
b: 25×20挂瓦条，40×10@400顺水条（水泥钢钉固定）
c: 40厚C20细石混凝土找平层（内配双向φ6@200网片）
d: 干铺沥青油毡
e: 40厚挤塑聚苯乙烯泡沫保温板
f: 铺设3厚SBS改性沥青防水卷材
g: 20厚1:3 水泥砂浆找平层
h: 钢筋混凝土结构板

楼1 用户自理面层（楼层房间）
a: 1:2.5水泥砂浆20厚,拉毛（预留30厚面层）
b: 水泥浆一道（内掺建筑胶）
c: 钢筋混凝土楼板

楼1 详图
a: 1:2.5水泥砂浆20厚,拉毛（预留30厚面层）
b: 水泥浆一道（内掺建筑胶）
c: 钢筋混凝土楼板

楼2 用户自理面层（楼层用水房间）
a: 表面拉毛（预留30厚面层）
b: C15细石混凝土35厚
c: 3厚851聚氨酯防水涂料，侧墙伸出门洞250翻起150
d: 1:3水泥砂浆找坡层最薄20厚抹平
e: 钢筋混凝土楼板

楼2 详图
a: 表面拉毛（预留30厚面层）
b: C15细石混凝土35厚
c: 3厚851聚氨酯防水涂料，侧墙伸出门洞250翻起150
d: 1:3水泥砂浆找坡层最薄处20厚抹平
e: 钢筋混凝土楼板

地1 用户自理面层地面
a: 表面拉毛（预留30厚面层）
b: C15细石混凝土35厚
c: 851聚氨酯防潮层1.5厚（两道）
d: 1:3水泥砂浆20厚
e: C15混凝土垫层60厚
f: 夯实土

地1 详图
a: 表面拉毛（预留30厚面层）
b: C15细石混凝土35厚
c: 851 聚氨酯防潮层1.5厚（两道）
d: 1:3 水泥砂浆20厚
e: C15混凝土垫层60厚
f: 夯实土

外墙1 涂料墙面（有保温层）
a: 外墙涂料
b: 6厚1:2.5水泥砂浆面层
c: 3厚聚合物抗裂砂浆（压入耐碱玻纤网格布）
d: 25厚胶粉聚苯颗粒保温浆料
e: 界面剂砂浆
f: 240厚砖墙

外墙1 详图
a: 外墙涂料
b: 6厚1:2.5 水泥砂浆面层
c: 3 厚聚合物抗裂砂浆（压入耐碱玻纤网格布）
d: 胶粉聚苯颗粒保温浆料
e: 界面剂砂浆
f: 240厚砖墙
室内

外墙2 面砖墙面（有保温层）
a: 1:1水泥砂浆（细砂）勾缝
b: 胶结剂粘贴面砖
c: 5厚聚合物抗裂砂浆（敷设四角镀锌钢丝网一层）
d: 25厚胶粉聚苯颗粒保温浆料
e: 界面剂砂浆
f: 240厚砖墙

外墙2 详图
a: 1:1水泥砂浆（细砂）勾缝
b: 胶结剂粘贴面砖
c: 5厚聚合物抗裂砂浆（敷设四角镀锌钢丝网一层）
d: 胶粉聚苯颗粒保温浆料
e: 界面剂砂浆
f: 240厚砖墙
室内

外墙3 石材墙面（有保温层）
a: 稀水泥砂浆（细砂）擦缝
b: 实贴薄型文化石
c: 10厚聚合物抗裂砂浆（敷设四角镀锌钢丝网一层）
d: 25厚胶粉聚苯颗粒保温浆料
e: 界面剂砂浆
f: 240厚砖墙

外墙3 详图
a: 稀水泥砂浆（细砂）擦缝
b: 实贴薄型文化石
c: 10厚聚合物抗裂砂浆（敷设四角镀锌钢丝网一层）
d: 25厚胶粉聚苯颗粒保温浆料
e: 界面剂砂浆
f: 240厚砖墙
室内

内墙1
a: 高级白色内墙涂料
b: 3厚纸筋灰面刮平
c: 12厚1:1:6混合砂浆打底分层抹平

内墙1 详图
a: 高级白色内墙涂料
b: 3厚纸筋灰面刮平
c: 12厚1:1:6 混合砂浆打底分层抹平

内墙2（楼层用水房间）
a: 6厚1:2水泥砂浆面层刮出纹道
b: 14厚1:3水泥砂浆打底分层抹平

内墙2 详图
a: 6厚1:2水泥砂浆面层刮出纹道
b: 14厚1:3水泥砂浆打底分层抹平

棚1 抹灰顶棚
a: 面浆（或涂料）饰面
b: 2厚纸筋灰罩面
c: 5厚1:0.5:3水泥石膏砂浆打底扫毛或划出道
d: 素水泥浆一道甩毛（内掺建筑胶）

棚1 详图
d: 素水泥浆一道甩毛（内掺建筑胶）
c: 5厚1:0.5:3水泥石膏砂浆
b: 2厚纸筋灰罩面
a: 面浆（或涂料）饰面

踢1 水泥踢脚（高100）
a: 6厚1:2.5水泥砂浆抹面压实赶光
b: 素水泥浆一道
c: 6厚1:3水泥砂浆打底划出纹道

踢1 详图
a: 6厚1:2.5 水泥砂浆抹面压实赶光
b: 素水泥浆一道
c: 6厚1:3水泥砂浆打底划出纹道

台1 薄板石材面层台阶
a: 30厚花岗岩铺面，灌水泥浆擦缝
b: 撒素水泥面（洒适量清水）
c: 30厚1:3干硬性水泥浆结合层
d: 素水泥浆一道（内掺建筑胶）
e: 60厚C15混凝土，台阶面向外坡1%
f: 300厚粒径5～32卵石（碎石）灌M2.5混合砂浆，宽出面层100
g: 素土夯实

台1 详图
a: 30厚花岗岩铺面，灌水泥浆擦缝
b: 撒素水泥面（洒适量清水）
c: 30厚1:3干硬性水泥浆结合层
d: 素水泥浆一道（内掺建筑胶）
e: 60厚C15混凝土，台阶面向外坡1%
f: 300厚粒径5～32卵石（碎石）灌M2.5混合砂浆
加厚条石 72 1% 699 174
素土夯实

×××建筑工程设计有限公司

建设单位	×××置业有限公司		
工程名称	龙盛·右岸美墅P46、49号楼		
设计		校对		工号	06051
制图		审核		图号	建施02
专业负责		项目负责	工程做法	日期	×年×月

1.2.3 建筑工程施工图识读

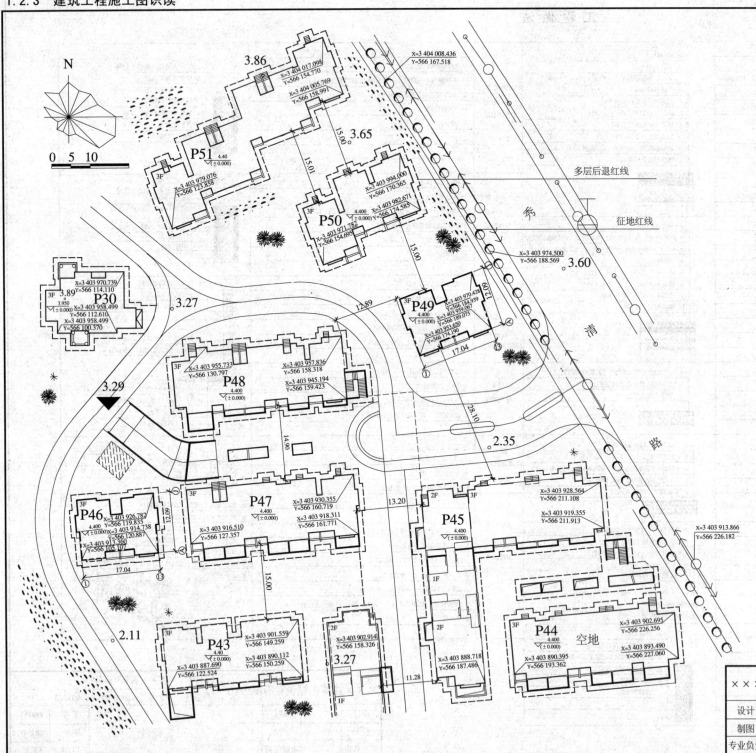

1. 总平面图的用途

总平面图在地形图上用较小的比例画出新建房屋和原有房屋外轮廓的水平投影、红线范围、总体布置。它突出反映新建房屋的位置和朝向、平面形状、建筑主要入口、室外场地地形与标高、道路的布置、与周边环境的关系、绿化等布置，新建筑的±0.000标高及相对应的绝对标高数值。

总平面图是新建房屋定位、布置施工总平面图的依据，也是室外水、暖、电管线等外网线路布置的依据。

总平面图除了要对本工程的总体布置作出规定之外，还应当符合规划、交通、环保、市政、绿化等部门对工程具体要求，并应经过相应部门的审批。

2. 总平面图的内容

(1) 基地的规划布局：基地的规划布局是总平面图的重要内容，总平面图常用1:500~1:2 000比例绘制，由于比例较小，各种有关物体均不能按照投影关系如实反映出来，通常用图例的形式进行绘制。总平面图还要对规划范围内的道路、绿化、小品、停车场地等做出布置。

(2) 新建房屋定位：新建房屋定位是总平面图的核心内容，定位的方式有两种，一种是利用新建房屋周围其他建筑物或构筑物为参照物进行定位，另一种是利用坐标为新建房屋定位。

(3) 反映新建房屋的高程和方位：总平面图中一般用绝对标高标注高程。如标注的是相对标高，则应注明相对标高与绝对标高的换算关系。当场地的高程变化复杂时，应当在总平面图中加注等高线。

总平面图中的指北针明确了建筑物的朝向。有些建设项目还绘制了风向频率玫瑰图，用以表示该地区的常年风向频率。

3. 识图指导：建施03总平面图

(1) 从整体布局看，图中用粗实线画的平面图形表示新建工程P46、49号楼；用细实线画的平面图形表示原有建筑。图样和实物间的比例为1:500。

(2) 新建46号别墅为砖混结构的三层楼房。室内地面标高是±0.000，相当于海拔标高4.400 m。室外地面标高是-0.300 m。新建P46、49号楼占地尺寸是长×宽=17.040 m×12.090 m=206.01 m²，建筑面积为618 m²。

(3) 定位依据是x，y坐标。

(4) 从方向玫瑰图可见地区内建筑物的方位、朝向，又可知本地区内的常年风向频率和大小。

(5) 整个小区共有51栋楼，拟新建的P46号楼周边有道路，P49楼右边有秀清路。小区环境非常优美。

图例：

绿地	坐标
4.400(±0.000) 设计室内地坪标高	新建道路
4.500 设计室外地坪标高	原有道路
出入口	草地
树木	

附注：

(1) 本图根据××市提供的地形图绘制。

(2) 本图中建筑各定位点坐标为建筑轴线交点坐标。

(3) 本图所注长度以m为单位，相对尺寸为建筑物外墙皮尺寸。

(4) 本图所注标高以m为单位，且均为黄海高程。

(5) 本图为建筑定位总图，具体室外布置由景观环境设计进一步深化并出图。

×××建筑工程设计有限公司	建设单位	×××置业有限公司		
	工程名称	龙盛·右岸美墅P46、49号楼		
设计	校对		工号	06051
制图	审核	总平面图1:500	图号	建施03
专业负责	项目负责		日期	×年×月

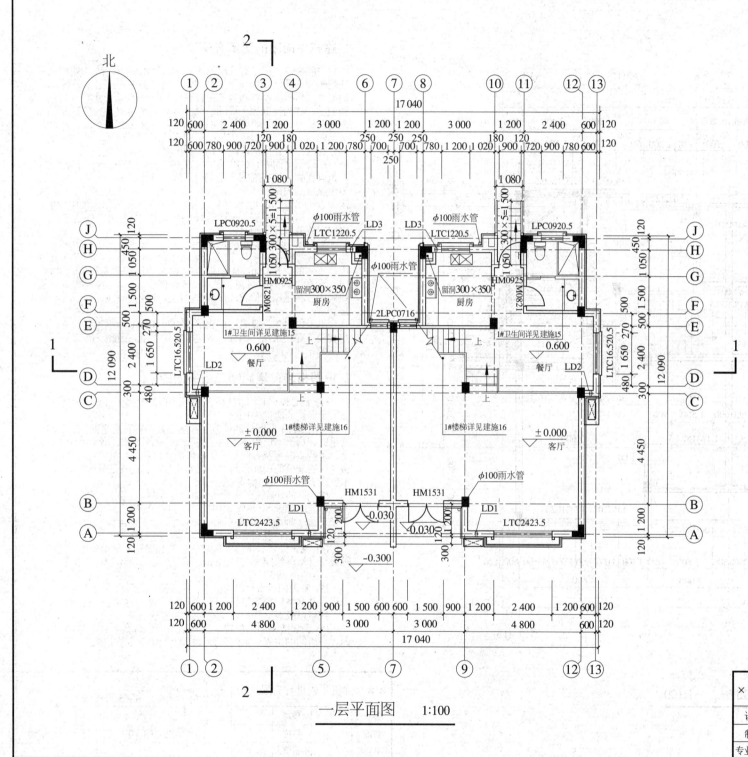

一层平面图　1:100

1. 建筑平面图概述

建筑平面图是假设用一个水平剖切面把一栋建筑物沿房屋门窗口的位置,将房屋剖开,拿掉观察者与剖切面之间的部分,对剖切面以下的部分做出的水平投影图。它反映出房屋的平面形状、大小和房间的布置,墙或柱的位置、大小、厚度和材料,门窗的类型和位置等情况。

建筑平面图是施工图中最基本的图样之一。在施工过程中,建筑平面图是进行放线、砌墙、安装门窗等工作的依据。

2. 建筑平面图的内容

建筑平面图通常以层数来命名,如一层(底层)平面、二层平面图、三层平面图等。建筑平面图表达的内容有:

(1) 墙、柱及其定位轴线和轴线编号,门窗位置、编号,门的开启方向,注明房间的名称和编号。平面图上定位轴线的编号:横向定位轴线编号应用阿拉伯数字,从左至右顺序编号,如①—⑨轴;纵向定位轴线编号应用大写拉丁字母,从下至上顺序编号,如Ⓐ—Ⓙ轴。

(2) 三道标注尺寸:总尺寸(或外包总尺寸);轴线间尺寸(柱距和跨度);墙、柱、门窗洞口尺寸及其与轴线的关系尺寸。

(3) 楼梯、电梯位置和楼梯上下方向示意及编号索引。

(4) 主要建筑设备和固定家具的位置及相关做法索引,如卫生器具、雨水管、水池、橱、柜、隔断等。

(5) 主要建筑构造部位的位置、尺寸和做法索引,如阳台、雨篷、台阶、坡道、散水、中庭、天窗、地沟等。

(6) 楼地面预留孔道和通气管道、尺寸和做法索引,墙体预留洞的位置、尺寸与标高和高度等。

(7) 变形缝位置、尺寸及做法索引。

(8) 室外地面标高、底层地面标高、各楼层标高、地下室各层标高。

(9) 指北针、剖切线位置及编号(画在底层平面图上)。

3. 识图指导:建施04一层(首层)平面图

(1) 阅读图名和所注比例,了解图样和实物之间的比例关系。底层平面图的比例为1:100。

(2) 借助于指北针了解建筑物的朝向。

(3) 仔细阅读纵、横向定位轴线的排列和编号,外围总体尺寸和细部尺寸,室内一些构造的定形、定位尺寸。查看室内外相对标高(地面、楼梯间休息板面等),房间的名称功能、面积及布局等。在图中横向定位轴线为①—⑬轴;纵向定位轴线为Ⓐ—Ⓙ轴,一梯两户。

(4) 阅读外墙、内墙及隔墙的位置和墙厚。承重外墙的定位轴线与外墙外缘距离为120 mm,承重内墙和非承重墙墙体是对称的,定位轴线中分底层墙身。

(5) 室内外门、窗洞口的位置、代号及门的开启方向。根据门、窗代号并联系门窗数量表可以了解到各种门、窗的具体规格、尺寸、数量以及对某些门、窗的特殊要求等。

(6) 了解楼梯间的位置,楼梯踏步的步数以及上、下楼梯的走向。卫生间的位置、室内各种设备的位置和门的开启方向。

(7) 室外台阶、散水、落水管等位置。

(8) 阅读剖切位置线1—1和2—2所表示的剖切位置和投影方向及被剖切到的各个部位。楼梯间、卫生间等部位具体构造见大样图或详图。

×××建筑工程设计有限公司		建设单位	×××置业有限公司		
		工程名称	龙盛·右岸美墅P46、49号楼		
设计		校对		工号	06051
制图		审核	一层平面图 1:100	图号	建施04
专业负责		项目负责		日期	×年×月

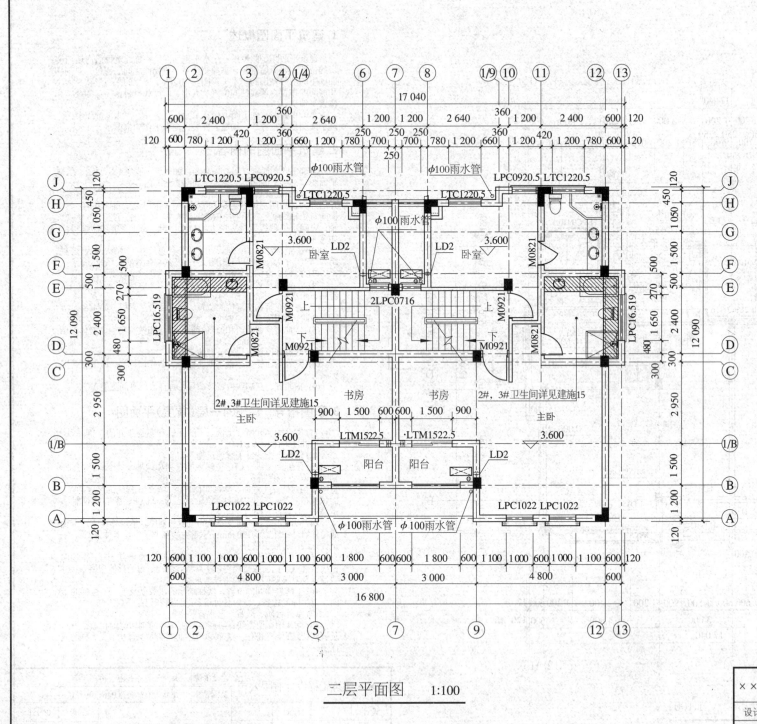

二层平面图   1:100

1. 建筑平面图的图示方法

一般来说，房屋有几层就应该画出几个平面图，并在图的下面注明相应的图名，如底层平面图、二层平面图等。当上下各楼层的房间数量、大小和布置都一样时，则相同的楼层可用一个平面图表示，称为标准层平面图或某层至某层平面图。当建筑平面图左右对称时，亦可将两层平面图画在同一个平面图上，左边画出一层的平面图，右边画出另一层的平面图，中间画一对称符号作为分界线，并在图的下边分别注明图名。

在绘制平面图时，除基本内容相同外，房屋中的个别构配件应该画在哪一层平面图上是有分工的。具体来说，底层平面图除表示该层的内部形状外，还画有室外的台阶、花池、散水（或明沟）、雨水管和指北针，以及剖面的剖切符号，以便与剖面图对照查阅。房屋中间层平面图除表示本层室内形状外，还需要画上本层室外的雨篷、阳台等。

平面图上的线型粗细是分明的。凡是被水平剖切平面剖切到的墙、柱等断面轮廓线用粗实线画出，而粉刷层在1:100的平面图中是不画的。在1:50或比例更大的平面图中粉刷层则用细实线画出。没有剖切到的可见轮廓线，如窗台、台阶、梯段等用中实线画出。表示剖面位置的剖切位置线及剖视方向线，均用粗实线绘制。

由于平面图一般采用1:100、1:200、1:50的比例绘制，所以门窗和设备等均采用"国标"规定的图例表示。因此，阅读平面图必须熟记建筑图例。

2. 识图指导：建施05二层平面图

(1) 阅读图名和所注比例，了解图样和实物之间的比例关系。二层平面图的比例为1:100。

(2) 二层平面图的阅读方法和顺序基本同首层平面图，但要着重阅读属于本层所表现的一些部位，如室内二层平面中楼梯间上、下两跑内容及方向，一层南侧的大门和台阶处在二层变成阳台，一层北侧的门和台阶在二层变成窗等，而首层外围的散水等本层没有表示。注意标高变化。

(3) 仔细阅读纵、横轴线的排列和编号，外围总体尺寸、轴间总体尺寸和细部尺寸，室内一些构造的定形、定位尺寸，各个关键部位（地面、楼梯间地面和休息平台、窗台等）的标高，房间的名称、面积及布局等。房间分别标有名称。

(4) 阅读外墙、内墙的位置和墙厚。承重外墙的定位轴线与外墙外缘距离为120 mm，承重内墙和非承重墙墙体是对称的。

(5) 室内门、窗洞口的位置、代号及门的开启方向。根据门、窗代号并联系门窗数量表可以了解到各种门、窗的具体规格、尺寸、数量以及对某些门、窗的特殊要求等。

(6) 了解楼梯间的位置，楼梯踏步的步数及上、下楼梯的走向。卫生间的位置、室内各种设备的位置和门的开启方向等。

×××建筑工程设计有限公司		建设单位	×××置业有限公司		
		工程名称	龙盛·右岸美墅P46、49号楼		
设计		校对		工号	06051
制图		审核	二层平面图 1:100	图号	建施05
专业负责		项目负责		日期	×年×月

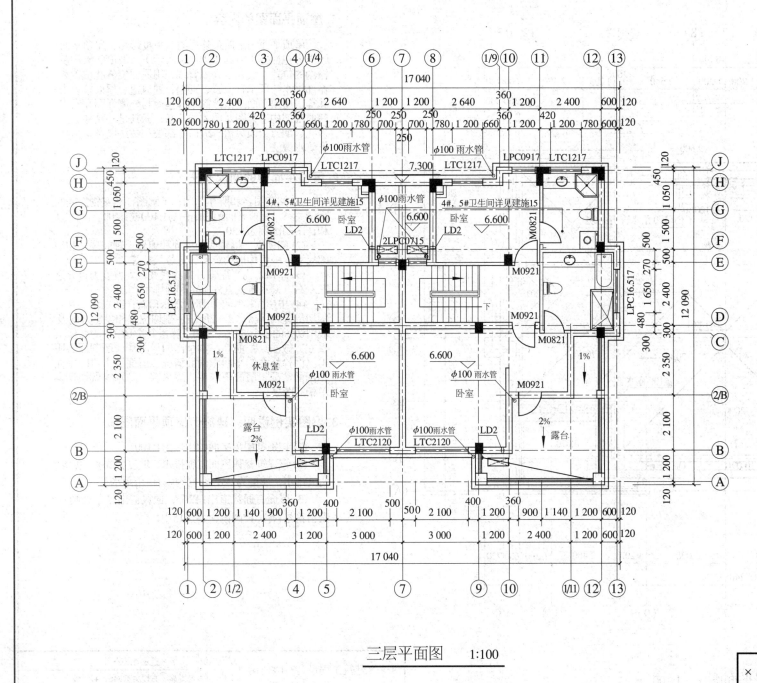

三层平面图　　1:100

识图实例说明：建施06三层平面图

(1) 阅读图名和所注比例，了解图样和实物之间的比例关系。三层平面图的比例为1:100。

(2) 三层平面图的阅读方法和顺序基本同首层平面图，但要着重阅读属于本层所表现的一些部位，如室内三层平面中楼梯间只有向下跑的方向，二层南侧的主卧室顶为三层露台，露台坡度有两种即1%和2%。对照2—2剖面图观察露台与下部结构的相互关系。

(3) 仔细阅读纵、横轴线的排列和编号，外围总体尺寸、轴间总体尺寸和细部尺寸，室内一些构造的定形、定位尺寸，各个关键部位（地面、楼梯间地面和休息平台、窗台等）的标高，房间的名称、面积及布局等。房间分别标有名称。

(4) 阅读外墙、内墙及隔墙的位置和墙厚。承重外墙的定位轴线与外墙外缘距离为120 mm，承重内墙和非承重墙体是对称的。

(5) 室内门、窗洞口的位置、代号及门的开启方向。根据门、窗代号并联系门窗数量表可以了解到各种门、窗的具体规格、尺寸、数量以及对某些门、窗的特殊要求等。

(6) 了解楼梯间的位置，结合楼梯详图了解楼梯踏步的步数及楼梯的走向。

(7) 观察卫生间的位置，结合卫生间大样图了解各卫生设备和位置、尺寸。地面有1%的坡度，卫生间地面标高与该楼层地面标高相差0.03 m。

×××建筑工程设计有限公司	建设单位	×××置业有限公司		
	工程名称	龙盛·右岸美墅P46、49号楼		
设计	校对		工号	06051
制图	审核	三层平面图1:100	图号	建施06
专业负责	项目负责		日期	×年×月

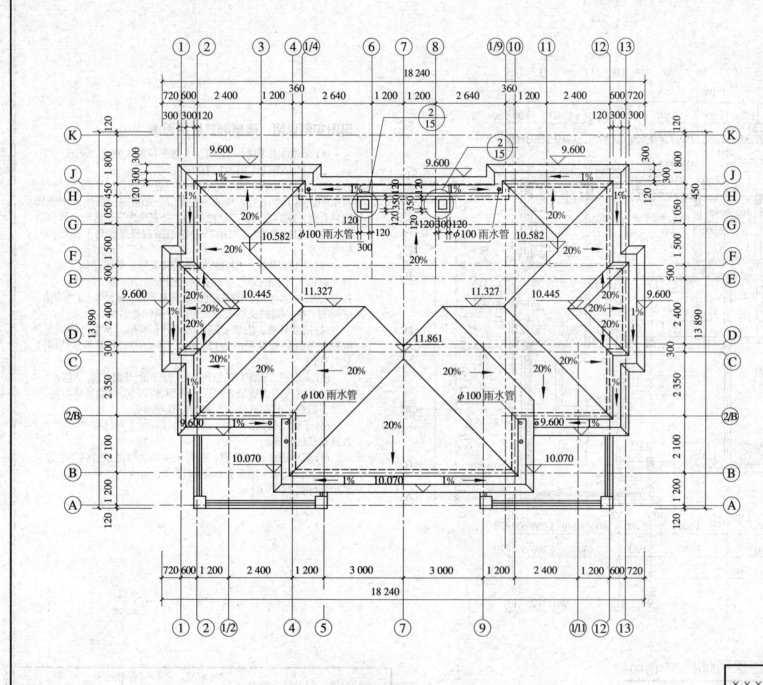

屋顶层平面图　1:100

1. 屋顶平面图的内容

屋顶平面图是屋顶外形的水平投影图，屋顶平面图内容包括排水方向（用箭头表示）及坡度、天沟及檐沟的位置、女儿墙和屋脊线、出屋面检修孔位置和檐部排水与落水管位置、烟囱、通风道、屋面检查人孔等。屋顶平面图虽然简单，也应与外墙详图和索引屋面细部构造详图对照才能读懂，尤其是外楼梯、出入孔、烟道、通风道、檐口等部位和做法以及屋面材料防水做法。

2. 屋顶平面图的阅读方法

(1) 阅读图名和所注比例，了解图样和实物之间的比例关系。屋顶平面图的比例为1:100或1:200。剖面图和详图的比例为1:20。

(2) 阅读纵、横轴线的排列和编号，轴间尺寸和细部尺寸，一些构造的定形、定位尺寸等。

(3) 屋顶若为平屋顶，结构找坡，则坡度为百分之三左右。排水方式有外排水和内排水。

(4) 出屋面检修孔和屋面雨水口有详图表示，并有剖切位置线1—1，2—2所表示剖切位置和投影方向及被剖切到的各个部位。详细了解各个关键部位的名称、尺寸、做法、配筋等。索引出的详图和详图剖面表明出屋面检修孔的平面和剖面情况、屋面雨水口的平面和剖面情况。屋面雨水斗、隔热层、防水等做法请参考相应图集。

3. 识图实例说明：建施07屋顶平面图

(1) 该别墅屋顶平面图比例为1:100。

(2) 该建筑整体屋面四坡排水，坡度为20%。檐沟两坡排水，坡度为1%，在檐沟中有4个雨水管。

(3) 屋面有通风道出口2个，通风道出屋面处画有索引符号$\frac{2}{15}$，详图画在建施15中。

×××建筑工程设计有限公司	建设单位	×××置业有限公司		
	工程名称	龙盛·右岸美墅P46、49号楼		
设计	校对		工号	06051
制图	审核	屋顶平面图 1:100	图号	建施07
专业负责	项目负责		日期	×年×月

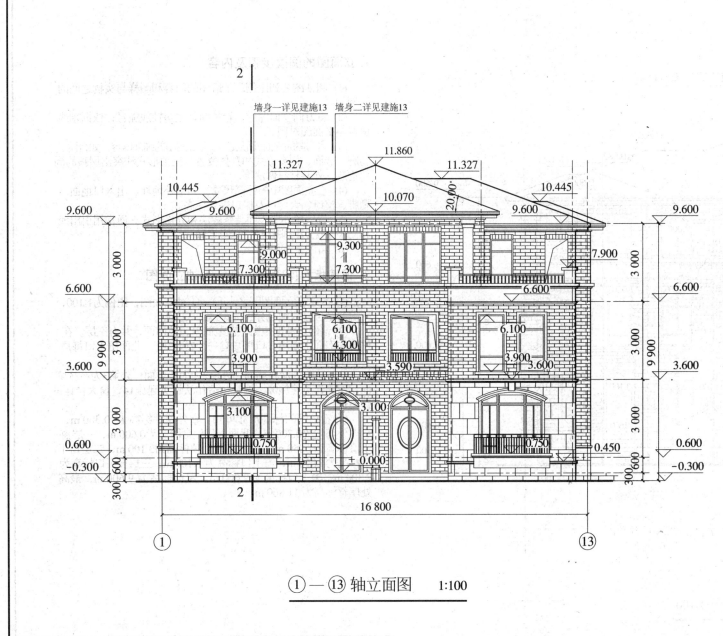

① — ⑬ 轴立面图　1:100

1. 建筑立面图概述

建筑立面图是平行于建筑物各方向外表立面的正投影图，简称立面图。

一座建筑物是否美观，在于它对主要立面的艺术处理、造型与装修是否优美。立面图就是用来表示建筑物的体形和外貌，并表明外墙装饰构造要求等的图样。其主要作用是确定门窗、檐口、雨篷、阳台等的形状和位置及指导房屋外部装修施工和计算有关预算工程量。

2. 立面图的图示方法及命名

(1) 图示方法：为使建筑立面主次分明、图面美观，通常将建筑物不同部位采用粗细不同的线型来表示。最外轮廓线画粗实线，室外地坪线用加粗实线，所有突出部位如阳台、雨篷、线脚、门窗洞等用中实线，其余部分用细实线表示。

(2) 命名方法：一般用房屋的朝向命名，如南立面、北立面、东立面、西立面。

根据主要出入口命名，如正立面、背立面、侧立面。

根据建筑起止两端的定位轴线号编注命名，如①—⑨轴立面图和⑨—①轴立面图；立面图的比例一般与平面图相同。

3. 立面图的内容

立面图着重表现建筑外形和墙面装修材料做法。由于在平面图中对于建筑物长、宽方向的尺寸已详细做了标注，因此，在立面图中则着重于高度方向的标注，除必要的尺寸用尺寸线、数字表示外，主要用标高符号加以表示。具体内容如下：

(1) 建筑物两端的定位轴线及编号。

(2) 立面外轮廓及主要建筑构造部件的位置。如门窗、阳台、雨篷、栏杆、台阶、勒脚、女儿墙顶、檐口、雨水管。

(3) 外墙面装修。主要建筑装饰构件、线脚和粉刷分格线等，有的用文字说明，有的用详图索引表示。

(4) 主要标高的标注：用标高标注出各主要部位的相对高度，如室外地面、窗台、门窗顶、檐口、屋顶、女儿墙及其他装饰构件、线脚等的标高或高度。

(5) 在平面图上表达不清的窗编号。

(6) 外立面装饰做法。

×××建筑工程设计有限公司		建设单位	×××置业有限公司		
		工程名称	龙盛·右岸美墅P46、P49号楼		
设计	校对	①—⑬轴立面图1:100		工号	06051
制图	审核			图号	建施08
专业负责	项目负责			日期	×年×月

11

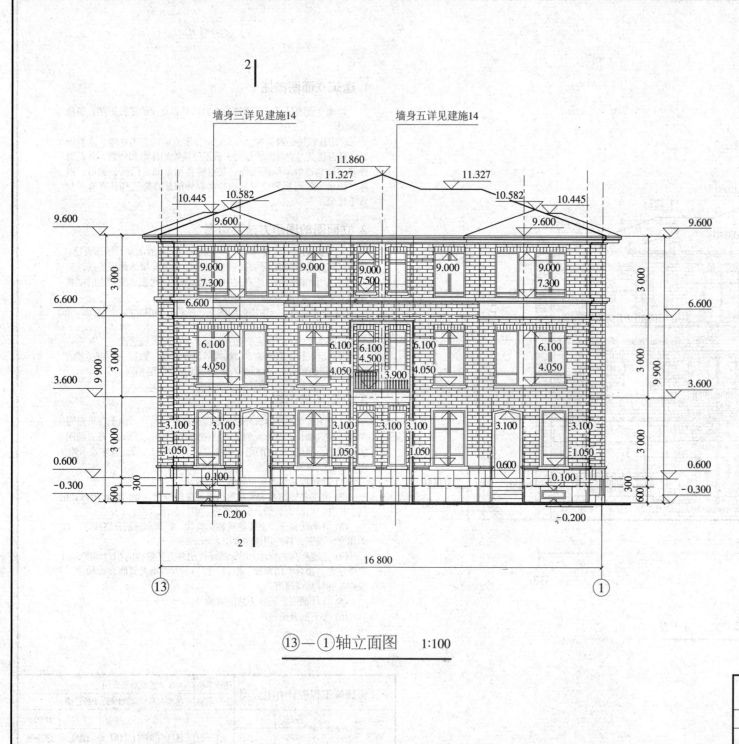

墙身三详见建施14　　墙身五详见建施14

⑬—①轴立面图　1:100

1. 立面图的阅读步骤及内容

(1) 阅读图名和比例，了解图的内容和图样与实物之间的比例关系。

(2) 看方向立面图形。看长向首尾两轴线编号，依据轴线位置与平面图对照。

(3) 看房屋的立面外形及每个立面图中的细部内容，如台阶、勒脚、墙面、门窗形式和具体位置、屋顶形式和突出屋顶的局部构造、外装材料做法等。

(4) 看立面图中的标高尺寸。如室外地坪、出入口地面、勒脚、窗口、大门口及檐口等处标高。

(5) 看房屋外墙表面装修做法和分格形式。通常用引出线和文字来说明粉刷材料、色彩等做法。

(6) 看图上索引符号。

2. 识读指导：建施09 ⑬—①轴立面图

(1) 本建筑立面图图名为⑬—①轴立面图，比例为1:100，两端的定位轴线编号分别为⑬轴、①轴。

(2) 该建筑外形规则，造型简单，坡屋面，共有三层。在建筑的南面主要出入口每户有一个2级台阶，北面出入口每户有一个6级台阶。

(3) 外墙1为涂料墙面；外墙2为面砖墙面；外墙3为石材墙面，作法详见建施02。墙身构造作法详见建施14，窗大样详见建施17。

(4) 看该图的标高尺寸可知：室外地坪标高为-0.300 m，室内外高差为0.300 m，北面入口处台阶面为0.600 m，一层窗下口标高为1.050 m，窗上口及门顶标高为3.100 m，二层窗下口标高为4.050 m，窗上口标高为6.100 m，三层窗下口标高为7.300 m，窗上口标高为9.000 m。屋檐标高为9.600 m，最高处屋脊标高为11.860 m。

×××建筑工程设计有限公司		建设单位	×××置业有限公司		
		工程名称	龙盛·右岸美墅P46、P49号楼		
设计		校对		工号	06051
制图		审核	⑬—①轴立面图1:100	图号	建施09
专业负责		项目负责		日期	×年×月

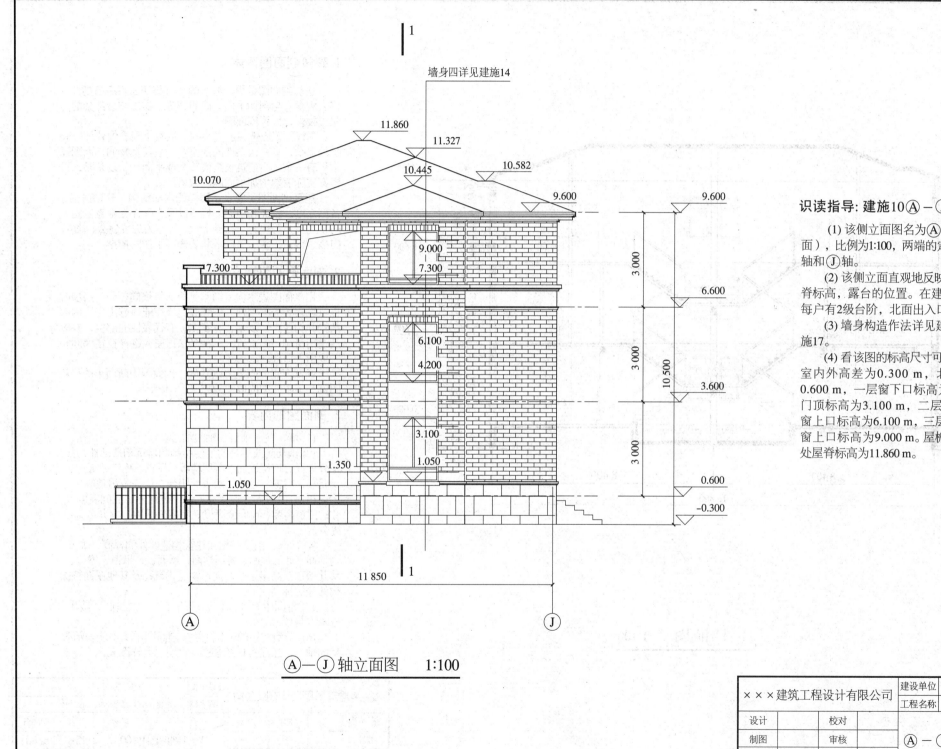

墙身四详见建施14

11.860
11.327
10.445
10.070
10.582
9.600

9.600

9.000
7.300
7.300

6.600
6.100
4.200

3.600
3.100
1.050

1.350
1.050

0.600
−0.300

3 000
3 000
3 000

10 500

11 850

Ⓐ　　　　　Ⓙ

Ⓐ—Ⓙ轴立面图　1:100

识读指导: 建施10 Ⓐ—Ⓙ 轴立面图

（1）该侧立面图名为 Ⓐ—Ⓙ 轴立面图（东立面），比例为1:100，两端的定位轴线编号分别为 Ⓐ 轴和 Ⓙ 轴。

（2）该侧立面直观地反映出坡屋面的层次和屋脊标高，露台的位置。在建筑的南面主要出入口每户有2级台阶，北面出入口每户有6级台阶。

（3）墙身构造作法详见建施14，窗大样详见建施17。

（4）看该图的标高尺寸可知：室外地坪为−0.300 m，室内外高差为0.300 m，北面入口处台阶面为0.600 m，一层窗下口标高为1.050 m，窗上口及门顶标高为3.100 m，二层窗下口标高为4.200 m，窗上口标高为6.100 m，三层窗下口标高为7.300 m，窗上口标高为9.000 m。屋檐标高为9.600 m，最高处屋脊标高为11.860 m。

×××建筑工程设计有限公司		建设单位	×××置业有限公司		
		工程名称	龙盛·右岸美墅P46、49号楼		
设计	校对			工号	06051
制图	审核	Ⓐ—Ⓙ轴立面图 1:100		图号	建施10
专业负责	项目负责			日期	×年×月

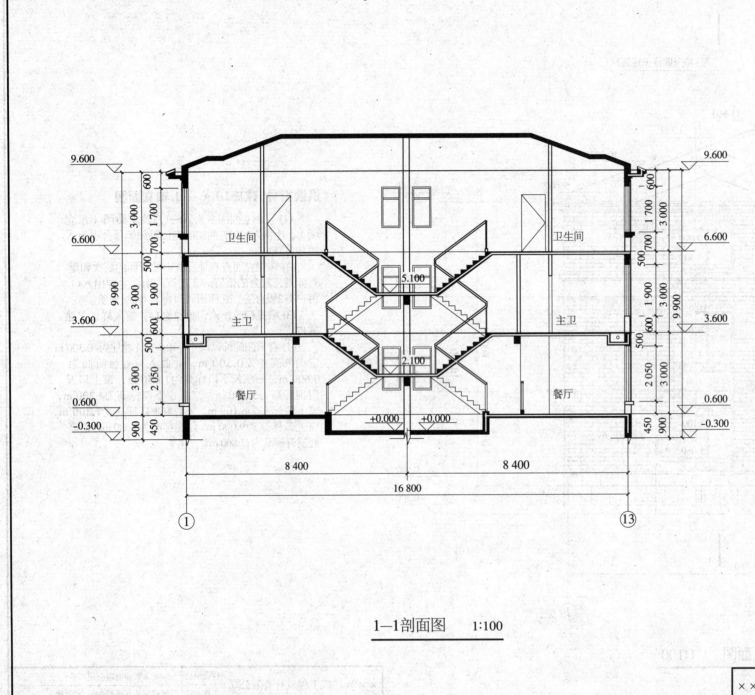

1—1剖面图   1:100

1. 建筑剖面图概述

建筑剖面图是用一假想的垂直剖切面将房屋剖开，移去观察者与剖切平面之间的部分，作出剩余部分的房屋正投影，简称剖面图。

剖视位置应选在层高不同、层数不同、内外部空间比较复杂，具有代表性的部位。一般建筑物的剖面图通常只有一个，当建筑物规模较大或平面形状复杂时，可根据实际需要增加剖面图的数量。

建筑剖面图主要表示房屋的内部结构、分层情况、各层高度、楼面和地面的构造以及各配件在垂直方向上的相互关系等内容。在施工中，可作为进行分层、砌筑内墙、铺设楼板、屋面板和装修等工作的依据。

2. 剖面图的图示方法

用剖面图表示房屋通常是将房屋横向剖开，必要时也可纵向将房屋剖开。剖切面选择在能显露出房屋内部结构和构造比较复杂、有变化、有代表性的部位，并应通过门窗洞口的位置。若为多层房屋应选择在楼梯间和主要出入口处。

通常在剖面图上不画基础。剖面图中断面上的材料图例和图中线型的画法均与平面图相同。

3. 剖面图的内容

(1) 墙、柱、轴线和轴线编号。

(2) 剖切到或可见的主要结构和建筑构造部件，如室外地面、底层地面、各层楼板、屋顶、檐口、天沟、女儿墙、门窗、台阶、散水、阳台、雨篷及吊顶等。

(3) 高度方向三道尺寸：总高度尺寸；层间高度尺寸；门窗高度、窗间墙高度、室内外高差、女儿墙高度等分尺寸。

(4) 标高：主要结构和建筑构造部件的标高，如室内地面、底层地面、各层楼面、屋面板、吊顶、檐沟、女儿墙顶、高出屋面的建筑物、构筑物及其他屋面特殊构件等的标高。

(5) 看图中有关部位坡度的标注，如屋面、散水、排水沟与坡道等处。

(6) 查看图中的索引符号。剖面图中尚不能表示清楚的地方，还注有详图索引，说明另有详图表示。

×××建筑工程设计有限公司	建设单位	×××置业有限公司		
	工程名称	龙盛·右岸美墅P46、49号楼		
设计	校对		工号	06051
制图	审核	1—1剖面图1:100	图号	建施11
专业负责	项目负责		日期	×年×月

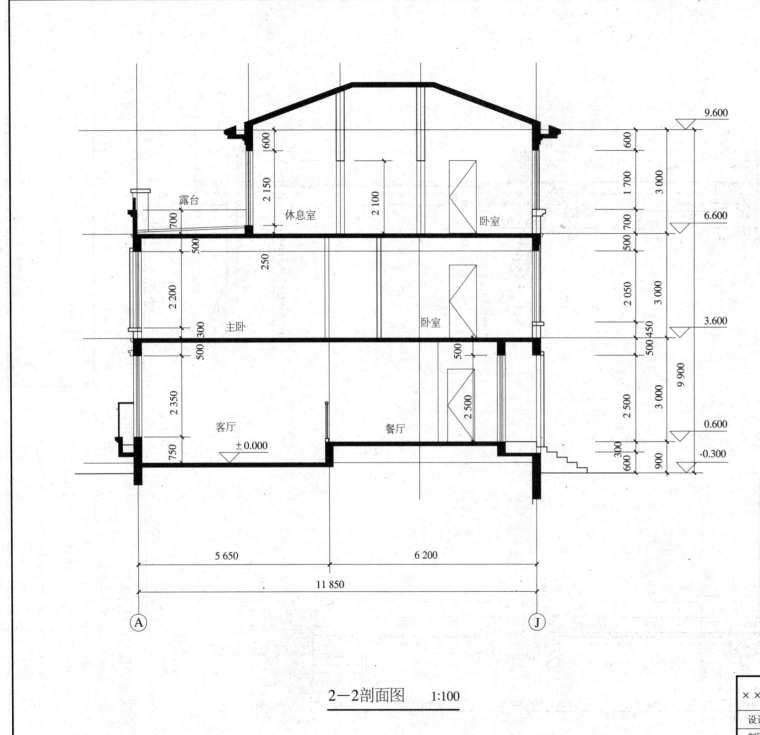

2—2剖面图   1:100

1. 剖面图的阅读步骤及内容

(1) 阅读图名轴线编号和比例。与底层平面图对照，确定剖切平面的位置及投影方向，从中了解它所画出的是房屋哪一部分的投影。

(2) 看房屋内部构造和结构形式。如各层梁板、楼梯、屋面的结构形式、位置及其与墙、柱的关系等。

(3) 看房屋各部分的高度。如房屋总高、室外地坪、门窗顶、窗台、檐口等处标高、室内底层地面、各层楼面及楼梯平台面的标高。

(4) 看楼地面、屋面的构造。在剖面图中表示楼地面屋面的构造时，通常用一引出线指出需说明的部位，并按其构造层次顺序地列出材料等说明。

(5) 看图中有关部位坡度的标注。如屋面、散水、排水沟、坡道等处，需要作出斜面时，都标有坡度符号，如3%等。

(6) 看图中索引符号。

2. 识图指导：建施12为2—2剖面图

(1) 建施12剖面图图名为2—2剖面图，比例为1:100，两端的定位轴线编号分别为Ⓐ轴和Ⓙ轴。

(2) 2—2剖面图从底层平面图中的剖切位置可知剖切位置在③—④轴之间的部位，拿掉③—④轴右半部分所作的右视剖面图。

(3) 本剖面图表明该房屋是三层楼房，坡屋顶，屋面排水坡度为20%，三层上有露台及女儿墙，露台有坡度（见屋顶平面图）。

(4) 看该图的标高尺寸可知：室外地坪为-0.300 m室内外高差为0.300 m，北面入口处台阶为0.600 m，客厅地面标高0.000 m，餐厅地面标高为0.600 m，，二层卧室地面标高为3.600 m，三层卧室地面标高为6.600 m。屋檐标高为9.600 m。

(5)一、二、三层窗台高距本层地面及窗洞高度见左图所示。

×××建筑工程设计有限公司	建设单位	×××置业有限公司		
	工程名称	龙盛·右岸美墅P46、49号楼		
设计	校对		工号	06051
制图	审核	2—2剖面图1:100	图号	建施12
专业负责	项目负责		日期	×年×月

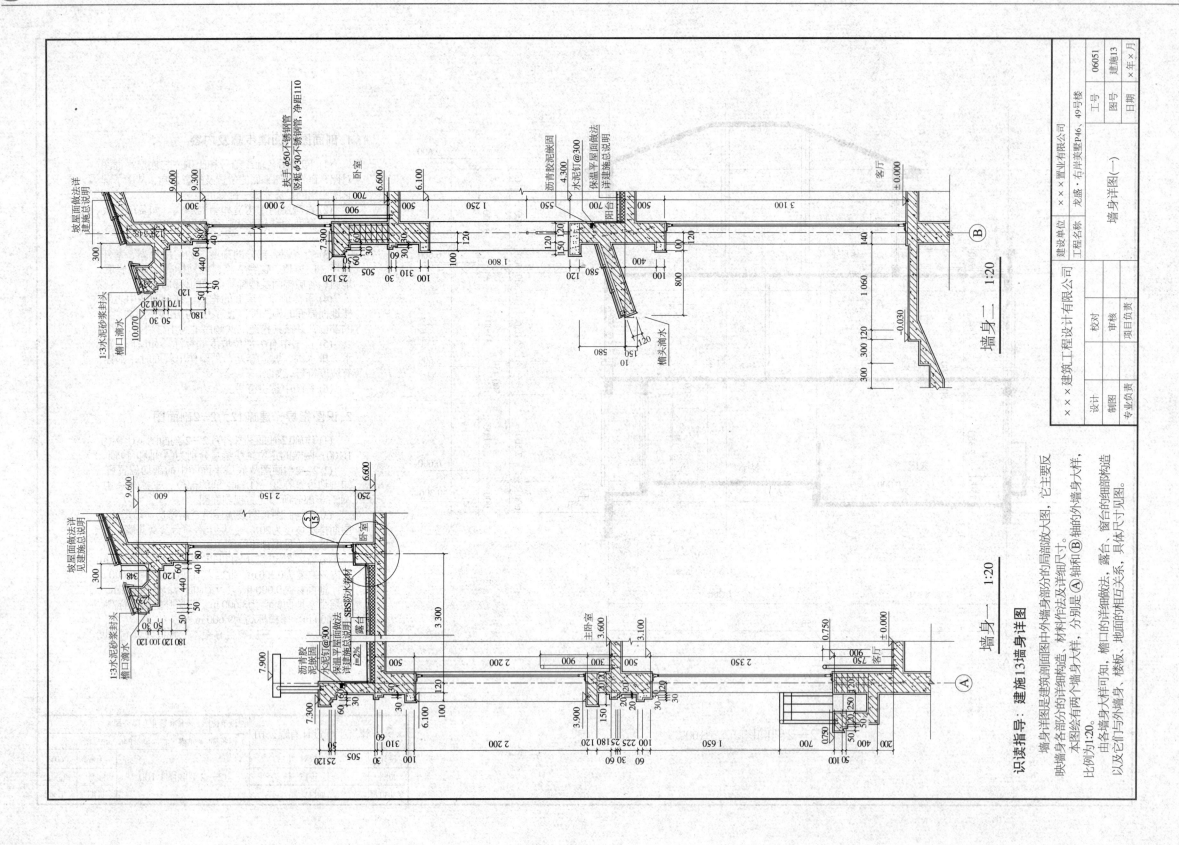

墙身二 1:20

墙身一 1:20

识读指导：建施13墙身详图

墙身详图是建筑剖面图中外墙身部分的局部放大图，它主要反映墙身各部分的详细构造、材料作法及详细尺寸。

本图绘有两个墙身大样，分别是 Ⓐ 轴和 Ⓑ 轴的外墙身大样，比例均为1:20。

由各墙身大样可知，檐口的详细做法、露台、窗台的细部构造以及它们与外墙身、楼板、地面的相互关系，具体尺寸见图。

建设单位	×××置业有限公司		工号	06051
工程名称	龙盛·右岸美墅P46、49号楼		图号	建施13
	墙身详图（一）		日期	×年×月

×××建筑工程设计有限公司			
设计		校对	
制图		审核	
专业负责		项目负责	

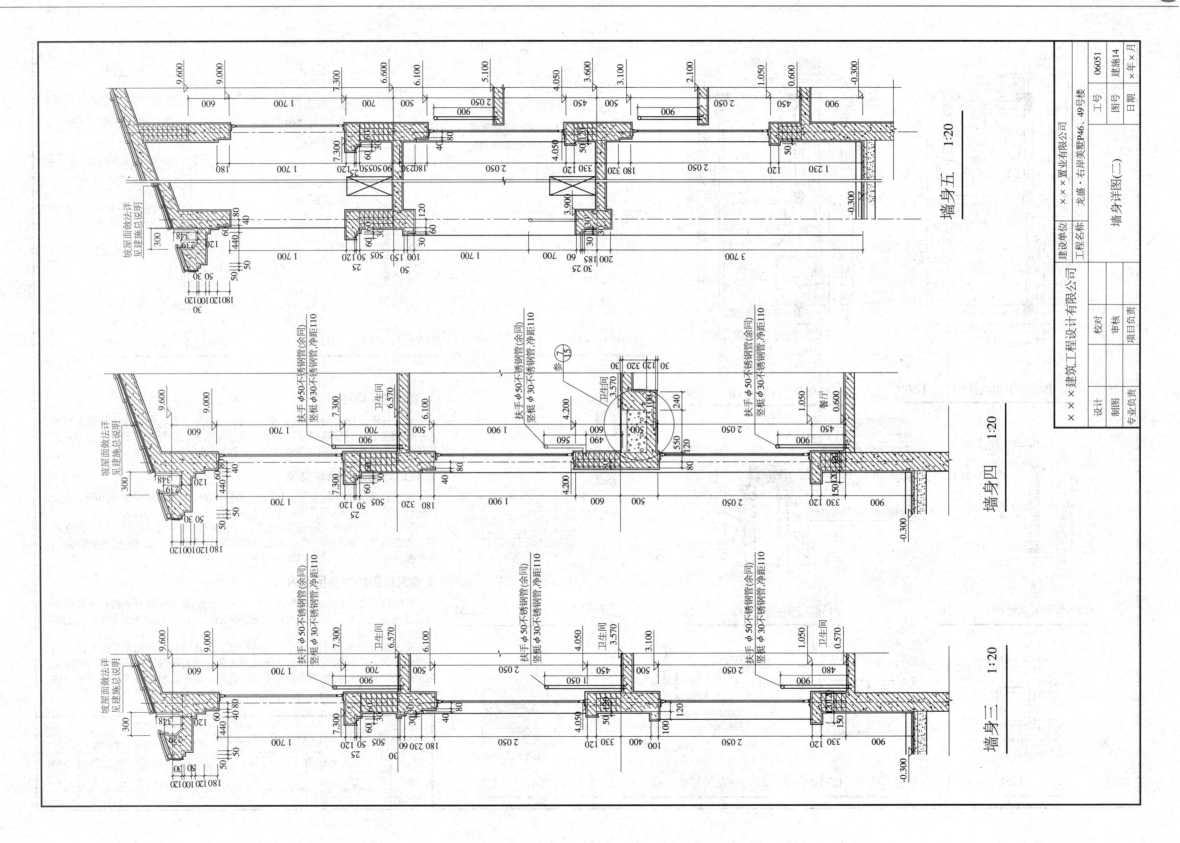

墙身五 1:20

墙身四 1:20

墙身三 1:20

建设单位	××置业有限公司	工号	06051
工程名称	龙盛·右岸美墅P46、49号楼	图号	建施14
校对		日期	×年×月
审核			
项目负责			
设计			
制图		墙身详图(二)	
专业负责			

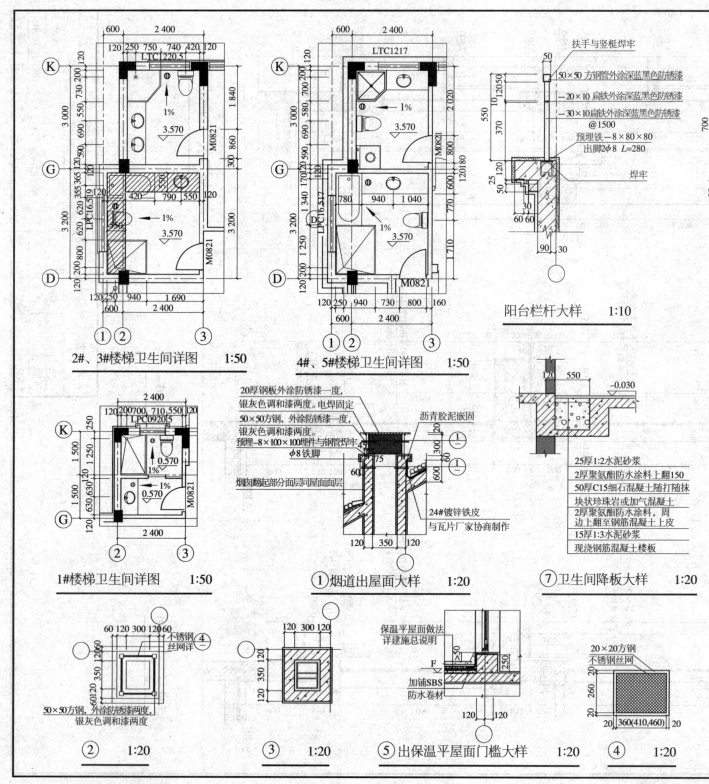

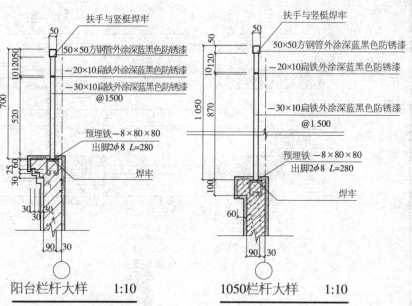

阳台栏杆大样　1:10

阳台栏杆大样　1:10

1050栏杆大样　1:10

2#、3#楼梯卫生间详图　1:50

4#、5#楼梯卫生间详图　1:50

1#楼梯卫生间详图　1:50

① 烟道出屋面大样　1:20

⑦ 卫生间降板大样　1:20

② 1:20

③ 1:20

⑤ 出保温平屋面门槛大样　1:20

④ 1:20

1. 建筑详图概述

建筑详图是建筑细部的施工图。因为建筑平、立、剖基本图一般采用较小的比例绘制，对建筑细部构造难以表达清楚，为满足施工要求，必须对建筑的细部构造较大的比例详细绘出，这样的图样称作详图。

2. 建筑详图的特点和类型

建筑详图的主要特点是：用较大的比例清晰地绘制构配件施工图，尺寸和标注齐全，文字说明详尽。常用比例有1:50，1:20，1:10等。

建筑详图类型有：局部构造详图，如楼梯详图、墙身详图、卫生间详图等。构件详图，如门窗详图、阳台详图、雨篷详图等。装饰构造详图，如墙裙构造详图、门窗套装饰构造详图等。

3. 建筑详图的主要图示内容

详图要求表达出构配件的详细构造，所用的各种材料及规格；各部分的构造连接方法及相对位置关系；各细部详细尺寸；有关的施工要求；构造层次及制作方法说明等。

建筑详图必须加注图名（或详图符号），详图符号应与索引的图样上的符号相对应，在详图符号的右下侧注写比例。对套用标准图或通用图的建筑构配件和节点，只需注明所套用图集的名称、型号、页次，可不必另画详图。

×××建筑工程设计有限公司		建设单位	×××置业有限公司		
		工程名称	龙盛·右岸美墅P46、49号楼		
设计		校对		工号	06051
制图		审核	节点详图 卫生间详图	图号	建施15
专业负责		项目负责		日期	×年×月

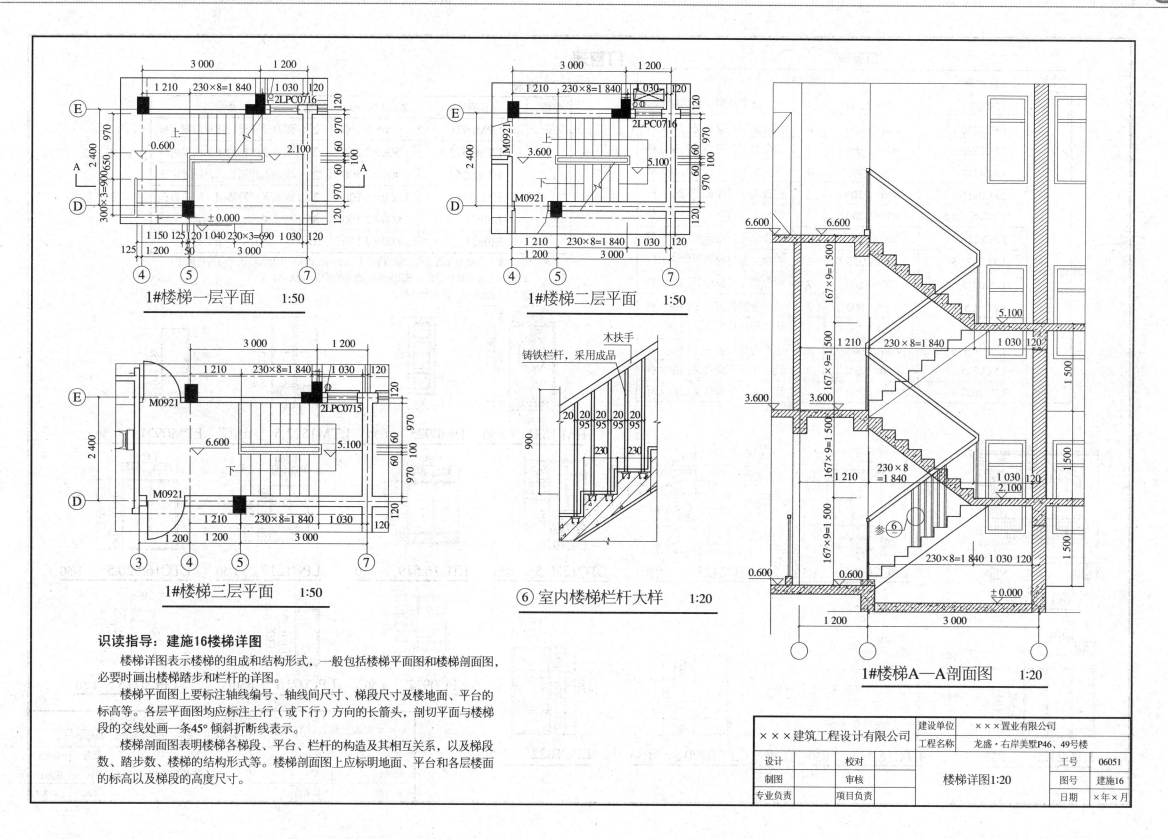

1#楼梯一层平面 1:50

1#楼梯二层平面 1:50

1#楼梯三层平面 1:50

⑥室内楼梯栏杆大样 1:20

木扶手
铸铁栏杆，采用成品

1#楼梯A—A剖面图 1:20

识读指导：建施16楼梯详图

楼梯详图表示楼梯的组成和结构形式，一般包括楼梯平面图和楼梯剖面图，必要时画出楼梯踏步和栏杆的详图。

楼梯平面图上要标注轴线编号、轴线间尺寸、梯段尺寸及楼地面、平台的标高等。各层平面图均应标注上行（或下行）方向的长箭头，剖切平面与楼梯段的交线处画一条45°倾斜折断线表示。

楼梯剖面图表明楼梯各梯段、平台、栏杆的构造及其相互关系，以及梯段数、踏步数、楼梯的结构形式等。楼梯剖面图上应标明地面、平台和各层楼面的标高以及梯段的高度尺寸。

×××建筑工程设计有限公司		建设单位	×××置业有限公司	
		工程名称	龙盛·右岸美墅P46、49号楼	
设计	校对	楼梯详图1:20	工号	06051
制图	审核		图号	建施16
专业负责	项目负责		日期	×年×月

门窗表

类型	设计编号	洞口尺寸/mm	数量	备注
窗	LPC1022	1 000×2 200	4	铝合金平开窗详见门窗大样
	LPC1220.5	1 200×2 050	6	铝合金平开窗详见门窗大样
	LPC0920.5	900×2 050	4	铝合金平开窗详见门窗大样
	LPC1217	1 200×1 700	4	铝合金推拉窗详见门窗大样
	LPC0917	900×1 700	2	铝合金平开窗详见门窗大样
	LTC16.520.5	1 650×2 050	2	铝合金推拉窗详见门窗大样
	LPC0716	700×1 600	4	铝合金平开窗详见门窗大样
	LTC2423.5	2 400×2 350	2	铝合金推拉窗详见门窗大样
	LPC0715	700×1 500	2	铝合金平开窗详见门窗大样
	LTC2120	2 100×2 000	2	铝合金推拉窗详见门窗大样
	LTC16.517	1 650×1 700	2	铝合金推拉窗详见门窗大样
	LTC16.519	1 650×1 900	2	铝合金推拉窗详见门窗大样
	LPC0715	700×1 500	2	铝合金平开窗详见门窗大样
	LPC2629.5	2 600×2 950	2	铝合金平开窗详见门窗大样

门窗表

续表

类型	设计编号	洞口尺寸/mm	数量	备注
门	LPM0921	900×2 100	2	铝合金平开门详见门窗大样
	LTM1522.5	1 500×2 250	2	铝合金推拉门详见门窗大样
	HM0925	900×2 500	2	成品入户防盗门，甲方自选
	HM1531	1 500×3 100	2	成品入户防盗门，甲方自选
	M0921	900×2 100	8	木门，甲方自选
	M0821	800×2 100	10	木门，甲方自选

注：① 门窗大样均为分格示意，须由生产厂家出制作图，经由本院认可后方可施工。
② 门窗为断热单框铝合金低辐射中空玻璃门窗(6+12A+6)。
③ 门用100系列，窗用70系列。

HM 1531 1:50   HM0925 1:50   LTM1522.5 1:50   LPM0921 1:50

窗1 1:50

LPC2629.5 1:50   LTC2423.5 1:50   LTC1220.5 1:50   LTC16.519 1:50   LPC1217 1:50   LTC16.520.5 1:50

LTC2120 1:50   LTC16.517 1:50   LPC0920.5 1:50   LPC1022 1:50   LPC0917 1:50   LPC0716 1:50   LPC0715 1:50

×××建筑工程设计有限公司		建设单位	×××置业有限公司	
		工程名称	龙盛·右岸美墅P46、49号楼	
设计	校对			工号 06051
制图	审核	门窗表及大样		图号 建施17
专业负责	项目负责			日期 ×年×月

项目1.3　某别墅建筑结构工程施工图识读

1.3.1　结构施工图识读综述

结构施工图是设计人员综合考虑建筑的规模、使用功能、业主的要求，当地材料的供应情况、场地周边的现状、抗震设防要求等因素，根据国家和省市有关现行规范、规程、规定，以经济合理、技术先进、确保安全为原则而形成的结构工种设计文件。

结构施工图（简称结施）主要表现结构的类型，各承重结构构件（基础、柱、墙、梁、板）的布置、形状、大小、材料、构造及相互关系，其他专业对结构的要求。主要用来作为施工放线、挖基槽、支模板、绑扎钢筋、设置预埋件、浇筑混凝土、编制预算和施工组织设计的依据。

结构施工图包括结构设计总说明、基础平面布置图、基础详图、楼（屋）面板配筋图、楼（屋）面梁配筋图、柱配筋图、剪力墙配筋图和楼梯详图等。

1. 结构设计总说明

结构设计总说明是结构施工图的综合性文件，它结合现行规范要求，针对建筑工程结构的通用性与特殊性，将结构设计的依据、选用的结构材料、选用的标准图集和对施工的要求等，用文字及表格的方式形成设计文件。它一般包括以下内容：

（1）结构设计的依据：结构形式，气象、地震烈度、抗震等级等基本数据。

（2）地基基础的情况：如土质类别、地下水位、土壤冻深，基础的形式，对地基持力层的要求，地基承载力特征值或桩基的单桩承载力特征值，试桩要求，沉降观测要求，地基基础施工中应注意的问题。

（3）材料情况：如混凝土强度等级、钢筋级别，砌体结构中块材和砂浆的强度等级，钢结构中所选用的钢材情况及对焊缝或螺栓的要求等。

（4）结构构造要求：如混凝土保护层厚度，钢筋的锚固、接头，钢结构焊缝要求，砌体结构中构件支承长度。砌体结构工程中圈梁、构造柱、拉结筋及过梁所选用的标准图集出处等。

（5）选用的构件标准图集。

2. 基础平面图

基础平面图是假想用一个水平剖切面沿房屋的地下室地面或地面剖开后做出的基础水平全剖图，用以表明基础的平面布置及定位关系。如采用桩基础还应表明桩位。当建筑内部有大型设备时，还应有设备基础布置图。识读的方法为：

（1）看图名、比例和纵横定位轴线编号，了解有多少道基础，基础间定位轴线尺寸。第一道尺寸为轴线间距离，第二道尺寸为轴线总长度尺寸。

（2）看基础墙、柱及基础底面的形状、尺寸大小及其与轴线的关系。注意轴线的中分和偏分。

（3）看基础平面图中剖切线及其编号，了解基础断面图的种类、数量及其分布位置，以便与断面图对照阅读。

（4）看施工说明，从中了解施工时对基础材料及其强度等的要求，以便准确施工。

阅读基础平面图时应注意首先看说明，从中了解有关材料、施工等要求。其次看基础平面图与建筑平面图的定位轴线是否一致，注意了解墙厚、基础宽、预留洞的位置及尺寸、共有几种剖面及剖面的位置等。

3. 基础详图

基础详图采用基础平面和横断面图来表明不同基础各部分的形状、大小、材料、构造以及基础埋置深度。识读方法为：

（1）看编号、对位置。先用基础详图的编号对基础平面的位置，了解这是哪一条基础上的断面或哪一个柱基。如果该基础断面适用于多条基础的断面，则轴线圆圈内可不予编号。

（2）看细部、看标高。条形基础断面图中注明了基础墙厚、大放脚尺寸、基础底宽，以及它们与轴线的相对位置。独立基础断面图中不仅注明了基础各部分细部尺寸，而且标明了底板和基础梁内配筋。从基础底面标高可了解到基础的埋置深度。

（3）砖混结构房屋通常在基础平面图中注明了构造柱的位置及编号，并在说明中注明了所选用的标准图集。

（4）看施工说明。了解防潮层的做法，各种材料的强度和钢筋的等级以及对基础施工的要求。

阅读基础详图时，要注意防潮层位置、大放脚做法、垫层厚度、基础圈梁的位置、尺寸、配筋直径、间距以及基础埋深和标高等。

4. 各层结构平面图

结构平面图是表示建筑物各层楼面及屋面承重构件的平面布置图。分为地下室平面、楼层平面图和屋顶平面图。

1）识读方法

（1）看图名、比例、轴线和各构件的名称编号、布置及定位尺寸。轴线尺寸与构件的关系。墙与构件的关系、构件的支承长度。

（2）看现浇楼板配筋图。如现浇板的配筋形式、钢筋编号及截断长度。一般双向板跨中均双向配置受力钢筋，跨中短向钢筋在下，长向钢筋在上。通常相同的钢筋只画出一根，支座沿四边支撑均有受力的负弯矩钢筋。单向板中只画出沿跨度方向的受力钢筋。分布钢筋均不画，仅在说明中注释。若采用平法标注，则应细读板块集中标注和板支座原位标注。

（3）看现浇板的板厚及标高，注意房间功能不同处楼板标高有无变化，相应位置梁与板在高度方向上的关系，板块大小差异较大时板厚有无变化。

（4）预制装配式结构平面图。主要查看各种预制构件代号、编号和定位轴线、定位尺寸，以了解预制构件的类型、位置及数量，进一步查阅图纸中预制构件所用标准图集及相关大样及说明，并关注施工安装注意事项。

（5）看说明。板上留洞情况及混凝土标号。

2）阅读结构平面图时应注意的问题

（1）查看楼层各构件的平面关系。如轴线间尺寸与构件长宽的关系，墙与构件的关系、构件在墙上的支承长度，各种构件的名称编号、布置及定位尺寸。

（2）查看结构构件的支模标高或构件的顶面标高。

（3）梁、板、墙、圈梁之间的连接关系和构造处理。

（4）查看构件统计表，标准图集的出处。

（5）查看说明中对施工材料、方法等提出的要求。

5．构件详图

钢筋混凝土构件主要有梁、墙、柱、屋架等。构件配筋图的标注方法有详图法和平法两种。

1）传统详图法

传统的结构构件详图，是把梁、板、柱、屋架、基础等基本构件在构件详图中画出其形状、尺寸，在横截面上画出钢筋的排列情况、钢筋编号、钢筋直径及其间距，在纵剖面图上画出弯起和截断位置。对配筋较复杂的钢筋混凝土构件，还要把每种规格的钢筋用表格的形式详细说明。钢筋混凝土构件详图包括模板图、配筋图和预埋件图，识读方法为：

（1）看图名、比例，对照平面图，了解此构件的位置。

（2）看构件立面图和断面图，了解构件的立面轮廓、长度、截面尺寸、钢筋的走向、在横截面上的排列情况、钢筋编号、钢筋直径及其间距、弯起和截断位置。

（3）看钢筋表，对配筋较复杂的钢筋混凝土构件，除画出其立面图和断面图外，还要把每种规格的钢筋用列表的形式详细说明，在钢筋表中列出构件名称、钢筋简图、钢筋编号、钢筋规格、长度、数量、总长、重量等，作为施工放样、编制预算、统计用料的依据。

阅读钢筋混凝土构件详图时，应首先从说明中了解钢筋级别、混凝土标号等，然后从配筋图和断面图中了解钢筋骨架的构成和各编号钢筋的形状和数量，最后从钢筋明细表中了解用料情况。

2）平法

混凝土结构施工图平面整体表示方法（简称平法），是把结构构件的尺寸和配筋，按照平面整体表示方法与制图规则，整体直接表达在结构平面布置图上，再与标准构造详图配合构成一套完整的结构设计图纸。

混凝土结构平法施工图按照各类构件的平法制图规则，在平面布置图上表示各构件尺寸和配筋的方式，分平面注写方式、列表注写方式和截面注写方式三种。其识读要点为：

（1）注意梁、柱、墙的类型，构件的编号、数量及其具体定位或标高。

（2）需结合标准构造详图确定钢筋的连接、锚固、箍筋加密等具体构造。

（3）注意梁顶面标高高差、柱或墙起止标高、变截面位置等。

6．梁平法施工图的识读

梁平法施工图是在平面布置图上采用平面注写方式或截面注写方式表达的施工图。

梁平面布置图，应分别按梁的不同结构层（标准层），将全部梁和其相关联的柱、墙、板一起采用适当比例绘制。

对于轴线未居中的梁，除梁边与柱边平齐外，应标注偏心定位尺寸。

在梁平法施工图中，应按规定注明各结构层的顶面标高及相应的结构层号。

1）梁的编号

梁编号由梁类型代号、序号、跨数及有无悬挑代号几项按顺序排列组成，应符合表 1 的规定。

表中跨数代号中带 A 的为一端有悬挑梁，带 B 的为两端有悬挑梁，且悬挑不计入跨数。类型栏中的悬挑梁指纯悬臂梁，非框架梁指没有与框架柱或剪力墙端柱等相连的一般楼面或屋面梁。

项目	梁类型	代号	序号	跨度及是否带有悬臂
梁编号	楼层框架梁	KL	XX	（XX），（XXA）或（XXB）
	屋面框架梁	WKL	XX	（XX），（XXA）或（XXB）
	非框架梁	L	XX	（XX），（XXA）或（XXB）
	悬挑梁	XL	XX	
	井字梁	JZL	XX	（XX），（XXA）或（XXB）

表 1　　　　　　梁编号表

2）平面注写方式

平面注写方式是在梁平面布置图上，分别在不同编号的梁中各选一根梁，在其上注写截面尺寸和配筋具体数值的方式来表达梁平面整体配筋。平面注写包括集中标注与原位标注，集中标注表达梁的通用数值，原位标注表达梁的特殊数值。当集中标注中的某项数值不适用于梁的某部位时，则将该数值在该部位原位标注，施工时，原位标注取值优先。

（1）梁集中标注的内容有以下六项内容，前五项为必注值，最后一项为选注值（集中标注可以从梁的任意一跨引出），具体规定如下：

① 梁编号，按表 1 规定编号。

② 梁截面尺寸，当为等截面梁时，用 $b \times h$ 表示（b 为梁截面宽度，h 为梁截面高度）；当有悬挑梁且根部和端部的高度不同时（变截面），用斜线分隔根部与端部的高度值，即为 $b \times h_1/h_2$，h_1 为悬挑梁根部的截面高度，h_2 为悬挑梁端部的截面高度，如图 1 所示。

当为加腋梁时，用 $b \times h\ YC_1 \times C_2$ 表示，其中 C_1 为腋长，C_2 为腋宽，如图 2 所示。

③ 梁箍筋，包括钢筋级别、直径、加密区与非加密区间距及肢数。箍筋加密区与非加密

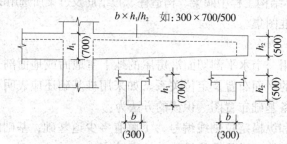

图 1　变截面梁截面尺寸注写示意图

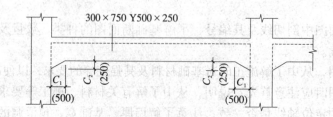

图 2　加腋梁截面尺寸注写示意图

区的不同间距及肢数需用斜线"/"分隔；

当梁箍筋为同一种间距及肢数时，则不需用斜线；当加密区与非加密区的箍筋肢数相同时，则将肢数注写一次；箍筋肢数应写在括号内。加密区范围见相应抗震级别的标准构造详图。

例如，$\phi 10@100/200$（4），表示箍筋为Ⅰ级钢筋，直径为10 mm，加密区间距为100，非加密区间距为200，均为四肢箍。

④ 梁上部通长筋或架立筋配置，当同排纵筋中既有通长筋又有架立筋时，应用加号"＋"将通长筋和架立筋相连。注写时须将角部纵筋写在加号的前面，架立筋写在加号后面的括号内，以示不同直径与通长筋的区别。当全部采用架立筋时，则将其写入括号内。

例如，$2\phi 22$用于双肢箍；$2\phi 22＋$（$4\phi 12$）用于六肢箍，其中$2\phi 22$为通长筋，$4\phi 12$为架立筋。

当梁的上部纵筋和下部纵筋均为通长筋，且多数跨配筋相同时，此项可加注下部纵筋的配筋值，用分号"；"将上部与下部纵筋的配筋值分隔开来。

例如，$3\phi 22$；$3\phi 22$表示梁的上部配置$3\phi 22$的通长筋，梁的下部配置$3\phi 22$的通长筋。

⑤ 梁侧面纵向构造钢筋或受扭钢筋配置，当梁腹板高度大于450 mm时，梁侧面须配置纵向构造钢筋，用大写字母G打头，接续注明总的配筋值。同样，梁侧面须配置受扭钢筋时，用大写字母N打头，接续注明总的配筋值。

例如，$G4\phi 22$，表示梁的两个侧面共配置$4\phi 22$的纵向构造钢筋。

⑥ 梁顶面标高高差，当某梁的顶面高于所在结构层的楼面标高时，其标高高差为正值；反之为负值，必须将高差值写入括号内。

（2）梁原位标注主要是集中标注中的梁支座上部纵筋和梁下部纵筋数值不适用于梁的该部位时，则将该数值原位标注。

梁原位标注内容为梁支座上部纵筋、下部纵筋、附加箍筋或吊筋及对集中标注的原位修正信息等。

① 梁支座上部纵筋，指该部位含通长筋在内的所有纵筋，标注在梁上方该支座处。对其标注的规定如下：

当上部纵筋多于一排时，用斜线"/"将各排纵筋自上而下分开。例如，梁支座上部纵筋注写为$6\phi 25$ 4/2，则表示上一排纵筋为$4\phi 25$，下一排纵筋为$2\phi 25$。

当同排纵筋有两种直径时，用加号将两种直径的纵筋相连，注写时将角部纵筋写在前面。例如，梁支座上部有四根纵筋，$2\phi 25$放在角部，$2\phi 22$放在中部，在梁支座上部应注写为$2\phi 25＋2\phi 22$。

当梁中间支座两边的上部纵筋不同时，必须在支座两边分别标注；当梁中间支座两边的上部纵筋相同时，可仅在支座的一边标注配筋值，另一边省去不注，如图3所示。

② 对梁下部纵筋标注的规定如下：

当梁下部纵筋多于一排时，用斜线"/"将各排纵筋自上而下分开。例如，梁下部纵筋注写为$6\phi 25$ 2/4，则表示上一排纵筋为$2\phi 25$，下一排纵筋为$4\phi 25$，全部伸入支座。

当同排纵筋有两种直径时，用加号将两种直径的纵筋相连，注写时将角部纵筋写在前面。例

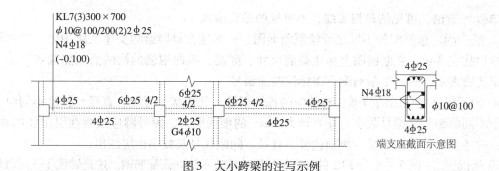

KL7(3)300×700
$\phi 10@100/200$(2)$2\phi 25$
N4$\phi 18$
(-0.100)

图3 大小跨梁的注写示例

如，梁下部有四根纵筋，$2\phi 25$放在角部，$2\phi 22$放在中部，在梁下部应注写为$2\phi 25＋2\phi 22$。

当梁下部纵筋不全部伸入支座时，将梁支座下部纵筋减少的数量写在括号内。例如，梁下部纵筋注写为$6\phi 25$ 2(2)/4，则表示上排纵筋为$2\phi 25$，且不伸入支座；下一排纵筋为$4\phi 25$，且全部伸入支座。

当梁的集中标注中已按前述规定分别注写了梁上部和下部均为通长的纵筋值时，则不需要在梁下部重复做原位标注。

③ 对于附加箍筋或吊筋，将其直接画在平面图中的主梁上，用线引注总配筋值（附加箍筋的肢数注在括号内），如图4所示。

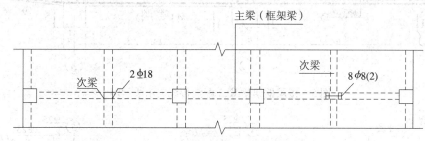

主梁（框架梁）
次梁 $2\phi 18$
次梁 $8\phi 8(2)$

图4 附加箍筋或吊筋的画法示例

施工时应注意：附加箍筋或吊筋的几何尺寸应按照标准构造详图，结合其所在位置的主梁和次梁的截面尺寸确定。

④ 当在梁上集中标注的内容（即梁截面尺寸、箍筋、上部通长筋或架立筋，梁侧面纵向构造钢筋或受扭纵向钢筋，以及梁顶面标高高差中的某一项或几项数值）不适用于某跨或某悬挑部分时，则将其不同数值原位标注在该跨或该悬挑部位，施工时应按原位标注数值取用。

3）梁平法施工图与传统表示法的比较

（1）钢筋混凝土梁配筋图的传统表示法：平法之前的混凝土结构施工图表示方法本书称为传统表示法。钢筋混凝土构件图又称为配筋图，它在表示构件形状、尺寸的基础上，将构件内钢筋的种类、数量、形状、等级、直径、尺寸、间距等配置情况反映清楚。其传统表示法，是由配筋立面图和断面图组成。

① 图示特点。图示重点是钢筋及其配置，而不是构件的形状。为此，构件的可见轮廓线以细实线绘制。

② 配筋立面图。假想混凝土是透明体且不画材料符号，构件内的钢筋是可见的钢筋以粗

线（单线）给出，可见的是粗实线，不可见的是粗虚线。

③ 断面图。选择配筋不同之处绘制断面图，一般选在每跨梁的支座及跨中处。断面编号以阿拉伯数字表示，在断面图上标注截面尺寸、配筋，纵向钢筋的横断面以黑圆点表示，箍筋以粗实线表示，每一个断面图下需标注断面编号。

④ 为了保证结构图的清晰，构件中的各种钢筋，凡形状、等级、直径、长度不同时，都应给予不同的编号。编号数字写在直径为 6 mm 的细线圆中，编号圆应绘制在引出线的端部，同时，对各编号钢筋的数量、级别代号、直径、间距代号及数字也应注出。

⑤ 阅读例图：图 5 是编号 KL2 的现浇框架梁传统表示法立面配筋图。这是轴线①—③轴间的一根两跨带一端外伸的框架梁。以该梁第一跨为例阅读。梁下部配有 6 根直径为 25 mm 的 HRB335 通长钢筋。由 1—1 断面（图 6）上部左端可知，有 2 根编号为⑤直径为 22 mm 的通长筋，2 根编号为⑥直径为 22 mm 的支座钢筋；由 2—2 断面可知，上部右端有 6 根直径均为 25 mm 的 HRB335 钢筋，其中有 2 根编号为⑤的通长筋，2 根编号为⑦，2 根编号为⑧的支座贯通钢筋。再看③轴右侧外伸部分，梁下部有 2 根编号为④直径为 16 mm 的 HPB235 架立钢筋，梁上部有 2 根直径为 25 mm 编号为⑨的通长负弯矩钢筋，2 根直径为 25 mm 编号为⑩的弯起钢筋。

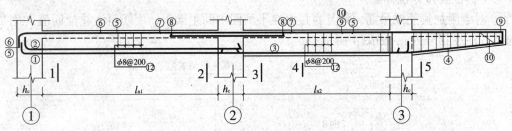

图 5 楼层框架梁 KL2 配筋传统表示法示例

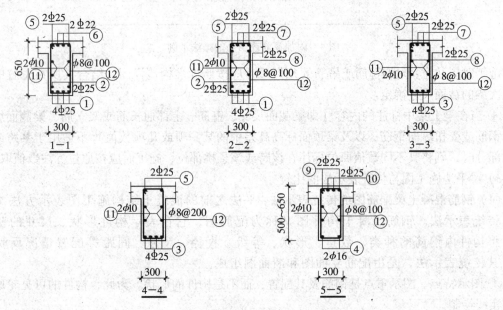

图 6 楼层框架梁 KL2 配筋断面图

2）梁的平面整体表示法（平法）

图 7 表示编号为 KL2 的现浇钢筋混凝土框架梁在平面图中的平法注写方式。在梁的集中标注引出线右侧第一行"KL2"为梁的编号，（2A）表示两跨，一端外伸，300×650 表示梁的截面尺寸；第二行"φ8@100/200（2）"表明梁的箍筋是直径为 8 mm 的 HPB235 钢筋，加密区间距为 100 mm，非加密区间距为 200 mm，箍筋为双肢箍；"2Φ25"表示梁上部及下部各有 2 根直径为 25 mm 的 HRB335 通长钢筋；第三行"G4φ10"表示梁的两侧共配置 4 根直径为 10 mm 的 HPB235 构造钢筋，每侧 2 根；第四行"（-0.100）"表明梁顶面标高比结构层楼面标高低 0.100 m。

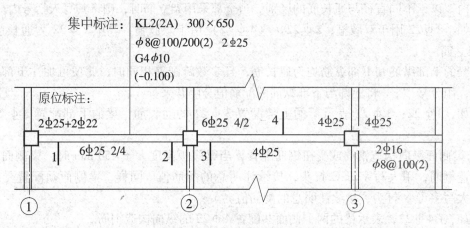

图 7 KL2 平面注写方式示例

在梁的平面图上，靠近①轴的第一跨梁左端上部原位标注处注写的"2Φ25+2Φ22"表明此处梁端上部梁角处配有 2 根直径为 25 mm 的 HRB335 通长钢筋外，还有 2 根直径为 22 mm 的 HRB335 支座钢筋。靠近②轴梁端上部注写"6Φ25 4/2"表明此处梁下部共配有 6 根直径为 25 mm 的 HRB335 钢筋，分两排配置，下一排 4 根，上一排 2 根。

图中没有标注包括支座钢筋在内的各类钢筋的长度及伸入支座等尺寸，这些尺寸可查阅国家建筑标准设计图集 03G101-1 中的标准构造详图（图 8）对照确定。

采用平面注写方式表示时，不需绘制梁截面配筋图。

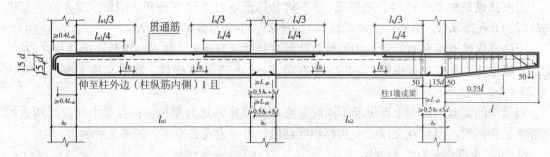

图 8 楼层框架梁 KL 纵向钢筋构造

1.3.2 结构设计总说明

某别墅建筑结构设计总说明有三张图纸，包括结施 01、结施 01a 和结施 01b。

结构设计总说明

1. 工程概况和总则

(1) 本工程设计标高±0.000，相当于绝对高程（黄海）4.400 m，详见建筑图。

(2) 上部结构体系：

结构型式	结构体系	主体地上层数	主体地下层数	主体高度	裙房层数	建筑结构安全等级	设计使用年限
钢筋混凝土结构	框架	详见单体	详见单体	详见单体		二级	50年

(3) 计量单位（除注明外）：① 长度：mm；② 角度：°；③ 标高：m；④ 强度：N/mm²。

(4) 本建筑物应按建筑图中注明的使用功能，未经技术鉴定或设计许可，不得改变结构的用途和使用环境。

(5) 凡预留洞、预埋件应严格按照结构图并配合其他工种图纸进行施工，未经结构专业许可，严禁擅自留洞或事后凿洞。

(6) 本工程采用"平法标注"，其制图规则详《混凝土结构施工图平面整体表示方法制图规则和构造详图》图集编号为11G101-1,11G101-2；11G101-3,11G101-4。

(7) 施工图中除特别注明外，均以本总说明为准，本总说明未详尽处，请遵照现行国家有关规范与规程规定施工。

2. 设计依据

(1) 本工程施工图按国土规划局、消防局和人防办、抗震办等政府职能部门就本工程的相关批文进行设计。

(2) 采用中华人民共和国现行国家标准规范和规程，主要有：

《建筑结构荷载规范》 (GB 50009—2012)； 《混凝土结构设计规范》 (GB 50010—2010)；

《建筑抗震设计规范》 (GB 50011—2010)； 《建筑地基基础设计规范》 (GB 50007—2011)；

《砌体结构设计规范》 (GB 50003—2011)； 《建筑设计防火规范》 (GB 50016—2014)；

《建筑桩基技术规范》 (JGJ 94—2008)； 《钢结构设计规范》 (GB 50017—2011)；

《地基基础设计规范》 （浙江 DB 33/1001—2003)。

(3) 采用中华人民共和国现行国家标准图集主要有：

《混凝土结构剪力墙边缘构件和框架柱构造钢筋选用》(14G 330—1)； 《防空地下室结构设计》(FG 01—05)。

(4) 岩土工程勘察报告（由浙江省工程勘察院提供，2008年4月）。

(5) 本工程的混凝土结构的环境类别：室内正常环境为一类，室内潮湿、露天及与水土直接接触部分为二类a。

(6) 建筑抗震设防类别为丙类，建筑结构安全等级为二级，所在地区的抗震设防烈度为6度，设计基本地震加速度0.05 g，设计地震分组：第一组；场地类别：Ⅲ类；特征周期T_g=0.45sec，建筑类别调整后用于结构抗震验算的烈度6度；按建筑类别及场地调整后用于确定抗震等级的烈度6度；阻尼比取0.05；抗震等级见下表。

地下一层抗震等级		地下二层及以下抗震等级	上部结构抗震等级	框架(框架–抗震墙)		部分框支抗震墙（抗震墙）			框架–核心筒		板柱–抗震墙		裙房	
上部结构之下	上部结构之外			主体框架	抗震墙	框支层及以下	层楼板及以下	层楼板及以上	框架	核心筒	板柱的柱	抗震墙	框架	抗震墙
四级	四级			四级		框支柱 框架梁柱	底部加部位抗震墙	抗震墙						

抗震墙底部加强部位为___层至___层，高度为___m。

(7) 50年一遇的基本风压：0.45 kN/m²，地面粗糙度：B类，风载体型系数：1.4。

(8) 楼面和屋面活荷载：按《建筑结构荷载规范》(GB 50009—2012)取值，具体数值（标准值）如下表所示；屋顶花园活荷载不包括花圃土石等材料自重；卫生间活荷载不包括蹲式卫生间垫高部分的荷载。施工荷载：楼面2.0 kN/m²；屋面2.0 kN/m²。楼层房间应按照建筑图中注明内容使用，未经设计单位同意，不得任意更改使用用途，不得在楼层梁和板上增设建筑图中未标注的隔墙。

楼面用途	住宅宿舍	办公旅馆	会议室教室	住宅阳台	人群有可能密集的阳台	住宅厨房（饭店厨房）	走廊，门厅	食堂，餐厅	卫生间	普通楼梯	消防楼梯
活荷载(kN/m²)	2.0	2.0	2.0	2.5	3.5	2.0（4.0）	2.5	2.5	2.5	2.5	3.5
楼面用途	商场展览厅	车库	电梯机房通风机房	不上人屋面（上人屋面）	屋面花园	健身房舞厅	密集柜书库	档案库书库	车站，港口机场大厅	有固定座位看台	无固定座位看台
活荷载（kN/m²）	3.5	4.0	7.0	0.5（2.0）	3.0	4.0	12.0	5.0	3.5	3.0	3.5

注：消防车活荷载：单向板楼盖且板跨≥2 m时35 kN / m²，双向板楼盖和无梁楼盖且柱网尺寸≥6 m×6 m时20 kN/ m²。

(9) 本建筑物耐火等级为二级，相应各类主要构件的耐火极限，所要求的最小构件尺寸及保护层最小厚度应符合《建筑设计防火规范》(GB 50016—2014)的表8的要求。

(10) 地下室人防抗力等级为：　　级，人防等效静荷载标准值见下表，各部分的截面与配筋详见人防设计图纸。

人防地下室等效静荷载标准值

部位	顶板	底板	外侧墙	室内（室外直通）出入口			人防地下室与普通地下室之间			相邻防护单元隔墙、门框墙及防密门扇
				临空墙	防密门框墙	防密门扇	隔墙	隔墙上防密门框墙	隔墙上防密门扇	
荷载										

3. 基础

(1) 本工程地基基础设计等级为乙级。地基土的液化等级为无液化，桩基安全等级为二级。

(2) 本工程基础根据《龙盛·右岸××岩土工程勘察报告》进行设计。

基础形式：详见单体。

(3) 施工完成后的工程桩应进行竖向承载力检验，静荷载试验的桩数不得少于同条件下总桩数的1%且不得少于3根。桩身质量检验可采用声波透射法或可靠的动测法或钻孔抽芯法，检测桩数不得少于总桩数的10%，对于直径大于800 mm的混凝土嵌岩桩每根柱下承台的抽检桩数不得少于1根。检验报告应提交设计作为验收依据。

(4) 地下水对混凝土无腐蚀性，如有，则应符合现行国家标准《工业建筑防腐蚀设计规范》(GB 50046—2008)。

(5) 场地如有液化土层，则液化土中桩的配筋范围，应自桩顶至液化深度以下符合全部消除液化沉陷所要求的深度，其纵向钢筋应与桩顶相同，箍筋应加密。

(6) 地下室抗浮设计的水位标高相当于黄海高程详见单体。

4. 材料选用及要求

1) 混凝土

(1) 承重结构混凝土强度等级按下表采用：详见单体。

墙柱	部位	地下室部分					
	标高						
	强度	C25					
梁板	部位	地下室顶部					
	标高						
	强度	C25					
地下室	部位	承台基础	基础梁	地下室底板	地下室外墙	基础垫层	
	强度	C30	C30	C30	C25	C15	

注：过梁构造柱圈梁等零星构件混凝土强度等级为C20。

(2) 地下室防水等级为二级；采用补偿收缩防水混凝土，屋面及高位水箱采用密实性混凝土，混凝土抗渗等级见下表。

部位或构件	承台	地下室底板外墙	地下室顶板	消防水池	高位水箱	屋面
抗渗等级	S6（0.6 MPa）	S6（0.6 MPa）	S6（0.6 MPa）			

(3) 本工程地下室底板（含承台）、外墙和顶板均采用内掺低碱高效混凝土膨胀剂的补偿收缩抗裂防渗技术；采用的膨胀剂碱含量应≤0.75%，掺量不大于8%，底板、外墙和顶板的补偿收缩混凝土水中养护14天混凝土实测限制膨胀率应分别≥0.02%，0.035%。水中14天，空气中28天的限制干缩率≤0.03%，膨胀剂宜采用CMA或HEA，膨胀剂的品种和掺量及混凝土施工配合比应采用工程实际选用的水泥品种通过试验确定，施工时未经试验不得改变水泥品种；所有外加剂均应符合国家或行业标准一等品及以上的质量要求，外加剂质量及应用技术应符合现行国家标准《混凝土外加剂》(GB 8076—2008)、《混凝土外加剂应用技术规范》(GB 50119—2013)等规定。后浇带膨胀剂掺量为12%。

(4) 混凝土环境类别及耐久性要求

部位或构件	环境类别	最大水灰比	最小水泥用量	最大氯离子含量	最大碱含量
地上部分	一类	0.65	225 kg/m³	1.0%	不限制
地下结构	二a类	0.60	250 kg/m³	0.3%	3.0 kg/m³

(5) 梁柱（含剪力墙暗柱与连梁、转换层大梁）等节点钢筋过密的部位，须采用同强度等级的细石混凝土振捣密实。

(6) C35和C35以上混凝土，应采用碎石级配。不许采用碎卵石代替。

(7) 除了施工单位提供试块实验报告外，设计单位依据工程具体要求，可采用随机无损检验，以确认混凝土的施工质量及强度工质量及强度等级，耐久性是否满足设计要求。

2) 钢材：钢筋、钢材和焊条

(1) 钢材和钢筋的技术指标应符合强度标准值应具有不小于95%的保证率要求：

N/mm²

钢筋种类、符号	HPB300(ϕ)	HRB335 (Φ)	HRB400 (Φ)	
f_y，f_y'	210	300	360	
f_{yk}	235	335	400	

对于抗震等级一、二级的框架，其纵向受力钢筋采用普通钢筋时，钢筋抗拉强度实测值与屈服强度实测值的比值不应小于1.25；钢筋的屈服强度实测值与强度标准值的比值不应大于1.3。

(2) 当采用进口热轧变形钢筋时，应符合我国有关规范的要求。

(3) 受力预埋件的锚筋应采用HPB235级(ϕ)，HRB335级(Φ)或HRB400级(Φ)钢筋，严禁采用冷加工钢筋，吊环应采用HPB235(ϕ)钢筋制作，严禁使用冷加工钢筋，吊环埋入混凝土的深度不应小于30d，并应焊接或绑扎在钢筋骨架上。

(4) 施工中任何钢筋的替换，均应经设计单位同意后，方可替换。严禁采用改制钢材。

(5) 纵向受拉钢筋的锚固长度（抗震l_{aE}、非抗震l_a）详见下表，括号内数值用于钢筋直径d≥28。

钢筋类型	抗震等级	C20	C25	C30	C35	≥C40
HPB300	一、二级	36d	31d	30d	25d	25d
	三级	33d	28d	25d	25d	25d
	四级、非抗震	33d	28d	25d	25d	20d
HRB335	一、二级	45d（50d）	40d（45d）	35d（40d）	35d	30d（35d）
	三级	40d（45d）	35d（40d）	35d	30d（35d）	30d
	四级、非抗震	40d（45d）	35d（40d）	30d（35d）	30d	25d（30d）
HRB400	一、二级	55d（60d）	50d（55d）	40d（45d）	40d（45d）	35d（40d）
	三级	50d（55d）	45d（50d）	40d（45d）	35d（40d）	35d
	四级、非抗震	50d	40d（45d）	35d（40d）	35d	30d（35d）

（表头：混凝土强度等级 / 钢筋类型、抗震等级）

注：① 按上表计算的锚固长度l_a（l_{aE}）<250（300）时，按250（300）采用；
② 采用环氧树脂涂层钢筋时，其锚固长度乘以修正系数1.25；
③ 当钢筋在施工中易受扰动（如滑模施工）时，乘以修正系数1.1。

(6) 纵向受拉钢筋的搭接长度（抗震l_a、非抗震l）详见下表，括号内数值用于搭接接头百分比50%。

钢筋类型	抗震等级	C20	C25	C30	C35	≥C40
HPB300	一、二级	45d（50d）	40d（45d）	35d（40d）	30d（35d）	30d（35d）
	三级	40d（45d）	35d（40d）	30d（35d）	30d（35d）	25d（30d）
	四级、非抗震	40d（45d）	35d（40d）	30d（35d）	30d	25d（30d）
HRB335	一、二级	55d（65d）	50d（55d）	40d（50d）	40v（45d）	35d（40d）
	二级	50d（60d）	45d（50d）	40d（45d）	35v（40d）	35d（40d）
	四级、非抗震	50d（55d）	40d（50d）	35d（45d）	35d（40d）	30d（35d）
HRB400	一、二级	65d（75d）	55d（65d）	50d（60d）	45d（55d）	45d（50d）
	三级	60d（70d）	50d（60d）	45d（55d）	45d（50d）	40d（45d）
	四级、非抗震	55d（65d）	50d（60d）	45d（50d）	40d（45d）	35d（45d）

（表头：混凝土强度等级 / 钢筋类型、抗震等级）

(7) 纵向受压钢筋，当采用搭接连接时，其受压搭接长度不应小于纵向受拉钢筋搭接长度的0.70倍，且在任何情况下不应小于200 mm。柱纵向钢筋直径d>22 mm时，接头均采用电渣压力焊接。

(8) 轴心受拉及小偏心受拉杆件（如桁架和拱的拉杆）的纵向受力钢筋不得采用绑扎搭接接头。当受拉钢筋的直径d>28 mm及受压钢筋的直径d>32 mm时，不应采用绑扎搭接接头。

(9) 同一构件中相邻纵向受力钢筋的绑扎搭接接头宜相互错开。位于同一连接区段内的受拉钢筋搭接接头面积百分率：对梁类，板类及墙类构件：<25%；对柱类构件：<50%；确有必要增大搭接接头面积百分率时，应经设计认可。

(10) 在纵向受力钢筋搭接接头范围内应配置箍筋，其直径不应小于搭接钢筋较大直径的0.25倍。当钢筋受拉时，箍筋间距不应大于搭接钢筋较小直径的5倍，且不应大于100 mm；当钢筋受压时，箍筋间距不应大于搭接钢筋较小直径的10倍，且不应大于200 mm。当受压钢筋直径d>25 mm时，尚应在搭接接头 两个端面外100 mm范围内各设置两个箍筋。

(11) 纵向受力钢筋机械连接接头宜相互错开。钢筋机械连接接头连接区段内的长度为35d（d为纵向受力钢筋的较大直径），凡接头中点位于该连接区段长度内的机械连接接头均属于同一连接区段。当受力较大处设置机械连接接头时，位于同一连接区段内的受拉钢筋接头面积百分率：≤50%，纵向受压钢筋的接头面积百分率可不受限制。机械连接的接头性能符合《钢筋机械连接通用技术规程》(JGJ 107—2003)的Ⅰ级接头性能；机械连接优先采用钢筋直螺纹套筒接头。

(12) 纵向受力钢筋的焊接接头应相互错开。钢筋焊接接头连接区段的长度为35d（d为纵向受力钢筋的较大直径）且不小于500 mm，凡接头中点位于该连接区段长度内的焊接接头均属于同一连接区段。位于同一连接区段内的受力钢筋的焊接接头面积百分率对纵向受拉钢筋接头：≤50%，纵向受压钢筋的接头面积百分率：可不受限制。

(13) 连接闪光焊所能焊接的钢筋上限直径，应根据下表焊机容量，钢筋级别等具体情况而定，Ⅰ焊接质量应满足《钢筋焊接及验收规程》(JGJ 18—2012)。

焊机容量(KVA)	160	100	80
钢筋级别，钢筋直径	ϕ=25，Φ=22，Φ=20	ϕ=20，Φ=18，Φ=16	ϕ=16，Φ=14，Φ=12

(14) 纵向受力的普通钢筋及预应力钢筋，其混凝土保护层厚度（钢筋外边缘至混凝土表面的距离）不应小于钢筋的公称直径，且应符合下表规定：

纵向受力钢筋混凝土保护层最小厚度　　mm

环境类别		板墙壳 ≤C20	板墙壳 C25~C45	板墙壳 ≥C50	梁 ≤C20	梁 C25~C45	梁 ≥C50	柱 ≤C20	柱 C25~C45	柱 ≥C50
一类环境		20	15	15	30	25	25	30	30	30
二类环境	a	—	20	20	—	30	30	—	30	30
	b	—	25	20	—	35	30	—	35	30

注：板、墙、壳中分布钢筋的保护层厚度不应小于表中相应数值减10 mm，且不应小于10 mm；梁、柱中箍筋和构造钢筋的保护层厚度不应小于15 mm。

(15) 防水混凝土构件、基础纵向受力钢筋的混凝土保护层厚度：

防水混凝土部位或构件	承台	地下室底板 板	地下室底板 梁	地下室外墙 墙	地下室外墙 柱	水箱水池
保护层厚度	上40 下100	上20 下40	上25 下40	内20 外40	内30 外40	内30 外20

注：① 对于地下室防水混凝土迎水面保护层中必须设置附加钢筋网ϕ4@200×200，钢筋网保护层厚度15，端部锚固长度统一取250。
② 当承台、基础梁（地下室地梁）侧面处于迎水面时，纵筋侧面保护层厚度取40，非迎水面时取30。
③ 梁板（墙柱）节点处一般存在多层纵筋交汇的情况，此时应满足最外层纵筋保护层厚度，内层纵筋保护层比表中数值相应增加。

(16) 对有防火要求的建筑物，其保护层厚度尚应符合国家现行有关标准的要求。

(17) 钢板和型钢采用：Q235等级B（C，D）的碳素结构钢；Q345等级B（C，D，E）的低合金高强度结构钢。

(18) 所有外露铁件均应除锈涂红丹两道，刷防锈漆两度（颜色另定）。

(19) 焊条：E43系列用于焊接HPB300钢筋、Q235B钢板型钢；E50系列用于焊接HRB335钢筋；E55系列用于焊接HRB400热轧钢筋；不同材质时，焊条应与低强度等级材质匹配。

3) 填充墙砌块和砂浆、成品墙板（砌块容重单位：kN / m³）

位置	地面以上外墙	卫生间	其他内隔墙	地下室隔墙
砌块材料	120,240 页岩多孔砖	120,240 页岩多孔砖	120,190,240 加气混凝土砌块	120,240 加气混凝土砌块
砌块强度等级	MU10	MU10	A5.0	A5.0
砂浆强度等级	M5	M5	专用砂浆	专用砂浆
砂浆材料	混合砂浆	混合砂浆		
砌块允许容重	14.5	14.5	7.5	7.5

×××建筑工程设计有限公司				建设单位	×××置业有限公司	
				工程名称	龙盛·右岸美墅P46、49号楼	
设计		校对		结构设计总说明	工号	06051
制图		审核			图号	结施01
专业负责		项目负责			日期	×年×月

结构设计总说明(续)

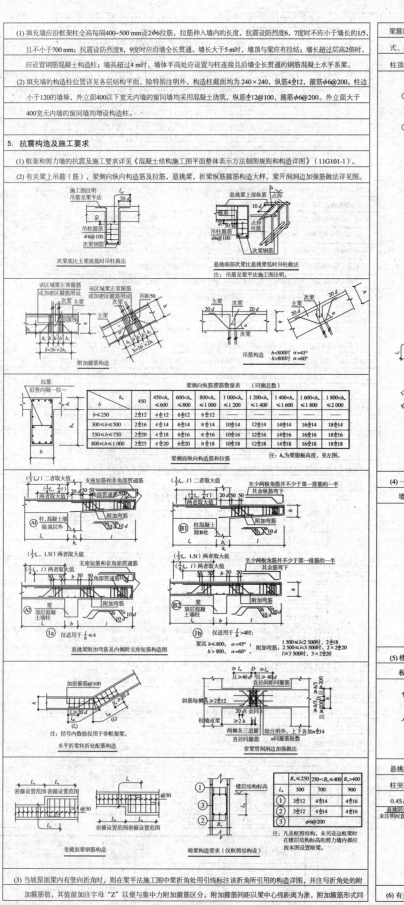

(1) 填充墙应沿框架柱全高每隔400~500 mm设2φ6拉筋，拉筋伸入墙内的长度，抗震设防烈度6、7度时不应小于墙长的1/5，且不小于700 mm；抗震设防烈度8、9度时应沿通长全长贯通。墙长大于5 m时，墙顶与梁应有拉结；墙体超过层高2倍时，应设置钢筋混凝土构造柱；墙高超过4 m时，墙体半高处应设置与柱连接且沿墙全长贯通的钢筋混凝土水系梁。

(2) 填充墙的构造柱位置详见各层结构平面，除特别注明外，构造柱截面均为240×240，纵筋4φ12，箍筋φ6@200。柱边小于120的墙垛，外立面400以下宽无内墙的窗间墙均采用混凝土浇筑，纵筋φ12@100，箍筋φ6@200。外立面大于400宽无内墙的窗间墙均增设构造柱。

5. 抗震构造及施工要求

(1) 框架和剪力墙的抗震及施工要求详见《混凝土结构施工图平面整体表示方法制图规则和构造详图》(11G101-1)。

(2) 有关梁上吊筋(筋)，梁侧向纵向构造筋及拉筋，悬挑梁，折锚纵筋箍筋构造大样，梁开洞洞边加强筋做法详见图。

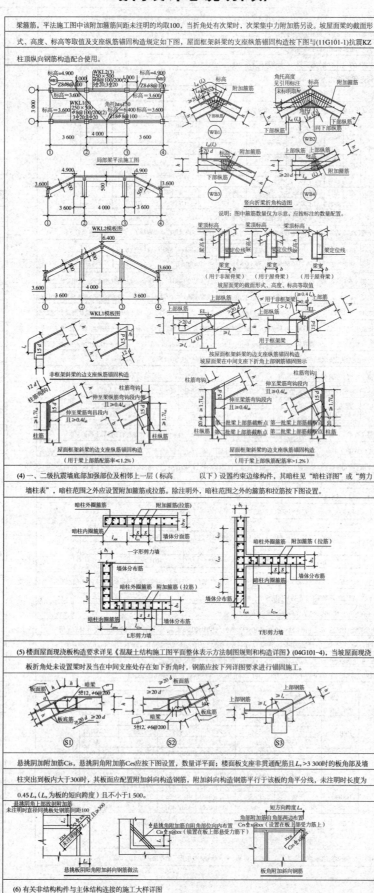

(4) 一、二级抗震墙底部加强部位及相邻上一层(标高 以下)设置约束边缘构件，其暗柱见"暗柱详图"或"剪力墙柱表"，暗柱范围之外应设置附加箍筋或拉筋。除注明外，暗柱范围之外的箍筋和拉筋按下图设置。

(5) 楼面屋面现浇板构造要求详见《混凝土结构施工图平面整体表示方法制图规则和构造详图》(04G101-4)，当坡屋面现浇板折角处未设置梁时或当在中间支座处存在下折角时，钢筋应按下列详图要求进行锚固施工。

悬挑阴角附加筋Cis，悬挑阴角附加筋Ces按下图设置，数量详平面；楼面板支座非贯通配筋且Ls>3 300时的板角处及墙柱突出板内大于300时，其板面应配置附加斜向构造钢筋，附加斜向构造钢筋平行于该板角的角平分线，未注明时长度为0.45 Ls (Ls为板的短向跨度)且不小于1 500。

(6) 有关非结构构件与主体结构连接的施工大样详图

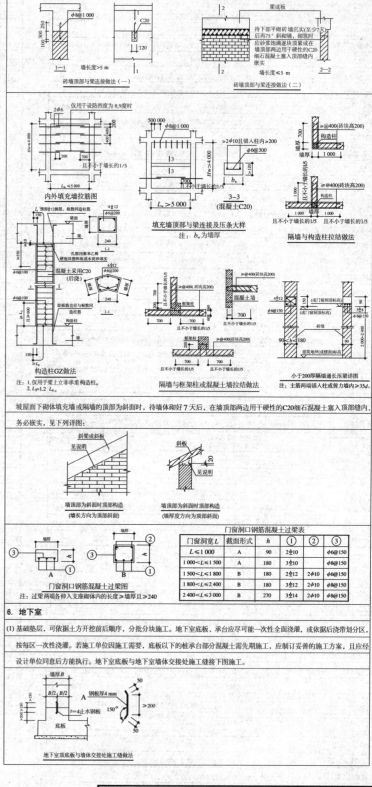

城屋面下砌体填充墙或隔墙的顶部为斜面时，待墙体砌好7天后，在墙顶部两边用干硬性的C20细石混凝土塞入顶部缝内，务必嵌实，见下列详图：

门窗洞口钢筋混凝土过梁表

门窗洞宽L	截面形式	h	①	②	③
L≤1 000	A	90	2φ10		φ6@150
1 000<L≤1 500	A	180	3φ10		φ6@150
1 500<L≤1 800	B	180	2φ12	2φ10	φ8@150
1 800<L≤2 400	B	180	3φ12	2φ10	φ8@150
2 400<L≤3 000	B	270	3φ14	2φ10	φ8@150

注：过梁两端伸入支座砌体内的长度≥墙厚且≥240

6. 地下室

(1) 基础垫层，可依施工开挖前后顺序，分批分块施工。地下室底板、承台应尽可能一次性全面浇灌，或依据后浇带划分区，按每区一次性浇灌。若施工单位因施工需要，底板以下的桩承台部分混凝土需先期施工，应制订妥善的施工方案，且应经设计单位同意后方能执行。地下室底板与地下室墙体交接处施工缝接下图施工。

地下室顶板与墙体交接处施工缝做法

×××建筑工程设计有限公司	建设单位	×××置业有限公司
	工程名称	龙盛·右岸美墅P46、49号楼

设计		校对		工号	06051
制图		审核		结构设计总说明(续)	图号 结施01a
专业负责		项目负责			日期 ×年×月

(2) 地下室墙体和底板,顶板变形缝的设置详见地下室结构平面图,墙体和底板的变形缝构造采用中埋式和可卸复合止水带,顶板的变形缝构造采用中埋式止水带,详上图。

(3) 地下室墙体外侧土应待本层结构混凝土达到设计强度并完成柔性外防水施工后方可回填;回填土应用砂质粘土或灰土或中粗砂震动分层夯实,密实度要求≥93%。严禁采用建筑垃圾土或淤泥土回填。

(4) 基础大体积混凝土施工时,应合理选择混凝土配合比,宜选用水化热低的水泥,掺入适当粉煤灰和外加剂,控制水泥量,混凝土内部温度与表面温度的差值应超过±25℃。

(5) 筏基、箱基、(地下室)顶板、底板、墙板采用双层双向配筋时,应设置间距<500 mm,呈梅花形排列的连系钢筋或拉结筋,拉结筋设置详图6b。顶板及底板上下层钢筋之间每隔@1 000加设骑马凳Φ12(板厚<300),Φ14(板厚310~450),Φ16(板厚460~600),Φ18(板厚610~800)。

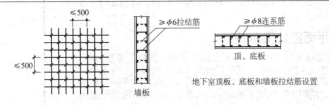

地下室顶板、底板和墙板拉结筋设置

(6) 地下室外墙体与柱子连接部位插入长度1 500~2 000 mm,Φ8@150的加强钢筋,插入柱子200~300 mm,插入边墙1 200~1 600 mm;并在墙中部1 m范围内,外墙水平筋的间距加密到100 mm。

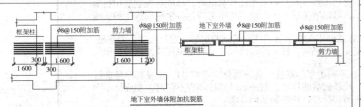

地下室外墙体附加抗裂筋

(7) 施工后浇带和膨胀加强带详结施平面图设置,后浇带、膨胀加强带的宽度≥800 mm,2 000 mm。梁筋贯通不断。混凝土应采用无收缩混凝土或微膨胀混凝土(掺CMA或WG-HEA)(膨胀剂碱含量≤0.75%,水中14 d限制膨胀率≥0.040%,空气中28 d的限制干缩率≤0.03%),其混凝土强度等级应提高5 MPa。施工后浇带、膨胀加强带的混凝土浇灌分别宜在主体混凝土浇灌完毕至少60 d和7天并经设计同意后进行。地下室的后浇带做法详图如下图。

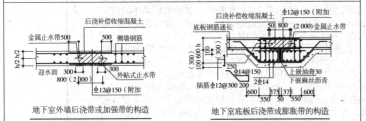

地下室外墙后浇带或加强带的构造   地下室底板后浇带或膨胀带的构造

7. 现浇结构尺寸允许偏差和检验方法
现浇结构尺寸允许偏差和检验方法具体详见下表。

现浇结构尺寸允许偏差和检验方法   mm

项次	1		2			3		4	5	6	7	8
项目	轴线位置		垂直度			标高		截面尺寸	电梯井		表面平整度	预埋设施中心线位移 预埋件	预埋螺栓	预留洞中心线位移
	基础	独立柱梁	墙柱梁	层高		层高	全高		井筒长宽对定位中心	井筒全高(H)垂直度			
			<5 m	>5 m	全高 H								
允许偏差	15	10	8	5	8	10	H/1 000 且<30	±10	+25 0	H/1 000 且<30	8	10	5	5	15
检验方法	钢尺检查		经纬仪或吊线、钢尺检查			经纬仪、钢尺检查		水准仪或拉线、钢尺检查		钢尺检查	经纬仪、钢尺检查		2m靠尺和塞尺检查	钢尺检查	钢尺检查

注:检查轴线、中心位线时,应沿纵、横两个方向量测,并取其中的较大值。

8. 结构中间验收
(1) 结构主体完工,砌筑砌体之前,应进行中间验收。未经中间验收或验收不合格,不得进行下一步工序施工。

(2) 结构施工中的缺陷,未经设计单位同意,不得采用水泥砂浆修补。

(3) 柱施工完工后,承台施工之前,必须组织有关单位进行桩基验收。验收合格后方可进行下一道工序施工。

---

(4) 主要施工及验收规范、规程有:
《混凝土结构工程施工质量验收规范》(GB 50204—2002)(2011版);《建筑地基基础工程施工质量验收规范》(GB 50202—2009);
《钢筋焊接及验收规程》(JGJ 18—2012) 《建筑钢结构焊接技术规程》(JGJ 81—2002);
《钢结构工程施工质量验收规范》(GB 50205—2011);《高层民用建筑钢结构技术规程》(JGJ 99—2012);
《钢筋机械连接通用技术规程》(JGJ 107—2010);   《砌体工程施工质量验收规范》(GB 50203—2011)

9. 基坑开挖
(1) 地下室支护结构设计应由具有相应工程设计资质的单位负责,如要利用建筑物的结构作为支护构件时,应经设计单位同意后方可使用。严禁利用桩基作为抗推力支承点。

(2) 基坑开挖前,施工单位应提供基坑开挖施工组织设计,选定开挖机械、开挖程序、机械和运输车辆行驶路线、地面和基坑内排水措施、雨季台风汛期施工等措施。施工组织设计未经设计院等有关单位确认,不得施工。

(3) 基坑开挖前必须对邻近建筑物、构筑物、给水、排水、煤气、电力、电话等地下管线进行调查,摸清位置、埋设标高、基础和上部结构形式,当处于基坑较强影响区范围内必须采取可靠措施保护。当邻近建筑物可能受基坑开挖影响时,应详细调查其已有裂缝及破损情况,并做好记录。

(4) 基坑开挖对应均匀分层开挖,先中间后四周,不应沿基坑四周一次开挖到底,应防止挖土机械开挖面的坡度过陡、运输车辆、运输荷载引起土体位移、桩基偏移、底部隆起等异常现象发生。

(5) 采用机械开挖基坑时,须保持底土体原状结构。根据土体情况和挖土机械类型,应保留200~300 mm土层由人工挖除铲平。每班停班机械应停在1∶2坡度以外。

(6) 基坑开挖经验收后,应立即进行垫层和基础施工,防止太阳暴晒和雨水浸润破坏基土原状结构。

(7) 对于未能达到设计标高的工程桩,应严格防止(采用机械或人工开挖时)外荷引起桩基偏移。一般应先用桩四周开挖临空,以防止桩基位移的措施。

(8) 对设有单层和多层内支撑挡土系统的基坑,应按设计确定开挖深度,不许超深开挖。挖土机械、运输车辆位于坑边时,宜采用搭设平台、铺设走道板等措施支承重型设备,以减少边坡对挡结构的侧压力。

(9) 严禁边施工支护结构(除喷锚支护结构和连续墙逆作法外)或桩工程未施工完毕进行开挖基坑等严重违规的事故发生。

(10)除上述规定之外,尚应遵守围护结构设计图中有关技术要求。

10. 其他
(1) 幕墙包括高层建筑外墙玻璃幕门窗、石材干挂幕墙、商标、广告牌等必须在上部结构施工前请有资质的单位进行设计,幕墙设计单位必须与上部结构设计单位配合,提供支点的反力供上部结构验算。

(2) 主体结构施工之前,建设单位应做确定幕墙或网架施工单位,做好幕墙或网架的施工准备,及时与土建施工单位密切配合,事先预埋好幕墙或网架与主体结构连接的预埋件。严禁事后凿打,也不许采用膨胀螺栓。

(3) 本结构施工图应与建筑、电气、给排水、通风空调、动力等专业的施工图密切配合,及时铺设各类线及套管,并核对预留洞与预埋件位置是否准确,避免日后打凿主体结构。

(4) 现浇板支座面筋的分布钢筋及单向板的分布钢筋,除图中注明者外,楼面、屋面及外露构件均为Φ6@200。上下水管道及设备孔洞必须按各专业施工图预留,不得后凿,以免降低板的承载能力。当梁跨度L≥4 000时,要求支模时按《混凝土结构工程施工及验收规范》规定起拱。

(5) 外露现浇挑檐板、女儿墙及通长遮阳板等,每隔12~15 m设置温度缝,缝宽20 mm(钢筋不可切断)。

(6) 电气埋管应置于板的中部,当板内电气埋设处板面没有钢筋时,应增设Φ6@200钢筋于板面。当露天现浇混凝土板内埋塑料电线管时,管的混凝土保护层不应小于30 mm。

(7) 当梁宽与柱或墙宽相同时,梁两侧纵向钢筋应稍微弯折,置于柱、墙主筋的内侧。梁上不得随意开洞或穿管,开洞及预埋铁件应严格按设计要求设置,经验合格后方可浇灌,预留孔洞不得后凿,不得损坏梁内钢筋。

(8) 管道穿地下室外墙时对应预埋套管或钢板,穿墙根据排水管路图中注明对外给排水标准图集S312中S3采用Ⅱ型刚性防水套管。群管穿墙除已有详图者外则按下图,洞口尺寸L×H见有关图册。电缆管穿墙除详图已有注明者外则按下图施工。

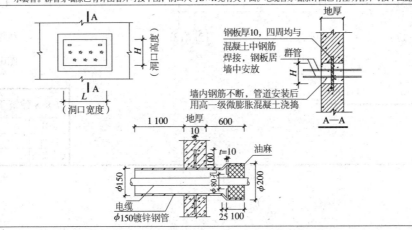

---

(9) 与电梯有关的预留孔洞,预埋件,电梯门洞处牛腿等的布置,坑底标高,缓冲墩的设置,门洞尺寸等须待业主提供正式土建资料后再出图,电梯井道施工应与建筑及电梯厂家提供的施工应图纸相互核对,确认各种开洞留孔预埋件尺寸正确,同时应加深井道四周承重墙垂直校核,务使偏差控制在电梯安装的允许范围以内。

(10) 本工程应做沉降观测,沉降观测应在浇筑基础开始观测,然后每施工一层观测一次,主体完成后,在装修期间,每个月观测一次,工程竣工后,第一年内每隔2~3个月观测一次,以后每隔4~6个月观测一次。沉降停测标准可采用连续两次半年沉降量不超过2 mm。对于突然发生严重裂缝或大量沉降等特殊情况,则应增加观测次数。沉降观测可采用三等水准测量。沉降观测点的埋设见图,沉降观测点的位置设置详见地下室的平面图。

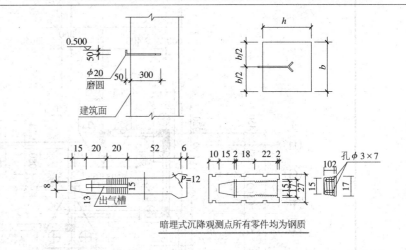

暗埋式沉降观测点所有零件均为钢质

(11) 悬挑构件须待混凝土强度达到100%方可拆除支撑。

(12) 地下室大体积混凝土施工要求:

① 大体积混凝土应保温保湿养护,混凝土中心温度与表面温度的差值不应大于25℃,混凝土表面的温度与大气温度的差值不应大于25℃。

② 在混凝土中掺加水泥用量10%~30%以下的粉煤灰(或与火山灰混合材料)、矿渣粉等活性混合材,对于大梁等外护条件较劣势的部位应严格控制粉煤灰的含碳量,选用含碳量小于5%的粉煤灰。

③ 鉴于膨胀剂与水泥、化学外加剂及掺和料存在适应性问题,应通过混凝土试配优选,以确定用何种水泥及外加剂。

④ 混凝土配合比设计,除满足设计强度等级和抗渗标号外,还应达到《混凝土外加剂应用技术规范》中对补偿收缩混凝土限制膨胀率的规定。

⑤ 膨胀剂应按国家标准(GB 12573)规定取样,混合后送当地检测单位,按厂家的标准掺量以JC 467—1998方法检测到现场的膨胀剂是否合格,合格者才可使用。膨胀剂应与混凝土其他原材料一齐投入搅拌机中,膨胀剂重量应按施工配合比投料,重量误差小于±2%,不得少掺或多掺,其拌制时间比普通混凝土延长30 s左右。

⑥ 混凝土的振捣必须密实,不得漏振、欠振或过振。在混凝土终凝以前,要用人工或机械多次抹压,防止表面沉缩裂缝和塑性裂缝的产生,以免影响外观质量。

⑦ 掺膨胀剂的混凝土要特别加强保温保湿养护,补偿收缩混凝土浇筑后1~7 d内应特别加强养护(有条件时应采用蓄水养护),7~14 d仍需湿养护,大梁上都可以采用蓄水养护,立面结构应采用双层饱水木模板进行保温保湿养护或水幕养护。模板拆除时间宜不少于7 d。模板拆除后继续养护至14 d。

×××建筑工程设计有限公司	建设单位	×××置业有限公司		
	工程名称	龙盛·右岸美墅P46、49号楼		
设计	校对		工号	06051
制图	审核	结构设计总说明(续)	图号	结施01b
专业负责	项目负责		日期	×年×月

S 建筑工程图识读实训

1.3.3 结构工程施工图识读

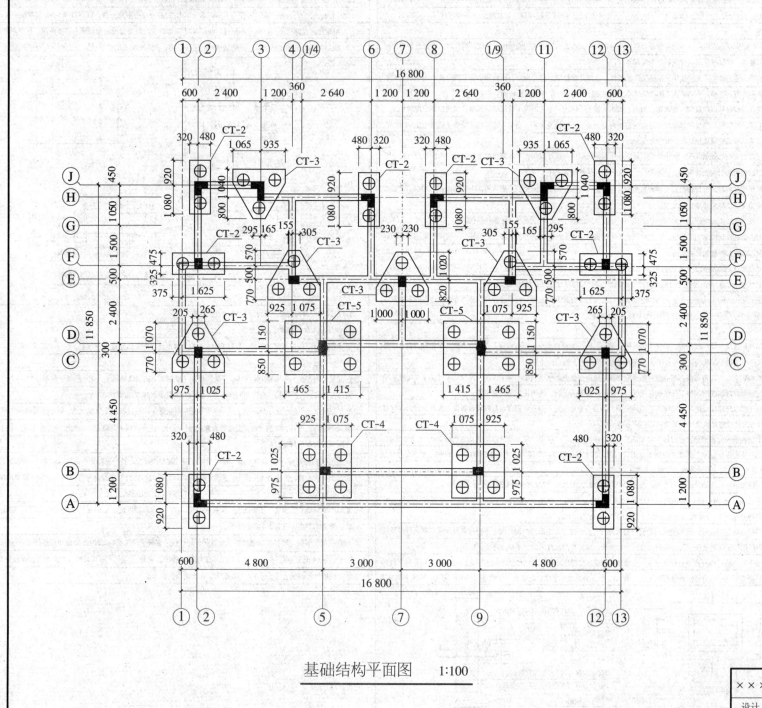

基础结构平面图　　1:100

1. 基础平面图概述

基础平面图是假设用一个水平剖切面沿建筑物的地面与基础之间将建筑物剖开,移去地面以上的房屋及基础周围的泥土,对剖切面以下的部分做出的水平投影图。它反映出房屋基础的平面形状、大小和基础墙、柱、桩的布置位置、基础留洞位置等情况。

基础平面图是结构施工图中最基本的图样之一。在施工过程中,基础平面图是进行放线、挖基槽、砌基础墙、浇捣混凝土等工作的依据。

2. 基础平面图的图示特点

(1) 在基础平面图中,一般只绘制基础墙(或柱)及基础底面(不含垫层)的轮廓线,其他轮廓线(如大放脚)省略不画,另用详图表达。当采用桩基础时,一般分别绘制桩位平面图和承台平面图,用粗十字线表示桩的中心位置,或采用桩断面轮廓线表示桩位。

(2) 基础平面图常用1:100的比例绘制,基础墙(或柱)被剖到,应画成粗实线,基础边线一般用中实线表示,基础内留洞及管沟位置用虚线表示。当采用筏板基础时,基础底板钢筋用粗实线表示,基础墙(或梁)的边线用中实线,其余轮廓线用细实线绘制。

(3) 基础平面图中必须注明基础的定形、定位尺寸,即基础墙的宽度、基础墙(柱)的轴线尺寸,其定位尺寸及编号必须与建筑平面图一致。

(4) 不同类型的基础、基础梁分别用符号J、JL及其序号进行编号,凡基础截面尺寸、做法、基底标高等不同时,均应标不同的断面剖切符号,并绘制基础详图。

3. 基础平面图的主要内容及阅读方法

(1) 看图名和比例。了解是哪个工程的基础,绘图比例是多少。

(2) 看纵横定位轴线编号。可知有多少道基础,基础间的定位轴线尺寸各是多少。对照与建筑平面图是否一致。

(3) 看基础平面布置图。可知基础构件的位置、底面形状、尺寸与轴线的关系、底标高、各构件编号。基础底标高不同时,应绘放坡示意。桩位平面图应反映各桩中心线与轴线的定位尺寸,承台平面图应反映各承台边线与轴线间的定位尺寸。

(4) 看基础平面图中剖切线及其编号。可了解到基础断面图的种类、数量及其分布位置,以便与基础详图对照阅读。

(5) 看管沟、预留洞和已定设备基础的平面位置、尺寸、标高。

(6) 看施工说明。了解基础持力层及地基承载力特征值,基底及基槽回填土的处理措施与要求;桩基础应说明桩的类型和桩顶标高、入土深度、桩端持力层及进入持力层的深度,成桩的施工要求、试桩要求和桩基检测要求。

(7) 提出沉降观测要求及测点布置。

4. 识读指导:结施02基础平面图

(1) 该基础平面图绘出各承台的平面布置,反映了各承台边线与轴线的定位尺寸。

(2) 承台共有四种类型,即CT-2、CT-3、CT-4、CT-5,注意图中并未注明承台对轴线居中。

(3) 各承台间由地梁联系,未注明处地梁均为DL-1。

×××建筑工程设计有限公司	建设单位	×××置业有限公司	
	工程名称	龙盛·右岸美墅 P46、49号楼	
设计　　校对	基础结构平面图	工号	06051
制图　　审核		图号	结施02
专业负责　项目负责		日期	×年×月

28

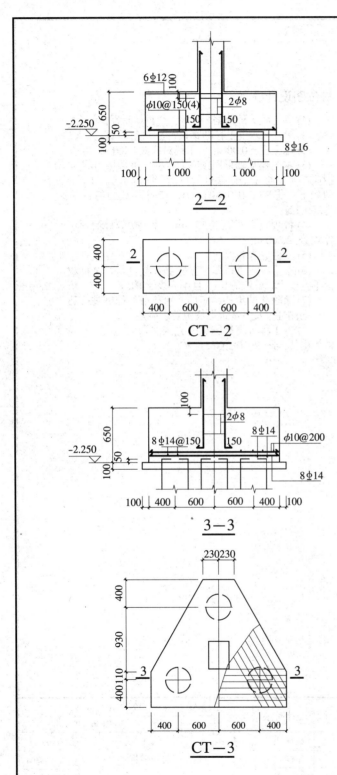

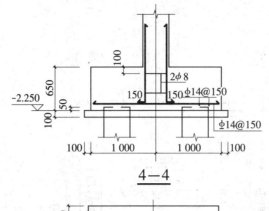

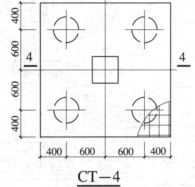

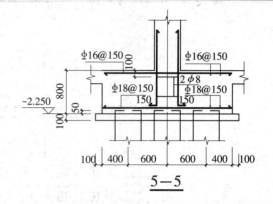

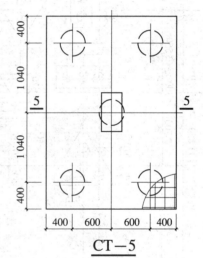

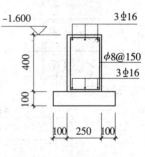

1. 基础详图概述

基础详图是假设用一个垂直剖切面在指定的位置剖切基础所得到的断面图，它主要反映单个基础的形状、尺寸、材料、配筋、构造以及基础的埋置深度等详细情况。基础详图用较大的比例绘制，基础断面图的边线一般用细实线画出，断面内应画出材料图例，若用钢筋混凝土基础，则只画出配筋情况，不画出材料图例。

2. 基础详图的主要内容及阅读方法

(1) 看图名和比例。图名常用1—1剖面、2—2剖面或用基础代号表示，常用比例为1:20或1:40。

(2) 看基础断面图中的轴线及编号。如果该断面适用于多条基础的断面，则轴线的圆圈内可不予编号。

(3) 看基础断面各部分详细尺寸，如基础墙厚、大放脚尺寸，基础底宽尺寸以及它们与轴线的相对位置尺寸。看室内外地面、基础底面的标高，从基础底面标高可了解基础的埋置深度。

(4) 看基础断面图中配筋的级别、直径、间距等。

(5) 看防潮层的标高位置及做法，看垫层的尺寸及做法（常在结构总说明中叙述）。

(6) 看施工说明，了解对基础施工的要求。

3. 识读指导：结施03基础详图

(1) 该基础详图比例为1:20，画出了承台（CT）2、3、4、5的详图和地梁1（DL-1）的详图。

(2) 从详图可见，基础材料是钢筋混凝土，基底标高均为-2.250 m。

(3) 对照基础平面图及桩位平面布置图检查桩基承台平面布置及定位尺寸。

(4) 基础垫层为100厚C10混凝土，超出基础边缘100 mm。

(5) 基础混凝土C25，桩入承台50 mm，桩主筋锚固长度参图集2002浙G22。

×××建筑工程设计有限公司	建设单位	×××置业有限公司		
	工程名称	龙盛·右岸美墅P46、49号楼		
设计　　校对			工号	06051
制图　　审核	基础详图1:20		图号	结施03
专业负责　项目负责			日期	×年×月

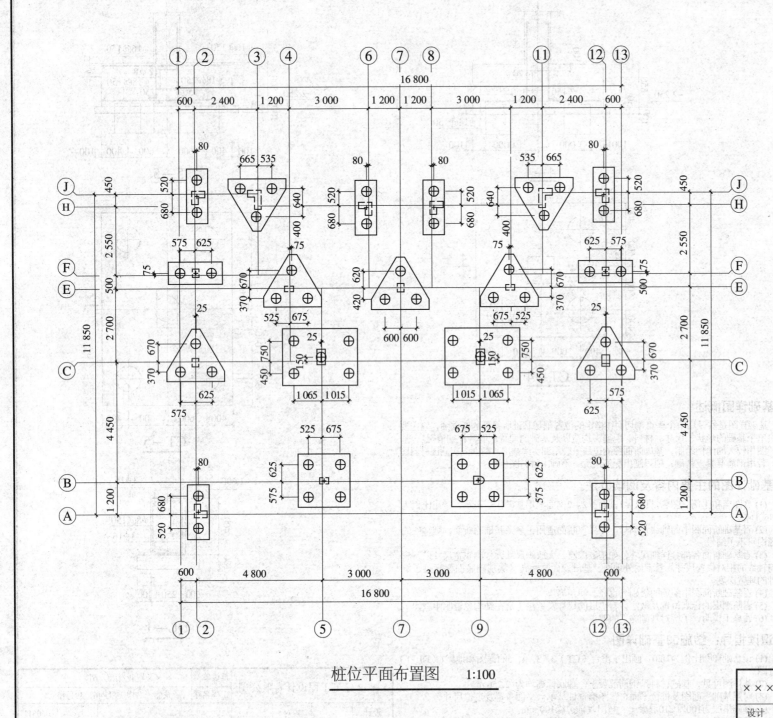

桩位平面布置图   1:100

桩位图设计说明

　　(1) 本工程基础根据×××工程勘察院提供的《龙盛·右岸××岩土工程勘察报告》进行设计。

　　(2) 本工程±0.000相当于绝对标高4.400 m。

　　(3) 本工程基础采用预应力管桩，桩端持力层为粉质黏土，桩端全截面进入持力层深度不小于1.2 m，型如下：⊕PTC400(60)-10，单桩承载力特征值为260 kN。

　　(4) 桩顶进入承台为50 mm，桩顶标高除注明外均为-2.200 m。

　　(5) 总桩数为55根。

　　(6) 本工程应进行单桩竖向静荷载试验，试桩数量不宜少于总桩数的1%，且不应少于3根。

　　(7) 除静载试验外，应抽一定数量工程桩进行动测，动测桩位及数量根据规范要求确定。

　　(8) 本工程桩套用图集《先张法预应力混凝土管桩》(图集号：2010浙G22)。

×××建筑工程设计有限公司		建设单位	×××置业有限公司	
		工程名称	龙盛·右岸美墅P46、49号楼	
设计	校对			工号	06051
制图	审核	桩位平面布置图		图号	结施04
专业负责	项目负责			日期	×年×月

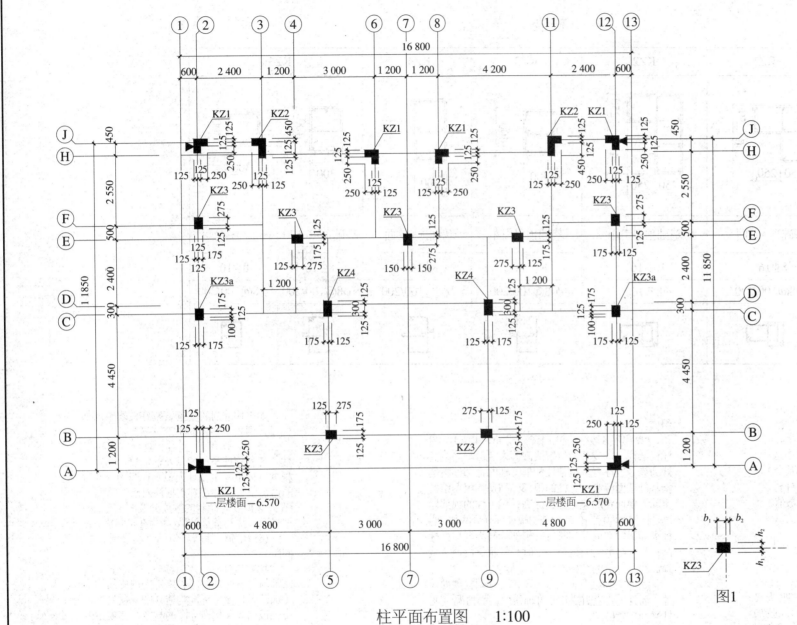

柱平面布置图 1:100

图1

1. 柱平法施工图的识读

(1) 柱平法施工图的表示方法：柱平法施工图是在平面布置图上根据设计计算结果，采用列表注写方式或截面注写方式来表达柱截面及配筋的施工图。

柱平面布置图可采用适当的比例单独绘制，也可与剪力墙平面布置图合并绘制。在柱平法施工图中，应按规定注明各结构层的楼面标高、结构层高及相应的结构层号。

(2) 列表注写方式：柱列表注写方式是在柱平面布置图上，先对柱进行编号，然后分别在同一编号的柱中选择一个（当柱断面与轴线关系不同时，需选几个）截面标注几何参数代号（b_1, b_2, h_1, h_2）见图1，然后在柱表中注写柱号、柱段起止标高、几何尺寸与柱筋的具体数值，并配以各种柱截面形状及箍筋类型图的方式来表达柱平法施工图。

(3) 断面注写方式：柱断面注写方式是在分标准层绘制的柱平面布置图的柱截面上，分别在同一编号的柱中选择一个截面，直接在该截面上注写截面尺寸和配筋具体数值的方式来表达柱平法施工图。

(4) 当柱与填充墙需要拉结时，应绘制构造详图或索引标准设计图集。

2. 识读指导：结施02柱平面布置图

(1) 该图绘制了各柱的平面布置情况，反映了各柱边线与轴线的定位尺寸。

(2) 框架柱有四种类型，即 KZ1，KZ2，KZ3，KZ4，各柱段起止标高、几何尺寸、柱配筋具体数值见柱表。

(3) 不同编号柱的纵向钢筋构造要求也不同，应根据抗震等级按标准图集 11G101-1 正确选用。

设计说明

(1) 未做特殊说明的标高均指基础顶到屋面。

(2) 所有柱在基础顶到一层楼面箍筋均全长加密。

(3) 混凝土等级为C25。

(4) ▲为沉降观测点，共4个，高出地面300，设置在框架柱上。

×××建筑工程设计有限公司	建设单位	×××置业有限公司		
	工程名称	龙盛·右岸美墅P46、49号楼		
设计	校对		工号	06051
制图	审核	柱平面布置图1:100	图号	结施05
专业负责	项目负责		日期	×年×月

柱表

编号	KZ1	KZ2	KZ3	KZ4	KZ3a	
截面	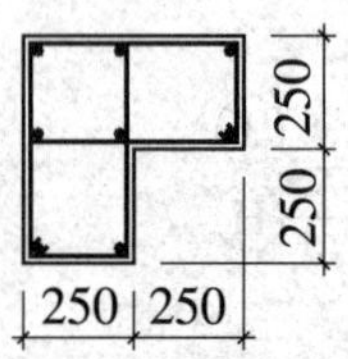 (L形 250/250/250/250)	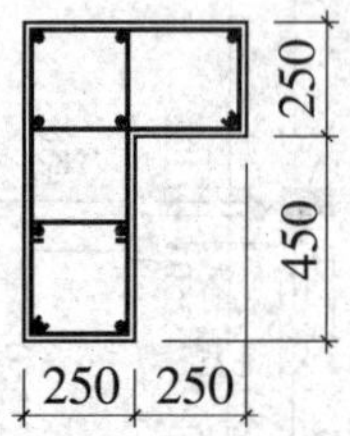 (L形 250/250/450)	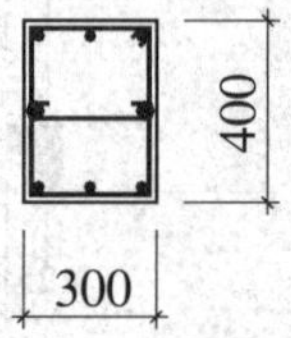 (400×300)	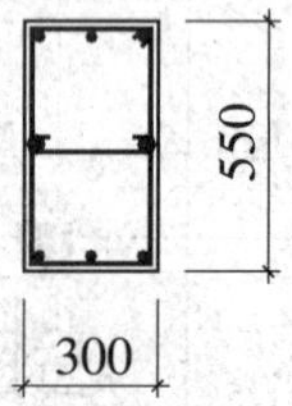 (550×300)	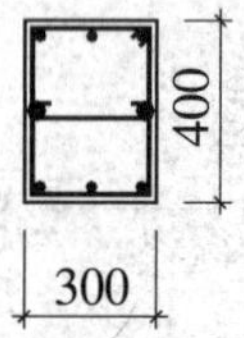 (400×300)	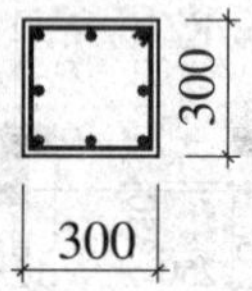 (300×300)
标高	基础顶~屋面	基础顶~屋面	基础顶~屋面	基础顶~屋面	基础顶~6.570	6.570~屋面
纵筋	8Φ16	10Φ16	8Φ16	8Φ16	8Φ16	8Φ16
箍筋	φ8@100/200	φ8@100	φ8@100/200	φ8@100/200	φ8@100/200	φ8@100/200
箍筋形式	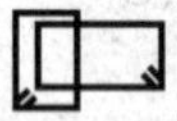	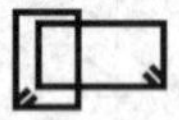				

1. 柱平法施工图列表注写方式

柱列表注写方式是在柱平面布置图上，先对柱进行编号，再分别在同一编号的柱中选择一个（当柱断面与轴线关系不同时，需选几个）截面标注几何参数，然后在柱表中注写柱号、柱段起止标高、几何尺寸与柱配筋的具体数值，并配以各种柱截面形状及箍筋类型图的方式来表达柱平法施工图。

2. 柱平法施工图箍筋类型图

箍筋类型分为7种，类型1的箍筋肢数为4×4的组合，其余类型为固定形式，如：类型2为双肢箍；类型3，4为复合箍；类型5为$m×n$肢加圆形箍；类型6，7为圆柱圆形箍及圆形箍加井字箍。

3. 柱表注写内容规定

(1) 注写柱编号。柱编号由类型代号和序号组成。

(2) 注写各段柱的起止标高（以m为单位）。自柱根部往上以变截面位置或截面未变但配筋改变处为界分段注写。框架柱和框支柱的根部标高是指基础顶面标高；芯柱的根部标高是指根据结构实际需要而定的起始位置标高；梁上柱的根部标高是指梁顶面标高；剪力墙的根部标高分两种：当柱纵筋锚固在墙顶部时，其根部标高为墙顶面标高；当柱与剪力墙重叠一层时，其根部标高为墙顶面往下一层的结构层楼面标高。

(3) 注写截面几何尺寸。不仅要标明柱截面尺寸，而且还要说明柱截面对轴线的偏心情况（见柱平面布置图）。

(4) 注写柱纵筋。当柱纵筋直径相同，各边根数也相同时，将柱纵筋注写在"全部纵筋"一栏中，除此之外，柱纵筋分角筋、截面b边中部筋和h边中部筋三项分别注写（对称配筋的矩形截面柱，可仅注写一侧中部筋）。

如采用非对称配筋，需在柱表中增加相应栏目分别表示各边的中部钢筋。

(5) 注写箍筋类型号、复合方式和箍筋肢数。各种箍筋类型图以及箍筋复合的具体方式，根据具体工程由设计人员画在表的上部或图中的适当位置，并在其上标注对应的箍筋类型号(在此之前要对绘制的箍筋分类图编号)，在类型号后续注写箍筋肢数(注写在括号内)。

(6) 注写柱箍筋。包括钢筋级别、直径与间距。

抗震设计时，用斜线"/"区分柱端箍筋加密区与柱身非加密区长度范围内箍筋的不同间距（加密区长度由标准构造详图来反映）。施工人员须根据标准构造详图的规定，在规定的几种长度值中取其最大者作为加密区长度。

×××建筑工程设计有限公司	建设单位	×××置业有限公司		
	工程名称	龙盛·右岸美墅P46、49号楼		
设计　　　　校对			工号	06051
制图　　　　审核		柱表	图号	结施06
专业负责　　项目负责			日期	×年×月

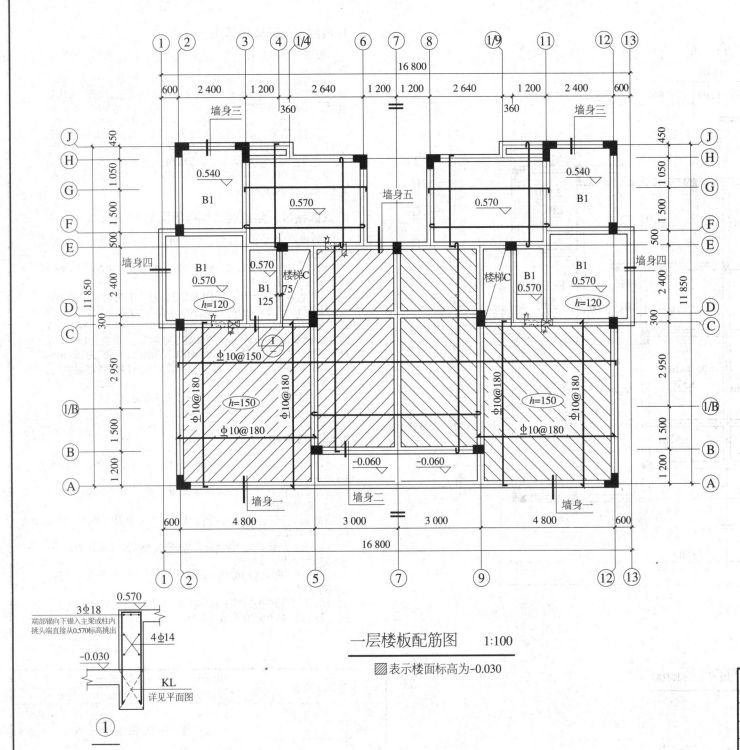

一层楼板配筋图 1:100

▨表示楼面标高为-0.030

① 端部向下锚入主梁或柱内挑头端直接从0.570标高挑出
3φ18
0.570
-0.030
KL
详见平面图
①

1. 楼（屋）面结构平面图概述

（1）楼（屋）面结构平面图是沿楼板结构面将建筑物水平剖开，移去上部建筑物，向下所作的水平全剖图。用来表示楼（屋）面各构件的平面布置情况，同时反映现浇板的配筋。

（2）楼（屋）面结构平面图是结构施工图中最基本的图样之一。在施工过程中，是进行支模、绑扎钢筋、浇筑混凝土、砌筑等工作的依据。

2. 楼（屋）面结构平面图的图示特点

（1）楼（屋）面结构平面图常用1:100的比例绘制，墙身的可见轮廓线用中粗线表示，柱应画成粗实线，柱截面通常涂黑。被楼楼板覆盖的不可见构件可采用虚线（习惯上也用细实线）表示出构件边线，现浇板中钢筋用粗实线表示，梁的边线用中实线表示（梁平法图另画），其余轮廓线用细实线绘制。

（2）楼（屋）面结构平面图中必须注明墙（柱）的轴线尺寸，其轴线网必须与相应的建筑平面图一致。同时标注板的编号、板厚、板面标高、现浇板中配筋等。

（3）楼层上不同类型的板、梁、柱构件在图上分别用代号及其构件的数量、规格加以标记。

（4）楼梯间的结构布置一般在结构平面图中不表示，只用对角线示意，另行绘制详图。

（5）当结构平面布置相同而楼层不同时，可只画一个结构平面图，该图为标准层结构平面图。

3. 楼（屋）面结构平面图的主要内容及识读方法

（1）看图名和比例。楼（屋）面结构平面图的绘图比例一般为1:100。

（2）看纵横定位轴线编号，观察开间和进深的尺寸。看各构件的名称编号、布置及定位尺寸，轴线尺寸与构件的关系，墙与构件的关系、预制构件的支承长度。

（3）看现浇楼板配筋图。一般双向板跨中均双向配置受力钢筋，跨中短向钢筋在下，长向钢筋在上。通常相同的钢筋只画出一根，支座沿板四边均配有受力的负钢筋。单向板中只画出沿跨度方向的受力钢筋。分布钢筋均不画，仅在说明中注释。

（4）看楼板面标高。可知支模的位置，屋面采用结构找坡时，还应表示屋脊及檐口处的结构标高，女儿墙或女儿墙构造柱位置。

（5）看上人孔、烟道、通风道等预留洞的平面位置、尺寸、洞边加强筋等构造措施（也可在结构说明中表达）。

（6）看施工说明，了解混凝土强度等级，钢筋级别，对施工的要求。

4. 识读指导：结施07一层楼板配筋图

（1）此图采用传统的钢筋表示方法，它反映一层板的布置、配筋及标高，比例1:100，其轴线编号及间距尺寸与建筑图一致。

（2）板厚有100 mm，120 mm，150 mm三种（未注明的板厚为100 mm），板均为双向板，已注明的板底、板面受力钢筋为双层双向HRB335级直径10 mm钢筋，未注明的板钢筋和B1板中钢筋为HPB300级直径8 mm间距150 mm。

（3）楼面标高有四种：-0.060 m，-0.030 m，0.540 m，0.570 m。

（4）由本页大样①及墙身大样可见，板与梁、板与墙、板面标高不同时的构造要求。

×××建筑工程设计有限公司	建设单位	×××置业有限公司		
	工程名称	龙盛·右岸美墅P46、49号楼		
设计	校对		工号	06051
制图	审核	一层楼板配筋图1:100	图号	结施07
专业负责	项目负责		日期	×年×月

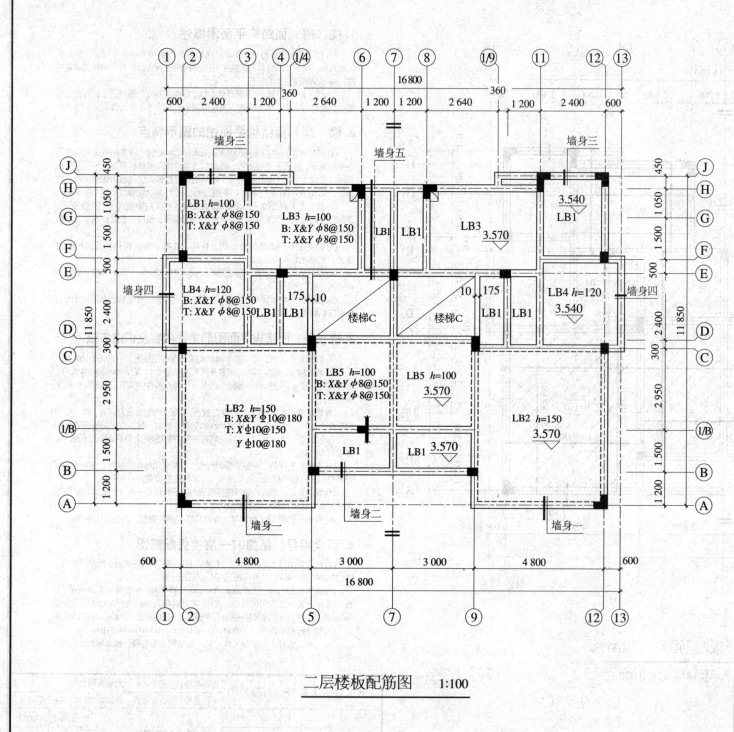

二层楼板配筋图   1:100

1. 板的平面整体表示法

板平面注写方式主要包括：板块集中标注和板支座原位标注。

板块集中标注的内容为：板块编号、板厚、贯通纵筋。

等厚度板注写为h为×××；当悬挑板的端部改变截面厚度时，用斜线分隔根部与端部的高度值，注写为h为×××/×××；当设计已在图注中统一注明板厚时，此项可不注。

贯通纵筋按板块的下部和上部分别注写，以B代表下部，以T代表上部。为方便设计表达和施工识图，规定当定位网轴正交布置时，图面从左至右为X向，从下至上为Y向。X向贯通纵筋以X打头，Y向贯通纵筋以Y打头，两向贯通纵筋配置相同时则以$X\&Y$打头。

2. 识读指导：结施08二层楼板配筋图

(1) 此图采用平法反映二层楼板的钢筋布置及标高，比例1:100，其轴线编号及间距尺寸与建筑图一致。

(2) 板中注写的"LB2"表示此板是编号为2的楼板，"$h=150$"表示板厚为150 mm。

(3) 板均为双向板，图中LB2配筋为"B：$X\&Y\phi10@180$；T：$X\phi10@150$；$Y\phi10@180$；表示板下部X向Y向均配置贯通纵筋直径为10 mm的HRB335钢筋，间距为180 mm。板上部X向为贯通纵筋直径10 mm的HRB335钢筋，间距为150 mm；Y向也为贯通纵筋直径10 mm的HRB335钢筋，间距为180 mm。"

(4) 未注明的LB1中钢筋为双层双向HPB235贯通纵筋，直径8 mm，间距150 mm。

(5) 楼面标高有两种：3.570 m，3.540 m。

(6) 楼梯构件及配筋另见详图。

3. 楼面板说明

(1) 未注明板厚均为100 mm，本层未注明的楼面标高为3.570 m。

(2) 烟道留孔尺寸和定位均详见建施图，孔边加筋长边$2\phi14$，短边$2\phi12$。

(3) 板面留孔位置未明之处详见有关专业施工图纸，均应预留，不得事后穿凿。

(4) 墙下无梁且未加底筋者均加底筋$3\phi12$，余层均同。隔墙的定位尺寸详建筑图。

(5) 卫生间四周均做150 mm高（同厚）的素混凝土翻边（门洞除外）。

(6) 未注明的板钢筋和B1板均为双层双向$\phi8@150$。

(7) 板混凝土强度等级为C25。

二层楼板配筋图   1:100

×××建筑工程设计有限公司	建设单位	×××置业有限公司		
	工程名称	龙盛·右岸美墅P46、49号楼		
设计	校对	二层楼板配筋图1:100	工号	06051
制图	审核		图号	结施08
专业负责	项目负责		日期	×年×月

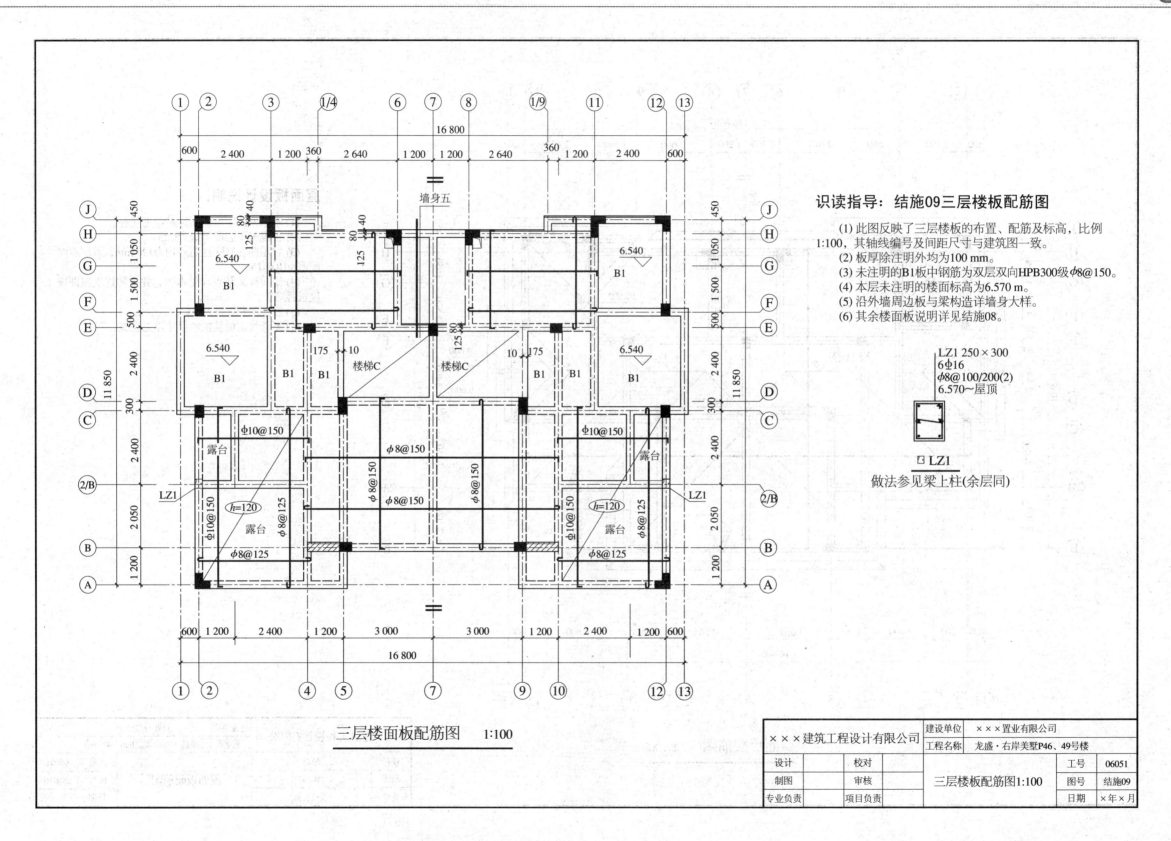

三层楼面板配筋图   1:100

识读指导：结施09三层楼板配筋图

(1) 此图反映了三层楼板的布置、配筋及标高，比例1:100，其轴线编号及间距尺寸与建筑图一致。

(2) 板厚除注明外均为100 mm。

(3) 未注明的B1板中钢筋为双层双向HPB300级φ8@150。

(4) 本层未注明的楼面标高为6.570 m。

(5) 沿外墙周边板与梁构造详见墙身大样。

(6) 其余楼面板说明详见结施08。

LZ1 250×300
6Φ16
φ8@100/200(2)
6.570~屋顶

□ LZ1
做法参见梁上柱(余层同)

	建设单位	×××置业有限公司		
×××建筑工程设计有限公司	工程名称	龙盛·右岸美墅P46、49号楼		
设计	校对		工号	06051
制图	审核	三层楼板配筋图1:100	图号	结施09
专业负责	项目负责		日期	×年×月

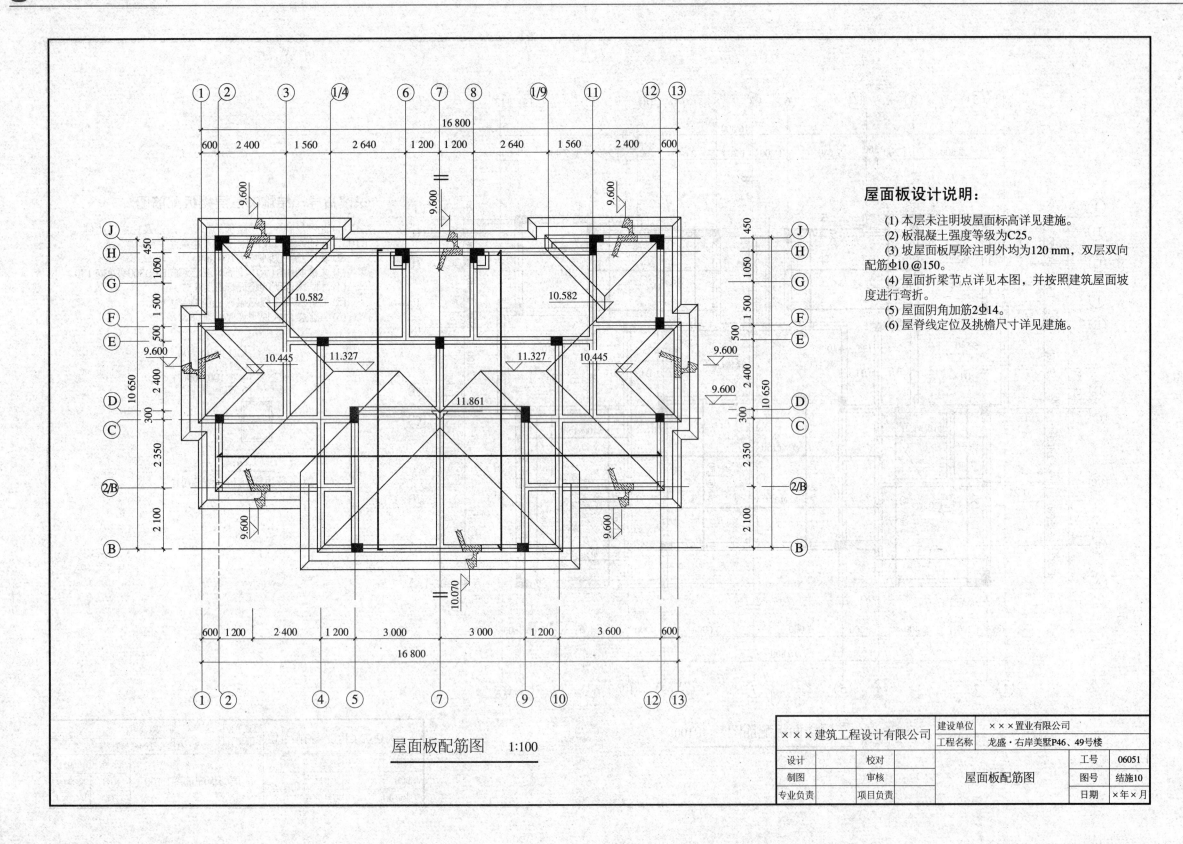

屋面板配筋图   1:100

屋面板设计说明：

(1) 本层未注明坡屋面标高详见建施。

(2) 板混凝土强度等级为C25。

(3) 坡屋面板厚除注明外均为120 mm，双层双向配筋Φ10 @150。

(4) 屋面折梁节点详见本图，并按照建筑屋面坡度进行弯折。

(5) 屋面阴角加筋2Φ14。

(6) 屋脊线定位及挑檐尺寸详见建施。

×××建筑工程设计有限公司	建设单位	×××置业有限公司		
	工程名称	龙盛·右岸美墅P46、49号楼		
设计	校对		工号	06051
制图	审核		图号	结施10
专业负责	项目负责	**屋面板配筋图**	日期	×年×月

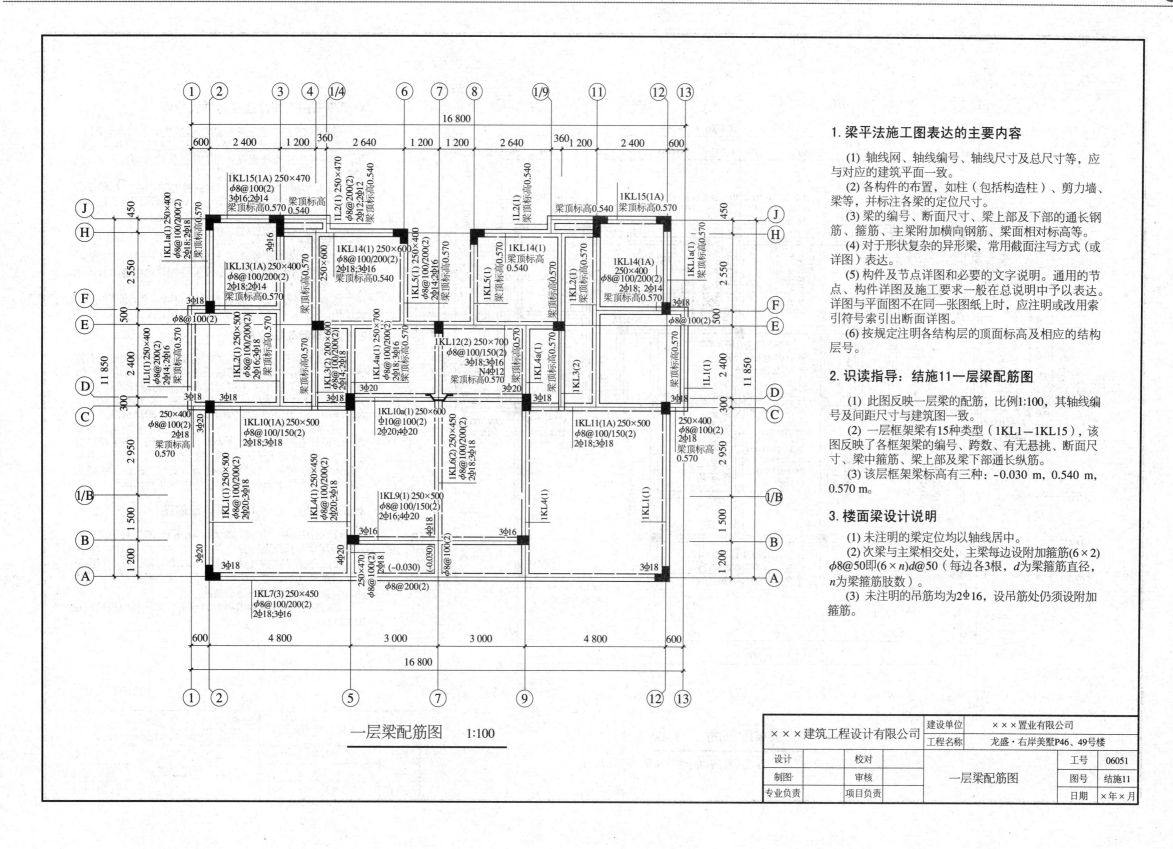

一层梁配筋图 1:100

×××建筑工程设计有限公司	建设单位	×××置业有限公司	
	工程名称	龙盛·右岸美墅P46、49号楼	
设计　　校对			工号 06051
制图　　审核		一层梁配筋图	图号 结施11
专业负责　项目负责			日期 ×年×月

1. 梁平法施工图表达的主要内容

(1) 轴线网、轴线编号、轴线尺寸及总尺寸等，应与对应的建筑平面一致。

(2) 各构件的布置，如柱（包括构造柱）、剪力墙、梁等，并标注各梁的定位尺寸。

(3) 梁的编号、断面尺寸、梁上部及下部的通长钢筋、箍筋、主梁附加横向钢筋、梁面相对标高等。

(4) 对于形状复杂的异形梁，常用截面注写方式（或详图）表达。

(5) 构件及节点详图和必要的文字说明。通用的节点、构件详图及施工要求一般在总说明中予以表达。详图与平面图不在同一张图纸上时，应注明或改用索引符号索引引出断面详图。

(6) 按规定注明各结构层的顶面标高及相应的结构层号。

2. 识读指导：结施11一层梁配筋图

(1) 此图反映一层梁的配筋，比例1:100，其轴线编号及间距尺寸与建筑图一致。

(2) 一层框架梁有15种类型（1KL1—1KL15），该图反映了各框架梁的编号、跨数、有无悬挑、断面尺寸、梁中箍筋、梁上部及梁下部通长纵筋。

(3) 该层框架梁标高有三种：-0.030 m，0.540 m，0.570 m。

3. 楼面梁设计说明

(1) 未注明的梁定位均以轴线居中。

(2) 次梁与主梁相交处，主梁每边设附加箍筋(6×2)φ8@50即(6×n)d@50（每边各3根，d为梁箍筋直径，n为梁箍筋肢数）。

(3) 未注明的吊筋均为2φ16，设吊筋处仍须设附加箍筋。

37

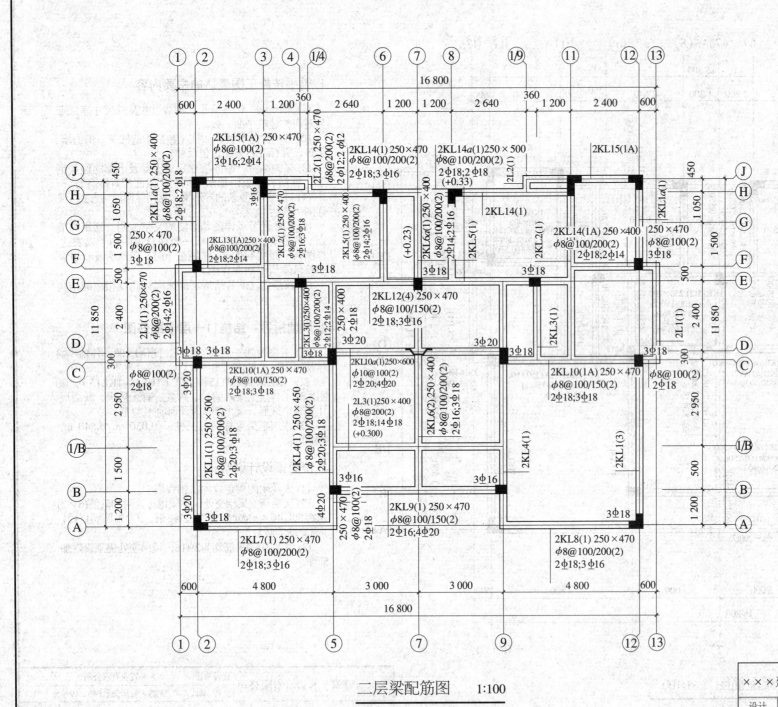

二层梁配筋图   1:100

注:除标注外,各梁顶标高均同楼板标高,即3.570 m。

1. 梁平法施工图截面注写方式规则

截面注写方式是在分标准层绘制的梁平面布置图上,分别在不同编号的梁上选择一根梁,用剖面号引出配筋图,并在其上注写截面尺寸和配筋具体数值的方式来表达梁平面整体配筋。具体规定如下:

(1) 对梁进行编号,从相同编号的梁中选择一根梁,先将"单边截面号"画在该梁上,再将截面配筋详图画在本图或其他图上。当某梁的顶面标高与结构层的楼面标高不同时,尚应在梁编号后注写梁顶面标高高差(注写规定同平面注写方式)。

(2) 在梁截面配筋详图上要注明截面尺寸、上部筋、下部筋、侧面构造筋或受扭筋及箍筋的具体数值,其表达方式与平面注写方式相同。

截面注写方式既可单独使用,也可与平面注写方式结合使用。

2. 梁纵向钢筋构造规定

为方便施工,凡框架梁的所有支座和非框架梁(不包括井字梁)的中间支座上部纵筋的延伸长度 a_0 值取为:第一排非通长筋从柱(梁)边起延伸长度为 $l_n/3$;第二排非贯通筋的延伸长度为 $l_n/4$。l_n 的取值规定为:对于端支座为本跨净跨;对于中间支座为相邻跨较大跨的净跨值。

井字梁的端部支座和中间支座上部纵筋的延伸长度值,由设计者在原位加注具体数值予以注明。当采用平面注写方式时,则在原位标注的支座上部纵筋后面括号内加注具体延伸长度值。当为截面注写方式时,则在梁端截面配筋详图上注写的上部纵筋后面括号内加注具体延伸长度值。

3. 识读指导:结施12二层梁配筋图

(1) 此图反映二层梁的配筋,比例1:100,其轴线编号及间距尺寸与建筑图一致。

(2) 二层框架梁有15种类型(2KL1—2KL15),该图反映了各框架梁的编号、跨数、有无悬挑、断面尺寸、梁中箍筋、梁上部及梁下部通长纵筋。

(3) 该层各框架梁标高除标注者外,均同楼面板顶标高,即3.570 m。

×××建筑工程设计有限公司	建设单位	×××置业有限公司		
	工程名称	龙盛·右岸美墅P46、49号楼		
设计	校对		工号	06051
制图	审核	二层梁配筋图	图号	结施12
专业负责	项目负责		日期	×年×月

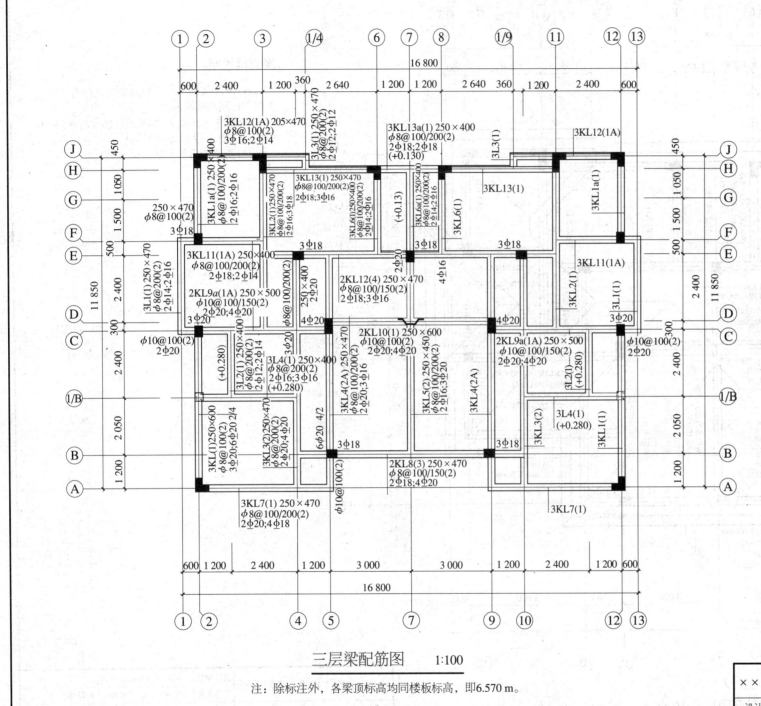

三层梁配筋图　1:100

注：除标注外，各梁顶标高均同楼板标高，即6.570 m。

1. 梁平法施工图识读重点

根据建施图门窗洞口尺寸、洞顶标高、节点详图等重点检查梁的截面尺寸及梁面相对标高等是否正确；逐一检查各梁跨数、配筋；对于截面复杂的结构，应特别注意正确区分主、次梁，并检查主梁的截面与标高是否满足次梁的支承要求。

2. 梁平法施工图识读要点

(1) 根据相应建施平面图，校对轴线网、轴线编号、轴线尺寸。

(2) 根据相应建施平面图的房间分隔、墙柱布置，检查梁的平面布置是否合理，梁轴线定位尺寸是否齐全、正确。

(3) 仔细检查每根梁编号、跨数、截面尺寸、配筋、相对标高。首先根据梁的支承情况、跨数，分清主梁或次梁，检查跨数注写是否正确；若为主梁时应检查附加横向钢筋有无遗漏，截面尺寸、梁的标高是否满足次梁的支承要求；检查梁的截面尺寸及梁面相对标高与建施图洞口尺寸、洞顶标高、节点详图等有无矛盾。检查集中标注的梁面通长钢筋与原位标注的钢筋有无矛盾；梁的标注有无遗漏；检查楼梯间平台梁、平台板是否设有支座。结合平法构造详图确定箍筋加密区的长度、纵筋切断点的位置、锚固长度、附加横向钢筋及梁侧构造钢筋的设置要求等。

(4) 检查各设备工种的管道、设备安装与梁平法施工图有无矛盾，大型设备的基础下一般均应设置梁。

(5) 根据结构设计，施工有无困难，在保证施工质量的前提下，可提出合理化建议。

(6) 注意梁的预埋件是否有遗漏。

×××建筑工程设计有限公司	建设单位	×××置业有限公司	
	工程名称	龙盛·右岸美墅P46、49号楼	
设计	校对	三层梁配筋图	工号 06051
制图	审核		图号 结施13
专业负责	项目负责		日期 ×年×月

39

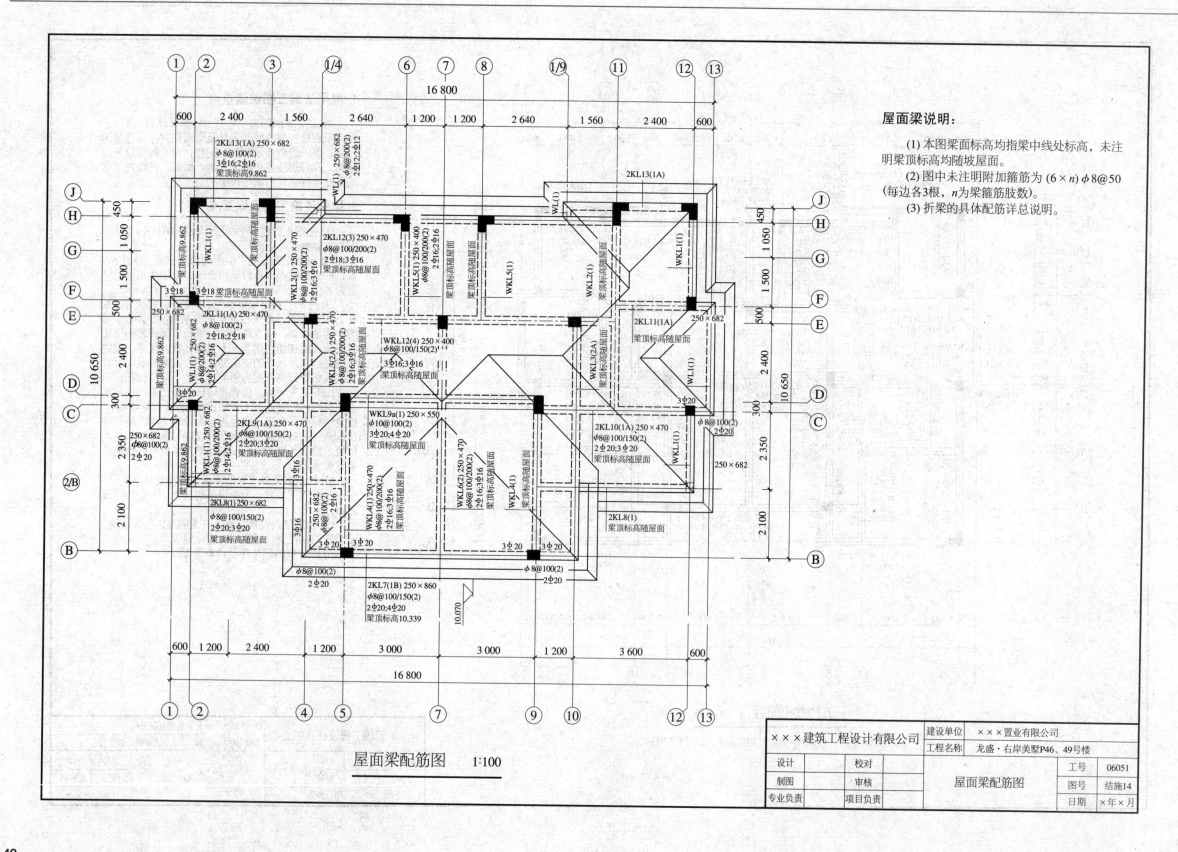

屋面梁配筋图　1:100

屋面梁说明:

(1) 本图梁面标高均指梁中线处标高，未注明梁顶标高均随坡屋面。

(2) 图中未注明附加箍筋为 $(6×n)\phi8@50$（每边各3根，n为梁箍筋肢数）。

(3) 折梁的具体配筋详总说明。

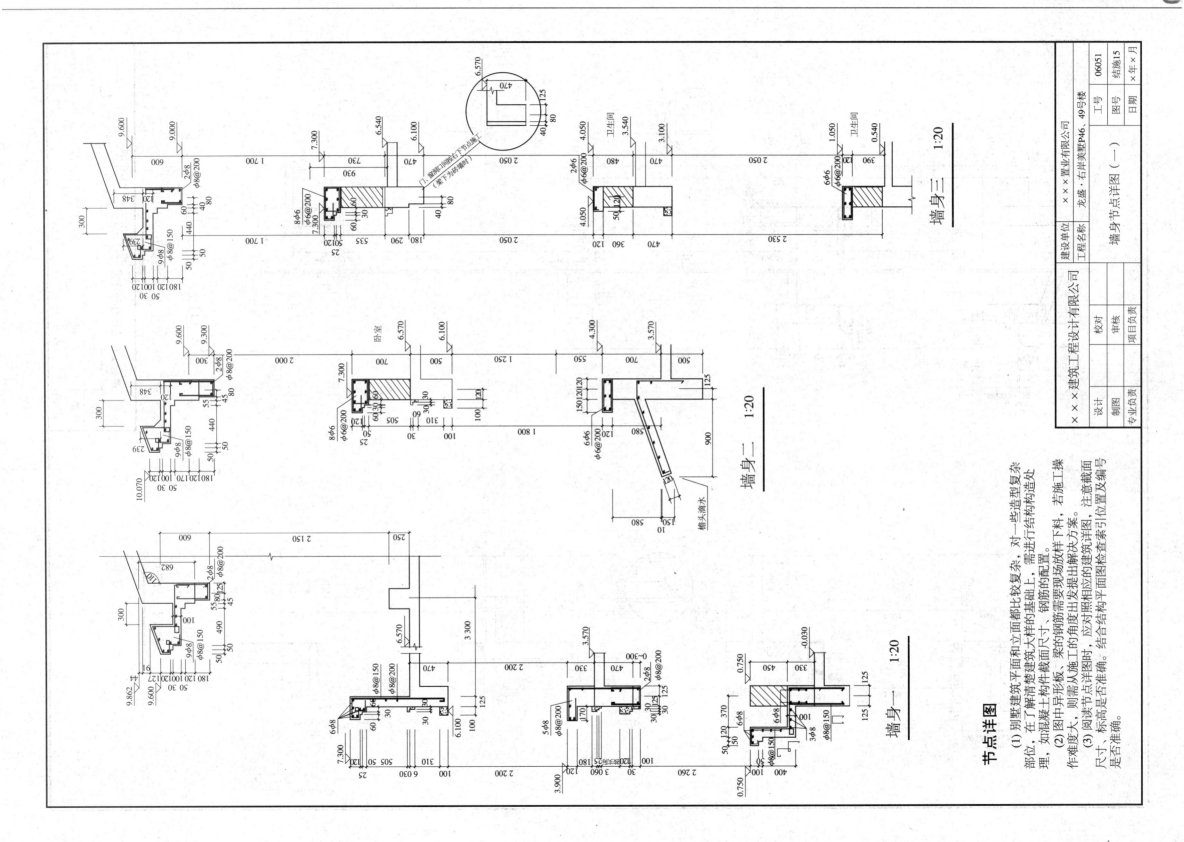

节点详图

(1) 别墅建筑平面和立面都比较复杂，对一些造型复杂部位，在了解清楚建筑大样的基础上，需进行结构构造处理，如混凝土构件截面尺寸、钢筋的配置。

(2) 图中异形板、梁的钢筋，梁的角度出发提出解决方案，若施工操作难度大，则需从施工图出发对照现场放样下料。

(3) 阅读节点详图时，应对照相应的建筑详图，注意截面尺寸、标高是否准确。结合结构平面图检查索引位置及编号是否准确。

建设单位	××置业有限公司	工号	06051
工程名称	龙盛·右岸美墅P46、49号楼	图号	结施15
墙身节点详图（一）		日期	×年×月

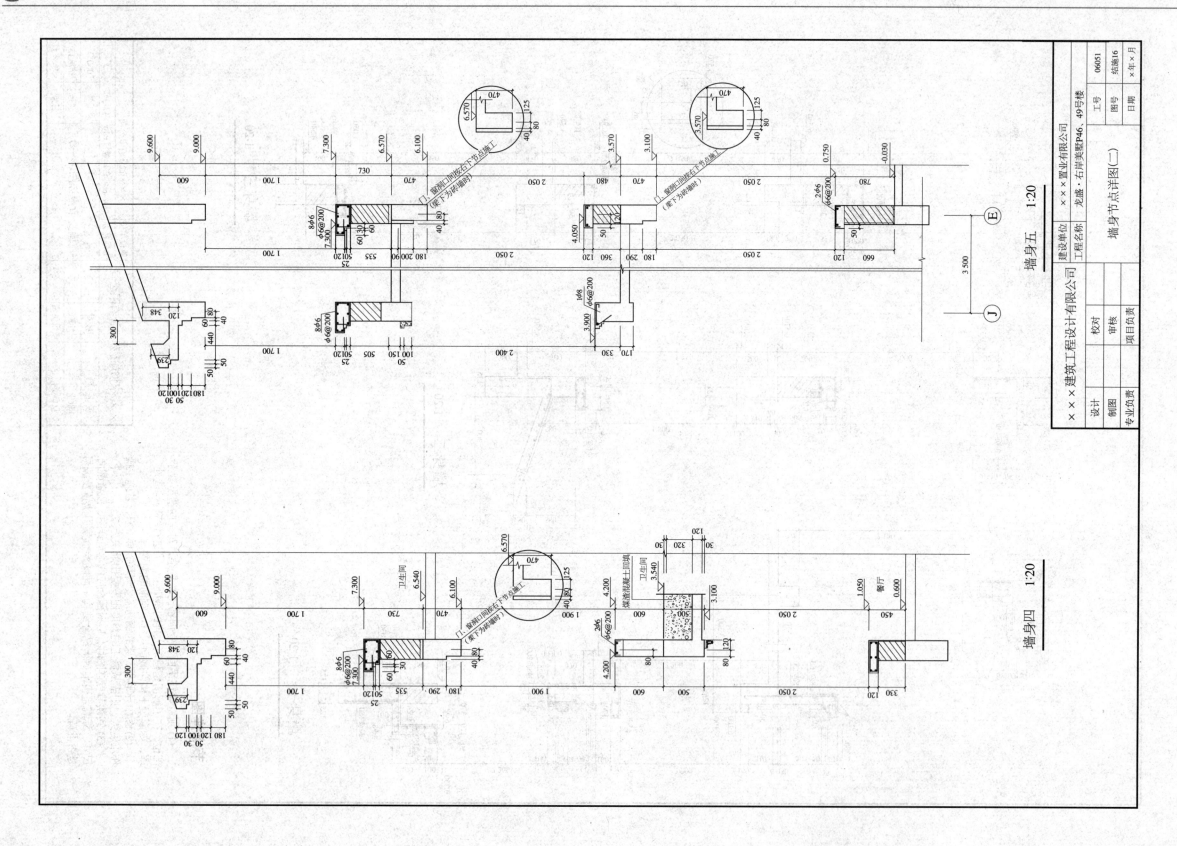

墙身五 1:20

墙身四 1:20

			××建筑工程设计有限公司	建设单位	××置业有限公司	工号	06051
设计				工程名称	龙盛·右岸美墅P46、49号楼	图号	结施16
制图		校对				日期	×年×月
		审核		墙身节点详图(二)			
专业负责		项目负责					

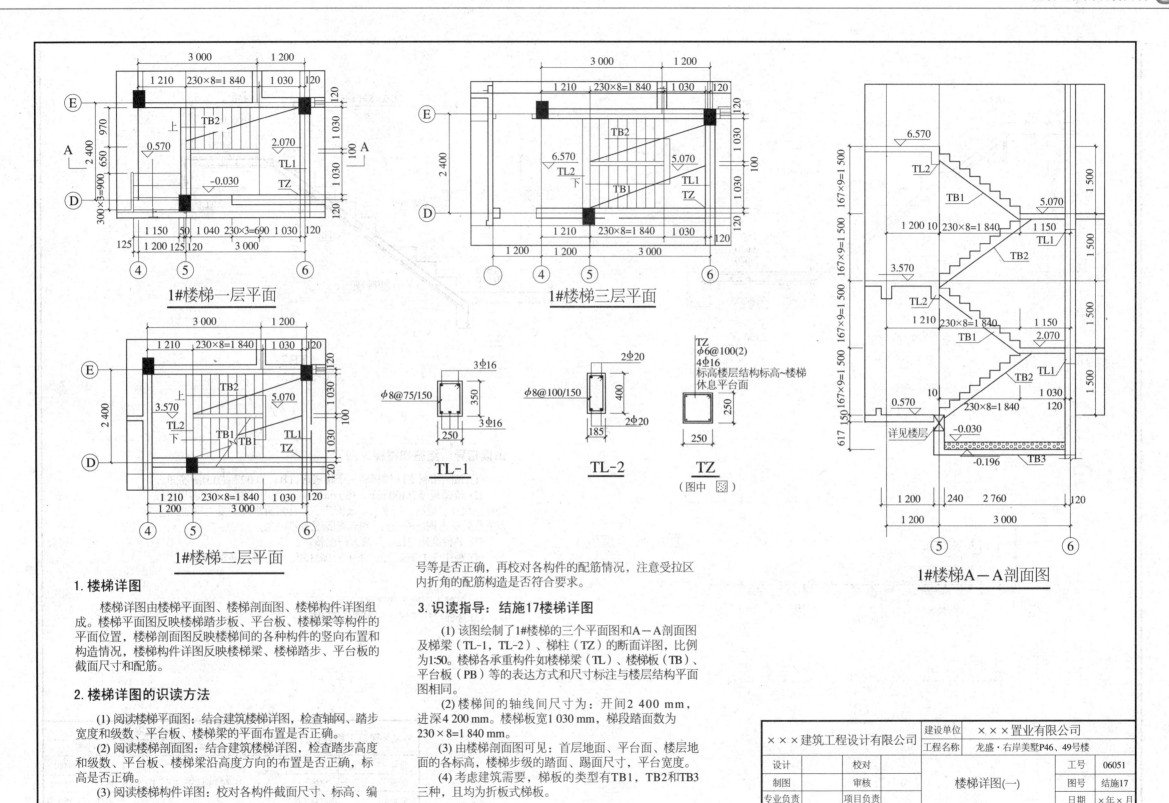

1#楼梯一层平面

1#楼梯三层平面

1#楼梯二层平面

TL-1　　　　TL-2　　　　TZ
（图中 ▨ ）

1#楼梯A－A剖面图

1. 楼梯详图

楼梯详图由楼梯平面图、楼梯剖面图、楼梯构件详图组成。楼梯平面图反映楼梯踏步板、平台板、楼梯梁等构件的平面位置，楼梯剖面图反映楼梯间的各种构件的竖向布置和构造情况，楼梯构件详图反映楼梯梁、楼梯踏步、平台板的截面尺寸和配筋。

2. 楼梯详图的识读方法

(1) 阅读楼梯平面图：结合建筑楼梯详图，检查轴网、踏步宽度和级数、平台板、楼梯梁的平面布置是否正确。

(2) 阅读楼梯剖面图：结合建筑楼梯详图，检查踏步高度和级数、平台板、楼梯梁沿高度方向的布置是否正确，标高是否正确。

(3) 阅读楼梯构件详图：校对各构件截面尺寸、标高、编

号等是否正确，再校对各构件的配筋情况，注意受拉区内折角的配筋构造是否符合要求。

3. 识读指导：结施17楼梯详图

(1) 该图绘制了1#楼梯的三个平面图和A－A剖面图及梯梁（TL-1，TL-2）、梯柱（TZ）的断面详图，比例为1:50。楼梯各承重构件如楼梯梁（TL）、楼梯板（TB）、平台板（PB）等的表达方式和尺寸标注与楼层结构平面图相同。

(2) 楼梯间的轴线间尺寸为：开间2 400 mm，进深4 200 mm。楼梯板宽1 030 mm，梯段踏面数为230×8=1 840 mm。

(3) 由楼梯剖面图可见：首层地面、平台面、楼层地面的各标高，楼梯级数的踏面、踢面尺寸，平台宽度。

(4) 考虑建筑需要，梯板的类型有TB1，TB2和TB3三种，且均为折板式梯板。

×××建筑工程设计有限公司	建设单位	×××置业有限公司		
	工程名称	龙盛·右岸美墅P46、49号楼		
设计	校对		工号	06051
制图	审核	楼梯详图(一)	图号	结施17
专业负责	项目负责		日期	×年×月

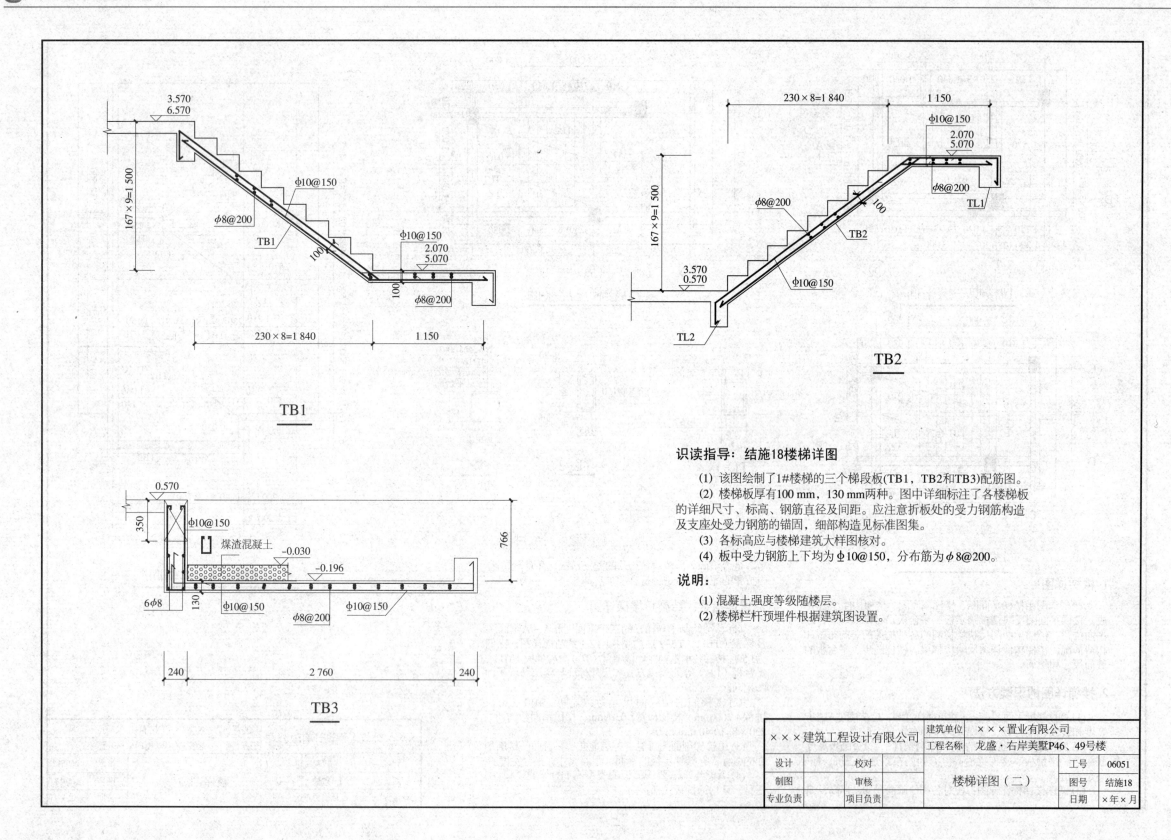

TB1

TB2

TB3

识读指导：结施18楼梯详图

(1) 该图绘制了1#楼梯的三个梯段板(TB1，TB2和TB3)配筋图。

(2) 楼梯板厚有100 mm，130 mm两种。图中详细标注了各楼梯板的详细尺寸、标高、钢筋直径及间距。应注意折板处的受力钢筋构造及支座处受力钢筋的锚固，细部构造见标准图集。

(3) 各标高应与楼梯建筑大样核对。

(4) 板中受力钢筋上下均为$\phi10@150$，分布筋为$\phi8@200$。

说明：

(1) 混凝土强度等级随楼层。

(2) 楼梯栏杆预埋件根据建筑图设置。

×××建筑工程设计有限公司	建筑单位	×××置业有限公司		
	工程名称	龙盛·右岸美墅P46、49号楼		
设计	校对	楼梯详图（二）	工号	06051
制图	审核		图号	结施18
专业负责	项目负责		日期	×年×月

项目1.4 某别墅建筑设备工程施工图识读

1.4.1 设备施工图识读概述

1. 设备施工图的特点

在完整的房屋建筑图中，除了需要画出全部的建筑施工图和结构施工图外，尚应包括室内给水、排水、采暖、燃气、电气照明等方面的工程图纸。这些图纸一般统称为设备施工图。

由于这些设备都是房屋中不可缺少的附属设备，作为建筑工程技术人员，对此应该熟悉。这些设备的配置，应该在功能上完全配合建筑的要求。因此，图纸必须与建筑设计图纸互相呼应，以期达到很好地沟通二者的设计意图和在施工上密切配合的目的。

阅读给排水、采暖、燃气、电气图纸时，应注意以下特点：

(1)给排水、采暖、燃气、电气它们都是由各种空间管线和一些设备装置所组成。就管线而言，不同的管线、多变的管子直径，难以采用真实投影的方法加以表述。各种设备装置一般都是工业制成品，也没有必要画出其全部详图，因此水、暖、电的设备装置和管道、线路多采用"国家标准"规定的统一图例符号表示。所以，在阅读图纸时，应首先了解与图纸有关的图例符号及其所代表的内容。

(2)给排水、采暖、燃气、电气管道系统或线路系统，它们本身都有一个来源，无论是管道中的水流、气流还是线路中的电流都要按一定方向流动，最后和设备相连接。如：

室内给水系统：引入管→水表井→干管→立管→支管→用水设备。

室内电气系统：进户线→配电箱→干线→支线→用电设备。

掌握这一特点，按照一定顺序阅读管线图，就会很快掌握图纸。

(3)给排水、采暖、燃气、电气管道或线路在房屋的空间布置是纵横交错的，所以，用一般房屋平、立、剖面图难以把它们表述清楚。因此，除了要用平面图表示其位置外，水、暖管道还要采用轴测图表示管道的空间分布情况，这种轴测图在此称为系统图。在电气图纸中要画电气线路系统图或接线原理图。看图时，应把这些图纸与平面图对照阅读。

(4)给排水、采暖、燃气、电气管道或线路平面图和系统图，都不标注管道线路的长度。管线的长度在备料时只需用比例尺从图中近似量出，在安装时则以实测尺寸为依据。

(5)在给排水、采暖、燃气、电气平面图中的房屋平面图，不是用于房屋土建施工，它是用作管道线路和水暖电器设备的平面布置和定位陪衬图样，它是用较细的实线绘制，仅画出房屋的墙身、门窗洞口、楼梯、台阶等主要构配件，只标注轴线间尺寸。至于房屋细部及其尺寸和门窗代号等均略去。

(6)设备施工图和土建施工图是互有联系的图纸，如管线、设备需要地沟、留洞等，在设计和施工中，都要相互配合，密切协作。

2. 室内给水施工图的识读

1)概述

室内给水系统的任务是在保证用户对水质、水量、水压等要求情况下，将洁净水自室外给水总管引入室内，并送到各个用水点（如配水龙头、生产用水设备和消防设备等）。

(1)室内给水系统按供水对象及其要求不同可分为：

① 生活给水系统：供生活饮用、洗涤等用水。

② 生产给水系统：供生产和冷却设备用水。

③ 消防给水系统：供扑灭火灾的消防装置用水。

一般居住与公共建筑只设生活给水系统，以保证饮用、盥洗、烹饪等需要。如需设消防装置，则可采用生活—消防联合给水系统。对于消防有严格要求的高层和公共建筑，应该独立设置消防给水系统，以保证灭火的水量与射程。

(2)室内给水系统的组成。室内给水的流程是室外给水总管内的净水经引入管和水表节点流入室内给水管网直至各用水点，由此构成了室内给水系统，具体组成部分说明如下：

① 引入管：自室外给水总管将水引至室内给水干管的管段。引入管（也叫进水管）在寒冷地区必须埋设在冰冻线以下。

② 水表节点：水表装置在引入管段上，它的前后装有阀门、泄水装置等。

③ 给水管网：由水平干管、立管和支管等组成的管道系统。

④ 配水龙头或用水设备：如水嘴、淋浴喷头、水箱、消火栓等。

⑤ 水泵、水箱、贮水池：在房屋较高、水压不足，不能保证供水等情况下附设该设备。

(3)室内给水系统的方式。

① 简单的给水系统：室内给水管网直接在室外给水管网压力作用下工作，没有任何增压和储水设备。这种给水系统，适用于室外给水干管敷设在下方，也称为下行上给式。

② 高位水箱的给水系统：室内给水系统上部设水箱，一般水箱设在水箱间或最高层房间内。在室外给水管网压力充足时（多为夜间）向水箱充水储备。在室外给水管网压力不足时（多为白天）由水箱供给。这种系统由于给水干管敷设在上面，也称为上行下给式。

③ 设断流水池的给水系统：当用水量很大时，为避免水泵工作时造成室外管网压力的波动，应在入口处设断流水池（箱），使水先由室外管网流入水池，再用水泵从池中抽水到水箱和各用水点。

④ 竖向分区给水系统：在高层建筑中，为避免底层承受过大的静水压力，可采用竖向分区给水系统。为充分利用室外管网压力，低区可直接由室外供水，高区由水泵水箱供水。

2)室内给水施工图的识读

室内给水施工图主要包括给水管道平面图、给水管道系统图（轴测图）及安装详图、图例和施工说明等内容。

(1)室内给水管道平面图是在建筑平面图上标明给水管道和用水设备的平面布置的图样。它是施工图纸中最基本最重要的图样，常用1∶100和1∶50的比例画出。为了清楚地标明室内给水系统的布置，给水管道平面图按分层绘制。管道系统布置相同的楼层平面，则可绘制成标准层平面图代替，但底层管道平面图应单独画出。

在管道平面图中，各种管道不论在楼面（地面）之上或之下一律视为可见，都用管道规定的图例线型画出。管道的管径、高度和标高，通常都标注在管道系统图上，在管道平面图上不标注。

(2)室内给水管道系统图是表明室内给水管道和设备的空间关系以及管道、设备与房屋建筑的相对位置、尺寸等情况的立体图样，通常是用正面斜等轴测图的方法绘制，具有立体感强的特点，其比例通常与平面图相同，这样便于对照尺寸和使用。管道系统图与给

水平面图相结合可以反映整个给水系统全貌，因此，给水管道系统图是室内给水施工图的重要图样。

（3）给水管道安装详图。给水管道安装详图是标明给水工程中某些设备或管道节点的详细构造与安装要求的大样图。

3. 室内排水施工图的识读

1）概述

排水工程分为室外排水和室内排水两个系统。室内排水系统的任务是把室内生活、生产中的污（废）水以及落在屋面上的雨水、雪水加以收集并通过室内排水管道排至室外排水管网或沟渠。

（1）室内排水系统的分类按所排污水的性质分为生活污水排水系统和生产（废）水系统。生活污水排水系统即设在居住建筑、公共建筑和工厂的生活间内，排除人们生活中洗涤污水和粪便污水的排水系统。生产（废）水系统即设在工业厂房排除生产污水和废水的系统。

（2）室内排水系统的组成是由各个用水卫生器具内的污水经排水横支管、排水立管、排出管，排至室外窨井（即检查井），最后流入室外排水系统。其组成部分说明如下：

① 卫生器具是接纳、收集室内污水的设备，是室内排水系统的起点。污水由卫生器具排出口经存水弯与器具排水管流入横支管。

② 横支管主要承接卫生器具排水管流出的污水，并将其排至立管内，横支管在设计上要有一定的坡度。

③ 排水立管是接收各横支管流来的污水，并将其排至排出管（或水平干管）。

④ 排出管的作用是接收排水立管的污水，并将其排至室外管网。它是室内管道与出户检查井的连接管。该管埋地敷设，有一定的坡度，坡向室外检查井。

⑤ 通气管是在排水立管的上端延伸至屋面的部分。其作用是使污水在室内的污水管道中

产生的臭气和有害气体排至大气中去，保证污水流动通畅，防止卫生器具的水封受到破坏。通气管管径根据当地气温决定，在不结冰的地区可与立管相同或小一号；在有冰冻的寒冷地区，管径要比立管大50 mm，通气管伸出屋面高500 mm左右。

⑥ 检查口、清扫口是为了疏通排水管道，在排水立管上，设置检查口，在横支管起始端安装清扫口。

2）室内排水施工图

室内排水施工图主要包括排水管道平面图、排水管道系统图、安装详图及图例和施工说明等。

（1）室内排水管道平面图主要表明建筑物内排水管道及有关卫生器具的平面布置。其图示特点与图示方法与给水施工图基本相同。排水管道在施工图中采用粗虚线表示。如果一张平面图，同时要绘出给水和排水两种管道时，则两种管道的线型要留有一定距离，避免重叠混淆。由此说明平面图上的线条都是示意性的，它并不能说明真实安装的情况。

（2）室内排水管道系统图与给水管道系统图图示方法基本相同。只是排水管道用虚线表示，管道在水平管段上都标注有污水流向的设计坡度，排水管道系统上的图例符号与给水管路系统上所用的图例符号不同。

室内排水管道系统图表明排水立管上横支管的分支情况和立管下部的汇合情况，排水系统是怎样组成的，其走向如何。通过图例符号表明横支管上连接哪些卫生器具，以及管道上的检查口、清扫口和通气口、风帽的位置与分布情况。

系统图上注明了管径尺寸、管道各部分的安装标高、楼地面标高及横管的安装坡度等。管道支架在图上一般不作表示，由施工人员按有关规程和习惯性做法去确定。

（3）室内排水管道安装详图是表明排水工程中，某些设备或管道节点的详细构造与安装要求的大样图。

1.4.2 给排水设计说明

给排水设计说明

1. 设计说明

(1) 本项目为×××龙盛置业有限公司,龙盛·华城右岸2号地块P46号楼。

(2) 本图平面尺寸以毫米计,标高以米计。所注标高均为相对标高。以一层室内地坪为±0.000计。

(3) 图中所注雨、污、废排水管均为管内底标高。地下室压力排水管、给水、消防、自喷管及其套管均为管中心标高。

(4) 给水:本项目给水采用市政直供。

(5) 热水:本项目给水采用市政直供。预留洞口,具体由相关厂家安装。

(6) 排水:本工程采用污废分流排放方式。

(7) 雨水:就近排入室外雨水沟或雨水井,最终排入市政雨水管道或河流。

(8) 消防:每户门口处设磷酸铵盐干粉灭火器(MFA3-2A)两具,用户自理。

(9) 采用国家标准图部分:

03S402	管道支、吊架安装
03S401	管道和设备保温
99S304	卫生器具安装 管道安装
01S305	小型潜水排污泵选用及安装
02S404	防水套管
01S302	雨水斗

(10) 图例见下表。

给排水图例

序号	名 称	图例	序号	名 称	图例
1	市政给水管	—J5—	12	检查口	
2	热水给水管	—R3—	13	清扫口	
3	排水管		14	存水弯	
4	压力排水管	—YP—	15	普通水龙头	
5	压力雨水管	—YY—	16	水表井	
6	雨水管	— · —	17	避震喉	
7	闸 阀		18	潜水泵	
8	蝶 阀		19	压力表	
9	止回阀		20	刚性防水套管	
10	地漏		21	雨水斗	
11	带洗衣机插口地漏		22	通气帽	

2. 施工说明

(1) 管材:

① 冷水管采用PPR塑料管,热熔连接;热水管采用PPR热水塑料管,热熔连接。

表中所标管径DN均为公称直径,安装时须选择对应外径选管安装:

管外径De/mm	20	25	32	40	50	63	75	90	110
公称直径DN/mm	15	20	25	32	40	50	65	80	100

② 室内污水、雨水管采用PVC-U排水塑料管,黏接。

③ 压力排水管采用镀锌钢管,丝扣连接。

(2) 卫生洁具及其给水排水五金配件应采用节水型。

(3) 阀门:(除特殊注明外)

① 管径≤50采用截止阀(J11T-16)。

② DN50<管径<DN100,采用闸阀(Z15T-16)。

(4) 管道安装:

① 排水管采用标准坡度安装(除特殊注明外)。DN50-i=0.025;DN75-i=0.015;DN100-i=0.012;DN150-i=0.007。

② 卫生洁具留洞均按甲方提供的型号预留。

③ 除特殊注明外,给排水管均按规范设置管卡及支吊架。

④ 排水横、立管应设伸缩节,参照CJJ/T 29—2010。

⑤ 排水水平管与水平管、水平管与立管连接应采用顺水三(四)通或斜三(四)通。排水管转弯尽量采用两个45°弯头或弯曲半径不小于管径的90°弯头。立管转向排水横干管时采用两个45°弯头。

⑥ 非埋地排水管转弯处设带检查口的弯头。

⑦ 污水立管检查口距地面1.00 m。通气帽高出屋面0.6 m或2 m(屋面经常有人停留)。

⑧ 所有埋地管通过墙体部位应留洞,管顶净空不小于150 mm。

⑨ 管道穿越地下室外墙、水池(水箱)壁、卫生间、屋面、外围护墙须预埋刚性防水套管。

⑩ 管道安装时(特殊注明除外)须尽量靠墙或梁底安装。管道打架时,遵循小管让大管,有压管让无压管的原则现场的情调整,压力管可上翻或下翻绕行。如与图纸有较大出入,请通知设计单位协商处理。

(5) 防腐:镀锌钢管均刷银粉漆两道。镀锌表面缺损时须先刷防锈漆一道。

(6) 保温:露于室外的压力管道保温采用25 mm厚外包铝皮的泡沫塑料。

(7) 试压:给水管试验压力为1.0 MPa。

(8) 本工程施工应符合以下规范:

《建筑给水硬聚氯乙烯管道施工及验收规范》(CECS41:2004),
《建筑排水硬聚氯乙烯管道工程技术规程》(CJJ/T 29—2010),
《建筑给水交联聚乙烯、聚丙烯管安装》(2000浙S8),
《建筑给水排水及采暖工程施工质量验收规范》(GB 50242—2002)。

×××建筑工程设计有限公司		建设单位	×××置业有限公司	
		工程名称	龙盛·右岸美墅P46、49号楼	
设计	校对			工号	06051
制图	审核	说明及图例		图号	设施01
专业负责	项目负责			日期	×年×月

1.4.3 给排水工程施工图识读

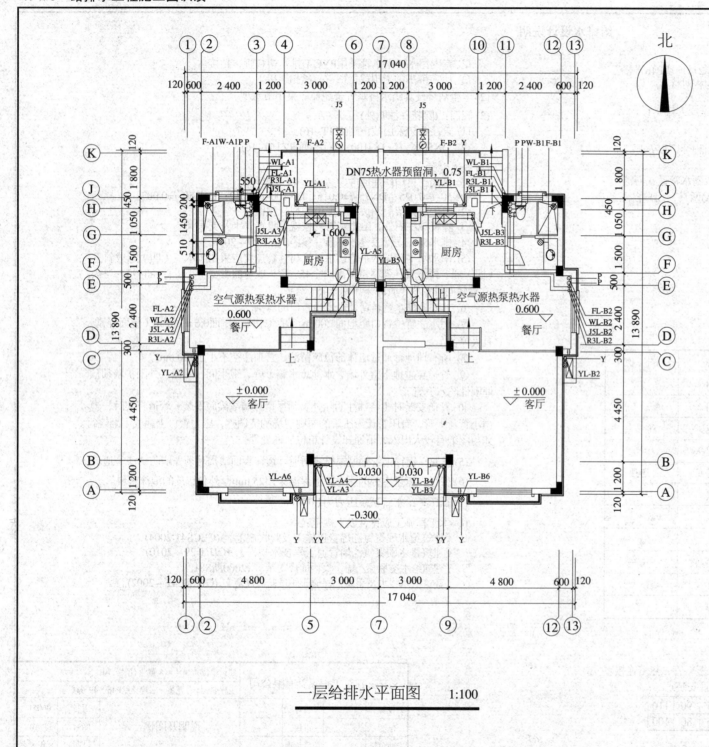

一层给排水平面图   1:100

1. 室内给水管道平面图图示方法

室内给水管道平面图是在建筑平面图的基础上表明给水管道和用水设备的平面布置的图样。常用1:100的比例画出。给水管道平面图按分层绘制。管道系统布置相同时也可绘制成标准层平面图，但底层管道平面图应单独画出。

在管道平面图中，各种管道不论在楼面（地面）之上或之下一律视为可见，都用管道规定的图例线型画出。管道的管径、高度和标高，通常都标注在管道系统图上，在管道平面图上不标注。

2. 室内给水管道主要内容

(1) 表明房屋建筑的平面形状、房间布置等情况。

(2) 表明给水管道的各个干管、立管、支管的平面位置、走向。

(3) 表明各用水设备、配水设施以及灭火器的平面布置、类型。

在底层房屋平面图中除了表明上述内容外，还要反映给水引入管、水表节点、水平干管、管道地沟的平面位置、走向及定位尺寸等情况。

3. 识读指导：设施02一层给排水平面图

(1) 看对应的建筑平面图，了解到卫生间、厨房有卫生器具和管道，掌握它们的位置及分布情况。

(2) 看给水管道系统的分布。从引入管开始，按水流的方向去读。由图可知，有二道引入管J5从房屋北面穿过Ⓗ轴进入一层厨房，然后接水平干管分左右（左为A户，或为B户）两路与各立管连接。立管J5L-A1，J5L-A2，J5L-A3，J5L-B1，J5L-B2，J5L-B3通向二楼、三楼供水。

4. 施工说明

管材：冷水管采用PPR塑料管，热熔连接；热水管采用PPR热水塑料管，热熔连接。

给排水设计说明中所标管径DN均为公称直径，安装时须选择对应外径选管安装。

×××建筑工程设计有限公司	建设单位	×××置业有限公司		
	工程名称	龙盛·右岸美墅P46、49号楼		
设计	校对	一层给排水平面图	工号	06051
制图	审核		图号	设施02
专业负责	项目负责		日期	×年×月

48

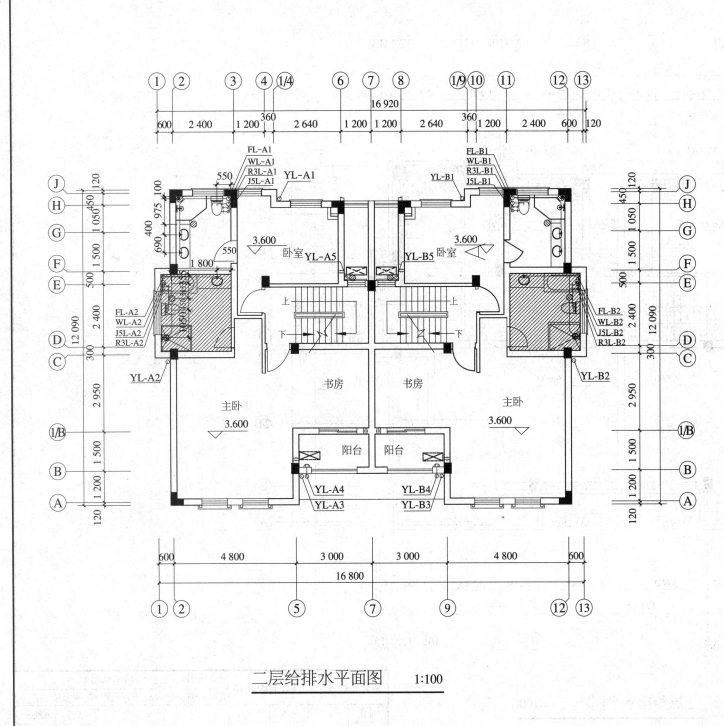

二层给排水平面图   1:100

1. 室内排水管道平面图图示方法

室内排水管道平面图主要表明建筑物内排水管道及有关卫生器具的平面布置。平面图中的卫生器具及设备是用图例表示的,只能说明其类型,看不出构造和安装方式。

其图示特点与图示方法与给水施工图基本相向。排水管道在施工图中采用粗虚线表示。如果一张平面图同时要绘出给水和排水两种管道时,则两种管道的线型要留有一定距离,避免重叠混淆。

2. 室内排水管道平面图主要内容

(1) 表明卫生器具及设备的安装位置、类型、数量及定位尺寸。在读图时必须结合有关详图或技术资料搞清它们的构造、具体安装尺寸和连接方法。

(2) 表明排出管的平面位置、走向、数量及排水系统编号与室外排水管网的连接形式、管径和坡度等。

(3) 表明排水干管、立管、支管的平面位置及走向、管径尺寸及立管编号。

(4) 表明检查口清扫口的位置。

3. 识读指导:设施03二层给排水平面图

(1) 看对应的建筑平面图,了解到两户在一层有一个卫生间及厨房,二层、三层均为双卫生间,都有卫生器具,这些卫生器具是排水系统的起点。

(2) 整栋楼房排水分两个系统(污水、废水)。从底层平面图看到每户有4个排出管(p),2个由1#卫生间穿J轴墙向北而出;2个由餐厅向东(向西)穿墙而出与室外检查井相连。

(3) 每户有污水立管2根(WL-A1,WL-A2,WL-B1,WL-B2),废水立管2根(FL-A1,FL-A2,FL-B1,FL-B2),分别连通了三楼、二楼、一楼。

×××建筑工程设计有限公司	建设单位	×××置业有限公司		
	工程名称	龙盛·右岸美墅P46、49号楼		
设计	校对		工号	06051
制图	审核	二层给排水平面图	图号	设施03
专业负责	项目负责		日期	×年×月

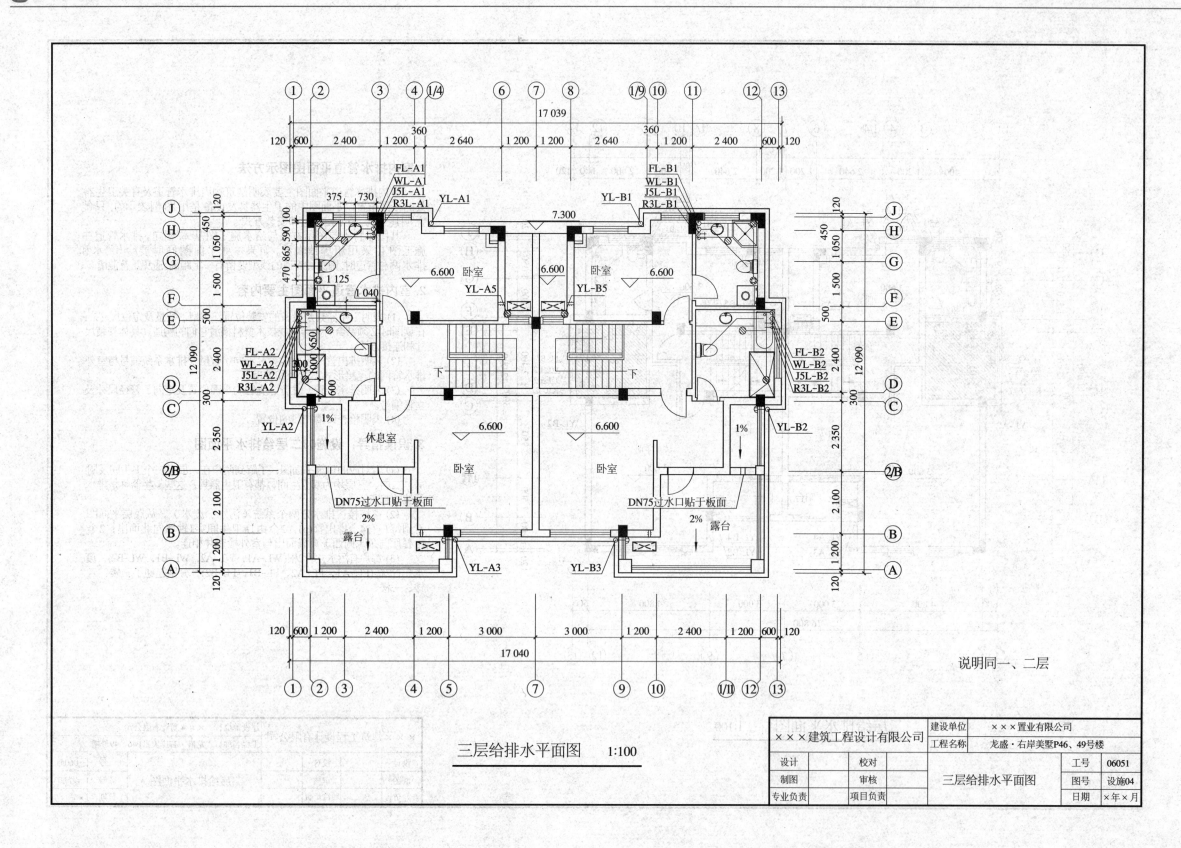

三层给排水平面图   1:100

说明同一、二层

	建设单位	×××置业有限公司		
×××建筑工程设计有限公司	工程名称	龙盛·右岸美墅P46、49号楼		
设计	校对		工号	06051
制图	审核	三层给排水平面图	图号	设施04
专业负责	项目负责		日期	×年×月

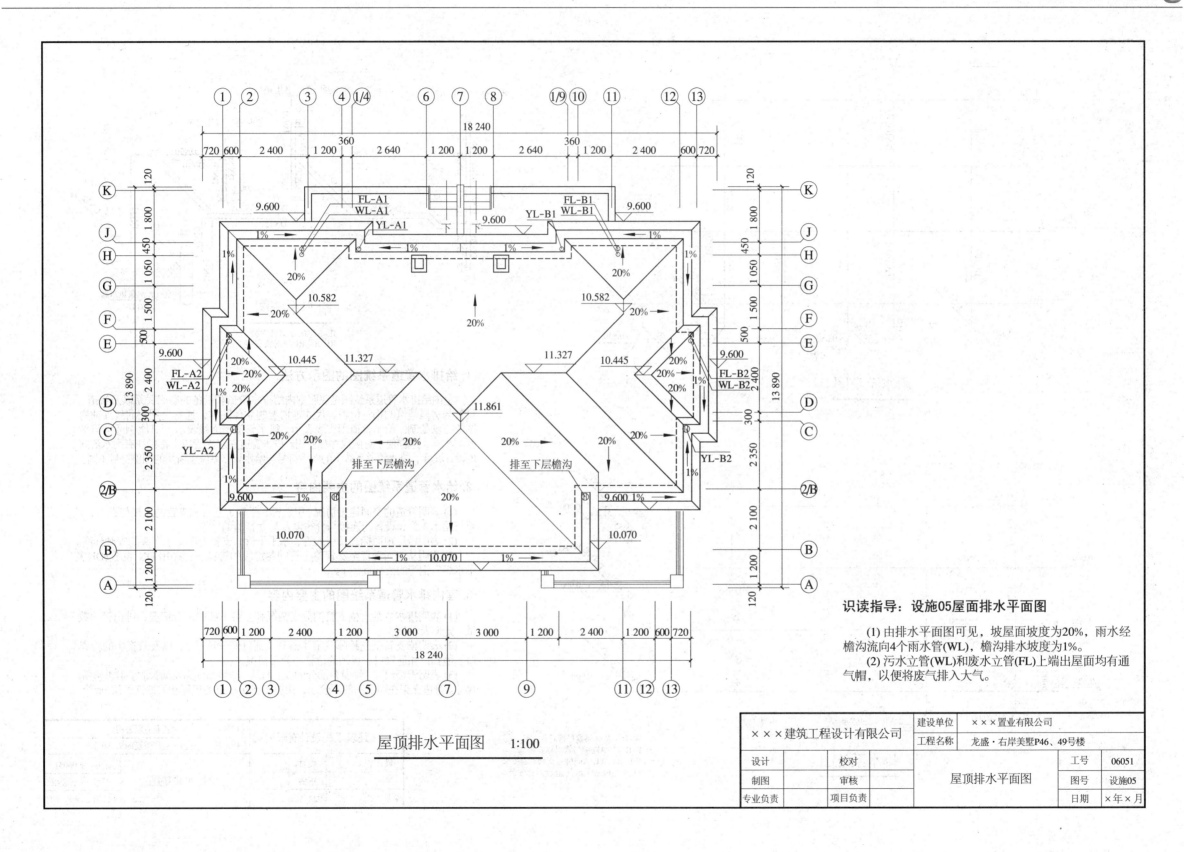

屋顶排水平面图   1:100

识读指导：设施05屋面排水平面图

(1) 由排水平面图可见，坡屋面坡度为20%，雨水经檐沟流向4个雨水管(WL)，檐沟排水坡度为1%。

(2) 污水立管(WL)和废水立管(FL)上端出屋面均有通气帽，以便将废气排入大气。

×××建筑工程设计有限公司		建设单位	×××置业有限公司		
		工程名称	龙盛·右岸美墅P46、49号楼		
设计		校对		工号	06051
制图		审核		图号	设施05
专业负责		项目负责		日期	×年×月

屋顶排水平面图

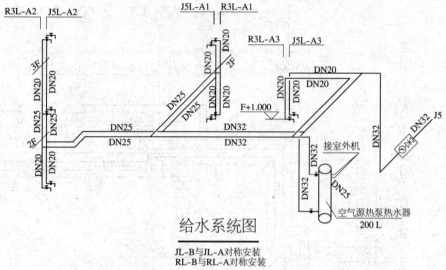

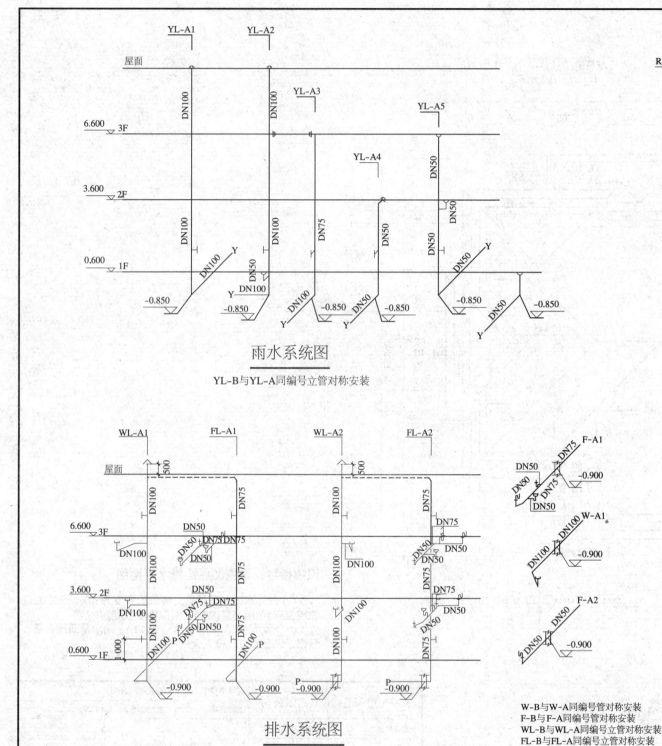

雨水系统图

YL-B与YL-A同编号立管对称安装

排水系统图

W-B与W-A同编号管对称安装
F-B与F-A同编号管对称安装
WL-B与WL-A同编号立管对称安装
FL-B与FL-A同编号立管对称安装

给水系统图

JL-B与JL-A对称安装
RL-B与RL-A对称安装

1. 给排水管道系统图的图示方法

室内给排水管道系统图是表明室内给排水管道和设备的空间关系以及管道、设备与房屋建筑的相对位置、尺寸等情况的立体图样，通常是用正面斜等轴测图的方法绘制。给水管道用实线表示，排水管道用虚线表示。其比例通常与平面图相同，这样便于对照尺寸和使用。排水管道在水平管段上都标注有污水流向的设计坡度，排水管道系统上的图例符号与给水管路系统上所用的图例符号不同。

2. 给水管道系统图的主要内容

(1) 表明管道的空间连接情况，引入管、干管、立管和支管的连接与走向，支管与用水龙头、设备的连接与分布以及与立管的编号等。

(2) 表明楼层地面标高及引入管、水平干管、支管直至配水龙头的安装标高。

(3) 表明从引入管直至支管整个管网各管段的管径。管径用 DN 表示 (DN表示水煤气钢管的公称直径)。

3. 室内排水管道系统图的主要内容

(1) 表明排水立管上横支管的分支情况和立管下部的汇合情况，排出管的数量、走向及坡度。

(2) 表明横支管上连接哪些卫生器具 (通过图例符号)，以及管道上的检查口、清扫口和通气口、风帽的位置与分布情况。

(3) 表明管径尺寸、管道各部分的安装标高、楼地面标高及横管的安装坡度等尺寸。管道支架在图上一般不表示，由施工人员按有关规程和习惯性做法确定。

×××建筑工程设计有限公司		建设单位	×××置业有限公司		
		工程名称	龙盛·右岸美墅P46、49号楼		
设计	校对			工号	06051
制图	审核		给排水系统图	图号	设施06
专业负责	项目负责			日期	×年×月

项目1.5　某别墅建筑电气工程施工图识读

1.5.1　建筑电气施工图识读概述

1. 建筑电气施工图的组成及内容

建筑电气施工图主要包括图纸目录、电气设计说明、动力与照明系统图、动力与照明平面图、设备材料表等。

2. 建筑电气工程图的特点

（1）线路一般采用绝缘导线和电力电缆，其敷设的方法可分为明敷和暗敷两类。按敷设部位可分为沿墙明敷和埋地敷设。

（2）导线及设备在平面图上采用统一的图例符号，并加文字符号绘制出来，见附录A。

（3）任何电路都必须构成其闭合回路。一个电路的组成包括四个基本要素，即电源、用电设备、导线和开关控制设备。

（4）建筑电气工程施工图应与土建工程及其他安装工程施工图相互配合进行。

3. 室内电气施工图概述

1）概述

室内电气工程包括强电部分和弱电部分两类，强电部分有照明、动力，弱电部分有电话系统、闭路电视系统、宽带网系统、对讲防盗门系统、防雷接地系统等。

电气照明是为了在建筑物内创造一个明亮的环境，以满足工作、学习和生活的需要。室内照明供电线路的电压除特殊需要外，通常都采用380/220 V（伏）的三相四线制低压供电，即由用户配电变压器的低压侧引出三根相线（火线）和一根零线（中性线、地线）。三根相线由L1，L2，L3表示，零线由N表示。

相线与相线间的电压是380 V，可供动力负荷用电，相线与零线间的电压是220 V，可供照明负载用电。对于用电不多的建筑可采用220 V单相二线供电系统。较大的建筑或厂房用三相四线制供电系统。三相四线制系统可使各相线路和负载比较均衡。

4. 室内照明供电系统的组成

电源进户后由干线、支线通向各用电设备构成室内照明供电系统。为了进一步了解室内照明供电系统，现将其组成部分的作用与构造介绍如下：

（1）接户线和进户线由室外电缆埋地用暗敷设方式进入建筑物或从室外的低压架空线上接到用电建筑的外墙上铁横亘的一段引线为接户线，它是室外供电线路的一部分，从铁横亘到室内配电箱的一段导线称为进户线，它是室内供电的起点。进户线一般设在建筑物的背面或侧面，线路尽可能短且便于维修。进户线若架空距离室外地坪高度不低于3.5 m，穿墙时要安装瓷管或钢管。

（2）配电箱是接受和分配电能的装置，内部装有接通和切断电路的开关和作为防止短路故障保护设备的熔断器，以及度量耗电量的电表等。分配电箱的供电半径一般为30 m，引出的支线数量不宜过多，一般是6～9个回路，配电箱的安装常见的是明装与暗装两种。明装的箱底距地面2 m，暗装的箱底距地面1.5 m。

（3）干线是从总配电箱引至分配电箱的供电线路。

（4）支线是从分配电箱引至室内的供电线路，它直接连接灯具、插座等用电设备，称为

回路。每条支线的连接灯数一般不超过20盏（插座也按灯计算）。

5. 室内电气照明施工图的内容

室内电气照明施工图一般由首页图、电气平面图、电气系统图和电气大样图及说明组成。

（1）首页图主要内容包括电气工程图纸目录、图例及电器规格说明和施工说明等三部分。但在工程比较简单仅有三五张图纸时，可不必单独编制，可将首页图的内容并入平面图内或其他图内。

（2）电气照明平面图是电气施工的主要图纸，主要表明电源进户线的位置、规格、线管径、配电盘（箱）的位置、编号；配电线路的位置、敷设方式；配电线路的规格、根数、穿管管径；各种电器的位置、灯具的位置、种类、数量、安装方式及高度以及开关、插座的位置；各支路的编号及要求等。

（3）供电系统图是根据用电量和配电方式画出来的，它是表明建筑物内配电系统的组成与连接的示意图。从图中可看到电源进户线的型号敷设方式，全楼用电的总容量；进户线、干线、支线的连接与分支情况；配电箱、开关、熔断器的型号与规格，以及配电导线的型号、截面、采用管径及敷设方式等。

（4）电气详图指凡在照明平面图、供电系统图中表示不清而又无通用图可选的图样，才绘制施工大样图。一般均有通用图可选，图只标注所引用的通用图册代号及页数等即可。作为施工人员应对常用的通用图册十分熟悉，并能记住它们的构造尺寸、所用材料及施工操作方法。

（5）设计说明在上述图纸中的未尽事宜，要在"说明"中提出。"说明"一般是说明设计的依据，对施工、材料或制品提出要求，说明图中未尽的事宜等。

6. 室内电气照明施工图的阅读

（1）电气照明平面图。

① 先看进户线是由楼房的哪层引入，墙外部分为埋地电缆还是架空线，墙内部分采用导线穿钢管暗敷设方式。并看清楚进户线的型号规格、敷设方式、穿线形式和引线的方向和地方。

② 其次看进户线处设置的一组重复接地装置，及接地装置的位置和施工方法。

③ 再看由总照明配电箱引出各条分支回路，分别接入那些房间的灯具及插座。穿线方式、灯具型号、安装高度，都要一一看清。

④ 从图中还可看出控制灯泡（管）的开启或关闭是采用哪种方式。

⑤ 照明器标注表示见说明。

（2）供电系统图是表示建筑物内配电系统的组成与连接的示意图。供电系统图仅仅起到示意图作用。

从系统图可以看到电源进户线的型号敷设方式、总配电箱、分支回路有几条，分支回路的配电箱情况。在线路中设有电表和一系列开关、熔断器（保险丝）装置。电源由进户线引入后，首先进入电表。经过电表再与户内线路相通，这样可以计量用电的多少。各熔断器是安全设施，当室外或室内线路由于某种原因引起电流突然增大时，熔断器内的熔丝将立即熔断，断开电路，以避免损坏设备和引起火灾，造成严重事故。各用电设备的开关是使用控制电流的通断，各支路设开关可以控制支路电流的通断，和电表相连的总开关可控制整个线路系统。

（3）设计说明在照明平面图和供电系统图上表示不出来的内容可通过说明来指出。

1.5.2 电气施工图设计说明

电气施工设计说明

1. 设计依据

(1) 建筑概况：本工程为三层住宅建筑，结构形式为框架结构、现浇混凝土楼板。

(2) 相关专业提供的工程设计资料。

(3) 各市政主管部门对方案设计的审批意见。

(4) 建设单位提供的设计任务书及设计要求。

(5) 有关本工程的国家现行主要标准及法规：

《民用建筑电气设计规范》(JGJ 16—2008)；

《住宅设计规范》(GB 50096—2012)；

《建筑物防雷设计规范》(GB 50057—2010)；

《建筑设计防火规范》(GB 50016—2014)；

《低压配电设计规范》(GB 50054—2011)；

其他有关国家及地方的现行规程、规范及标准。

2. 设计范围

(1) 220/380 V配电系统。

(2) 照明配电系统。

(3) 建筑物防雷、接地系统及安全措施。

(4) 弱电系统。

3. 220/380 V配电系统

(1) 负荷分类及容量：本工程所有负荷均属三级负荷，其住户容量为20 kW/户，共2户，容量为40 kW。

(2) 供电电源：本工程电源引自室外电源分线箱，住户电源单独引入，电缆途径建筑物对应穿SZ管保护。

(3) 计量：住户在车库层设计量表箱计量。

(4) 用电指标：根据住宅设计规范及建设单位要求，本工程住宅用电标准为每户15 kW。

(5) 供电方式：本工程采用放射式供电方式。

(6) 照明配电：照明、不同用途的插座均由不同的支路供电，除照明外其他插座回路均设置漏电保护装置，漏电短路器的漏电电流除标注外均为30 mA，且动作时间为0.1 s，在系统图中不再表述。

4. 设备安装

(1) 电表箱底边距地1.2 m嵌墙暗装，并根据当地电力局要求采取安全防护措施。

(2) 住户配电箱底边距地1.8 m嵌墙暗装。

(3) 开关、插座安装方式及安装高度见图例说明。

(4) 卫生间、厨房、阳台灯具的灯座采用瓷质灯座，有淋浴、浴缸的卫生间内插座须设在2区以外。

(5) 考虑预留中央空调主机电源，空调室内机电源从主机处引，控制方式由甲方自定。

5. 导线选择及敷设

(1) 电源进线选用YJV-1kV交联铜芯电力电缆，从室外电源分线箱引入。室内配电干线及支线选用BV-750 V聚氯乙烯绝缘铜芯导线，以沿板沿墙埋地暗敷为主。

(2) 配电干线敷设方式见平面图中标注，配电支线穿阻燃塑料管暗敷。

(3) 管材：SZ——镀锌钢管，SC——焊接钢管，FPC——阻燃塑料管。

(4) 敷设方式：AB——沿梁明敷，BC——沿梁暗敷，CLC——沿柱暗敷，AC——沿柱明敷，WS——沿墙明敷，WC——沿墙暗敷，CE——沿板明敷，CC——沿板暗敷，FC——埋地暗敷。

6. 建筑物防雷、接地系统及安全措施

(1) 建筑物防雷：

① 本工程防雷等级为三类。建筑物的防雷装置应满足防直击雷及雷电波的侵入，并设置总等电位联结。

② 接闪器：在屋顶采用φ10热镀锌圆钢作避雷带，屋顶避雷带连接线网格不大于20 m×20 m或24 m×16 m。

③ 引下线：利用建筑物钢筋混凝土柱子内或剪力墙内两根φ16以上(φ16以下用四根)主筋通长焊接作为引下线，引下线间距不大于25 m。引下线在室外地面下1 m处引出一根-4×40热镀锌扁钢，扁钢伸出室外，距外墙皮的距离不小于1 m。

④ 接地极：接地极为建筑物基础地梁上的上下两层钢筋中的两根主筋通长焊接形成的基础接地网。地梁钢筋与承台、桩基钢筋焊接。

⑤ 引下线上端与避雷带焊接，下端与接地极焊接。部分外墙引下线在室外地面上0.5 m处设测试卡子。

⑥ 凡突出屋面的所有金属构件、金属通风管、金属屋面、金属屋架等均与避雷带可靠焊接。

⑦ 室外接地凡焊接处均应刷沥青防腐。

(2) 接地及安全措施：

① 本工程防雷接地、电气设备的保护接地共用统一的接地极，要求接地电阻不大于1 Ω，实测不满足要求时，增设人工接地极。

② 壁灯或其他灯具低于2.4 m时加PE线。

③ 凡正常不带电，而当绝缘破坏有可能呈现电压的一切电气设备金属外壳均应可靠接地。

④ 本工程采用总等电位联结，应将建筑物内保护干线、设备进线总管等进行联结，总等电位联结线采用-4×40镀锌扁钢，总等电位联结线均采用等电位卡子，禁止在金属管道上焊接。

⑤ 有洗浴设备的卫生间内采用局部等电位联结，从适当地方引出两根φ16结构钢筋(此钢筋不应是防雷引下线)与局部等电位箱(LEB)，LEB安装在洗脸台(盆)下方并暗装，底边距地0.3 m。将卫生间内所有金属管道、金属构件联结。具体做法参见国标图集《等电位联结安装》(02D501-2)。

⑥ 本工程接地形式采用TN-C-S系统，电源在进户处做重复接地，并与防雷接地共用接地极。

7. 其他

(1) 弱电系统只预留至箱体，由甲方委托各专业公司设计并同步施工。

(2) 与土建密切配合，做好预埋工作，原则上应按图施工，部分管线敷设线路可按现场情况与土建密切配合，合理调整。

(3) 各类配电箱尺寸以供货单位提供的技术资料为准。

(4) 本图未详尽事宜按国家及地方现行有关规范、规程执行。

设备图列表及主要设备材料表

序号	符号	设备名称	单位	数量	备注
1		电表箱	套	6	安装高度 距地 +1.20 m
2		户内开关箱	套	24	安装高度 距地 +1.80 m
3	○	吊线裸灯头40 W	只		卫生间、厨房间用瓷质灯座(吸顶)
					其余安装高度 +2.50 m
4		壁灯40 W			安装高度 距地 +2.20 m
5	⊗	防水密闭灯40 W			安装高度 距地 +2.50 m
6		暗装单极防水开关250 V,10 A			安装高度 距地 +1.30 m
7		暗装单极开关250 V,10 A			安装高度 距地 +1.30 m
8		暗装双极开关250 V,10 A			安装高度 距地 +1.30 m
9		暗装单极双控开关250 V,10 A			安装高度 距地 +1.30 m
10		暗装二、三极带保护门10 A插座			安装高度 距地 +0.30 m
11	C	暗装二、三极带保护门10 A插座(防溅型)			安装高度 距地 +1.80 m
12	W	暗装三极带保护门15 A插座(防溅型带开关)			安装高度 距地 +1.80 m
13	X	暗装三极带保护门10 A插座(防溅型带开关)			安装高度 距地 +1.50 m
14	K	暗装三极带保护门15 A插座			安装高度 距地 +1.80 m
15	K1	暗装三极带保护门15 A插座			安装高度 距地 +0.30 m
16	Q	暗装三极带保护门15 A插座			安装高度 距地 +0.30 m
17	R	暗装三相带保护门15 A插座			安装高度 距地 +0.30 m
18	WT	多媒体箱	套	6	安装高度 距地 +0.30 m
19		局部等电位端子箱(暗装)	套		安装高度 距地 +0.50 m

阅读电气施工图重点掌握的内容有：

(1) 掌握电气工程基本知识是读图的前提。要了解电照工程的系统组成和基本图式，以及这些工程施工工艺、线路系统的布置、线路材料、设备配件等。

(2) 电气工程的平面图和系统图(轴侧图)多采用图例表示，其线路布置都是示意性的，因此必须多看多记这些管线和图例符号，以求熟练。

(3) 看电气工程施工图时，要将平面图与系统图(轴侧图)对照起来认真看，有看不清楚的地方还要查阅详图。

(4) 掌握各种线路系统的工作原理，是阅读电气施工图的首要条件。按照系统的工作原理和电流流程一步一步地顺序阅读施工图，是识图时简便而又见效快的一种好方法。

(5) 室内电气照明施工图的看图顺序是顺电流方向进行的。从电源进户线开始，到配电箱、干线、支线、用电设备(电灯、插座等)。

×××建筑工程设计有限公司		建设单位	×××置业有限公司	
		工程名称	龙盛·右岸美墅P46、49号楼	
设计	校对			工号 06051
制图	审核	设计说明及图例		
专业负责	项目负责			图号 电施01
				日期 ×年×月

1.5.3 电气工程施工图识读

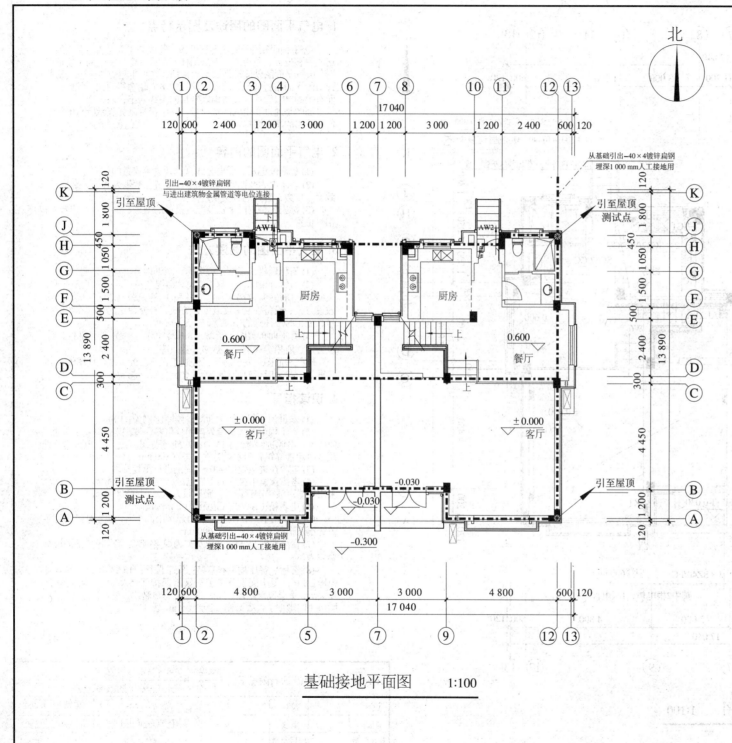

基础接地平面图　　1:100

×××建筑工程设计有限公司		建设单位	×××置业有限公司
		工程名称	龙盛·右岸美墅P46、49号楼
设计	校对		工号 06051
制图	审核	基础接地平面图	图号 电施02
专业负责	项目负责		日期 ×年×月

1. 建筑防雷概述

雷云的放电是常见的自然现象，它所产生的强烈闪光、霹雳，有时落到地面上，会击毁房屋、杀伤人畜，其危害性与破坏性非常大。建筑如何防雷成为建筑电气设计中一个重要组成部分。建筑物的性质、结构以及建筑物所处位置等都对落雷有很大影响。

2. 建筑物的防雷装置

建筑物的防雷装置主要包括接闪器、引下线和接地装置三部分。

(1) 接闪器是直接接收雷击的金属导体。它能将空中的雷云电荷接收并引入大地。接闪器一般有避雷针、避雷带、架空避雷线等。所有接闪器都必须经过接地引下线与接地装置相连接，共同组成防雷装置。

(2) 引下线是连接接闪器与接地装置的金属导体，一般采用圆钢或扁钢制成。所用圆钢直径不应小于8 mm，扁钢截面不应小于48 mm²，厚度不小于4 mm。引下线应沿建筑物外墙明敷，并经最短路径接地。也可利用建筑物的金属构件或钢筋混凝土柱内钢筋作为引下线，但所有金属部件之间必须焊接连成电气通路。

(3) 接地装置是对进入地下的接地体和接地线的总称。它的作用是把引下的雷电流流散到大地土壤中去。

接地体宜采用圆钢、扁钢、角钢或钢管。圆钢直径不小于10 mm；扁钢截面不小于100 mm²，厚度不小于4 mm；角钢厚度不小于4 mm；钢管壁厚不应小于3.5 mm。

3. 识读指导

(1) 接地工程图是通过基础平面图和它的详图（或引用标准图集）来表达的。由本页图可知，该别墅建筑接地体为水平接地体，且敷设建筑基础四周，形成一个环形闭合的电气通路，并且在靠外基础墙处引上线四条。

(2) 由设计说明可知，利用建筑物钢筋混凝土柱子内两根φ16以上（φ16以下用四根）主筋通长焊接作为引下线，引下线间距不大于25 m。引下线在室外地面下1 m处引出一根–40×4热镀锌扁钢，扁钢伸出室外，距外墙皮的距离不小于1 m。

(3) 接地极为建筑物基础地梁上的上下两层钢筋中的两根主筋通长焊接形成基础接地网，地梁钢筋与承台、桩基钢筋焊接。

(4) 引下线上端与避雷带焊接，下端与接地极焊接。部分外墙引下线在室外地面上0.5 m处设测试卡子。

(5) 接地装置应在基础完工后，还未回填土之前进行，所以要和土建施工配合好。

(6) 该图附有施工说明，需一一细读。相关大样需查标准图集。

4. 接地说明

(1) 本工程在电表箱下方设总等电位连接端子箱，所有进出建筑物的金属管道均作等电位连接，总等电位连接端子箱安装高度0.5 m，做法参照图集02D501-2第33页。端子箱测试电阻小于1 Ω。

(2) 电气接地焊接引出点均采用–40×4镀锌扁钢。

(3) 基础钢筋体与柱子钢筋体的连接做法参照图集99D562第2～40页。

(4) 引下线与基础接地体均利用柱或梁的内外两侧主筋。

(5) MEB端子箱(Rsh<1)(位于一层)，预埋件做法参照图集02D501-2第47页。

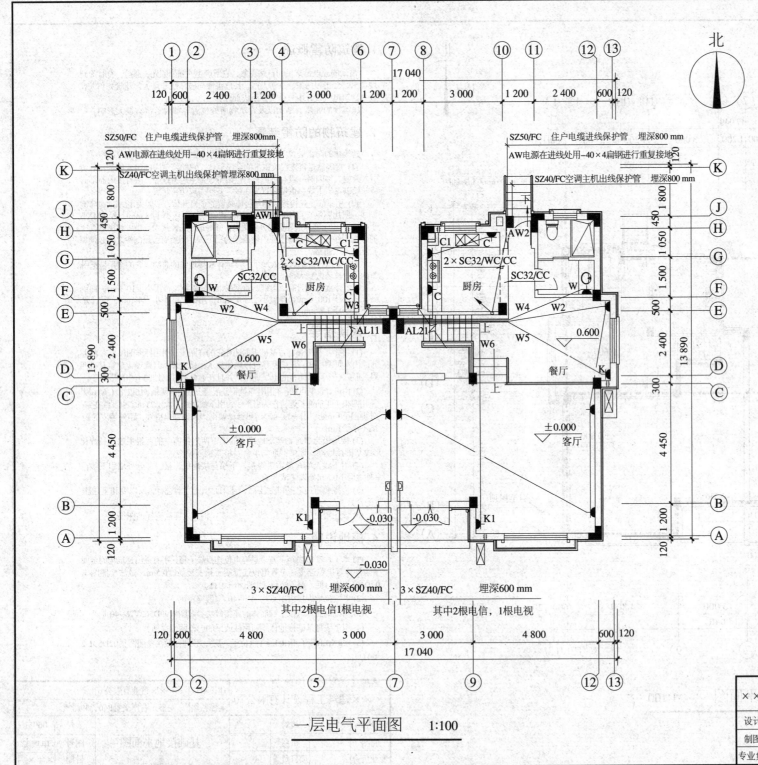

一层电气平面图   1:100

1. 电气平面图的用途及图示特点

电气平面图用于反映电气设备、管线的平面布置、装置及线路的安装位置、敷设方法等的图样，是进行电气安装的主要依据。

电气平面图以建筑平面图为依据，在图上重点绘出电气设备、管道的平面布置情况。因此，建筑的平面轮廓线用细实线绘出，而有关的电气管线、设备则以较粗的图线绘出，以突出重点。电气平面图是通过一定的图形符号、文字符号具体表示所有电气设备和线路的平面图样。

2. 电气平面图的内容

(1) 标明配电箱、弱电分线盒、开关等设备的位置。

(2) 表示电力及照明线路的敷设位置、敷设方式、导线型号、截面、根数，管线的种类及管径。

(3) 标出各种用电设备及配电设备的型号、数量、安装方式和相对位置。

3. 电气平面图的阅读方法

(1) 看标题栏，了解工程名称、图纸内容、设计日期等。

(2) 看设计说明，了解工程总体概况及设计依据，了解图纸中未能表达清楚的各有关事项。如供电电源来源、电压等级、线路敷设方式、设备安装高度及安装方式，补充使用的非国标图形符号，施工时应注意的事项等。

(3) 看平面布置图，了解设备安装位置、线路敷设部位、敷设方法、所用导线型号、规格、数量等。

电气平面图是安装施工、编制工程预算的主要依据图纸，必须熟读。必要时可对照相关的安装大样图一起阅读。

4. 识读指导

(1) 本页为一层电气平面图，绘图比例为1:100。

(2) 本工程电源引自室外电源分电箱，每户电源从房屋北面单独引入。电源进线选用YTV-1KV交联铜芯电力电缆，电缆途经建筑物时穿镀锌铜管暗敷设方式，埋深800 mm。

(3) 电源在进线处用-40×4扁钢进行重复接地。

(4) 考虑预留中央空调主机电源，空调主机出线穿墙时也考虑采用导线穿镀锌铜管保护，暗敷设方式，埋深800 mm。

(5) 电表箱（AW）底边距地1.2 m嵌墙暗装。

(6) 两根电信一根电视进线由建筑南面引入，途经建筑物时穿镀锌铜管暗敷设方式，埋深600 mm。

(7) 室内埋管2×SC32/WC/CC为焊接钢管，沿墙暗敷或沿板暗敷设方式。

(8) 客厅、餐厅均设有暗装三极带保护门15A插座，安装高度距地1.8 m；卫生间设有暗装三极带保护门15A插座（防溅型带开关），安装高度距地1.8 m；厨房设有暗装二、三极带保护门10 A插座（防溅型），安装高度距地1.8 m。

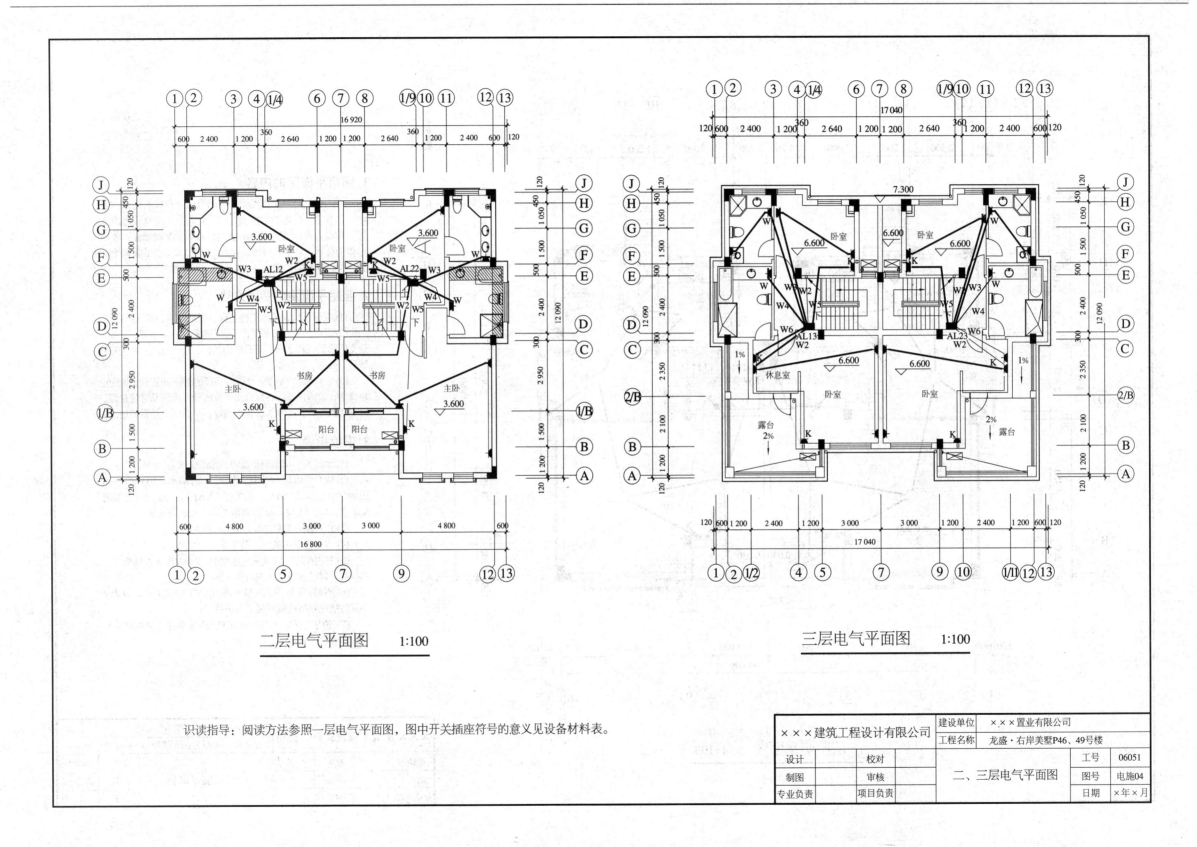

二层电气平面图　　1:100

三层电气平面图　　1:100

识读指导：阅读方法参照一层电气平面图，图中开关插座符号的意义见设备材料表。

×××建筑工程设计有限公司	建设单位	×××置业有限公司		
	工程名称	龙盛·右岸美墅P46、49号楼		
设计　　　校对	二、三层电气平面图		工号	06051
制图　　　审核			图号	电施04
专业负责　　项目负责			日期	×年×月

57

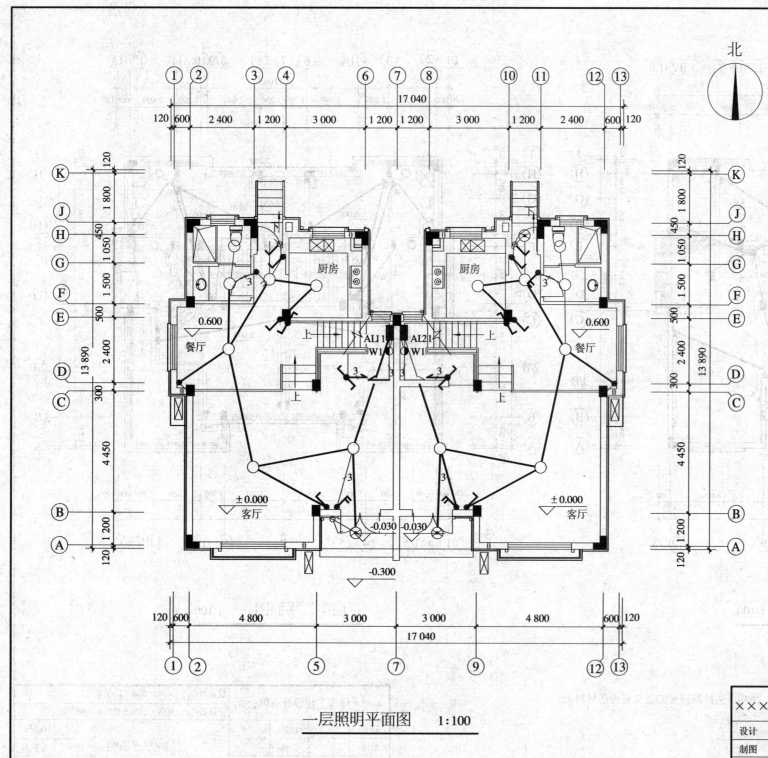

北

一层照明平面图   1:100

1. 照明平面图的内容

室内电气照明平面图主要表明电源进户线的位置、规格、线管径、配电盘（箱）的位置、编号；配电线路的位置、敷设方式；配电线路的规格、根数、穿管管径；各种电器的位置，灯具的位置、种类、数量、安装方式及高度以及开关、插座的位置；各支路的编号及要求等。

2. 照明平面图的阅读方法

(1) 看标题栏，了解工程名称、图纸内容、设计日期等。

(2) 看照明平面布置图，了解配电箱的安装位置、干线及分支回路的线路走向、灯具插座部位、敷设方法、所用导线型号、规格、穿管位置等。

(3) 室内照明平面图应结合照明系统图一起识读，因配电箱规格、箱内设备、各层分支干线的导线截面及穿管管径、分支回路的计算功率、计算电流等在平面图上是看不出来的。

3. 识读指导

(1) 本页为一层照明平面图，绘图比例为1:100。

(2) 进户线电源为三相四线制，电源频率为50 Hz，线电压380 V，相电压220 V。进户线引入AL11，AL21暗装照明配电箱，再由AL12，AL22将电源引至二层和三层。

(3) 住户配电箱底边距地1.8 m嵌墙暗装。

(4) 本工程采用放射式供电方式。

(5) 室内配电干线及支线选用BV-750 V聚氯乙烯绝缘铜芯导线，以沿板沿墙埋地暗敷为主。

(6) 照明、不同用途的插座均由不同的支路供电，除照明外其他插座回路均设置漏电保护装置。

(7) 室内埋管2×SC32/WC/CC为焊接钢管，沿墙暗敷或沿板暗敷设方式。

×××建筑工程设计有限公司	建设单位	×××置业有限公司		
	工程名称	龙盛·右岸美墅P46、49号楼	工号	06051
设计	校对	一层照明平面图		
制图	审核		图号	电施05
专业负责	项目负责		日期	×年×月

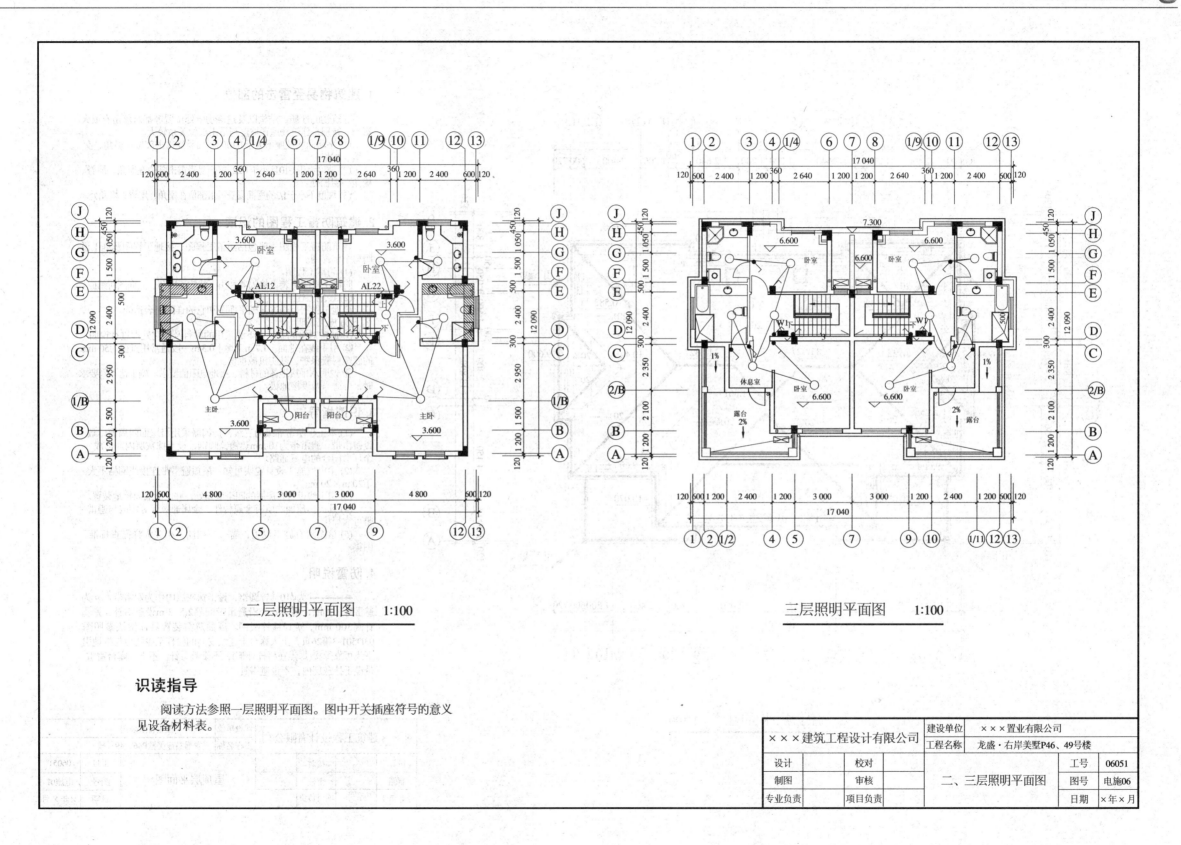

二层照明平面图　　1:100

三层照明平面图　　1:100

识读指导

　　阅读方法参照一层照明平面图。图中开关插座符号的意义见设备材料表。

×××建筑工程设计有限公司		建设单位	×××置业有限公司		
		工程名称	龙盛·右岸美墅P46、49号楼		
设计	校对		二、三层照明平面图	工号	06051
制图	审核			图号	电施06
专业负责	项目负责			日期	×年×月

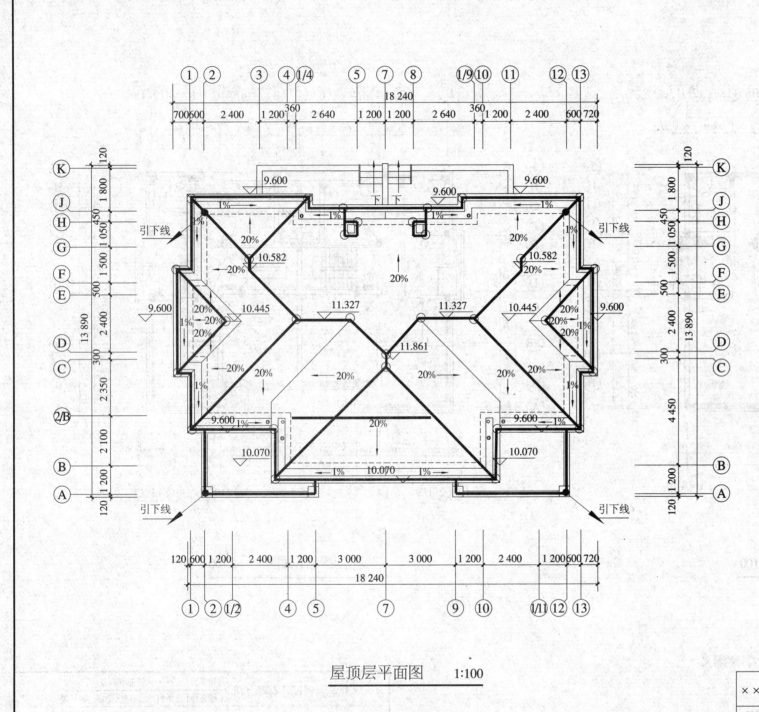

屋顶层平面图 1:100

1. 建筑物易受雷击的部位

建筑物的性质、结构以及建筑物所处位置等都对落雷有很大影响。特别是建筑物屋顶坡度与雷击部位关系较大。

(1) 平屋面或坡度不大于1/10的屋面易受雷击部位在檐角、女儿墙、屋檐处。

(2) 坡度大于1/10且小于1/2的屋面易受雷击部位在屋角、屋脊、檐角、屋檐处。

(3) 坡度不小于1/2的屋面易受雷击部位在屋角、屋脊、檐角处。

2. 建筑防雷工程图的识读

建筑防雷工程图一般包括防雷工程图、接地工程图及施工说明与个别详图。

(1) 防雷工程图

防雷工程图由装设接闪器和引下线的屋面图、立面图所组成。

(2) 接地工程图

接地工程图是通过基础平面图和它的详图来表达的。

(3) 施工说明

① 通常对接闪器、引下线采用的材料及防腐处理进行说明

② 引下线在地面上1.7 m至地下0.3 m一段通常用直径为50 mm的硬塑料管保护，以防机械损伤。

③ 说明水平接地体的材料、接地电阻值要求。施工达不到要求时，可适当增设接地极。

3. 识读指导

(1) 本工程防雷等级为三级，接闪器采用沿屋面四周檐口敷设避雷带。避雷带为10 mm热镀锌圆钢，设于抹灰层内。形成一个环形闭合的电气通路。

(2) 由电气施工设计说明可知，屋顶避雷连接线网格不大于20 m×20 m。

(3) 引下线设置在房屋的四个墙角处，并由此通向接地装置。

(4) 凡突出屋面的所有金属构件、金属通风管等均应与避雷带可靠焊接。

(5) 该图附有施工说明，需一一细读。相关大样需查标准图集。

4. 防雷说明

———— 为φ10镀锌圆钢，设于抹灰层内作为避雷带，。为避雷针，如图，另外其余沿避雷带间隔2.5~3 m设避雷针，避雷针高300 mm，φ12镀锌圆钢。屋面避雷装置具体做法参照图03D501-3第26页，上人露台上连续安装的栏杆至少两点与接地引下线可靠焊接(焊点在栏杆外侧)，不设避雷针。不上人露台避雷带设于抹灰层内，不设避雷针。

×××建筑工程设计有限公司	建设单位	×××置业有限公司		
	工程名称	龙盛右岸美墅P46、49号楼		
设计	校对		工号	06051
制图	审核	屋顶层平面图	图号	电施07
专业负责	项目负责		日期	×年×月

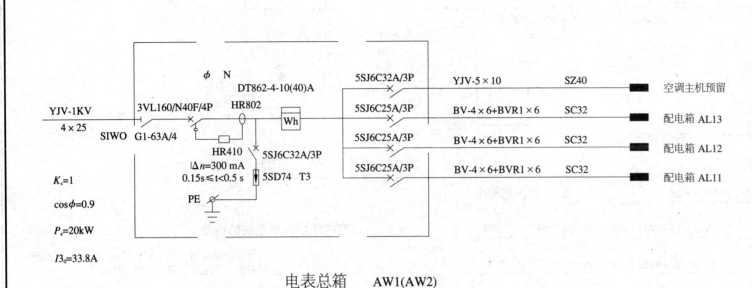

电表总箱　　AW1(AW2)

嵌墙暗装

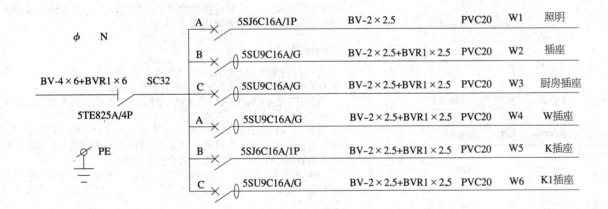

户内配电箱　　AL11，AL21

嵌墙暗装　　共2只

1. 电气系统图的用途

电气系统图是用来表示建筑供电系统或分系统的图样。它详细地表明电气工程的供电方式、电能输送、分配控制关系和设备运行情况。从电气系统图中可看出工程的概况，它是电气工程图的重要组成部分。

电气系统图有变配电系统图、动力系统图、照明系统图、弱电系统图。

2. 电气系统图的特点

电气系统图主要通过各种文字符号和图例来表达整个电气系统或分系统的网络构成。电气系统图不是正规的投影图，而是用各种文字和符号示意性的概括说明整个建筑供电系统的整体状况。

3. 室内照明供电系统的内容

供电系统图是根据用电量和配电方式画出来的，它是表明建筑物内配电系统的组成与连接的示意图。从图中可看到电源进户线的型号敷设方式，全楼用电的总容量；进户线、干线、支线的连接与分支情况；配电箱、开关、熔断器的型号与规格，以及配电导线的型号、截面、采用管径及敷设方式等。

4. 识读指导

(1) 本页电气系统图绘出了电表总箱AW1(AW2)系统的连接示意图，AL11，AL21户内配电箱系统的连接示意图，均为嵌墙暗装。

(2)在进户线上方标注的YJV-1KV-4×25表示电源进线选用交联铜芯电力电缆。在进户线下方标注的数字$K_x=1$，$\cos\phi=0.9$，$P_e=20\ \mathrm{kW}$，$I3_\sigma=33.8\ \mathrm{A}$表明，每户照明额定总容量为20 kW，系数取0.9，电流为33.8 A。

(3)电表总箱分出四条线路，一条为YJV-5×10 SZ40是空调主机预留的铜芯电缆，另三条BV-4×6+BVR1×6 SC32是室内干线，选用聚氯乙烯绝缘铜芯导线，连接户内配电箱AL11，AL12，AL13，穿焊接铜管敷设。

×××建筑工程设计有限公司	建设单位	×××置业有限公司		
	工程名称	龙盛·右岸美墅P46、49号楼		
设计　　　校对			工号	06051
制图　　　审核		电气系统图（一）	图号	电施08
专业负责　　项目负责			日期	×年×月

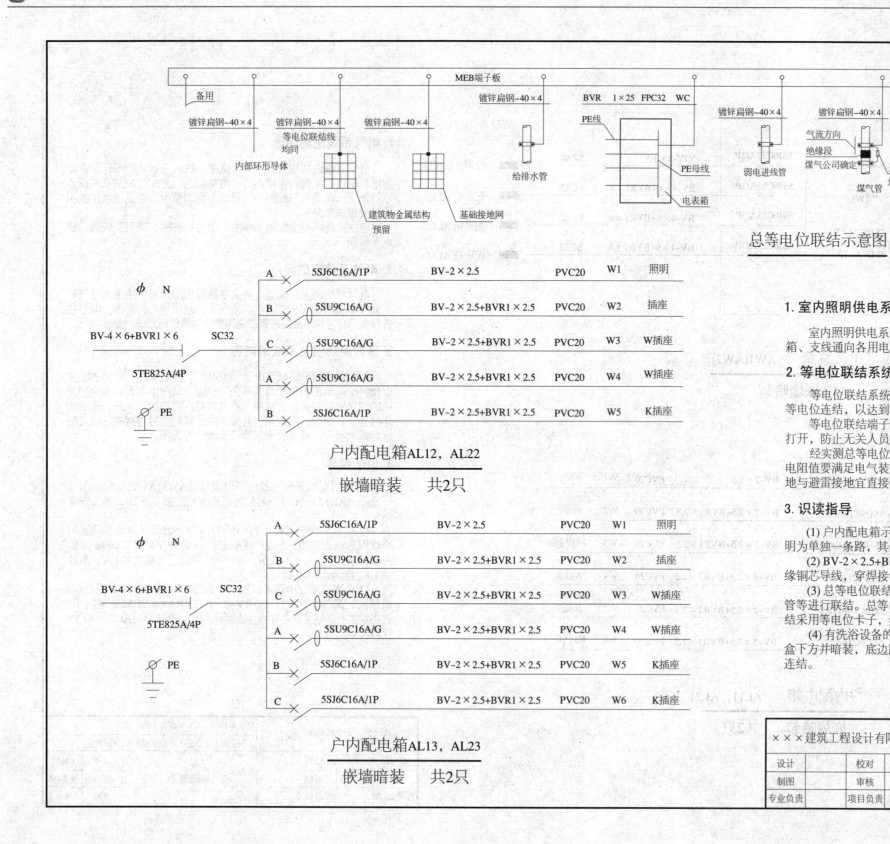

总等电位联结示意图

MEB端子板

备用

镀锌扁钢-40×4 内部环形导体

镀锌扁钢-40×4 等电位联结线均同

镀锌扁钢-40×4 建筑物金属结构预留

镀锌扁钢-40×4 给排水管 基础接地网

BVR 1×25 FPC32 WC
PE线
PE母线
电表箱

镀锌扁钢-40×4 弱电进线管

镀锌扁钢-40×4 气流方向 绝缘段 煤气公司确定 火花放电间隙 煤气公司确定 煤气管

1. 室内照明供电系统的组成

室内照明供电系统是由电源进户线、总配电箱、干线、分配电箱、支线通向各用电设备，构成室内照明供电系统。

2. 等电位联结系统

等电位联结系统是将建筑物的所有可接近的裸露导体，单独与等电位连结，以达到用电安全保护的目的。

等电位联结端子箱宜设置在电源箱处，且需用钥匙或工具方可打开，防止无关人员接触。

经实测总等电位联结内的水管、基础钢筋等自然接地体的接地电阻值要满足电气装置的接地要求，必须另设人工接地极。保护接地与避雷接地宜直接短捷连通。

3. 识读指导

(1) 户内配电箱示意图（嵌墙暗装）表明配电箱共引出6路，照明为单独一条路，其余5条均连接至房间内插座。

(2) BV-2×2.5+BVR1×2.5 PVC20是室内支线，选用聚氯乙烯绝缘铜芯导线，穿焊接铜管敷设。

(3) 总等电位联结示意图表明将建筑物内保护干线、设备进线总管等进行联结。总等电位联接线采用-40×4镀锌扁钢，总等电位联结采用等电位卡子，禁止在金属管道上焊接。

(4) 有洗浴设备的卫生间采用局部等电位联结，LEB安装在洗脸盆下方并暗装，底边距地0.3 m，将卫生间所有金属管道、金属构件连结。

ϕ N

BV-4×6+BVR1×6 SC32

5TE825A/4P

PE

A	5SJ6C16A/1P	BV-2×2.5	PVC20	W1	照明
B	5SU9C16A/G	BV-2×2.5+BVR1×2.5	PVC20	W2	插座
C	5SU9C16A/G	BV-2×2.5+BVR1×2.5	PVC20	W3	W插座
A	5SU9C16A/G	BV-2×2.5+BVR1×2.5	PVC20	W4	W插座
B	5SJ6C16A/1P	BV-2×2.5+BVR1×2.5	PVC20	W5	K插座

户内配电箱AL12，AL22

嵌墙暗装 共2只

ϕ N

BV-4×6+BVR1×6 SC32

5TE825A/4P

PE

A	5SJ6C16A/1P	BV-2×2.5	PVC20	W1	照明
B	5SU9C16A/G	BV-2×2.5+BVR1×2.5	PVC20	W2	插座
C	5SU9C16A/G	BV-2×2.5+BVR1×2.5	PVC20	W3	W插座
A	5SU9C16A/G	BV-2×2.5+BVR1×2.5	PVC20	W4	W插座
B	5SJ6C16A/1P	BV-2×2.5+BVR1×2.5	PVC20	W5	K插座
C	5SJ6C16A/1P	BV-2×2.5+BVR1×2.5	PVC20	W6	K插座

户内配电箱AL13，AL23

嵌墙暗装 共2只

×××建筑工程设计有限公司		建设单位	×××置业有限公司		
		工程名称	龙盛·右岸美墅P46、49号楼		
设计		校对		工号	06051
制图		审核		图号	电施09
专业负责		项目负责	电气系统图（二）	日期	×年×月

项目 1.6 识读实训

知识目标：① 了解混凝土结构建筑施工图和结构施工图的表达及组成；② 熟悉框架结构施工图的图示内容、方法及作用；③ 熟悉现浇板、框架梁、框架柱的截面形式、配筋种类及构造要求；④ 学会查阅和使用标准图集。

能力目标：能够读懂混凝土结构建筑施工图和结构施工图。

任务 1 了解工程概况

识读该套工程图建筑及结构总说明，了解工程材料等要求；完成下表统计。

工程名称		设计使用年限	
建筑层数		结构形式	
建筑面积		环境类别（地上）	
工程等级		抗震等级	
耐火等级		设防烈度	
房屋朝向		梁、柱混凝土强度	

任务 2 识读全套施工图

识读该别墅的全套施工图，完成下列问题：

（1）建筑总平面图常用的绘图比例是_____，它主要反映新建房屋的_____等信息。

（2）新建 46 号别墅为砖混结构的_____层楼房。室内地面标高是_____m，相当于海拔标高_____m。室外地面标高是_____m，室内外高差_____m。

（3）新建 46，49 号楼占地尺寸是长×宽 = _____=_____ m²，建筑面积为_____ m²。

（4）一层外墙厚_____mm，内墙厚_____mm，该层共有空调机位_____个。

（5）该建筑体型系数是_____。指北针应标注在_____图上。

（6）节能设计中外墙外保温材料为_____；屋面保温材料为_____；外门窗采用_____。

（7）第二层楼面标高为_____m，第二层层高为_____m。

（8）1#楼梯为_____跑楼梯，其开间是_____m，进深是_____m。

（9）为何剖面图中楼梯踏步有涂黑与不涂黑之分？

（10）建筑剖面图的剖切位置一般在哪张平面图上表示，1—1 剖面的剖视方向为_____。

（11）按照 1∶50 的比例绘制 1#卫生间详图。

（12）KL12 截面宽度为_____mm，截面高度为_____mm，跨数为_____跨。

（13）KL12 箍筋直径为_____mm，非加密区箍筋间距为_____mm。

（14）KL12 下部有_____根通长钢筋，钢筋直径_____mm，为_____级钢；上部通长钢筋有_____根，直径为_____mm，为_____级钢。

（15）本工程给水采用市政_____水管道直供，本工程采用_____排放方式。

（16）本工程冷水管采用_____塑料管，热熔连接；热水管采用_____热水塑料管，热熔连接。室内污水、雨水管采用_____排水塑料管，黏接。压力排水管采用_____钢管，丝扣连接。

（17）本工程电源引自室外电源分电箱，每户电源从房屋_____面单独引入。电源进线选用_____交联铜芯电力电缆，电缆途经建筑物时_____管_____敷设方式，埋深_____mm。

（18）电源在进线处用_____扁钢进行重复接地。

（19）电表箱（AW）底边距地_____m嵌墙暗装。

（20）客厅、餐厅均设有暗装三极带保护门 15 A 插座，安装高度距地_____m；卫生间设有暗装三极带保护门 15 A 插座（防溅型带开关），安装高度距地_____m；厨房设有暗装二、三极带保护门 10 A 插座（防溅型），安装高度距地_____m。

（21）组成工作小组，进行图纸会审，并写出会纪要（见单元 3）

任务 3 构件及材料调查统计

识读建筑及结构施工图，完成构件及材料调查统计表。

门窗统计表

构 件	设计编号	洞口尺寸	数 量	门窗类型
一层南面进户门				
一层南面外窗				
一层卫生间外窗				
一层北面进户门				

结构构件信息表

构 件	型 号	混凝土强度、截面尺寸、纵筋、箍筋、标高
一层楼板	LB2	
一层框架梁	KL2	
框架柱	KZ1	

任务4 了解钢筋混凝土梁的截面形式和配筋构造

识读给定的二层框架结构平法施工图，并按传统施工图的表示方法绘制出框架梁的配筋详图。

梁 编 号	纵剖面及横剖面配筋详图
KL1	
KL9	

任务5 了解钢筋混凝土梁钢筋下料计算与施工

查阅标准图集，分组完成以下实训内容：

1. 绘制二层框架梁 KL1 钢筋构造详图。
2. 编制二层框架梁 KL1 钢筋下料单。
3. 分组进行二层框架梁 KL1，KL9 的钢筋翻样，然后进行钢筋加工和绑扎。

框架梁钢筋下料单

构件名称	钢筋编号	简 图	钢筋级别	直径/mm	根数	下料长度/mm
KL1	①					
	②					
	③					
	④					

任务6 了解钢筋混凝土板的配筋和构造

阅读别墅二层结构施工图，完成以下实训内容：

对所有现浇板进行编号（B1，B2，…），对所有钢筋进行编号（绘简易平面图表示），编制钢筋下料单。

现浇板钢筋下料单

构件类型	钢筋编号	简 图	钢筋级别	钢筋直径/mm	钢筋间距/mm	下料长度/mm
B1	①					
	②					
	③					
B2	④					
	⑤					
	⑥					

任务7 了解钢筋混凝土柱的截面形式和配筋构造

参观别墅建筑施工现场，量测框架柱的截面尺寸，了解配筋情况。阅读该别墅框架柱配筋图，完成以下实训内容：绘制框架柱的配筋断面图，对所有钢筋进行编号（绘简易平面图表示），完成钢筋下料单。

框架柱钢筋下料单

构件编号	钢筋编号	简 图	钢筋级别	钢筋直径/mm	根 数	下料长度/mm
KZ1	①					
	②					
	③					

任务8 体验现场施工

参观某工地施工现场，了解钢筋混凝土框架结构施工方法，并了解以下表中信息。

施工工地名称	
结构层数	
结构体系	
目前施工进度情况	
梁的施工工艺	
板的施工工艺	
柱的施工工艺	
框架的施工流程	

施工现场体验小结（300字左右）

单元 2　工程实例实训篇

项目 2.1　工程实例 1：某学校教学楼

1. 项目概述

该工程为一小学教学楼，四层钢筋混凝土框架结构，占地面积 638.72 m²，建筑面积 2 554.92 m²，总高度 15.45 m，建筑耐久年限为 50 年，耐火等级 2 级，设防烈度 8 度。外墙厚度 300 mm，内墙厚度 200 mm，均为砌块；屋面为普通不上人屋面，防水等级Ⅲ级，采用 4 mm 厚 SBS 高聚物改性沥青防水卷材，刷着色涂料保护层，75 mm 厚聚苯板保温。基础采用桩基础，给水系统由市政管网直供，排水系统采用污废合流制。采暖系统采用上供下回单管跨越式系统。

2. 学习目标

（1）掌握公共建筑框架结构建筑施工图的读图方法。

（2）掌握框架结构施工图的读图方法。

（3）了解给排水施工图的读图方法。

（4）了解采暖施工图的读图方法。

（5）了解室内电气施工图的读图方法。

3. 学习重点

（1）熟悉建筑的结构类型，层数、层高、建筑高度、主要轴线的尺寸，内外墙体的厚度和材料，室内外高度差值，外墙、楼梯及屋顶的构造做法。

（2）了解桩基础的做法，各层梁、柱、板的配筋情况，混凝土的标号，楼梯的配筋。

（3）了解室内给排水管网的出入口，在室内的走向、坡度、管径，以及各用水设备和卫生洁具与管网的连接和安装。

（4）了解该教学楼的采暖方式，供热管和回水管的出入口位置，管网的走向、坡度和管径。

（5）了解建筑中强电、弱电的布置和防雷系统的布置以及与各用电设备的连接。

4. 教学建议

首先利用多媒体教学的方法，演示框架结构的公共建筑若干例，包括已经建成的建筑，正在施工的建筑，特别是已经绑扎好钢筋的梁板柱的图片，让学生在图片中了解框架建筑的特点。演示给排水、采暖和室内建筑电气的系统模型和设备图片，增加图片感性知识。再带领学生参观已经建成的公共建筑，了解建筑、水暖电的知识。其次参观正在建造的建筑，实地参观梁、板、柱钢筋的绑扎情况。

多媒体演示教材中的施工图，与图片结合讲解。为了巩固学习成果，学生在听完讲解后，应抄绘施工图，加深印象。

5. 关键词

框架结构（skeleton structure），教学楼（teaching building），钢筋（reinforcing steel），采暖（heating），给排水（water-supply），电气（electrical engineering），建筑（construction），混凝土（concrete）

2.1.1 图纸目录

图 纸 目 录

建设单位 ××小学　　项目名称 教学楼　　设计号 2006-06-01　设计阶段 施工图　　完成日期 ×年×月

编号	图　名	图号	编号	图　名	图号	编号	图　名	图号	编号	图　名	图号
	建筑			**结构**			**给排水**			**电气**	
1	建筑施工图设计说明（一）	建施-01	16	结构设计总说明	结施-01	29	给排水工程施工图设计说明	水施-01	38	电气设计说明	电施-01
2	建筑施工图设计说明（二）	建施-02	17	基础平面图	结施-02	30	一层给排水平面图	水施-02	39	设备材料表及电气系统图（一）	电施-02
	门窗表　门窗详图		18	桩基础详图	结施-03	31	二、三、四层给排水平面图	水施-03	40	电气系统图（二）	电施-03
3	室内外工程作法表	建施-03	19	基础顶~3.570柱平法施工图	结施-04	32	卫生间给排水大样图	水施-04	41	弱电系统图	电施-04
4	总平面图	建施-04	20	3.570~10.170柱平法施工图	结施-05		系统图给排水系统图		42	一层电气干线图	电施-05
5	一层平面图	建施-05	21	10.170~14.400柱平法施工图	结施-06				43	一层电气平面图	电施-06
6	二层平面图	建施-06	22	3.570梁平法施工图	结施-07				44	二层电气平面图	电施-07
7	三层平面图	建施-07	23	7.170，10.770梁平法施工图	结施-08		**暖通**		45	三层电气平面图	电施-08
8	四层平面图	建施-08	24	14.400梁平法施工图	结施-09	33	采暖施工图设计说明	暖施-01	46	四层电气平面图	电施-09
9	屋顶平面图	建施-09	25	3.570结构平面图	结施-10		一层采暖平面图	暖施-02	47	一层弱电平面图	电施-10
10	①—⑮立面图	建施-10	26	7.170，10.770结构平面图	结施-11	34	采暖热力入口安装大样图		48	二层弱电平面图	电施-11
11	⑮—①立面图	建施-11	27	屋面板平面布置图	结施-12	35	二、三层采暖平面图	暖施-03	49	三层弱电平面图	电施-12
12	Ⓐ—Ⓓ立面图　1—1剖面图	建施-12	28	楼梯配筋详图	结施-13	36	四层采暖平面图	暖施-04	50	四层弱电平面图	电施-13
13	卫生间大样	建施-13				37	采暖系统图	暖施-05	51	屋顶防雷平面图	电施-14
14	墙身详图	建施-14									
15	楼梯详图	建施-15									

2.1.2　建筑工程施工图

建筑施工图设计说明（一）

1. 设计依据

(1) 城市规划管理部门对本工程设计的审批意见。

(2) 甲方认可的方案设计。

(3) 城建规划部门提供的1:500地形图。

(4)《民用建筑设计通则》（GB 50352－2005）。

(5)《中小学建筑设计规范》（GB 50099－2011）。

(6)《屋面防水工程技术规范》（GB 50345－2012）。

(7)《建筑设计防火规范》（GB 50016－2014）。

(8)《公共建筑节能设计标准》（GB 50189－2005）。

2. 工程概况

(1) 建筑名称：小学教学楼。

(2) 建设单位：××小学。

(3) 建筑地点：××市。

(4) 建筑占地面积：638.73 m²。

总建筑面积：554.92 m²。

(5) 建筑层数：4层；

总高度：15.45 m。

(6) 建筑耐久年限：50年。

建筑耐火等级：二级。

抗震设防烈度：8度。

屋面防水等级。

(7) 结构类型：框架。

3. 标高及单位

(1) 本工程设计，0.000标高相当于绝对标高的788.25 m，室内外高差0.45 m。

(2) 各层标高为完成面标高，屋面标高为结构面标高。

(3) 本工程标高和总平面图以米(m)为单位，其余尺寸以毫米(mm)为单位。

4. 墙体

(1) 外墙：为300 mm厚砌块墙。

(2) 内墙：为200 mm厚砌块墙。

(3) 内外墙留洞：钢筋混凝土预留洞，见结施和设备施工图纸；非承重墙预留洞见建施和设备施工图纸。

5. 屋面

(1) 本工程屋面为平屋面；详见建施图建施09。

(2) 不上人屋面。

保护层：刷着色涂料保护层；

防水层：4 mm厚SBS改性沥青防水卷材；

保温层：75 mm厚聚苯乙烯泡沫塑料板。

6. 门窗

(1) 门窗立面形式、颜色、开启方式，门窗用料及门窗玻璃五金的选用，见门窗；窗数量加门窗表。

(2) 门窗加工尺寸要按门窗洞口尺寸减去相关外饰面的厚度。

(3) 一层所有门窗均作防护栏。

7. 外装修

本工程外装修设计见立面图建施10、建筑11。

8. 内装修

(1) 一般装修见房间装修用料表、材料做法表。

(2) 精装修见二次装修图。

9. 建筑材料与装修材料选用

根据《民用建筑工程室内环境污染控制规范》(GB 50325－2001)规定，本工程为：民用建筑工程所选用建筑材料和装修材料，其放射性指标限量，应符合国家标准规定。

10. 防水、防潮

(1) 室内防水：卫生间楼地面应比相邻其他房间的楼地面低20 mm，并向地漏处找1%坡度排水；卫生间楼地面采用水磨石防水地面，做法见建施03。卫生间内墙面防水：20 mm厚1:2.5水泥砂浆加5%防水粉。

(2) 屋面防水4 mm厚SBS改性沥青防水卷材作防水层。

××建筑设计研究所		××小学	设计号	2006-038
		教学楼	日期	×年×月
审定	设计	建筑设计说明	图别	建施
校核	制图		图号	01

建筑施工图设计说明（二）

11. 其他

(1) 本施工图与各专业设计图密切配合施工，注意预留孔洞、预埋件，不得随意剔凿。

(2) 门窗过梁做法见结施。

(3) 所有门窗洞口有墙的阳角均需抹1:2水泥砂浆护角，高2 100。

(4) 明露铁件均须做防锈处理。

(5) 两种材料的墙体交接处，在做饰面前，均须加钉金属网，防止裂缝。

(6) 凡涉及颜色、规格等的材料，均应在施工前提供样品或样板，经建设单位和设计单位认可后，方可订货、施工。

(7) 施工单位在安装吊顶内的设备管道时，各个工种应预先对所有管道按设计吊顶标高进行预排，无问题时方可施工，如遇问题应预先同设计协商，严禁擅自降低吊顶标高。

(8) 本说明未尽事宜均按国家有关施工及验收规范执行。

12. 建筑节能

(1) 平屋面采用75 mm厚聚苯板保温层处采用300 mm厚加气混凝土砌块墙。

(2) 所有外墙窗为单框双玻塑钢窗，窗玻璃为蓝色中空玻璃，空气层厚度为12 mm，遮阳系数SC为0.65，可见光透射66%。

(3) 一层外门设置门斗。

(4) 外墙周圈框架梁内侧贴30 mm聚苯板。

(5) 本工程体形系数为0.25；窗墙比：南0.4，东西0.06，北0.25。设计热负荷指标为48.8 W/m²。

(6) 外窗的气密性等级为Ⅵ级。

本页解读：

(1) 了解工程概况。

(2) 了解工程各部位的构造要求。

(3) 了解建筑节能的要求。

(4) 熟悉各种门窗的大小、位置和形状。

(5) 了解暖气沟的形状、大小、材料，特别注意沟底部和侧面的防潮做法。

门窗表

类型	设计编号	洞口尺寸	数量	备注
窗	C1	3 000×2 220	48	单框双玻塑钢推拉窗
窗	C2	1 500×2 220	8	单框双玻塑钢推拉窗
窗	C3	3 000×900	8	单框双玻塑钢推拉窗
窗	C4	1 200×900	8	单框双玻塑钢推拉窗
窗	C5	1 500×2 120	7	单框双玻塑钢推拉窗
窗	C6	1 500×1 500	6	单框双玻塑钢推拉窗
窗	C7	3 000×1 920	6	单框双玻塑钢推拉窗
门	M1	4 500×2 820	2	平开镶板门（外门）
门	M2	1 200×2 100	54	平开条形玻璃门（教室门）
门	M3	1 000×2 100	23	平开夹板门（办公室门）
门	M4	1 500×2 100	1	平开镶板门（安全出口门）
门连窗	MC1	2 400×2 100	1	单框单玻塑钢门连推拉窗（管理室门）

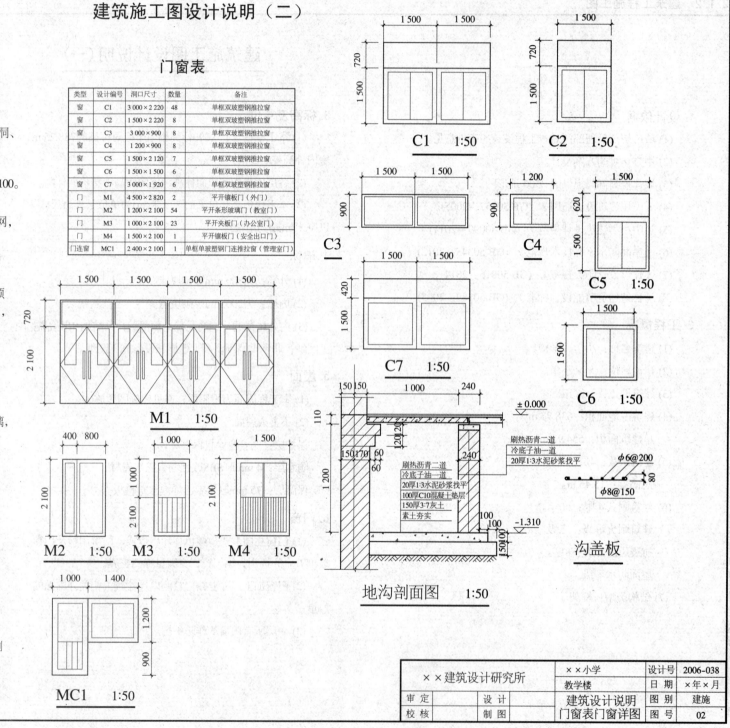

C1 1:50　C2 1:50　C3　C4　C5 1:50　C6 1:50　C7 1:50　M1 1:50　M2 1:50　M3 1:50　M4 1:50　MC1 1:50

地沟剖面图 1:50　沟盖板

刷热沥青二道
冷底子油一道
20厚1:3水泥砂浆找平
100厚C10混凝土垫层
150厚3:7灰土
素土夯实

φ6@200
φ8@150

××建筑设计研究所	××小学	设计号	2006-038
	教学楼	日 期	×年×月
审 定 　　设 计	建筑设计说明	图 别	建施
校 核 　　制 图	门窗表门窗详图	图 号	02

室内外工程做法表

名称	工程做法	施工范围	名称	工程做法	施工范围	名称	工程做法	施工范围	名称	工程做法	施工范围
水磨石地面(1)	· 12厚1:2水泥石子磨光 · 刷素水泥砂浆结合层一道 · 18厚1:3水泥砂浆找平层 · 刷素水泥砂浆结合层一道 · 60厚C15混凝土 · 素土夯实	除卫生间外所有房间	水磨石地面(2)	· 12厚1:2水泥石子磨光 · 刷素水泥砂浆结合层一道 · 18厚1:3水泥砂浆找平层 · 刷素水泥砂浆结合层一道 · 60厚C15细石混凝土防水层找坡不小于0.5%最薄处不小于30厚 · 60厚C15混凝土 · 素土夯实	卫生间	水磨石楼面(1)	· 12厚1:2水泥石子磨光 · 刷素水泥砂浆结合层一道 · 18厚1:3水泥砂浆找平层 · 刷素水泥砂浆结合层一道 · 现制钢筋混凝土楼板	楼梯间和除卫生间外所有房间	水磨石楼面(2)	· 12厚1:2水泥石子磨光 · 刷素水泥砂浆结合层一道 · 18厚1:3水泥砂浆找平层 · 2厚一布四涂氯丁沥青防水涂料找坡不小于面撒黄砂四周沿墙上翻150高 · 50厚C15细石混凝土防水层找坡不小于0.5%最薄处不小于30厚 · 现制钢筋混凝土楼板	卫生间
混合砂浆墙面	· 5厚1:0.5:3水泥石灰砂浆 · 15厚1:1:6水泥石灰砂浆分两次抹灰 · 刷建筑胶素水泥浆一遍配合建筑胶:水=1:4	所有内墙面	釉面砖墙裙	· 刷建筑胶素水泥浆一遍配合比为建筑胶:水=1:4 · 20厚1:2.5水泥砂浆加5%防水粉 · 3~4厚1:1水泥砂浆加水重20%建筑胶镶贴 · 4~5厚釉面砖白水泥浆擦缝	卫生间盥洗室从楼地面贴至1 200 mm高处	水磨石踢脚	· 刷建筑胶素水泥浆一遍配合比为建筑胶:水=1:4 · 15厚1:3水泥砂浆 · 素水泥浆结合层一道 · 10厚1:2水泥石子磨光	除卫生间外所有内墙面,高为150 mm	涂料外墙面	· 喷或滚刷底涂料两遍 · 喷或滚刷底涂料一遍 · 5~8厚1:2水泥砂浆 · 12厚2:1:8水泥石灰砂浆分两次抹灰 · 刷建筑胶素水泥浆一遍配合比建筑胶:水=1:4	外墙颜色见立面图
干挂石材外墙面	· 30石质板材用环氧树脂胶固定销钉石材接缝5~8用硅密封胶填缝 · 按石材板高度安装配套不锈钢挂件 · 刷1.2厚聚氨双防水涂料 · 外墙表面清理后用20厚1:3水泥砂浆找平	外墙	混合砂浆顶棚	· 表面喷刷涂料 · 5厚1:0.5:3水泥石灰砂浆 · 7厚1:1:4水泥石灰砂浆 · 钢筋混凝土板底面清理干净	除卫生间外所有房间	水泥砂浆顶棚	· 表面喷刷涂料 · 5厚1:2水泥砂浆 · 7厚1:3水泥砂浆 · 钢筋混凝土板底面清理干净	卫生间	金属面油漆	· 调和漆二度 · 刮腻子 · 防锈漆二度	楼梯栏杆(颜色为蓝色)
不上人屋面	· 刷着色涂料保护层 · 4厚SBS改性沥青防水卷材 · 20厚1:3水泥砂浆找平层 · 1:6水泥焦渣找2%坡,最薄处30厚 · 75厚聚苯乙烯泡沫塑料板保温层 · 钢筋混凝土现制楼板	金属件防腐	· 凡预埋金属件均须刷防锈漆二度 · 凡外露金属件均须刷防锈漆后再刷调和漆,以增强保护和美观									

本页解读:

(1) 了解地面、楼面的做法及其不同之处。
(2) 了解外墙和内墙的装修做法。
(3) 了解屋顶的做法。

××建筑设计研究所	××小学 教学楼	设计号 2006-038
审 定 设 计	室内外工程做法表	日 期 ×年×月
校 核 制 图		图 别 建施
		图 号 03

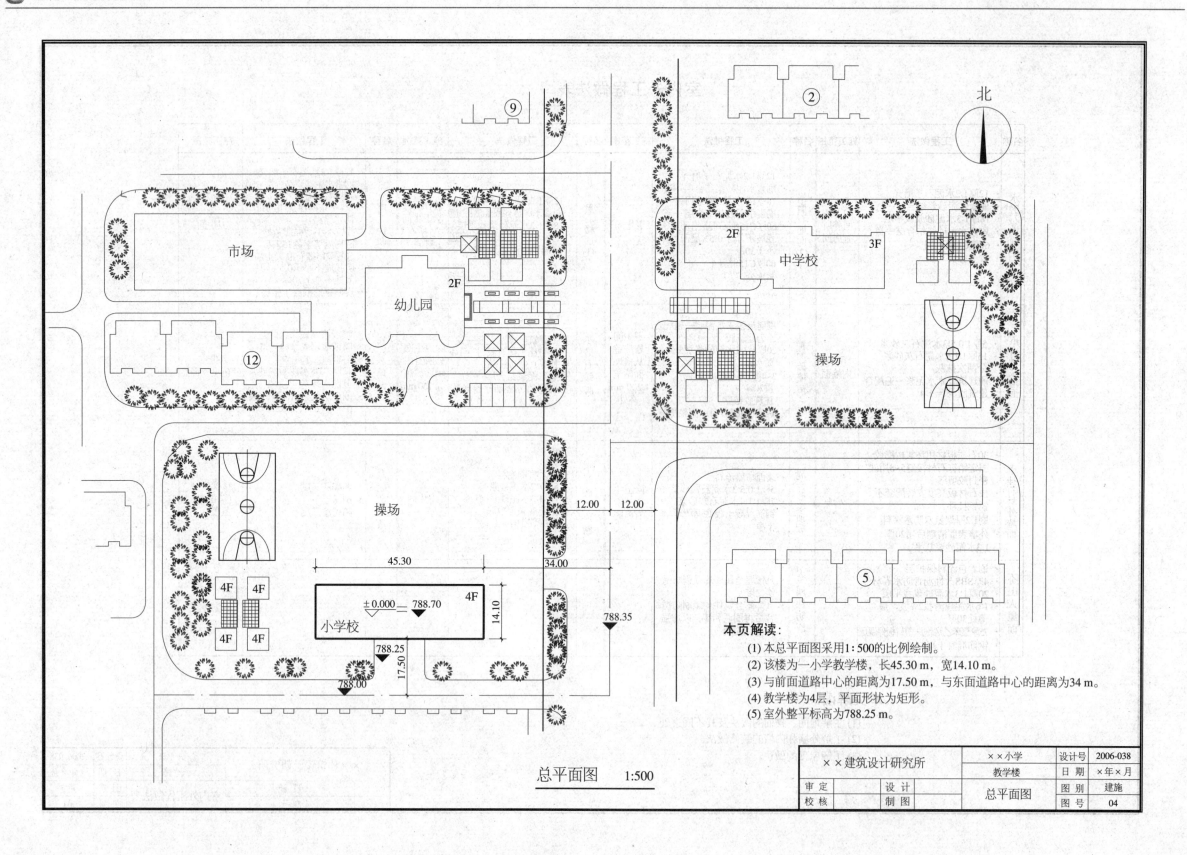

北

⑨

②

市场

2F
幼儿园

⑫

2F 中学校 3F

操场

操场

12.00 | 12.00

45.30

34.00

788.35

4F 4F

±0.000 = 788.70   4F

小学校

14.10

788.25

⑤

17.50

788.00

本页解读:
(1) 本总平面图采用1:500的比例绘制。
(2) 该楼为一小学教学楼, 长45.30 m, 宽14.10 m。
(3) 与前面道路中心的距离为17.50 m, 与东面道路中心的距离为34 m。
(4) 教学楼为4层, 平面形状为矩形。
(5) 室外整平标高为788.25 m。

总平面图   1:500

××建筑设计研究所		××小学	设计号	2006-038
		教学楼	日 期	×年×月
审 定	设 计	总平面图	图 别	建施
校 核	制 图		图 号	04

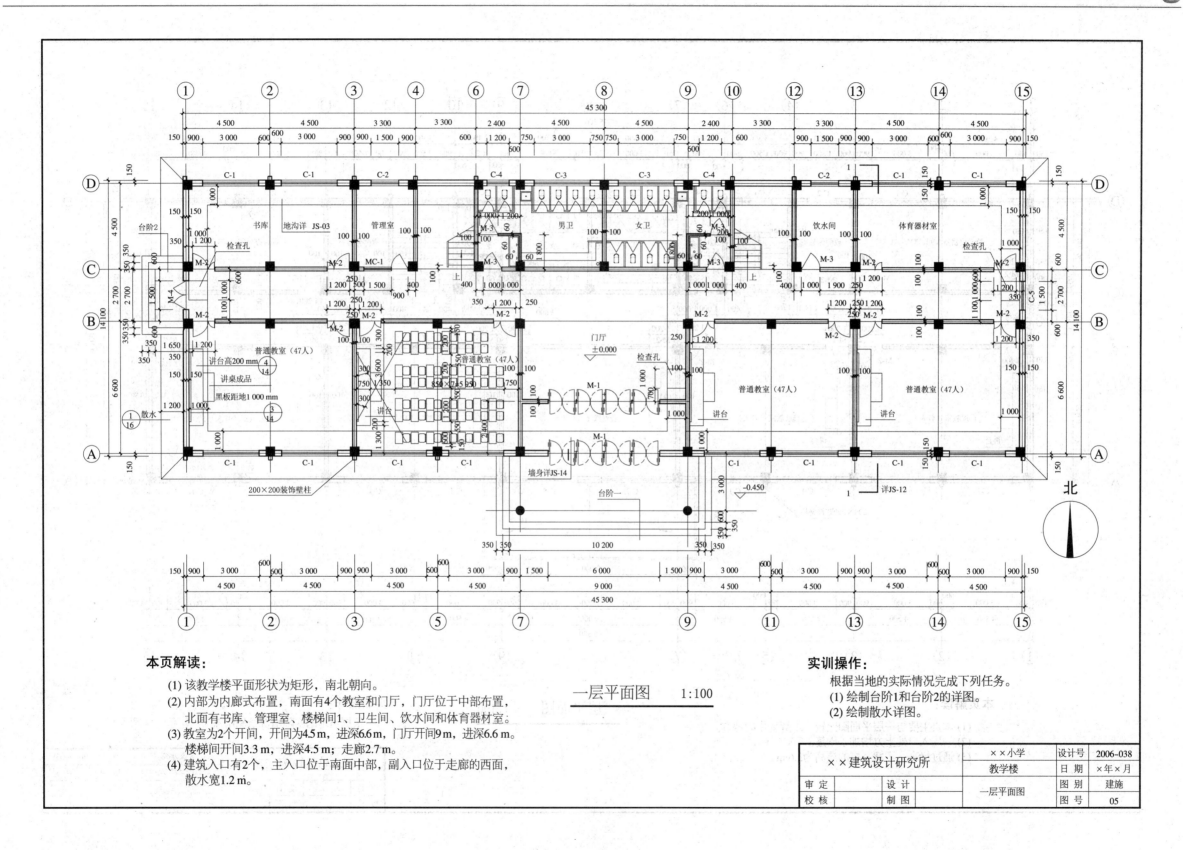

一层平面图 1:100

本页解读：
(1) 该教学楼平面形状为矩形，南北朝向。
(2) 内部为内廊式布置，南面有4个教室和门厅，门厅位于中部布置，北面有书库、管理室、楼梯间1、卫生间、饮水间和体育器材室。
(3) 教室为2个开间，开间为4.5 m，进深6.6 m，门厅开间9 m，进深6.6 m。楼梯间开间3.3 m，进深4.5 m；走廊2.7 m。
(4) 建筑入口有2个，主入口位于南面中部，副入口位于走廊的西面，散水宽1.2 m。

实训操作：
根据当地的实际情况完成下列任务。
(1) 绘制台阶1和台阶2的详图。
(2) 绘制散水详图。

××建筑设计研究所		××小学	设计号	2006-038
		教学楼	日 期	×年×月
审 定	设 计	一层平面图	图 别	建施
校 核	制 图		图 号	05

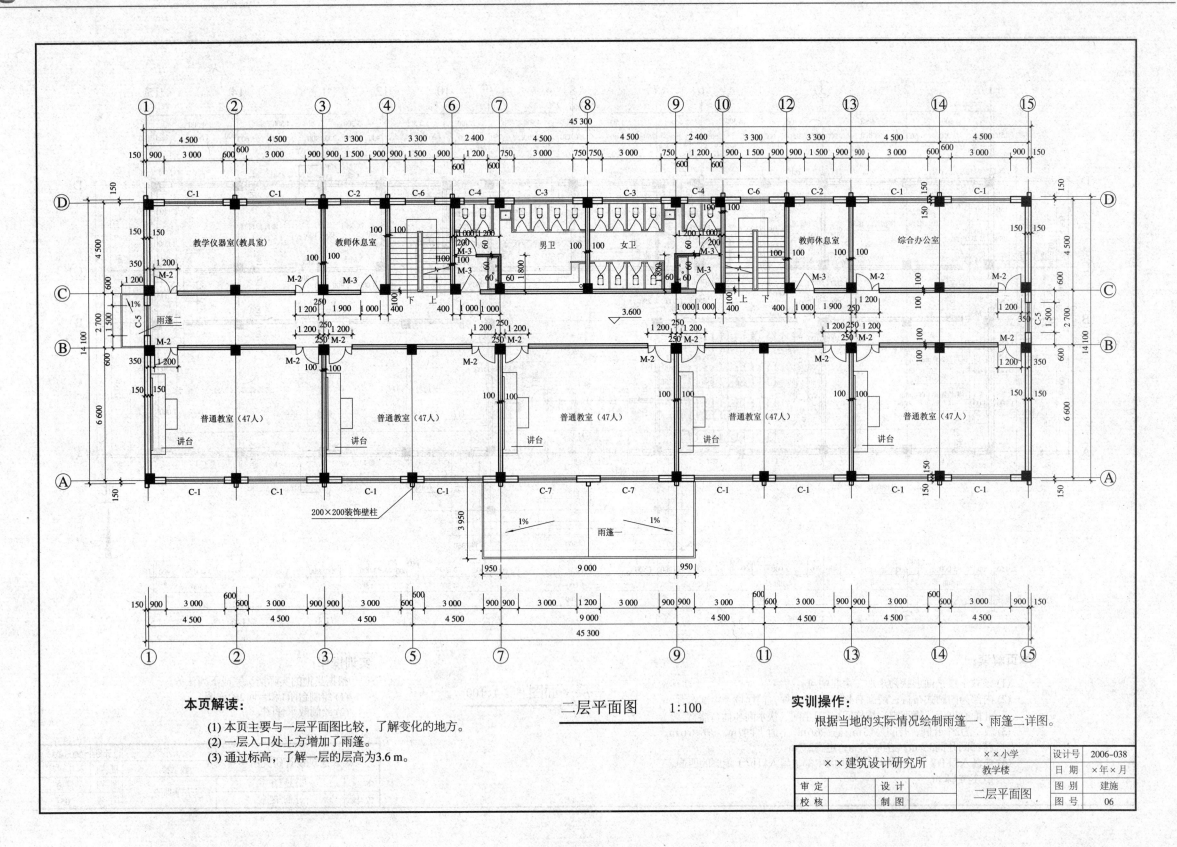

二层平面图　1:100

本页解读:
(1) 本页主要与一层平面图比较，了解变化的地方。
(2) 一层入口处上方增加了雨篷。
(3) 通过标高，了解一层的层高为3.6 m。

实训操作:
根据当地的实际情况绘制雨篷一、雨篷二详图。

××建筑设计研究所		××小学	设计号	2006-038
		教学楼	日 期	×年×月
审 定	设 计	二层平面图	图 别	建施
校 核	制 图		图 号	06

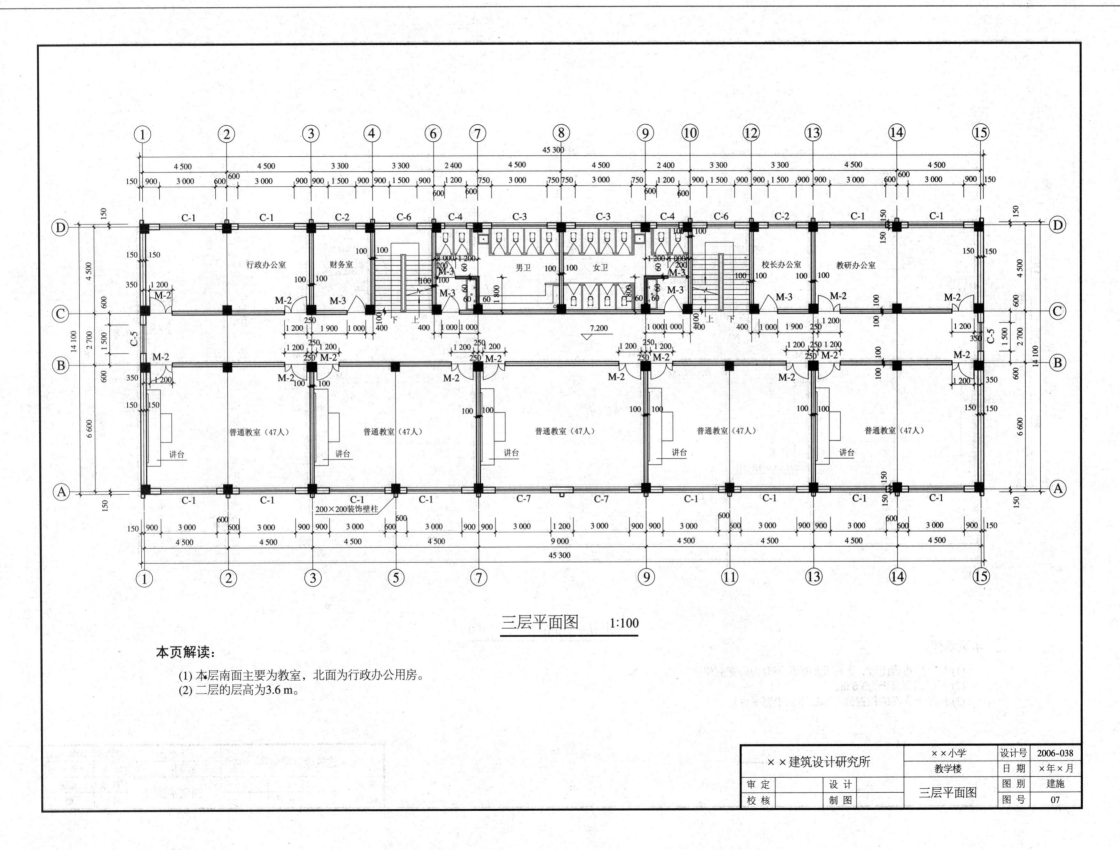

三层平面图   1:100

本页解读:

(1) 本层南面主要为教室,北面为行政办公用房。

(2) 二层的层高为3.6 m。

××建筑设计研究所		××小学	设计号	2006-038
		教学楼	日 期	×年×月
审 定	设 计	三层平面图	图 别	建施
校 核	制 图		图 号	07

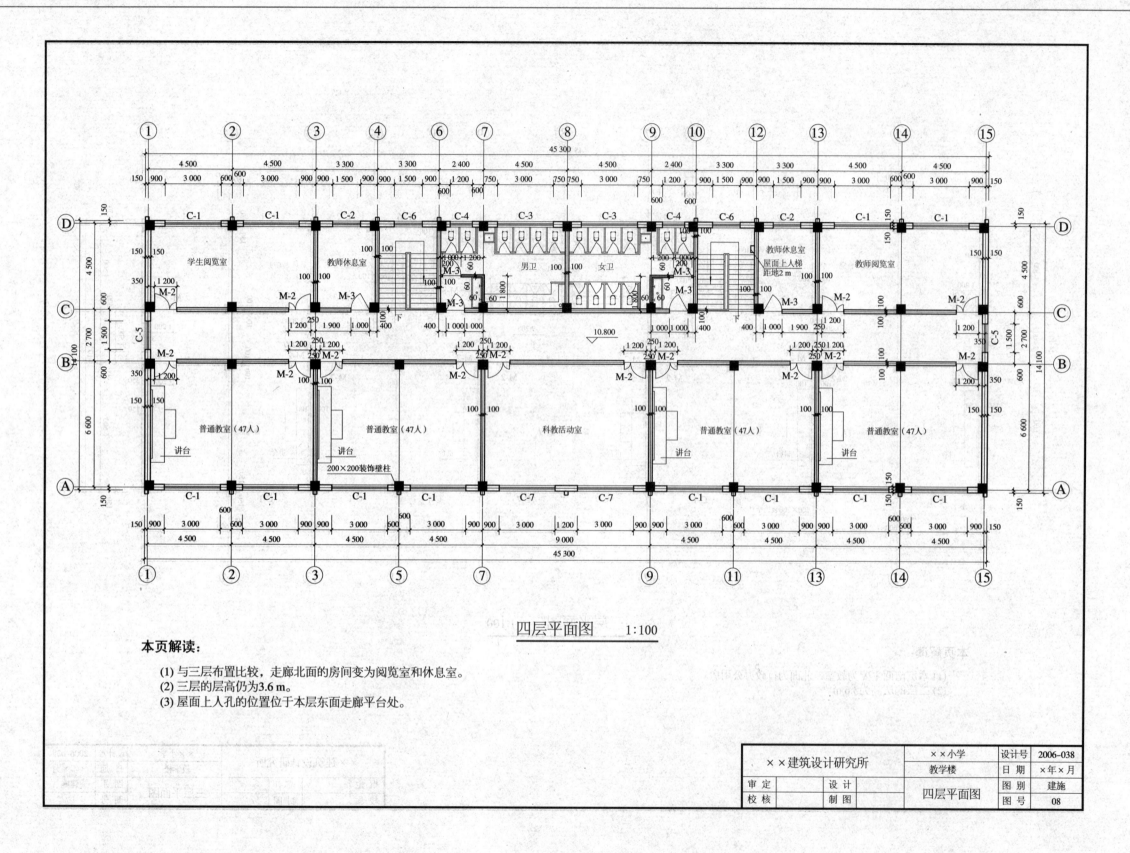

四层平面图   1:100

本页解读：

(1) 与三层布置比较，走廊北面的房间变为阅览室和休息室。

(2) 三层的层高仍为3.6 m。

(3) 屋面上人孔的位置位于本层东面走廊平台处。

××建筑设计研究所		××小学	设计号	2006-038
		教学楼	日 期	×年×月
审 定	设 计	四层平面图	图 别	建施
校 核	制 图		图 号	08

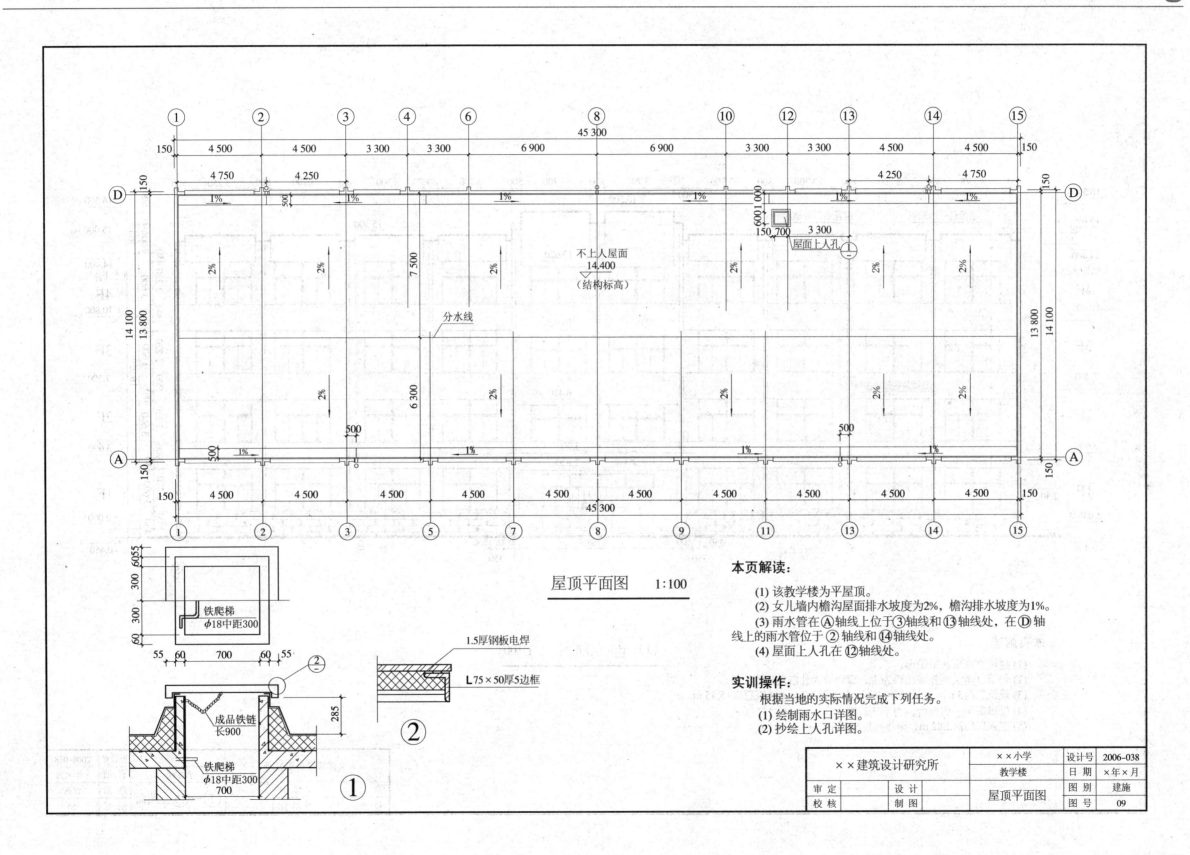

屋顶平面图   1:100

不上人屋面
14.400
（结构标高）

分水线

屋面上人孔

铁爬梯
φ18中距300

成品铁链
长900

铁爬梯
φ18中距300
700

①

②

1.5厚钢板电焊

L75×50厚5边框

②

本页解读：

(1) 该教学楼为平屋顶。

(2) 女儿墙内檐沟屋面排水坡度为2%，檐沟排水坡度为1%。

(3) 雨水管在Ⓐ轴线上位于③轴线和⑬轴线处，在Ⓓ轴线上的雨水管位于②轴线和⑭轴线处。

(4) 屋面上人孔在⑫轴线处。

实训操作：

根据当地的实际情况完成下列任务。

(1) 绘制雨水口详图。

(2) 抄绘上人孔详图。

××建筑设计研究所		××小学	设计号	2006-038
		教学楼	日 期	×年×月
审 定	设 计	屋顶平面图	图 别	建施
校 核	制 图		图 号	09

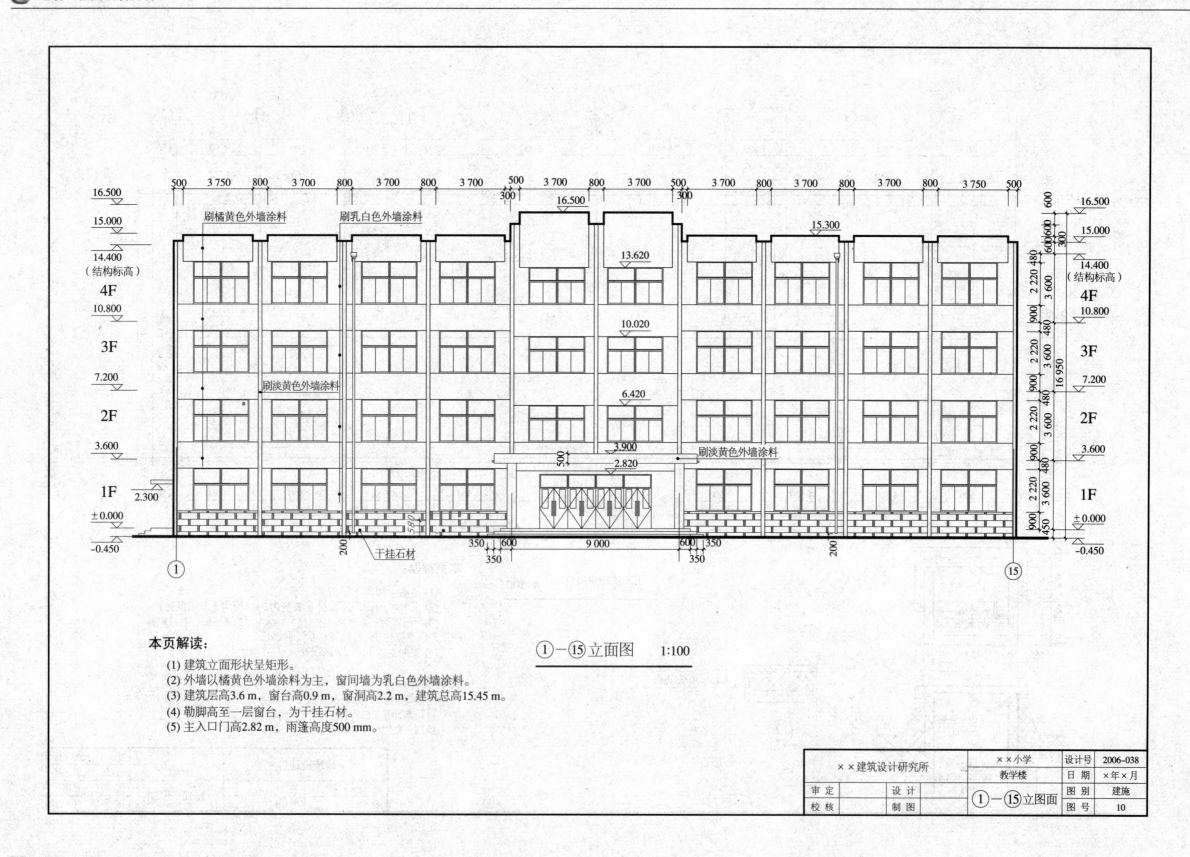

①—⑮立面图   1:100

本页解读:
(1) 建筑立面形状呈矩形。
(2) 外墙以橘黄色外墙涂料为主,窗间墙为乳白色外墙涂料。
(3) 建筑层高3.6 m,窗台高0.9 m,窗洞高2.2 m,建筑总高15.45 m。
(4) 勒脚高至一层窗台,为干挂石材。
(5) 主入口门高2.82 m,雨篷高度500 mm。

××建筑设计研究所		××小学	设计号	2006-038
		教学楼	日 期	×年×月
审 定	设 计	①—⑮立图面	图 别	建施
校 核	制 图		图 号	10

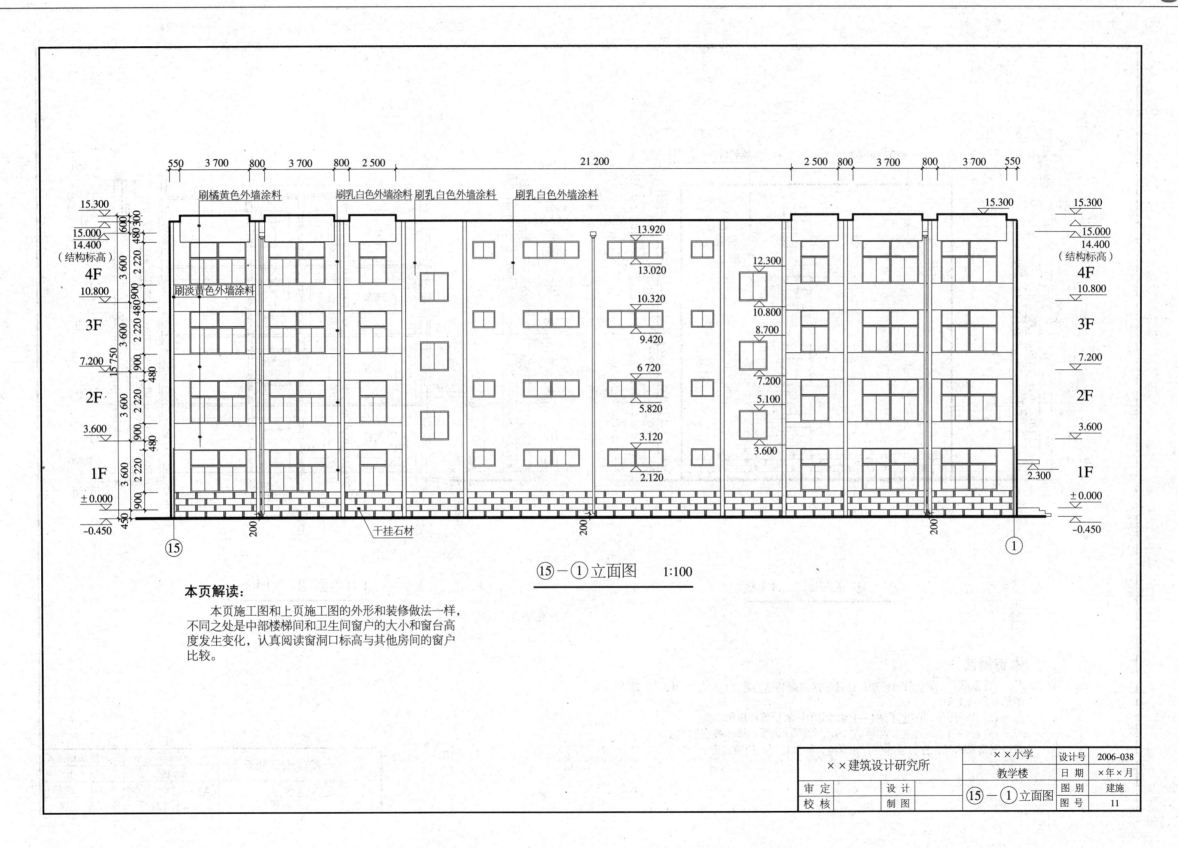

⑮－① 立面图　1:100

本页解读:

　　本页施工图和上页施工图的外形和装修做法一样，不同之处是中部楼梯间和卫生间窗户的大小和窗台高度发生变化，认真阅读窗洞口标高与其他房间的窗户比较。

××建筑设计研究所		××小学	设计号	2006-038
		教学楼	日 期	×年×月
审 定	设 计	⑮－①立面图	图 别	建施
校 核	制 图		图 号	11

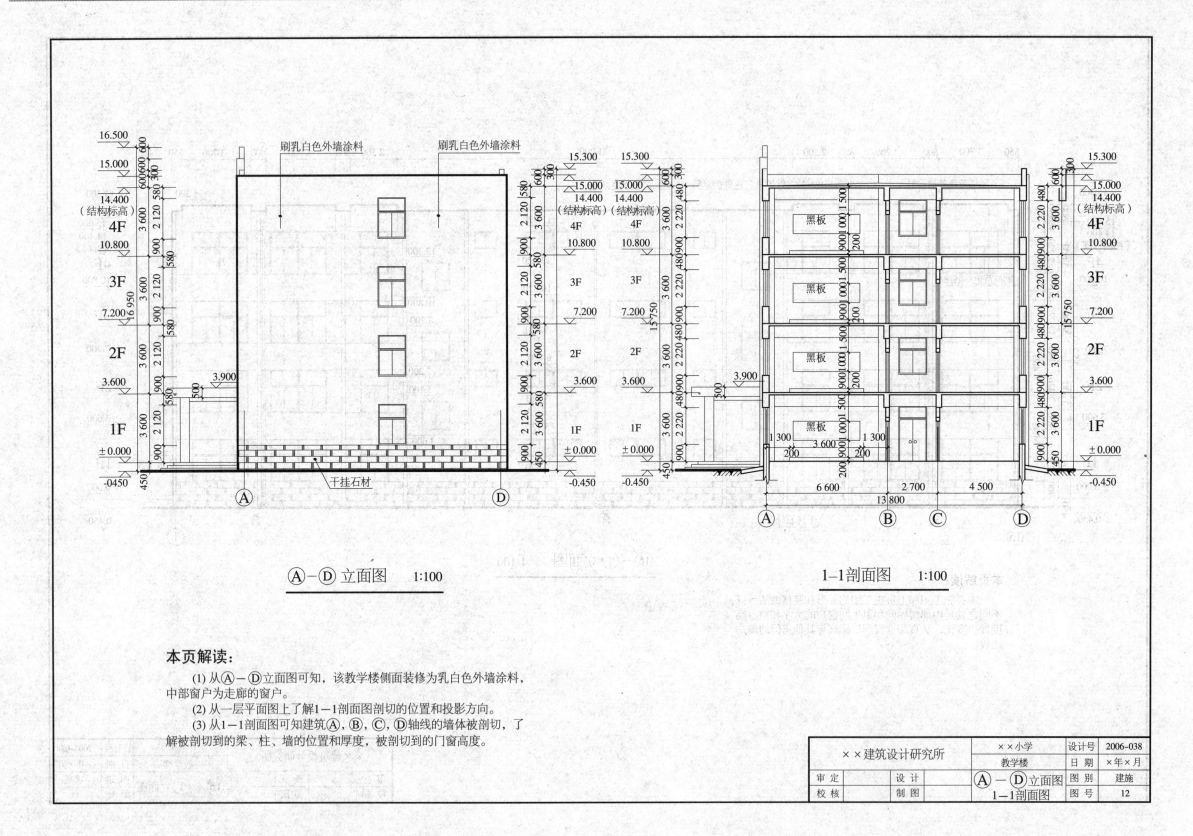

A-D 立面图　1:100

1-1剖面图　1:100

本页解读：

(1) 从Ⓐ-Ⓓ立面图可知，该教学楼侧面装修为乳白色外墙涂料，中部窗户为走廊的窗户。

(2) 从一层平面图上了解1-1剖面图剖切的位置和投影方向。

(3) 从1-1剖面图可知建筑Ⓐ，Ⓑ，Ⓒ，Ⓓ轴线的墙体被剖切，了解被剖切到的梁、柱、墙的位置和厚度，被剖切到的门窗高度。

××建筑设计研究所		××小学		设计号	2006-038
		教学楼		日期	×年×月
审定	设计	Ⓐ-Ⓓ立面图		图别	建施
校核	制图	1-1剖面图		图号	12

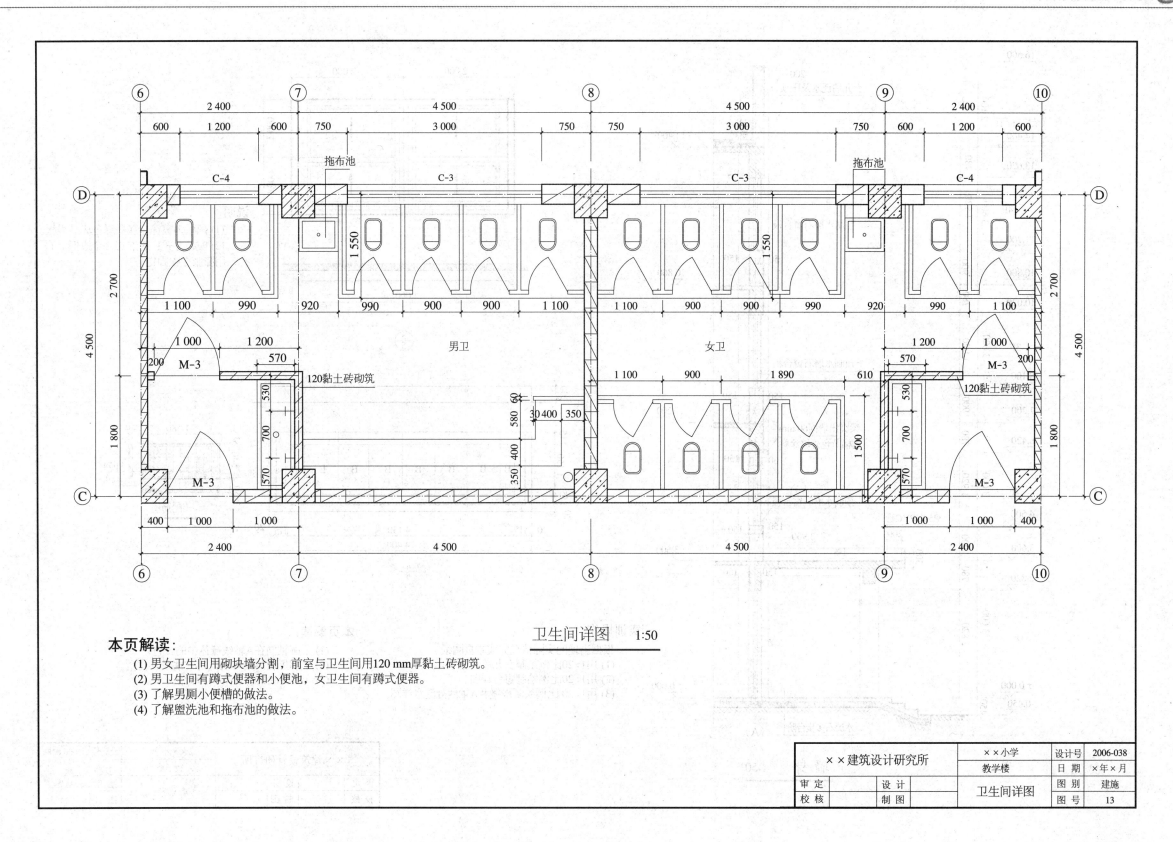

卫生间详图   1:50

本页解读:
(1) 男女卫生间用砌块墙分割，前室与卫生间用120 mm厚黏土砖砌筑。
(2) 男卫生间有蹲式便器和小便池，女卫生间有蹲式便器。
(3) 了解男厕小便槽的做法。
(4) 了解盥洗池和拖布池的做法。

××建筑设计研究所			××小学	设计号	2006-038
			教学楼	日 期	×年×月
审 定		设 计		图 别	建施
校 核		制 图		卫生间详图	
				图 号	13

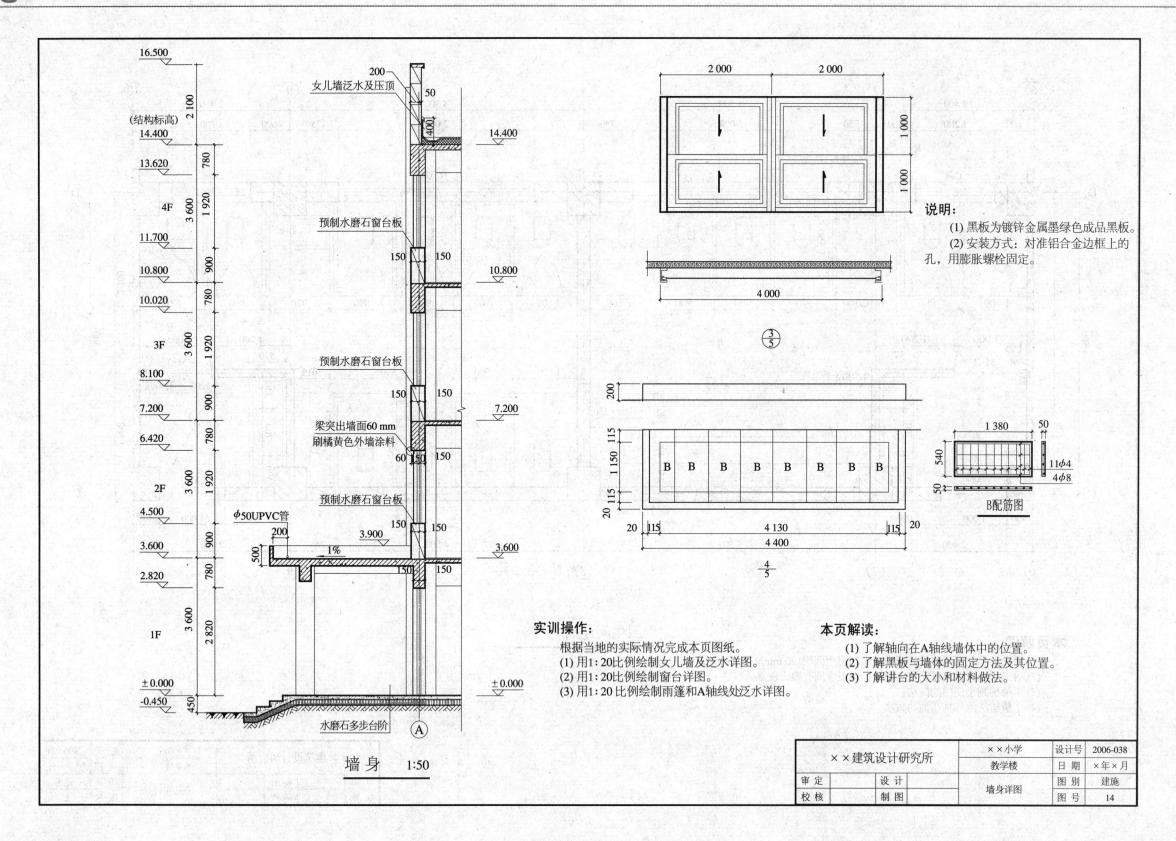

说明：

(1) 黑板为镀锌金属墨绿色成品黑板。

(2) 安装方式：对准铝合金边框上的孔，用膨胀螺栓固定。

实训操作：

根据当地的实际情况完成本页图纸。

(1) 用1:20比例绘制女儿墙及泛水详图。

(2) 用1:20比例绘制窗台详图。

(3) 用1:20 比例绘制雨篷和A轴线处泛水详图。

本页解读：

(1) 了解轴向在A轴线墙体中的位置。

(2) 了解黑板与墙体的固定方法及其位置。

(3) 了解讲台的大小和材料做法。

墙 身 1:50

××建筑设计研究所		××小学	设计号	2006-038
		教学楼	日 期	×年×月
审 定	设 计		图 别	建施
校 核	制 图	墙身详图	图 号	14

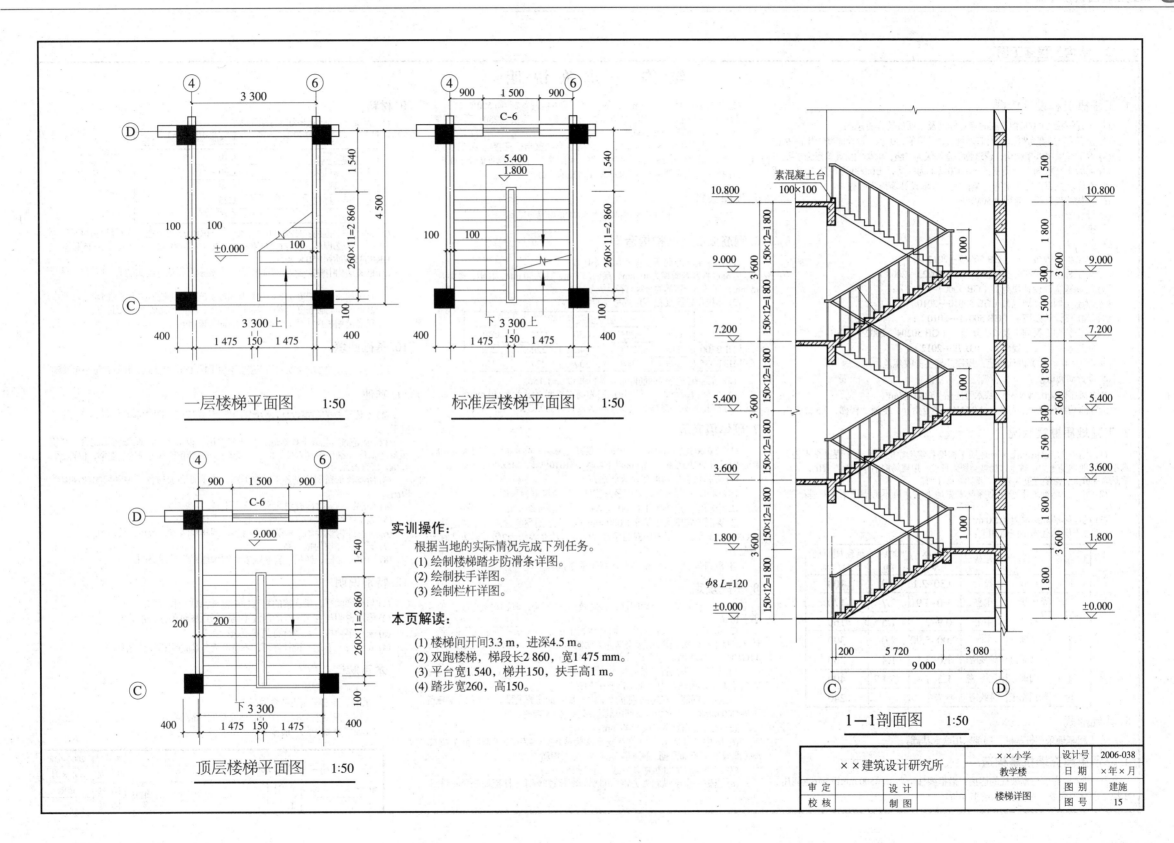

一层楼梯平面图 1:50

标准层楼梯平面图 1:50

顶层楼梯平面图 1:50

实训操作:
根据当地的实际情况完成下列任务。
(1) 绘制楼梯踏步防滑条详图。
(2) 绘制扶手详图。
(3) 绘制栏杆详图。

本页解读:
(1) 楼梯间开间3.3 m,进深4.5 m。
(2) 双跑楼梯,梯段长2 860,宽1 475 mm。
(3) 平台宽1 540,梯井150,扶手高1 m。
(4) 踏步宽260,高150。

1—1剖面图 1:50

××建筑设计研究所	××小学		设计号	2006-038
	教学楼		日 期	×年×月
审 定	设 计	楼梯详图	图 别	建施
校 核	制 图		图 号	15

2.1.3 结构工程施工图

结 构 设 计 总 说 明

1. 工程概况和设计依据

(1) 本建筑物±0.000相对应的绝对标高及平面位置详见总图。

(2) 抗震设防烈度为8度，设计基本地震加速度值为0.2 g。设计地震分组第一组。

(3) 本工程采用框架结构，建筑物安全等级为二级，框架的抗震等级为二级。

(4) 混凝土结构的环境类别：±0.000以上为一类，±0.000以下为二b类。

(5) 本建筑抗震设防类别为乙类；地基基础设计等级为丙级。

(6) 结构的设计使用年限为50年。

(7) 设计依据：
① 建筑图；
② 设计规范：
《建筑结构荷载规范》（GB 50009—2012）；
《建筑工程抗震设防分类标准》（GB 50223—2008）；
《建筑地基基础设计规范》（GB 50007—2011）；
《混凝土结构设计规范》（GB 50010—2010）；
《建筑抗震设计规范》（GB 50011—2010）；
《混凝土结构工程施工及验收规范》（GB 50204—2002）（2011版）；
《建筑地基处理技术规范》（JGJ 79—2012）；
国家现行其他有关设计规范、规程及施工验收规范。
③ 设计荷载取值：
基本风压值为0.5 kN/m²；基本雪压值为0.30 kN/m²；
设计活荷载标准值：楼面，2.0 kN/m²；卫生间、走道、楼梯，2.5 kN/m²。

2. 工程地质勘察状况

(1) 根据甲方提供的由××地质工程勘察院勘察的《岩土工程勘察报告》，本工程场地地基土为中软土，地类地类别为Ⅲ类，拟建场地不存在地震液化，非自重湿陷性黄土，湿陷程度为轻微，湿陷等级Ⅰ级。

(2) 本工程场地地下水在勘探期未见地下水，可不考虑地下水对基础的影响。

(3) 场地标准冻结深度为1.0 m。

(4) 各土层承载力特征值如下：

土层编号	土层岩性	土层状况	层厚/m	平均层厚/m	承载力特征值 f_{ak}/kPa
①₁	粉砂	松散	0.30~2.1	0.9	100
①₂	黄土状土	中密	1.0~3.9	2.7	170
①₃	粉砂	中密	0.9~2.3	1.5	160
②	圆砾	中密	2.00~5.90	4.0	300
③	粉质黏土	纯致密	1.0~3.1	1.4	260
④	圆砾	中密~密	1.5~7.4	5.1	400
⑤	粉质黏土	纯致密	未穿		240

3. 基础形式

本工程基础采用桩基础，局部采用联合基础。

4. 非承重填充墙抗震构造

(1) 砌体填充墙与框架柱的连接：沿框架柱全高每隔500 mm设2ø6钢筋用于拉结砌体填充墙，拉结筋沿墙全长布置。

(2) 填充墙长度大于5.0 m时，墙顶部与梁或板设置2ø6@500拉结筋。墙长度超过层高两倍时，在每跨窗两端各设构造柱，宽度为250，高度同墙，配筋为4ø14，箍筋ø6@200。

(3) 填充墙高度大于4.0 m时，在墙高中部设置与柱连接的通长钢筋混凝土水平墙梁，梁高250 mm，厚度同墙，梁配筋为4ø16，箍筋ø6@200。

(4) 抗震构造应严格按照03G329-1的要求执行。

5. 预埋铁件

门窗、栏杆、栏板、轻质隔墙等的预埋件详见建施图。

6. 钢筋混凝土结构构造

(1) 构件主筋的混凝土保护层最小厚度：
基础底板及基础梁为40 mm，梁为25 mm，柱为30 mm，楼板、楼梯等为15 mm，且不小于钢筋的公称直径。

(2) 非抗震纵向受拉钢筋的最小锚固长度 l_a：

钢筋	混凝土强度等级				
	C20	C25	C30	C35	C40
HPB300	31d	27d	24d	22d	20d
HRB335	39d	34d	30d	27d	25d

(3) 抗震纵向受拉钢筋的最小锚固长度 l_{aE}=1.15l_a。

(4) 任何情况下，纵向受拉钢筋的锚固长度不应小于250 mm。

(5) 绑扎接头的搭接长度：非抗震设计时为03G101-1第34页。

7. 砌体填充墙

(1) ±0.000以上墙体均采用加气混凝土砌块（重度不大于7.5 kN/m），构造要求详见建施图。±0.000以下墙体用MU10机砖，M5水泥砂浆砌筑。

(2) 砌体填充墙窗洞口过梁做法：
门窗洞口过梁除框架梁代替过梁外，其余按下列采用：
① 当洞口宽度不大于1 000 mm时，采用钢筋砖过梁，配筋3ø8。
② 当洞口宽度大于等于1 000 mm时，均选用预制过梁，预制过梁按11G322-1制作，选用矩形截面墙宽同墙厚，荷载等级为2级，遇到柱时改为现浇。
③ 洞口位置、尺寸及洞顶标高详见建施图。

8. 一般规定

(1) 梁、柱箍筋应为封闭箍，且应做135°弯钩，弯钩端头直段长度不小于10 d。

(2) 框架梁、柱、板采用平面整体表示法，具体采用国家建筑标准设计《混凝土结构施工图平面整体表示方法制图规则和构造详细》（11G101-1）、11G101-4，施工时必须严格按此标准及构造详图执行。

(3) 钢筋接头位置：基础梁上部钢筋在支座处接头，下部钢筋在跨中；其余梁上部钢筋在跨中，下部钢筋在支座。

(4) 板底钢筋：应短向钢筋放于下排，长向钢筋放上排。板内的孔洞预留，孔洞<300 mm时，将板内钢筋由洞边绕过，不得切断。

(5) 板的分布筋为ø6@200。

(6) 图中未注明处，主梁在支承次梁或柱处均设6根（双肢箍）或12根（四肢箍）附加箍筋。附加箍筋直径同主梁箍筋。

(7) 墙下未设支承处板中均加设钢筋2ø16。

(8) 当柱中全部纵向受力钢筋的配筋率超过3%时，柱箍筋应焊成封闭环式。

9. 材料

(1) 混凝土。混凝土强度等级下表：

构件类型	段	混凝土强度等级	备 注
基础垫层		C10	
基础、基础梁		C30	
框架柱		C30	
框架梁、楼梯		C25	
板		C25	

(2) 钢材。① 钢筋：HPB300钢（ø），HRB335钢（Φ）。预埋用Q235。
② 焊条：焊接Q235钢和HPB300钢筋用E43××。焊接Q345钢和HRB335钢筋用E50××。

(3) 框架结构中纵向受力钢筋的选用，其检验所得的强度实测值，应符合下列要求：
① 钢筋的抗拉强度实测值与屈服强度实测值的比值不应小于1.25。
② 钢筋的屈服强度实测值与钢筋的强度标准值的比值不应大于1.3。

(4) 现浇挑檐长度大于12 m时，加伸缩缝20 mm。

10. 基础回填

回填土应分层夯实，夯实后的干密度不少于1.6 t/m，填土内有机物含量不超过5%。

11. 其他

(1) 本建筑物的防雷设计，应配合电气专业按施工图要求的位置、做法进行施工。

(2) 现浇钢筋混凝土构件施工时应与建筑、设备各工种图纸密切配合，浇筑混凝土前应仔细检查预埋件、插铁、预留孔洞和预留管线等是否有遗漏，位置是否正确，经查对无误后，方可浇筑。

(3) 所有楼板留洞均见各工种施工图，施工时必须与各工种密切配合预留楼板洞。

(4) 全部钢筋大样应核对无误后方可下料。

(5) 施工图所注尺寸以毫米计，标高以米计。

(6) 所有外露铁件均应刷防锈漆两道，调和漆两道，颜色由建筑确定。

(7) 洞口尺寸均为宽×高。

(8) 门窗、栏杆、栏板、轻质隔墙等的预埋件详见建施图。

12. 特别说明

(1) 与楼梯间平台梁连接的框架柱的箍筋沿柱全长加密。

(2) 当本说明与各张图纸的附注不同时，以图纸附注为准。

(3) 未尽事项按国家现行有关规范执行。

(4) 未经技术鉴定或设计许可，不得改变结构的用途和使用环境。

本页解读：

(1) 了解工程概况。

(2) 了解工程地质勘察情况。

(3) 了解钢筋混凝土柱、非填充墙的构造要求。

(4) 了解结构的一般要求。

××建筑设计研究所		××小学		设计号	2006-038
		教学楼		日 期	×年×月
审 定	设 计	结构设计总说明		图 别	结施
校 核	制 图			图 号	01

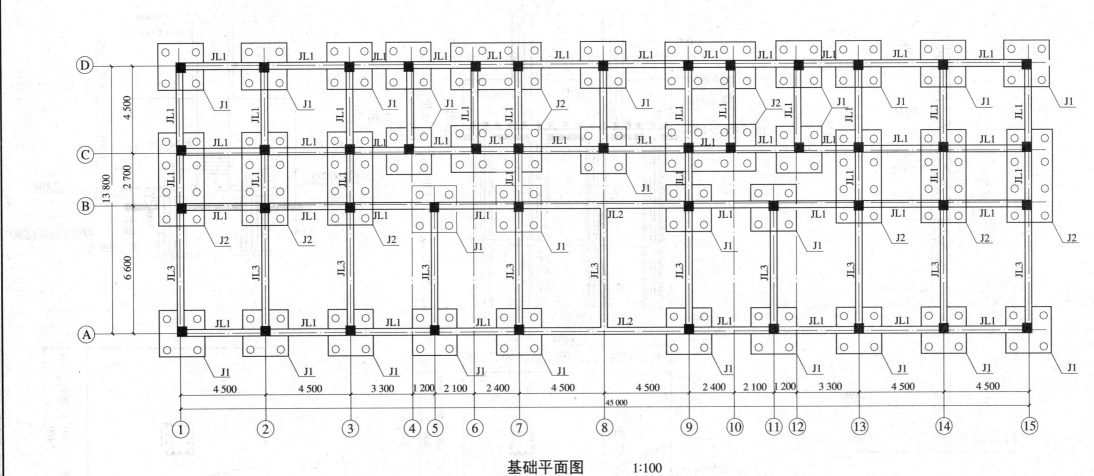

基础平面图 1:100

说明：
(1) 该设计使用现浇桩基础。
(2) 基础室外标高为0.450。
(3) 桩基础使用的混凝土标号为 **C30**，钢筋为HRB335。
(4) 地基情况详看地质勘察报告。
(5) 桩基础详图详见结施03。

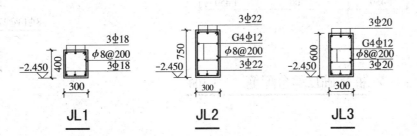

JL1   **JL2**   **JL3**

本页解读：
(1) 该教学楼为桩基础。
(2) 在J1中有4根桩支撑，J2有8根桩支撑2根柱子。
(3) 柱子之间设JL，主要作用是支撑墙体的荷载，基础梁有3种，截面形状都为矩形，其中JL1截面尺寸为300 mm×400 mm，上下各配3Φ18，箍筋为φ8@200；JL2，JL3的截面尺寸分别为300 mm×750 mm和300 mm×600 mm，上下各配3Φ22和3Φ20钢筋，两侧各配构造筋2Φ12。

××建筑设计研究所		××小学	设计号	2006-038
		教学楼	日 期	×年×月
审 定	设 计		图 别	结施
校 核	制 图	基础平面图	图 号	02

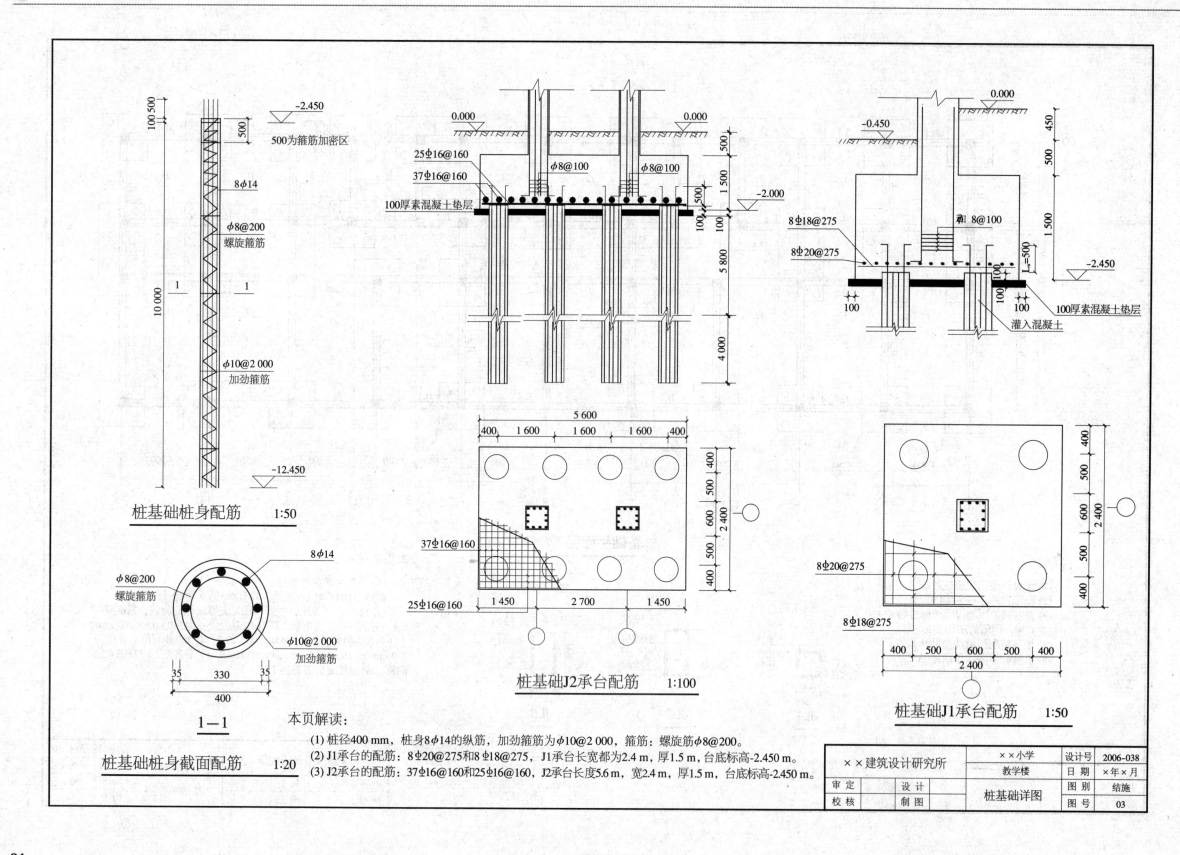

桩基础桩身配筋　1:50

桩基础桩身截面配筋　1:20

桩基础J2承台配筋　1:100

桩基础J1承台配筋　1:50

本页解读：
(1) 桩径400 mm，桩身8φ14的纵筋，加劲箍筋为φ10@2 000，箍筋：螺旋筋φ8@200。
(2) J1承台的配筋：8Φ20@275和8Φ18@275，J1承台长宽都为2.4 m，厚1.5 m，台底标高-2.450 m。
(3) J2承台的配筋：37Φ16@160和25Φ16@160，J2承台长度5.6 m，宽2.4 m，厚1.5 m，台底标高-2.450 m。

××建筑设计研究所		××小学	设计号	2006-038
		教学楼	日 期	×年×月
审 定	设 计	桩基础详图	图 别	结施
校 核	制 图		图 号	03

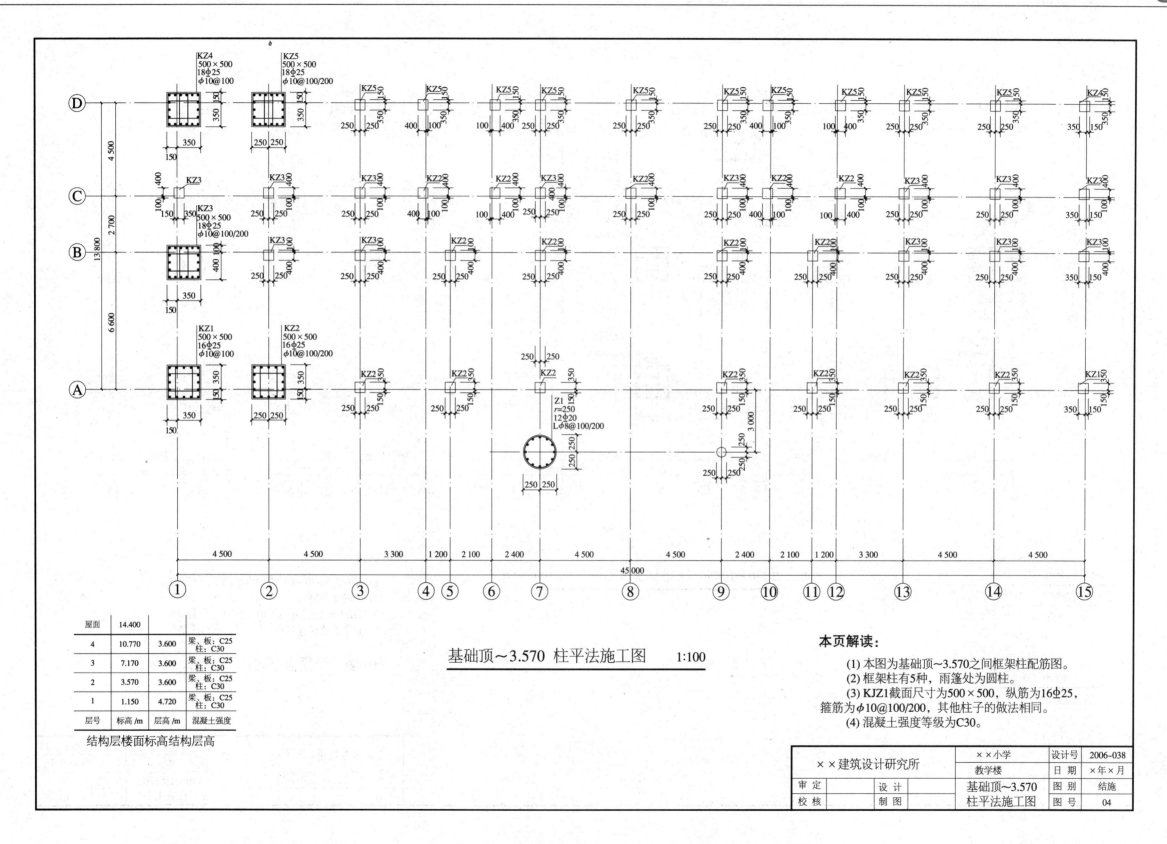

基础顶~3.570 柱平法施工图   1:100

屋面	14.400		
4	10.770	3.600	梁、板：C25 柱：C30
3	7.170	3.600	梁、板：C25 柱：C30
2	3.570	3.600	梁、板：C25 柱：C30
1	1.150	4.720	梁、板：C25 柱：C30
层号	标高/m	层高/m	混凝土强度

结构层楼面标高结构层高

本页解读：
(1) 本图为基础顶~3.570之间框架柱配筋图。
(2) 框架柱有5种，雨篷处为圆柱。
(3) KJZ1截面尺寸为500×500，纵筋为16Φ25，箍筋为Φ10@100/200，其他柱子的做法相同。
(4) 混凝土强度等级为C30。

××建筑设计研究所	××小学	设计号	2006-038
	教学楼	日期	×年×月
审定 设计	基础顶~3.570	图别	结施
校核 制图	柱平法施工图	图号	04

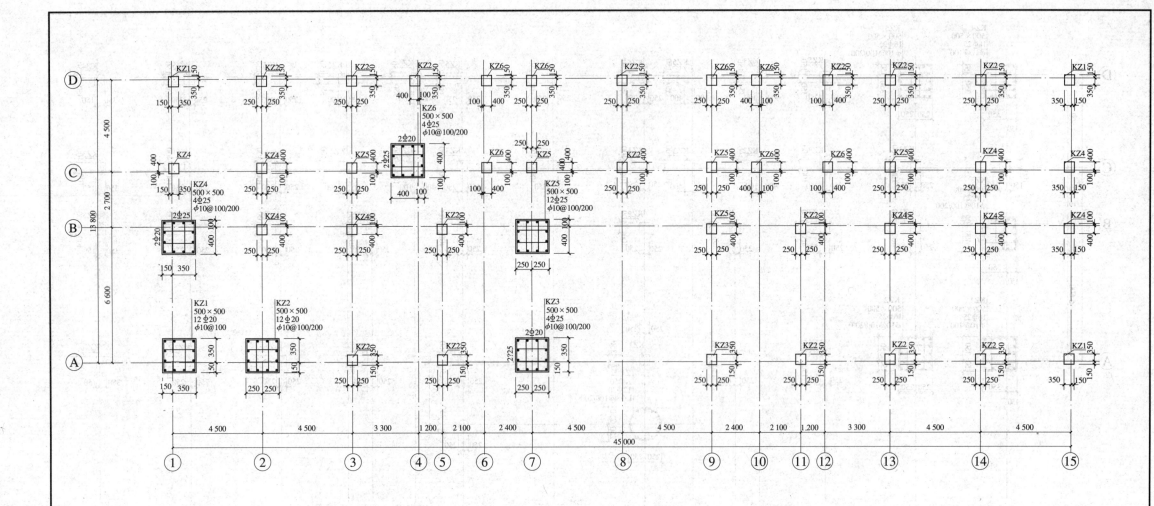

3.570～10.770 柱平法施工图　　　1:100

层号	标高/m	层高/m	混凝土强度
屋面	14.400		
4	10.770	3.600	梁、板：C25 柱：C30
3	7.170	3.600	梁、板：C25 柱：C30
2	3.570	3.600	梁、板：C25 柱：C30
1	-1.150	4.720	梁、板：C25 柱：C30

结构层楼面标高结构层高

本页解读：

(1) 本图为3.570～10.770之间框架柱配筋图。

(2) 框架柱有5种。

(3) KJZ1截面尺寸为500×500，纵筋为12Φ20，箍筋为φ10@100，其他柱子的读法相同。

(4) 混凝土强度等级为C30。

××建筑设计研究所		××小学		设计号	2006-038
		教学楼		日期	×年×月
审定	设计	3.570～10.770 柱平法施工图		图别	结施
校核	制图			图号	05

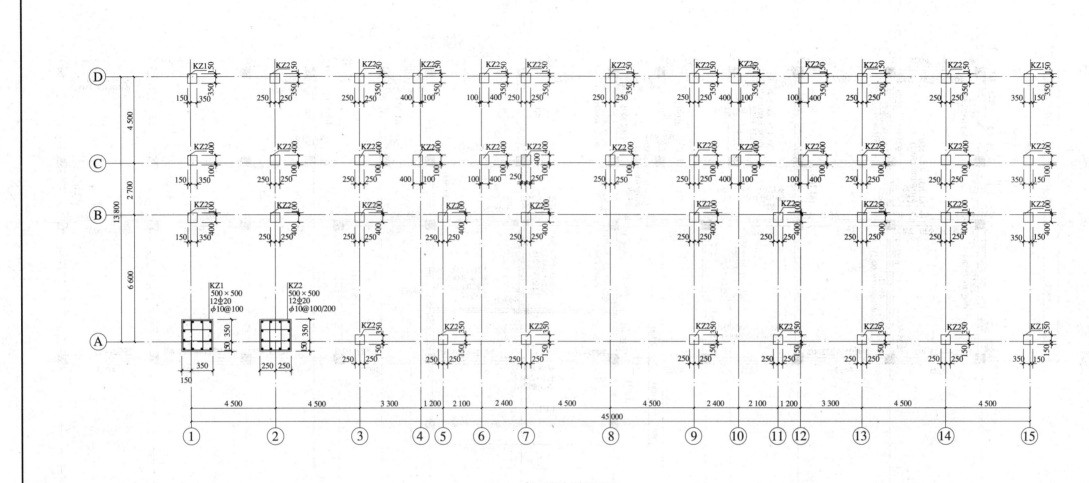

10.770~14.400 柱平法施工图 1:100

层号	标高 /m	层高 /m	混凝土强度
屋面	14.400		
4	10.770	3.600	梁、板：C25 柱：C30
3	7.170	3.600	梁、板：C25 柱：C30
2	3.570	3.600	梁、板：C25 柱：C30
1	-1.150	4.720	梁、板：C25 柱：C30

结构层楼面标高结构层高

本页解读：

(1) 本图为3.570~10.770之间框架柱配筋图。

(2) 框架柱有2种。

(3) KJZ1截面尺寸为500×500，纵筋为16Φ25，箍筋为Φ10@100，KZ2的做法相同。

(4) 混凝土强度等级为C30。

××建筑设计研究所		××小学	设计号	2006-038
		教学楼	日期	×年×月
审定	设计	10.770~14.400	图别	结施
校核	制图	柱平法施工图	图号	06

S 建筑工程图识读实训

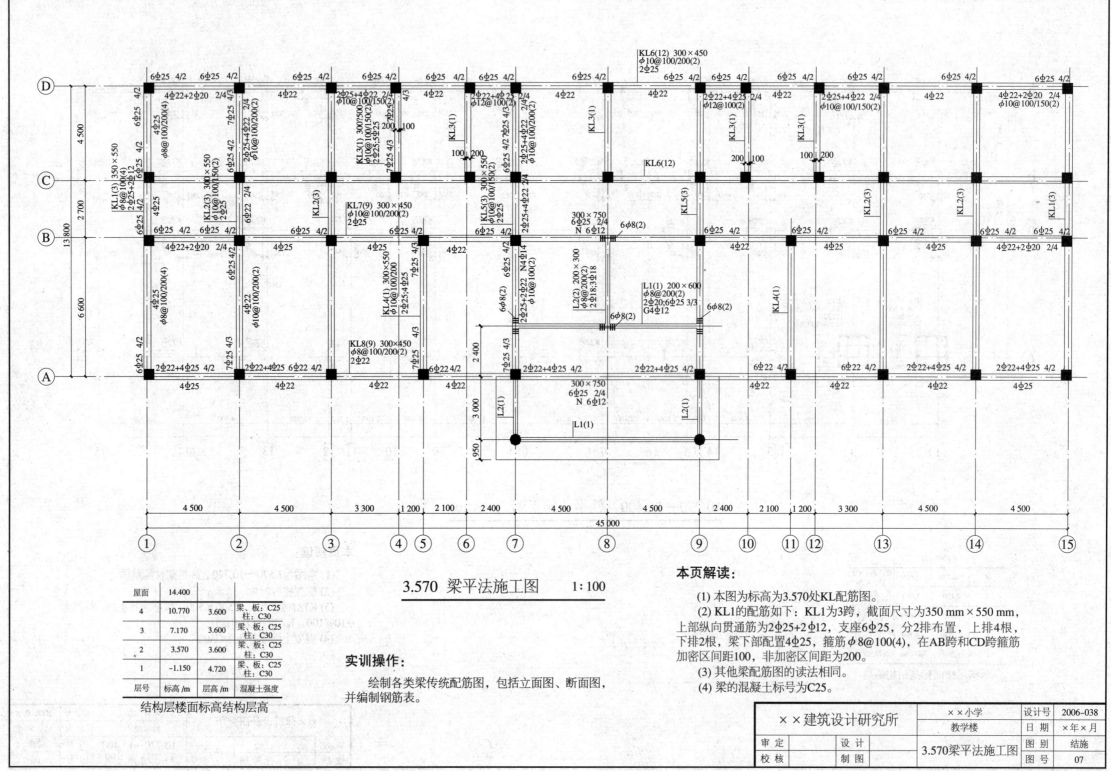

3.570 梁平法施工图 1:100

屋面	14.400		
4	10.770	3.600	梁、板：C25 柱：C30
3	7.170	3.600	梁、板：C25 柱：C30
2	3.570	3.600	梁、板：C25 柱：C30
1	-1.150	4.720	梁、板：C25 柱：C30
层号	标高/m	层高/m	混凝土强度

结构层楼面标高结构层高

实训操作：

　　绘制各类梁传统配筋图，包括立面图、断面图，并编制钢筋表。

本页解读：

　　(1) 本图为标高为3.570处KL配筋图。

　　(2) KL1的配筋如下：KL1为3跨，截面尺寸为350 mm×550 mm，上部纵向贯通筋为2Φ25+2Φ12，支座6Φ25，分2排布置，上排4根，下排2根，梁下部配置4Φ25，箍筋Φ8@100(4)，在AB跨和CD跨箍筋加密区间距100，非加密区间距为200。

　　(3) 其他梁配筋图的读法相同。

　　(4) 梁的混凝土标号为C25。

××建筑设计研究所	××小学 教学楼	设计号	2006-038
审定　　　设计		日期	×年×月
	3.570梁平法施工图	图别	结施
校核　　　制图		图号	07

88

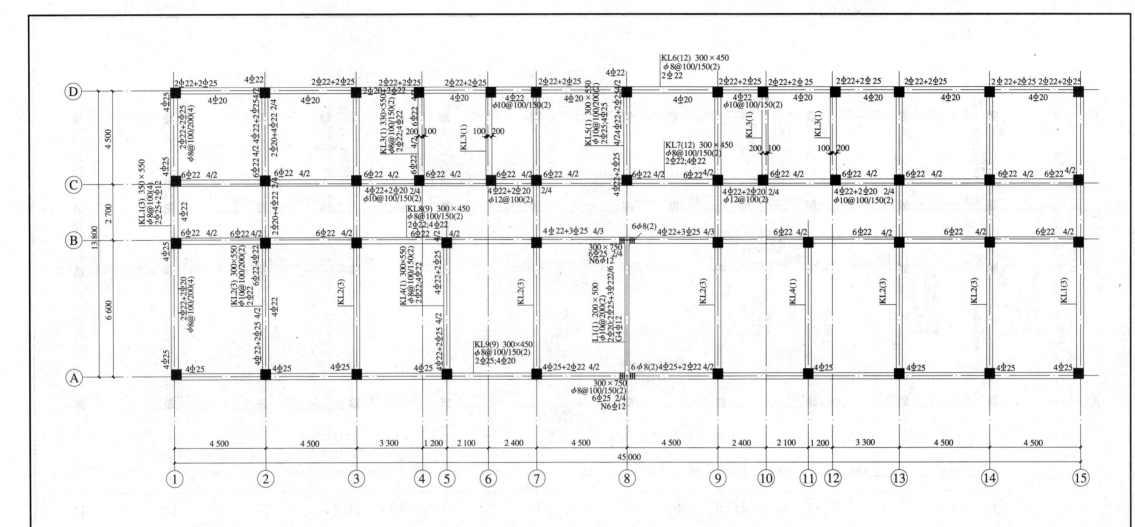

7.170，10.770 梁平法施工图   1:100

结构层楼面标高结构层层高

屋面	14.400		
4	10.770	3.600	梁、板：C25 柱：C30
3	7.170	3.600	梁、板：C25 柱：C30
2	3.570	3.600	梁、板：C25 柱：C30
1	-1.150	4.720	梁、板：C25 柱：C30
层号	标高 /m	层高 /m	混凝土强度

实训操作：

　　绘制各类梁传统配筋图，包括立面图、断面图，并编制钢筋表。

本页解读：

　　(1) 本图为标高为7.170和10.770处KL配筋图。

　　(2) KL1的配筋如下：KL1为3跨，截面尺寸为：350 mm×550 mm，上部纵向贯通筋为2Φ25+2Φ12，支座处4Φ25，梁下部AB轴配有2Φ22 (角筋)和2Φ20的钢筋，在BC轴梁下部配筋4Φ22，梁下部CD轴配有2Φ22 和2Φ25的钢筋，箍筋为 φ8@100，四肢箍，在AB跨和CD跨箍筋间距 非加密区200 mm，加密区100 mm。

　　(3) 其他梁配筋图的读法相同。

　　(4) 梁的混凝土强度等级为C25。

××建筑设计研究所		××小学	设计号	2006-038
		教学楼	日 期	×年×月
审 定	设 计	7.170，10.770	图 别	结施
校 核	制 图	梁平法施工图	图 号	08

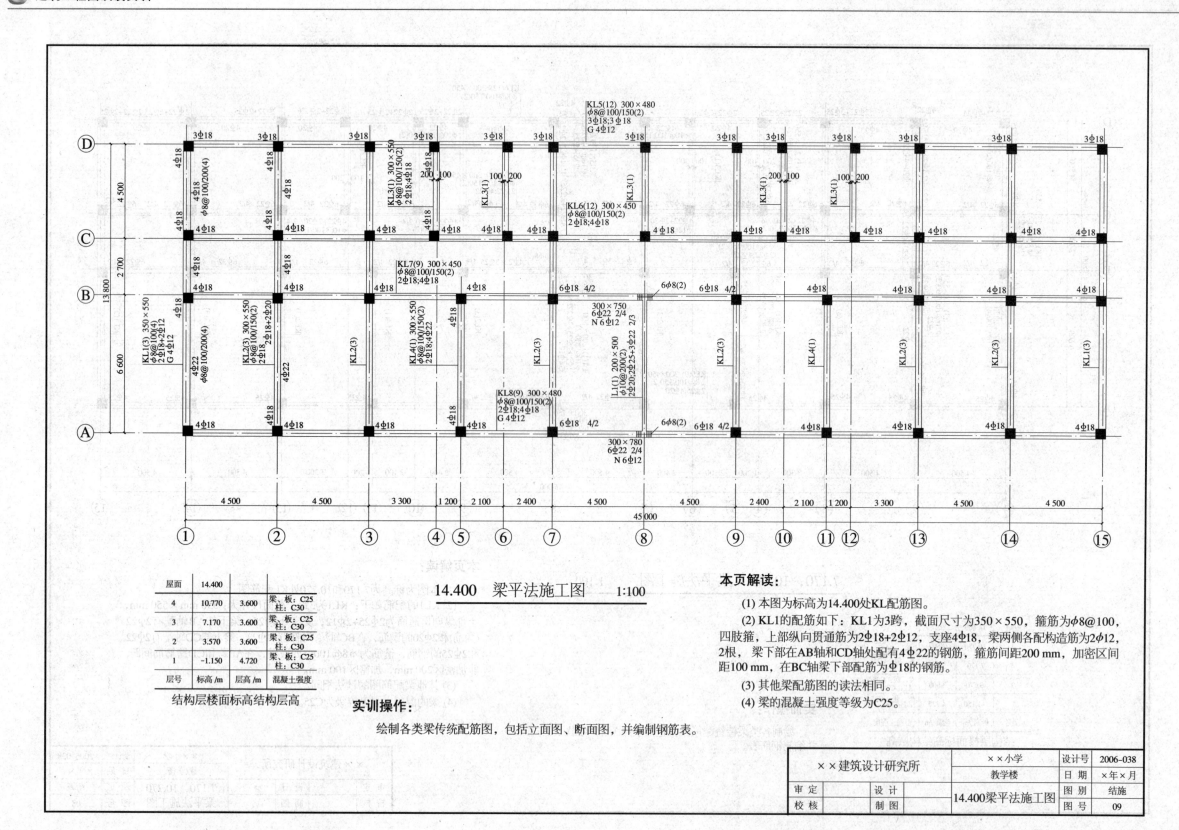

14.400 梁平法施工图 —— 1:100

屋面	14.400		
4	10.770	3.600	梁、板：C25 柱：C30
3	7.170	3.600	梁、板：C25 柱：C30
2	3.570	3.600	梁、板：C25 柱：C30
1	-1.150	4.720	梁、板：C25 柱：C30
层号	标高 /m	层高 /m	混凝土强度

结构层楼面标高结构层高

实训操作：

绘制各类梁传统配筋图，包括立面图、断面图，并编制钢筋表。

本页解读：

(1) 本图为标高为14.400处KL配筋图。

(2) KL1的配筋如下：KL1为3跨，截面尺寸为350×550，箍筋为ϕ8@100，四肢箍，上部纵向贯通筋为2Φ18+2Φ12，支座4Φ18，梁两侧各配构造筋为2ϕ12，2根，梁下部在AB轴和CD轴处配有4Φ22的钢筋，箍筋间距200 mm，加密区间距100 mm，在BC轴梁下部配筋为Φ18的钢筋。

(3) 其他梁配筋图的读法相同。

(4) 梁的混凝土强度等级为C25。

××建筑设计研究所	×× 小学		设计号	2006-038
	教学楼		日 期	×年×月
审 定　　　设 计	14.400梁平法施工图		图 别	结施
校 核　　　制 图			图 号	09

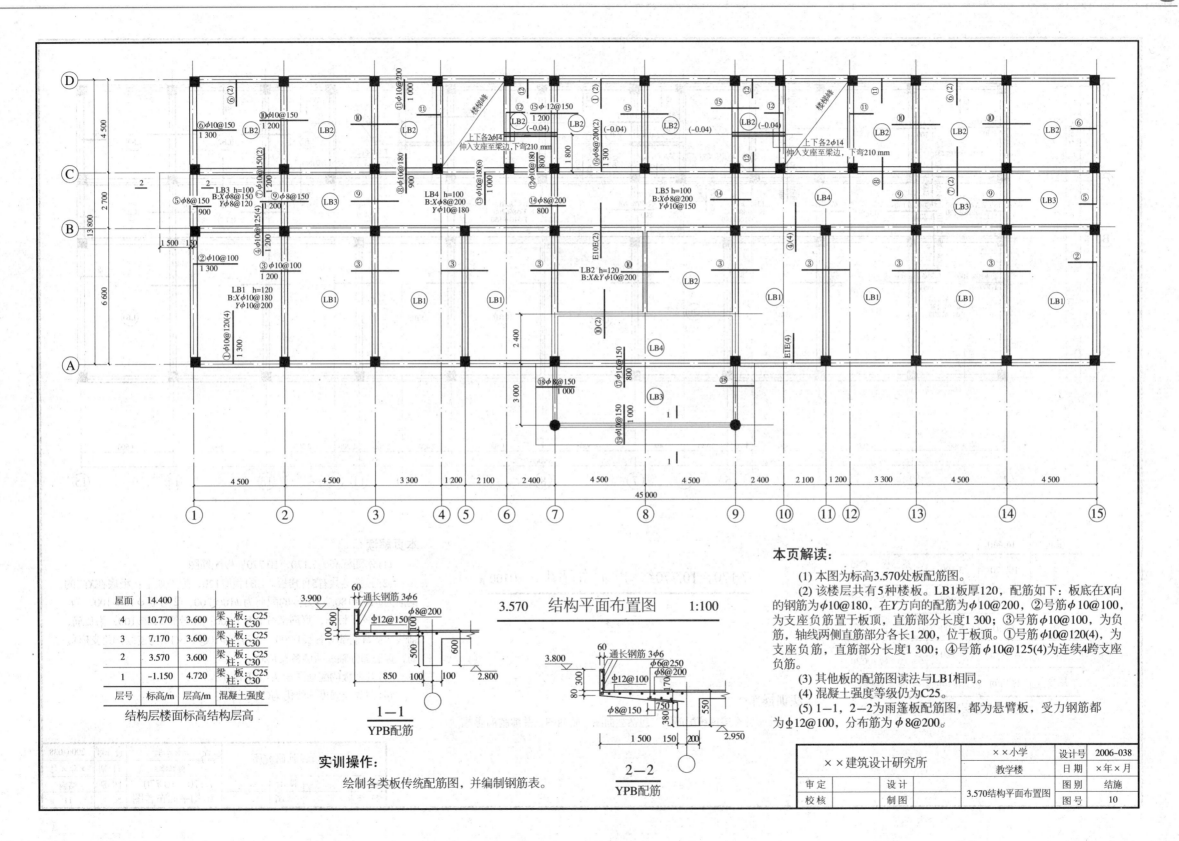

3.570 结构平面布置图 1:100

1—1
YPB配筋

2—2
YPB配筋

层号	标高/m	层高/m	混凝土强度
屋面	14.400		
4	10.770	3.600	梁、板：C25 柱：C30
3	7.170	3.600	梁、板：C25 柱：C30
2	3.570	3.600	梁、板：C25 柱：C30
1	-1.150	4.720	梁、板：C25 柱：C30

结构层楼面标高结构层层高

本页解读：

(1) 本图为标高3.570处板配筋图。

(2) 该楼层共有5种楼板。LB1板厚120，配筋如下：板底在X向的钢筋为φ10@180，在Y方向的配筋为φ10@200，②号筋φ10@100，为支座负筋置于板顶，直筋部分长度1 300；③号筋φ10@100，为负筋，轴线两侧直筋部分各长1 200，位于板顶。①号筋φ10@120(4)，为支座负筋，直筋部分长度1 300；④号筋φ10@125(4)为连续4跨支座负筋。

(3) 其他板的配筋图读法与LB1相同。

(4) 混凝土强度等级仍为C25。

(5) 1—1，2—2为雨篷板配筋图，都为悬臂板，受力钢筋都为φ12@100，分布筋为φ8@200。

实训操作：

绘制各类板传统配筋图，并编制钢筋表。

××建筑设计研究所		××小学	设计号	2006-038
		教学楼	日期	×年×月
审定	设计	3.570结构平面布置图	图别	结施
校核	制图		图号	10

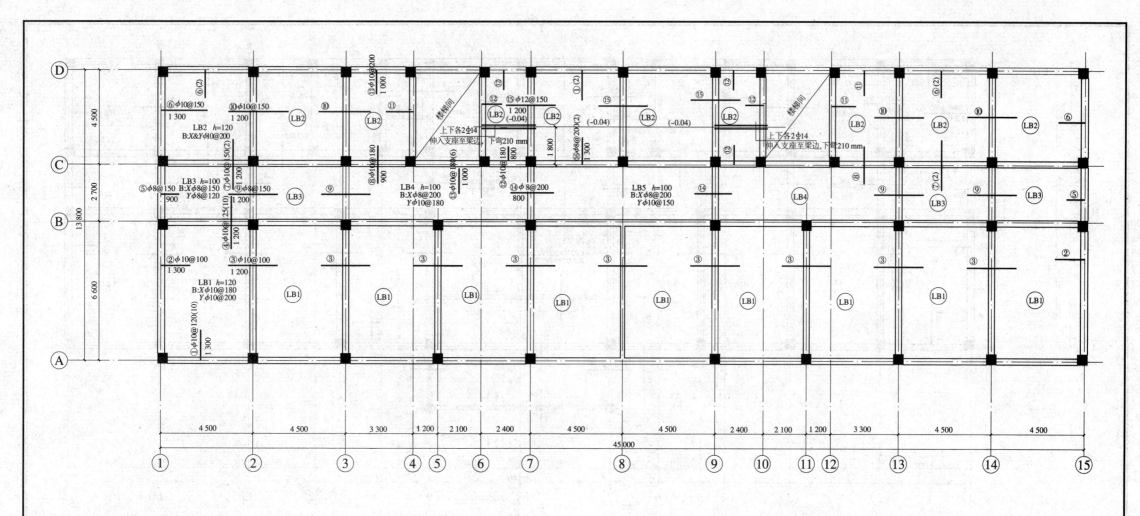

7.170，10.770结构平面布置图　1:100

屋面	14.440		
4	10.770	3.600	梁、板：C25 柱：C30
3	7.170	3.600	梁、板：C25 柱：C30
2	3.570	3.600	梁、板：C25 柱：C30
1	-1.150	4.720	梁、板：C25 柱：C30
层号	标高/m	层高/m	混凝土强度

结构层楼面层高结构层高

实训操作：

绘制各类梁传统配筋图，包括立面图、断面图，并编制钢筋表。

本页解读：

(1) 本图标高为7.170，10.770处板配筋图。

(2) 该楼层共有5种楼板。LB1板厚120，配筋如下：板底在X向的钢筋为φ10@180，在Y方向的配筋为φ10@200，②号筋φ10@100，为支座负筋置于板顶，直筋部分长度1 300；③号筋φ10@100，为负筋，轴线两侧直筋部分各长1 200，④号筋φ10@125(10)为连续10跨支座负筋，直筋部分轴线两侧各长1 200。

(3) 其他板的配筋图读法与LB1相同。

(4) 混凝土强度等级仍为C25。

××建筑设计研究所	××小学		设计号	2006-038
	教学楼		日期	×年×月
审定	设计	7.170，10.770	图别	结施
校核	制图	结构平面布置图	图号	11

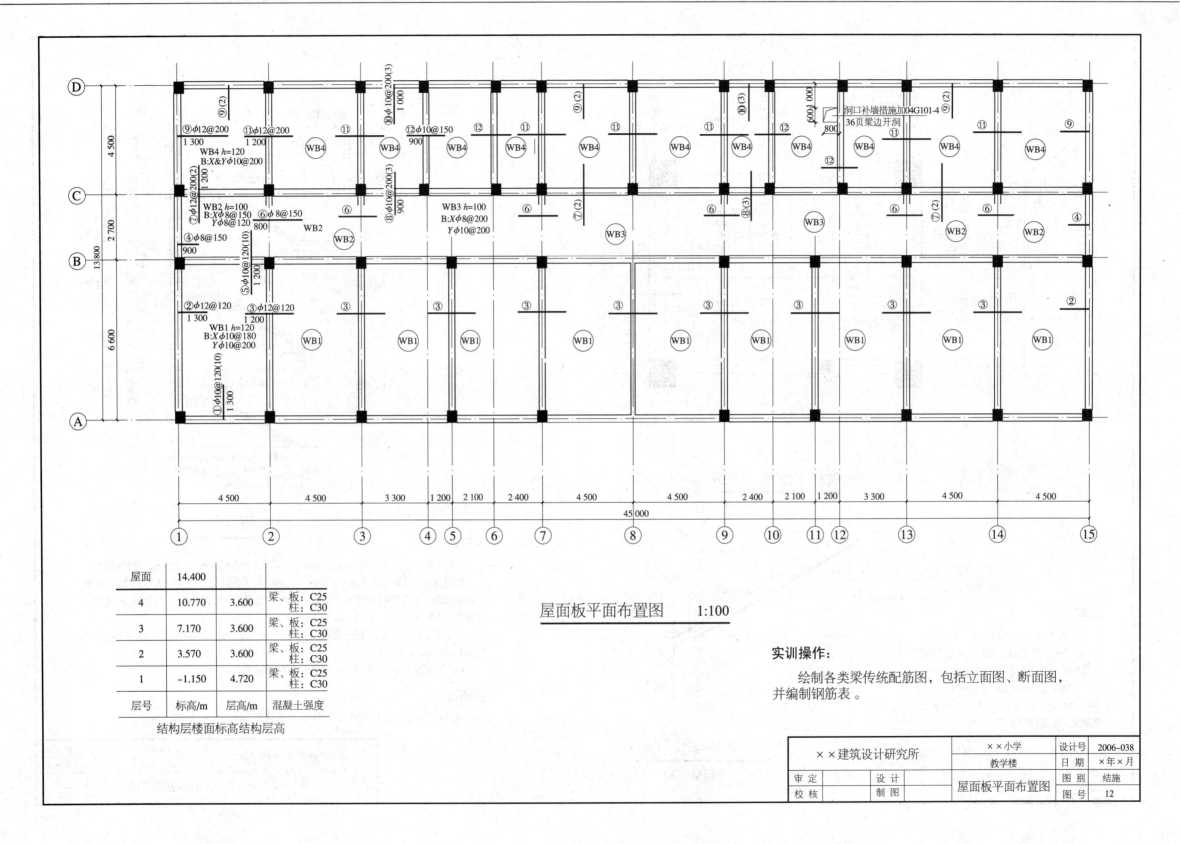

屋面板平面布置图　　1:100

屋面	14.400		
4	10.770	3.600	梁、板：C25 柱：C30
3	7.170	3.600	梁、板：C25 柱：C30
2	3.570	3.600	梁、板：C25 柱：C30
1	-1.150	4.720	梁、板：C25 柱：C30
层号	标高/m	层高/m	混凝土强度

结构层楼面标高结构层高

实训操作：

　　绘制各类梁传统配筋图，包括立面图、断面图，并编制钢筋表。

××建筑设计研究所	××小学	设计号	2006-038
	教学楼	日期	×年×月
审定　　　设计		图别	结施
校核　　　制图	屋面板平面布置图	图号	12

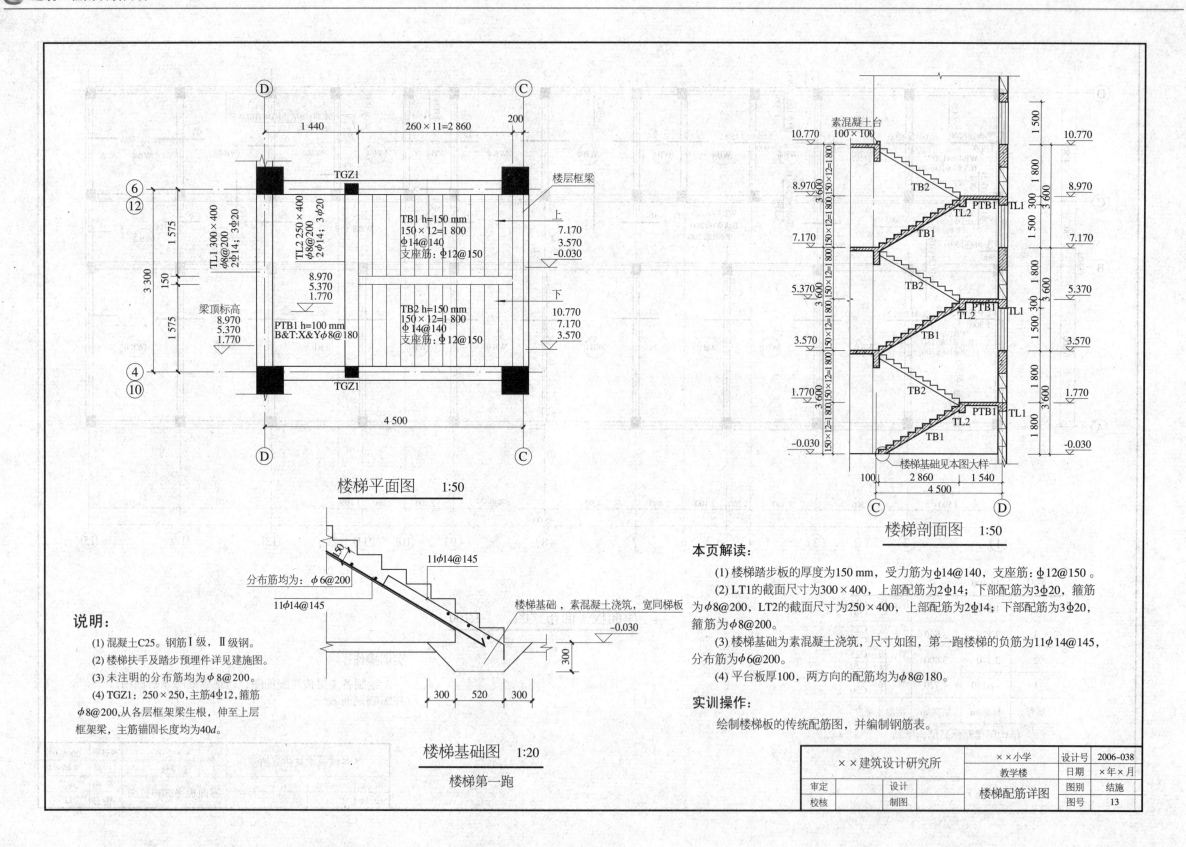

楼梯平面图 1:50

楼梯剖面图 1:50

楼梯基础图 1:20

楼梯第一跑

说明：

(1) 混凝土C25。钢筋Ⅰ级、Ⅱ级钢。

(2) 楼梯扶手及踏步预埋件详见建施图。

(3) 未注明的分布筋均为φ8@200。

(4) TGZ1：250×250，主筋4φ12，箍筋φ8@200，从各层框架梁生根，伸至上层框架梁，主筋锚固长度均为40d。

本页解读：

(1) 楼梯踏步板的厚度为150 mm，受力筋为φ14@140，支座筋：φ12@150。

(2) LT1的截面尺寸为300×400，上部配筋为2φ14；下部配筋为3φ20，箍筋为φ8@200，LT2的截面尺寸为250×400，上部配筋为2φ14；下部配筋为3φ20，箍筋为φ8@200。

(3) 楼梯基础为素混凝土浇筑，尺寸如图，第一跑楼梯的负筋为11φ14@145，分布筋为φ6@200。

(4) 平台板厚100，两方向的配筋均为φ8@180。

实训操作：

绘制楼梯板的传统配筋图，并编制钢筋表。

××建筑设计研究所		××小学	设计号	2006-038
		教学楼	日期	×年×月
审定	设计	楼梯配筋详图	图别	结施
校核	制图		图号	13

2.1.4 给排水工程施工图

给排水工程施工图设计说明

1. 工程概况及设计范围

(1) 本工程为××小学教学楼。地上四层，层高均为3.6 m，总建筑面积2 554.92 m²，总高度15.45 m，室内外高差-0.45 m。

(2) 本工程设计内容包括：给水系统、排水系统。

(3) 中华人民共和国现行主要标准及法规：
《建筑给排水设计规范》(GB 50015—2010)，
《建筑防火设计规范》(GB 50016—2014)，
其他有关国家及地方的现行规程、规范及标准。

2. 给排水设计

(1) 给水系统：
① 给水系统一由市政管网直供。
② 本工程系统设计秒流量：3.54 L/s，所需水压：0.24 MPa。
③ 水质应符合《生活饮用水卫生标准》要求。

(2) 排水系统：
① 排水采用污废合流制。
② 通气管采用伸顶通气管，连接6个大便器的排水横管采用环形通气管。
③ 灭火器配置：
本工程按轻危险等级，在每个消火栓处各设两具2A的手提式干粉（磷酸铵盐）灭火器，灭火器型号MF/ABC5。

3. 施工说明

(1) 管道安装高程：除特殊说明外，给水管以管中心计，排水管以管内底计。

(2) 尺寸单位：除特殊说明外，标高为米，其余为毫米。

(3) 给排水管道穿过现浇板、屋顶等处，均应预埋套管，有防水要求处应焊有防水翼环。套管尺寸给水管一般比安装管大二档，排水管一般比安装管大一档。

(4) 进出户管道穿过基础时应预留孔洞（管顶上部净空一般不少于150 mm）。

(5) 排水管和出户管连接应用两只45°弯头，90°弯头须采用带检查口弯头，支管与主管连接采用顺水或斜三通。采用水封式地漏时，其水封高度不得小于50 mm。

(6) 排水横支管按0.026的坡度安装，横干管坡度按标准坡度安装（注明者除外）。
De160（外径）i=0.02；De110（外径）i=0.02；
De75（外径）i=0.025；De50（外径）i=0.035。

(7) 管道材料：
① 生活给水：采用PP-R管，S5系列，热熔连接。
② 生活排水管采用UPVC塑料管，承插连接。

(8) 管道安装：
① 管道安装过程中，如遇有与其他管道或梁柱相碰的，可根据现场情况作适当调整。原则是：有压让无压，小管让大管，管道施工应严格遵守有关给排水施工验收规范。

② 给排水管道安装支架或吊架，可参照05S9图集，特殊的支架或吊架由安装单位现场确定，并符合施工验收规范。管道支架或管卡应固定在楼板上或承重结构上。UPVC管路的管卡设置应按国家有关技术规程施工。

③ 排水管伸缩节安装，立管≤4 m设一个伸缩节，横管2~4 m设一个伸缩节，具体做法参照05S1-313图集。

(9) 除有特殊说明外，标准图选用均按下列相应图集施工：水表井：05S2-16；防水套管：05S1-316；卫生设备安装：05S1；建筑排水用硬聚氯乙烯PVC-U管道安装：05S1。

(10) 管道保温，防腐：
① 设于室内地沟内的生活管道采用30 mm厚超细玻璃棉制品进行保温防结露。
② 保温层施工要求要在管道防腐处理和系统水压试验合格后进行，保温层做法详见05S8图集。

(11) 管道试压：管道安装完毕后按《建筑给水排水及采暖工程施工质量验收规范》的要求对管道系统进行强度及严密性试验以检查管道系统及各连接部位的工程质量。生活给水系统试验压力0.9 MPa。

(12) 管道冲洗：
① 给水管道在系统运行前必须用水冲洗，要以系统最大设计流量或不小于1.5 m/s的流速进行，直到出水的水色和透明度与进水目测一致为合格。给水管道在冲洗后还应用含20~30 mg/L游离氯的水灌满管道进行消毒，停留时间不小于24小时，消毒结束后再用生活饮用水冲洗并经卫生监督管理部门取样检验水质符合现行的国家标准《生活饮用水标准》后方可使用。

② 排水管冲洗以管道通畅为合格。冲洗时应将冲洗水排入雨水或排水管道，防止对建筑物等造成水害。

③ 地漏采用带水封直通式地漏，地漏水封及卫生器具存水弯水封深度不得小于50 mm，卫生间厨房卫生器具和配件应采用节水型产品，不得使用一次冲水量大于6 L的坐便器。地面应坡向地漏。

(13) 除本设计说明外，还应遵守《建筑给水排水及采暖工程施工质量验收规范》(GB 50242—2005)，《建筑给水硬聚氯乙烯管道设计与施工验收规程》(CECS41:05)及《建筑排水硬聚氯乙烯管道工程技术规程》(CJJ/T 29—05)施工。

使用标准图集目录

序号	图集名称	图号
01	管道支架、吊架	05S9
02	管道及设备防腐保温	05S8
03	卫生设备安装工程	05S1

PP-R管外径所对应壁厚

外径×壁厚	De20×2.3	De25×2.3	De32×3.0	De40×3.7
	De50×4.6	De63×5.8	De75×6.9	De90×8.2

主要设备材料表

序号	名称	规格型号	单位	数量
1	拖布池	———	个	8
2	小便槽	———	个	4
3	大便器	———	个	64
4	盥洗池	———	个	8
5	水龙头	———	个	24
6	自闭式冲洗阀	———	个	64
7	冲洗阀	De20	个	8
		De25	个	4
8	闸阀	De63	个	4
9	地漏	De50	个	24
10	检查口	De110	个	10
11	给水入口装置	De75	套	1
12	PP-R	De25	m	72
		De32	m	8
		De40	m	14
		De50	m	45
		De63	m	36
		De75	m	28
13	UPVC	De50	m	58
		De75	m	32
		De110	m	90
		De160	m	96
14	灭火器	MF/ABC3	个	18

××建筑设计研究所		设计号	2006-038
	教学楼	日 期	×年×月
审定	设计	给排水工程施	图别	水施
校核	制图	工图设计说明	图号	01

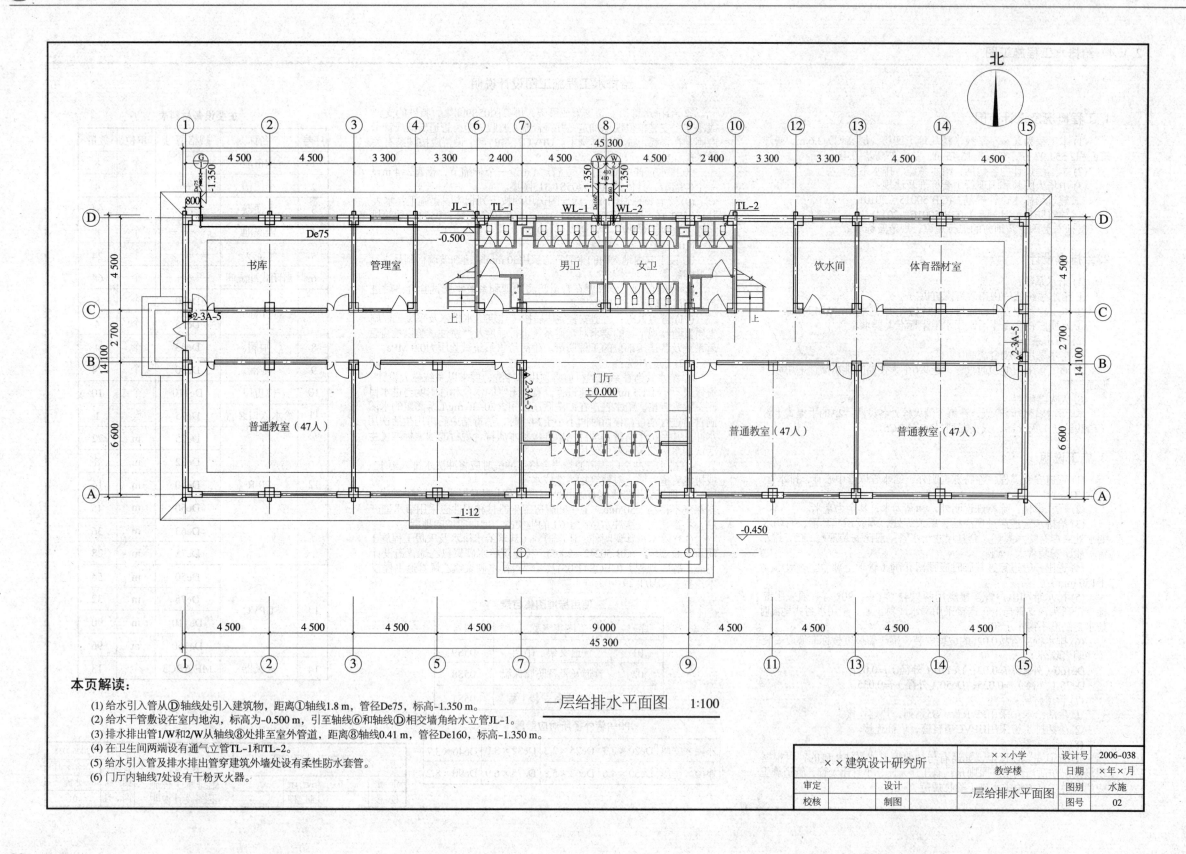

一层给排水平面图 1:100

本页解读：

(1) 给水引入管从Ⓓ轴线处引入建筑物，距离①轴线1.8 m，管径De75，标高-1.350 m。

(2) 给水干管敷设在室内地沟，标高为-0.500 m，引至轴线⑥和轴线Ⓓ相交墙角给水立管JL-1。

(3) 排水排出管1/W和2/W从轴线⑧处排至室外管道，距离⑥轴线0.41 m，管径De160，标高-1.350 m。

(4) 在卫生间两端设有通气立管TL-1和TL-2。

(5) 给水引入管及排水排出管穿建筑外墙处设有柔性防水套管。

(6) 门厅内轴线7处设有干粉灭火器。

××建筑设计研究所		××小学	设计号	2006-038
		教学楼	日期	×年×月
审定	设计	一层给排水平面图	图别	水施
校核	制图		图号	02

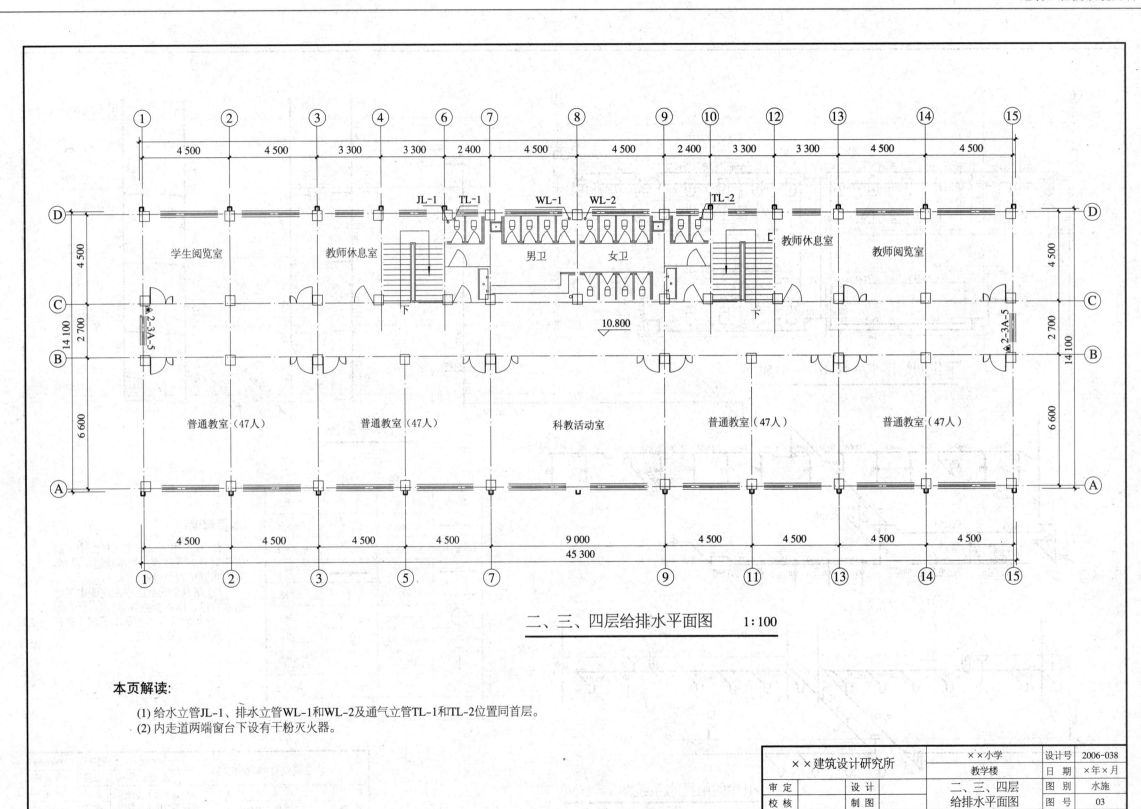

二、三、四层给排水平面图   1:100

本页解读:

(1) 给水立管JL-1、排水立管WL-1和WL-2及通气立管TL-1和TL-2位置同首层。

(2) 内走道两端窗台下设有干粉灭火器。

××建筑设计研究所		××小学		设计号	2006-038
		教学楼		日 期	×年×月
审 定	设 计	二、三、四层		图 别	水施
校 核	制 图	给排水平面图		图 号	03

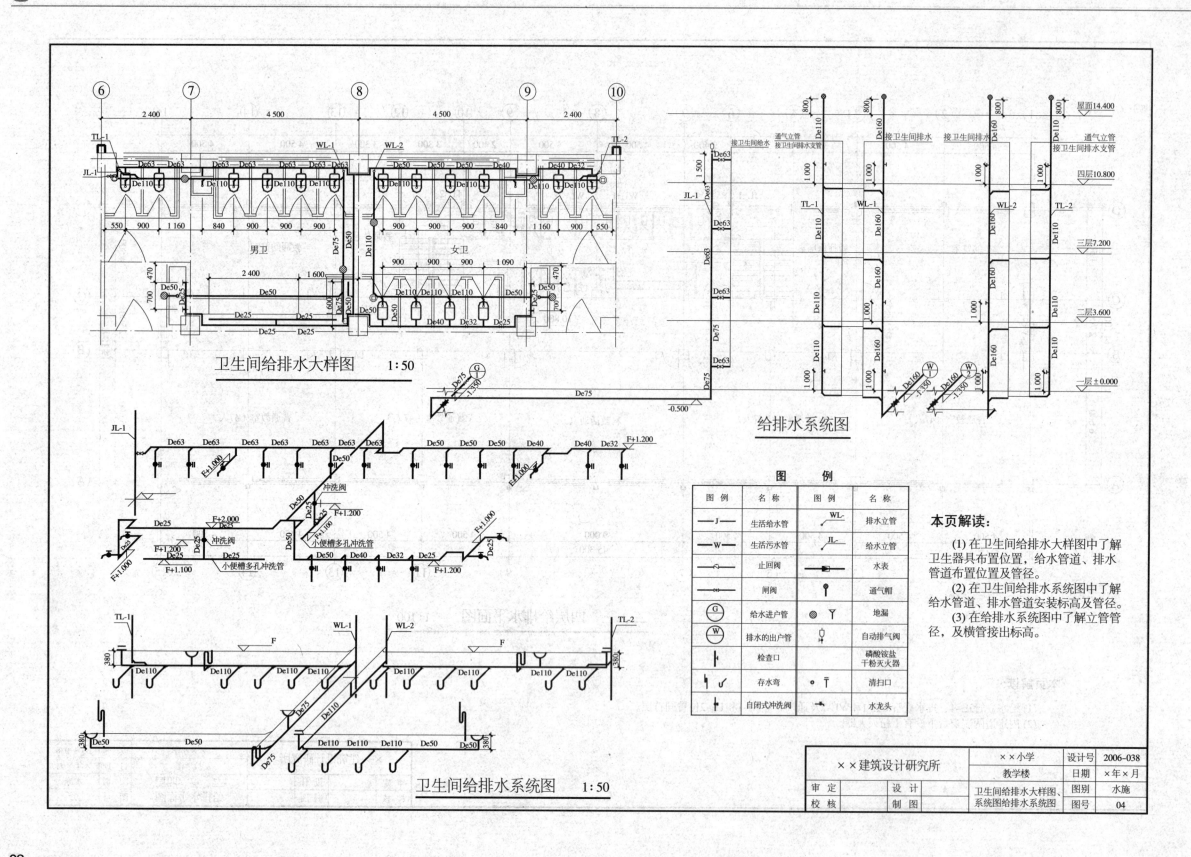

卫生间给排水大样图　　1:50

给排水系统图

卫生间给排水系统图　　1:50

图　例			
图例	名　称	图例	名　称
—J—	生活给水管	WL-	排水立管
—W—	生活污水管	JL-	给水立管
	止回阀		水表
	闸阀		通气帽
G	给水进户管		地漏
W	排水的出户管		自动排气阀
	检查口		磷酸铵盐干粉灭火器
	存水弯		清扫口
	自闭式冲洗阀		水龙头

本页解读：

(1) 在卫生间给排水大样图中了解卫生器具布置位置，给水管道、排水管道布置位置及管径。

(2) 在卫生间给排水系统图中了解给水管道、排水管道安装标高及管径。

(3) 在给排水系统图中了解立管管径，及横管接出标高。

××建筑设计研究所	××小学		设计号	2006-038
	教学楼		日期	×年×月
审 定	设 计	卫生间给排水大样图、系统图给排水系统图	图别	水施
校 核	制 图		图号	04

98

2.1.5 采暖工程施工图

采暖施工图设计说明

1. 设计依据

(1) 本工程为××小学教学楼。地上4层，层高均为3.6 m，总建筑面积2 554.92 m²，总高度15.45 m，室内外高差-0.450 m。

(2) 相关专业提供的工程设计资料。

(3) 各市政主管部门对初步设计的审批意见。

(4) 建设单位提供的设计任务书及设计要求。

(5) 中华人民共和国现行主要标准及法规：
《采暖通风与空气调节设计规范》(GB 50019—2003)；
《建筑设计防火规范》(GB 50016—2014)；
其他有关国家和地方的现行规程、规范及标准。

(6) 设计内容：采暖系统设计。

2. 设计参数

(1) 室外计算参数：
冬季采暖计算温度：-12 ℃。

(2) 室内计算参数：
卫生间(公共)：16 ℃；阅览室、教室、办公室：18 ℃；楼梯间、走道：15 ℃。

(3) 主要维护结构传热系数：
体形系数：0.25。
外墙传热系数K=0.88 W/(m²·℃)，外窗传热系数K=2.7 W/(m²·℃)，屋面传热系数K=0.50 W/(m²·℃)。

(4) 主要技术指标如下表所示。

主要技术指标

采暖系统	采暖面积/m²	热负荷/kW	热指标/W/m²	系统阻力/kPa
R1	2 554.92	118.803	46.5	21.3

3. 采暖系统设计

(1) 本工程采用上供下回单管跨越式系统，供水干管敷设在四层梁底，回水干管敷设在室内地沟内。

(2) 热媒：采暖热媒为95 ℃/70 ℃低温热水，接锅炉房。

(3) 散热设备：散热器均采用辐射对流散热器TFD1(Ⅲ)-1.0/6-6(05N1-100)，工作压力0.6 MPa，落地安装。

4. 施工要求

(1) 管材：采暖管道采用焊接钢管，管径大于DN32者，采用焊接连接；管径小于等于DN32者，螺纹连接。

(2) 防腐：所有管道、管件支吊架表面除锈合格后，刷防锈漆两道，明装不保温部分再刷银粉漆两道，散热器表面除锈合格后，刷防锈漆两道，再刷非金属漆两道。

(3) 保温：敷设在地沟的采暖管道（包括支干连接处立管）及管件均作保温，保温材料采用离心玻璃棉，DN50以下者采用50 mm厚离心玻璃棉，DN50以上者采用60 mm厚的离心玻璃棉。具体做法请见《通用图集》(05S8)。

(4) 试压：采暖系统试验压力为0.6 MPa，在试验压力下1小时压力降不大于0.05 MP，然后降至工作压力的1.15倍，稳压2小时，压力降不大于0.03 MP，同时各连接处不渗不漏为合格。

(5) 冲洗：系统投入使用前必须进行冲洗，冲洗前应将滤网、温度计、调节阀、恒温阀及平衡阀等拆除，待冲洗合格后再装上。

(6) 入口：采暖入口做法详见《图集》(05N1-13)采暖入口选用的控制阀型号为ZTY47，热量表的型号为WSI-X。

(7) 管道穿过墙壁和楼板做套管，套管直径比相应管道大2号，安装在卫生间及厨房楼板内的套管，其顶部高出装饰地面50 mm；套管底部与楼板底相平，安装在其他房间楼板内的套管，其顶部高出装饰地面20 mm。安装在墙壁内的套管其两端与饰面相平。穿过楼板的套管与管道之间缝隙应用阻燃密实材料和防水油膏填实，端面光滑穿墙套管与管道之间用阻燃密实材料填实，且端面光滑。管道的接口不得设在套管内。详见(05N1-19，6199)。

(8) 管道穿过地下室建筑物外墙处设柔性防护密闭套管，做法详见《图集》(05N1-20，3204)。

(9) 图中尺寸：标高以米计，其他皆以毫米计，管道标高以管底计。本说明未提及部分请严格按照有关规范及施工规程执行，《建筑给排水及采暖工程施工质量验收规范》(GB 50242—2005)。

主 要 设 备 材 料 表

序号	名称	规格及型号	数量
1	散热器	TFD1(Ⅲ)-1.0/6-6	1 320片
2	热力用户入口	DN65	1套
3	截止阀	DN20	33个
		DN25	11个
4	闸阀	DN50	4个
		DN65	2个
5	三通调节阀	DN20	58个
6	自动排气阀	DN20	2个
7	焊接钢管	DN20	382 m
		DN25	157 m
		DN32	34 m
		DN40	87 m
		DN50	62 m
		DN65	74 m
8	铝箔离心玻璃棉	ϕ 25×50	34 m
		ϕ 32×50	17 m
		ϕ 38×50	20 m
		ϕ 45×50	41 m
		ϕ 57×50	24 m
		ϕ 73×60	56 m

图 例

名称	图例
采暖供水管	——————○
采暖回水管	-------○
散热器	▭ ▭
自动排气阀	
固定支架	※
变径	◁
阀门	—▷◁— ⊥
跑风阀	⌐

本页解读：

(1) 了解建筑物基本信息（室内外高差）、设计内容、设计依据和设计参数等。

(2) 领会采暖系统形式及热源情况。

(3) 了解采暖系统使用散热器类型、管材及连接方式。

(4) 掌握采暖管道布置敷设要求、管道压力试验方法及防腐和保温做法。

(5) 了解施工中所用标准图集、主要设备材料明细，熟悉采暖施工图图例符号。

××建筑设计研究所	××小学	设计号	2006-038
	教学楼	日期	×年×月
审定　　设计	采暖施工图设计说明	图别	暖施
校核　　制图		图号	01

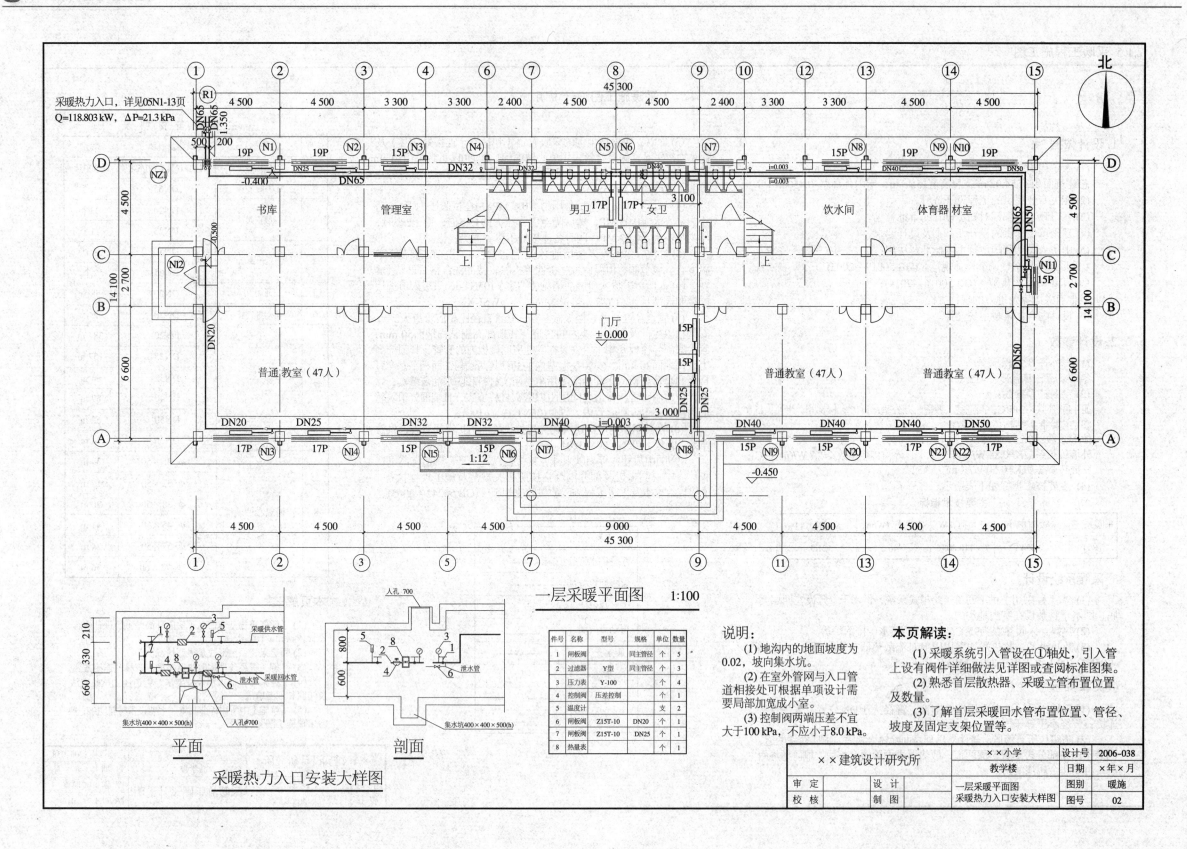

一层采暖平面图 1:100

采暖热力入口安装大样图

件号	名称	型号	规格	单位	数量
1	闸板阀		同主管径	个	5
2	过滤器	Y型	同主管径	个	3
3	压力表	Y-100		个	4
4	控制阀		压差控制	个	1
5	温度计			支	2
6	闸板阀	Z15T-10	DN20	个	1
7	闸板阀	Z15T-10	DN25	个	1
8	热量表			个	1

说明：
(1) 地沟内的地面坡度为0.02，坡向集水坑。
(2) 在室外管网与入口管道相接处可根据单项设计需要局部加宽成小室。
(3) 控制阀两端压差不宜大于100 kPa，不应小于8.0 kPa。

本页解读：
(1) 采暖系统引入管设在①轴处，引入管上设有阀件详细做法见详图或查阅标准图集。
(2) 熟悉首层散热器、采暖立管布置位置及数量。
(3) 了解首层采暖回水管布置位置、管径、坡度及固定支架位置等。

××建筑设计研究所	××小学		设计号	2006-038
	教学楼		日期	×年×月
审 定	设 计	一层采暖平面图	图别	暖施
校 核	制 图	采暖热力入口安装大样图	图号	02

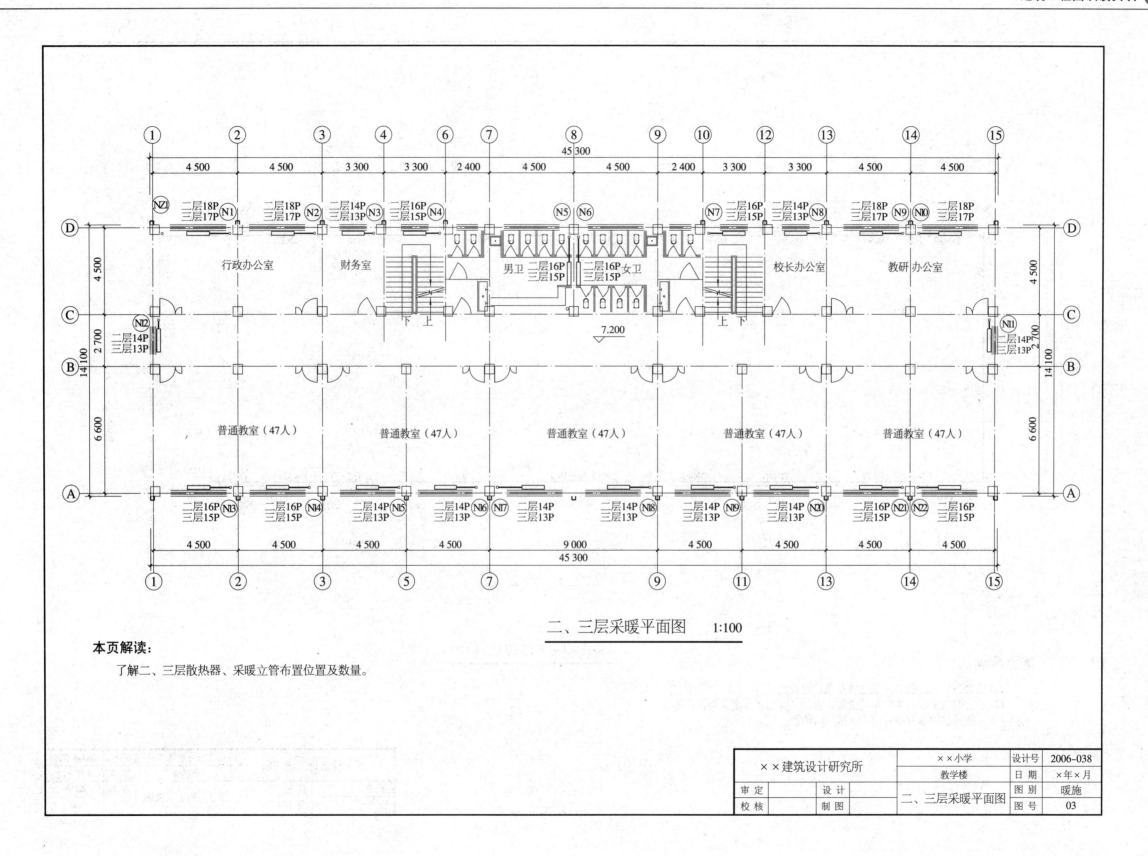

二、三层采暖平面图　　1:100

本页解读：

了解二、三层散热器、采暖立管布置位置及数量。

××建筑设计研究所		××小学	设计号	2006-038
		教学楼	日期	×年×月
审定	设计	二、三层采暖平面图	图别	暖施
校核	制图		图号	03

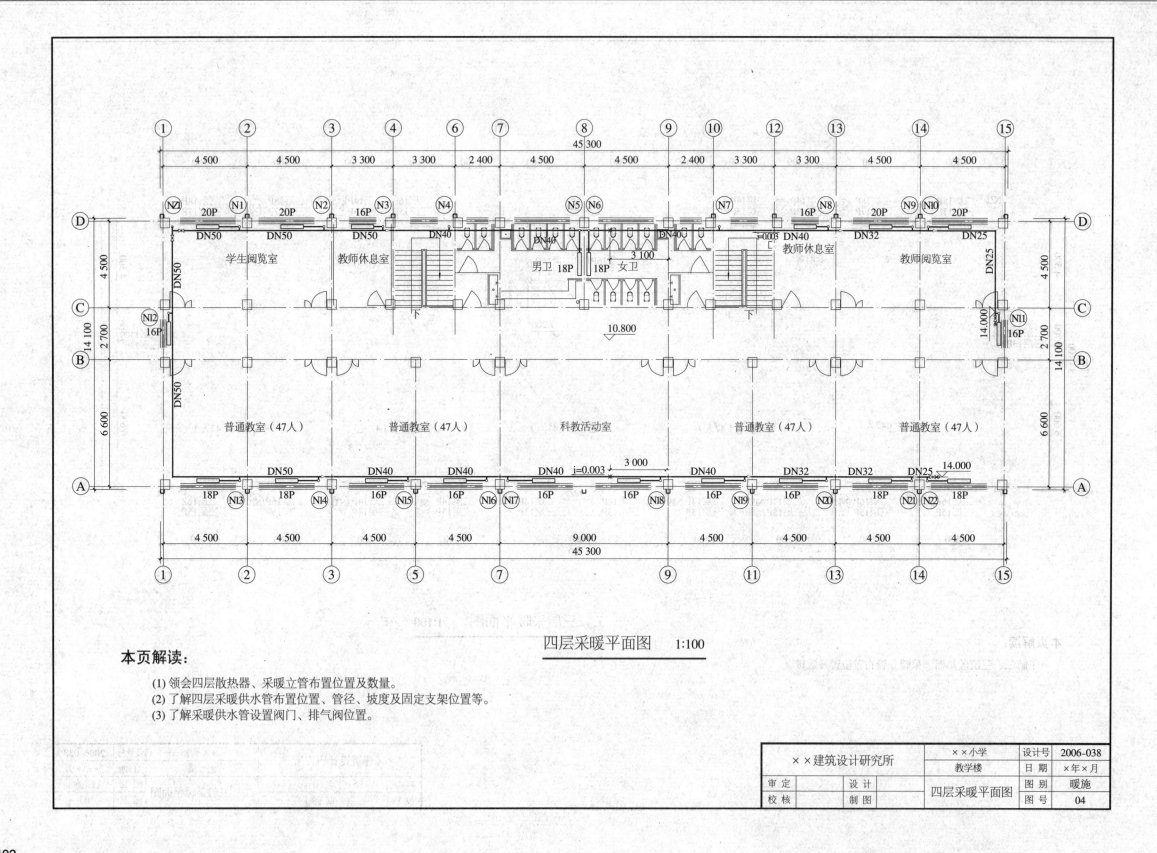

四层采暖平面图 1:100

本页解读:

(1) 领会四层散热器、采暖立管布置位置及数量。

(2) 了解四层采暖供水管布置位置、管径、坡度及固定支架位置等。

(3) 了解采暖供水管设置阀门、排气阀位置。

××建筑设计研究所		××小学	设计号	2006-038
		教学楼	日 期	×年×月
审 定	设 计	四层采暖平面图	图 别	暖施
校 核	制 图		图 号	04

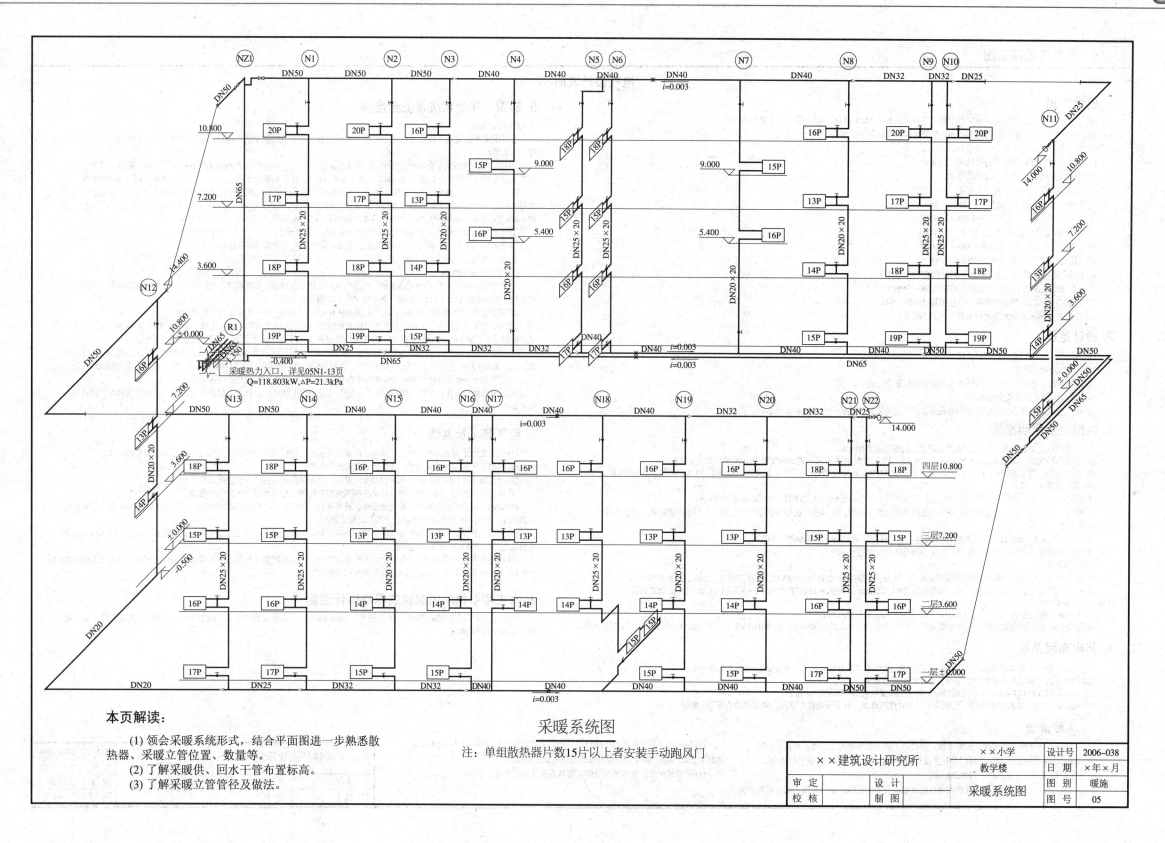

采暖系统图

注：单组散热器片数15片以上者安装手动跑风门

本页解读：

(1) 领会采暖系统形式，结合平面图进一步熟悉散热器、采暖立管位置、数量等。

(2) 了解采暖供、回水干管布置标高。

(3) 了解采暖立管管径及做法。

××建筑设计研究所		××小学	设计号	2006-038
		教学楼	日　期	×年×月
审　定	设　计		图　别	暖施
校　核	制　图	采暖系统图	图　号	05

2.1.6 电气工程施工图

电气设计说明

1. 设计依据

(1) 工程概况：本工程为××小学教学楼，总建筑面积：2 554.92 m²，地上四层，主要为教室、办公室、阅览室等，建筑主体高度15.45 m，框架结构，建筑耐火等级为二级。

(2) 本工程其他各专业提供的设计资料。

(3) 各市政主管部门对初步设计的审批意见。

(4) 甲方提供的设计任务书及设计要求。

(5) 国家现行有关规程，规范及标准，主要包括：

① 《中小学校建筑设计规范》(GBJ 99—86)；
② 《供配电系统设计规范》(GB 50052—1995)；
③ 《民用建筑电气设计规范》(JGJ 16—2008)；
④ 《低压配电设计规范》(GB 50054—1995)；
⑤ 《建筑照明设计标准》(GB 50034—2004)；
⑥ 《综合布线系统工程设计规范》(GB/T 50311—2007)；
⑦ 《有线电视系统工程技术规范》(GB 50200—1994)；
⑧ 《建筑物防雷设计规范(2000年版)》(GB 50057—94)。

(6) 其他有关国家及地方的现行规程、规范及标准。

2. 设计范围

(1) 本工程设计包括红线内的以下电气系统：

① 供配电及照明系统。
② 弱电系统（电话、电视、网络系统与专业单位配合完成）。
③ 防雷、接地系统及安全措施。

(2) 本工程电源分界点为总配电箱内的进线开关，电源进建筑物的位置及保护管由本设计提供。

3. 供配电及照明系统

(1) 负荷等级及容量：本工程按三级负荷设计，设备功率为60 kW。

(2) 电源：拟采用一根YJV22-4×50 mm²电力电缆由附近变配电所引来一路380/220 V电源至总配电箱AP。

(3) 照明要求：教室300 lx，教室黑板500 lx，办公室300 lx，阅览室500 lx，门厅、走廊100 lx，厕所75 lx，教师休息室100 lx。

(4) 设备选型及安装：

① 教室、办公室、阅览室等房间内照明采用节能型荧光灯，自带电子式镇流器，功率因素不小于0.9。
② 教室、办公室、阅览室等房间的插座均选用单相五孔安全型；空调插座选用空调专用三孔插座。卫生间的灯具、开关采用防水防尘型。
③ 配电箱距地1.4 m暗装，开关距地1.4 m暗装。普通插座距地0.3 m，空调插座距地2.2 m。
④ 配电箱箱体尺寸仅供参考，生产厂家可根据具体情况作适当调整。

(5) 线路敷设：

① 进户线选用电缆穿SC钢管直埋引至总配电箱，支线选用铜芯电线BV-0.5穿PVC管沿建筑物墙、地面、顶板内暗敷设。
② 照明、插座均由不同的支路供电，照明支路为BV-2.5 mm²，其中2～3根穿PVC16，4～5根穿PVC20的管；插座回路为BV-3×4-PVC20。
③ 图中未注明的安装高度低于2.4 m的灯具均加装一根保护接地线PE。
④ 除空调插座外其余插座均加装漏电断路器保护（漏电动作电流 $\Delta i=30$ mA，$\Delta t \leqslant 0.01$ s），空调回路保护断路器选用D型脱扣器。

4. 弱电布线系统

(1) 电话、网络、电视电缆由室外弱电手孔井穿钢管埋地引至总分线箱，经二次配线后引至各个用户点。

(2) 弱电干线穿钢管埋地暗敷设，室内支线穿PVC管暗敷设。

(3) 弱电分线箱距地1.4 m暗装，电话插座、网络插座及电视插座距地0.3 m暗装。

(4) 电话、网络、电视系统电线、电缆及各设备元件的选型、安装等均由专业部门确定并负责安装、调试。

5. 防雷、接地系统及安全措施

(1) 防雷部分：

① 本建筑物防雷按三级防雷建筑物考虑，建筑物的防雷装置应满足防直击雷、雷电感应及雷电波的侵入，并设置总等电位联结。
② 接闪器：利用屋顶金属构件兼作避雷带及避雷针，在没有金属构件的地方采用 ϕ10镀锌圆钢在屋顶沿檐角、女儿墙等处设置明装避雷带，支架高100 mm，间距1 000 mm，并在屋面敷设不大于20 m×20 m或24 m×16 m的避雷网格。
③ 引下线：利用建筑物钢筋混凝土柱子或剪力墙内两根 ϕ16以上主筋通长焊接联通作为引下线，上、下端分别与避雷带（或屋顶金属构件）和基础接地体可靠联接。引下线间距不大于25 m。所有外墙引下线在室外地面1 m处引出一根40×4热镀芯扁钢，扁钢伸出室外，距外墙皮的距离不小于1 m。
④ 建筑物四角的外墙引下线在室外地面上 0.5 m处设测试卡子。
⑤ 所有突出屋面的金属构件、金属管道、金属构件等均应与避雷带可靠连接。
⑥ 室外接地凡焊接处均应刷沥青防腐。

(2) 接地及安全措施：

① 本工程接地形式采用TN-C-S系统，电源在进户处做重复接地，防雷接地、电气设备的保护接地等接地共用同一的接地极，接地电阻不大于1 Ω，实测不满足要求时，应增设人工接地极。
② 正常情况下建筑物内不带电，而当绝缘破坏有可能呈现电压的一切设备均应可靠接地。
③ 本工程采用总等电位联结，总等电位板由紫铜板制成，应将建筑物内保护干线、设备进线总管等进行联结，总等电位联结线采用BV-1×25 mm²-PVC32，总等电位联结均采用等电位联结卡子，禁止在金属管道上焊接。
④ 有淋浴器的卫生间采用局部等电位箱，从适当地方引出两根大于 ϕ16结构钢筋，局部等电位箱暗装，底边距地0.5 m。将卫生间内所有金属管道、金属构件联结，具体做法参见国标图集《等电位联结安装》(02D501-2)。
⑤ 建筑物内的竖向金属管及其余金属物体在其底端和顶端与防雷接地装置可靠联结。
⑥ 过电压保护：在电源总配电箱内装第一级电涌保护器（SPD）。有线电视系统引入端、电话引入端等处设过电压保护装置。

6. 电气施工及其他

(1) 凡有架空地板的房间，开关、插座、电话电视插座、配电箱等的安装高度均为相对于架空地板的高度。

(2) 首层干管若须穿越暖沟时，须加钢套管及隔热保护。

(3) 电气施工时，应密切配合土建预埋电气管线、留洞及各种设备固定构件的工作。

(4) 施工单位在施工过程中发现设计文件和图纸有差错的，应当及时提出意见和建议。

(5) 除施工图所注明电气施工安装做法外，其他详见《05D系列建筑标准设计图集》、《国家建筑标准设计图集》或其他国家、地方标准图集及国家现有关规范、规定执行。

(6) 为设计方便，所选设备型号仅供参考，招标所确定的设备规格、性能等技术指标，不应低于设计图纸的要求，所有设备型号、规格均由业主最终确定。

(7) 除平面图已注明的电气设备图例外，其余的详见国家标准图集《建筑电气工程设计常用图形和文字符号》00DX001。

(8) 本说明未尽事宜，请遵照国家有关规范和规程施工。

7. 本工程引用的国家建筑标准设计图集

《建筑电气工程设计常用图形和文字符号》(00DX001)；《等电位联结安装》(02D501-2)；《05系列建筑标准设计图集》(DBJT04-19-2005)。

本页解读：

(1) 设计依据是阅读设计图的前提，由此可了解本教学楼的设计概况和设计意图。本设计的依据包括市政主管部门对初步设计的审批意见，甲方提供的设计任务书，国家和地方现行有关规程、规范及标准。

(2) 设计范围给出本次设计的内容包括供配电及照明系统、弱电系统、防雷接地系统。

(3) 供配电及照明系统按三级负荷设计，由附近变电所引来一路380/220 V的电源到总配电箱，设计说明给出设备选型及安装的要求。

(4) 设计说明给出弱电系统及防雷接地系统的设计及安装要求。

××建筑设计研究所		××小学	设计号	2006-038
		教学楼	日期	×年×月
审定	设计		图别	电施
校核	制图	电气设计说明	图号	01

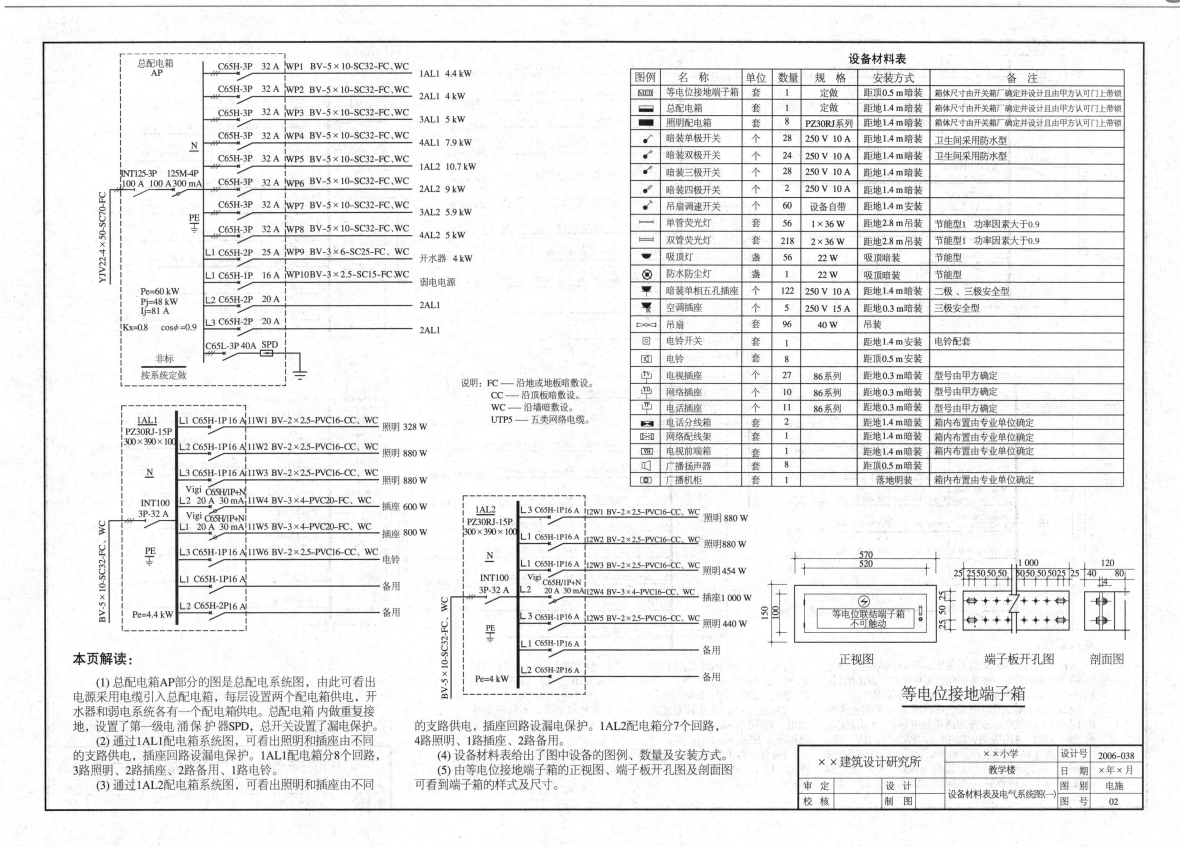

设备材料表

图例	名　　称	单位	数量	规　格	安装方式	备　　注
MEB	等电位接地端子箱	套	1	定做	距顶0.5 m暗装	箱体尺寸由开关箱厂确定并设计且由甲方认可门上带锁
	总配电箱	套	1	定做	距地1.4 m暗装	箱体尺寸由开关箱厂确定并设计且由甲方认可门上带锁
	照明配电箱	套	8	PZ30RJ系列	距地1.4 m暗装	箱体尺寸由开关箱厂确定并设计且由甲方认可门上带锁
	暗装单极开关	个	28	250 V 10 A	距地1.4 m暗装	卫生间采用防水型
	暗装双极开关	个	24	250 V 10 A	距地1.4 m暗装	卫生间采用防水型
	暗装三极开关	个	28	250 V 10 A	距地1.4 m暗装	
	暗装四极开关	个	2	250 V 10 A	距地1.4 m暗装	
	吊扇调速开关	个	60	设备自带	距地1.4 m安装	
	单管荧光灯	套	56	1×36 W	距地2.8 m吊装	节能型1 功率因素大于0.9
	双管荧光灯	套	218	2×36 W	距地2.8 m吊装	节能型1 功率因素大于0.9
	吸顶灯	盏	56	22 W	吸顶暗装	节能型
	防水防尘灯	盏	1	22 W	吸顶暗装	节能型
	暗装单相五孔插座	个	122	250 V 10 A	距地1.4 m暗装	二极、三极安全型
	空调插座	个	5	250 V 15 A	距地0.3 m暗装	三极安全型
	吊扇	套	96	40 W	吊装	
	电铃开关	套	1		距地1.4 m安装	电铃配套
	电铃	套	8		距顶0.5 m安装	
TV	电视插座	个	27	86系列	距地0.3 m暗装	型号由甲方确定
TD	网络插座	个	10	86系列	距地0.3 m暗装	型号由甲方确定
TP	电话插座	个	11	86系列	距地0.3 m暗装	型号由甲方确定
	电话分线箱	套	2		距地1.4 m暗装	箱内布置由专业单位确定
	网络配线架	套	1		距地1.4 m暗装	箱内布置由专业单位确定
VDB	电视前端箱	套	1		距地1.4 m暗装	箱内布置由专业单位确定
	广播扬声器	套	8		距顶0.5 m安装	
	广播机柜	套	1		落地明装	箱内布置由专业单位确定

说明：FC —— 沿地或地板暗敷设。
CC —— 沿顶板暗敷设。
WC —— 沿墙暗敷设。
UTP5 —— 五类网络电缆。

等电位接地端子箱

正视图　　　　端子板开孔图　　　剖面图

本页解读：

(1) 总配电箱AP部分的图是总配电系统图，由此可看出电源采用电缆引入总配电箱，每层设置两个配电箱供电，开水器和弱电系统各有一个配电箱供电。总配电箱内做重复接地，设置了第一级电涌保护器SPD，总开关设置了漏电保护。

(2) 通过1AL1配电箱系统图，可看出照明和插座由不同的支路供电，插座回路设漏电保护。1AL1配电箱分8个回路，3路照明、2路插座、2路备用、1路电铃。

(3) 通过1AL2配电箱系统图，可看出照明和插座由不同的支路供电，插座回路设漏电保护。1AL2配电箱分7个回路，4路照明、1路插座、2路备用。

(4) 设备材料表给出了图中设备的图例、数量及安装方式。

(5) 由等电位接地端子箱的正视图、端子板开孔图及剖面图可看到端子箱的样式及尺寸。

××建筑设计研究所		××小学		设计号	2006-038
		教学楼		日　期	×年×月
审　定		设　计		图　别	电施
校　核		制　图	设备材料表及电气系统图(一)	图　号	02

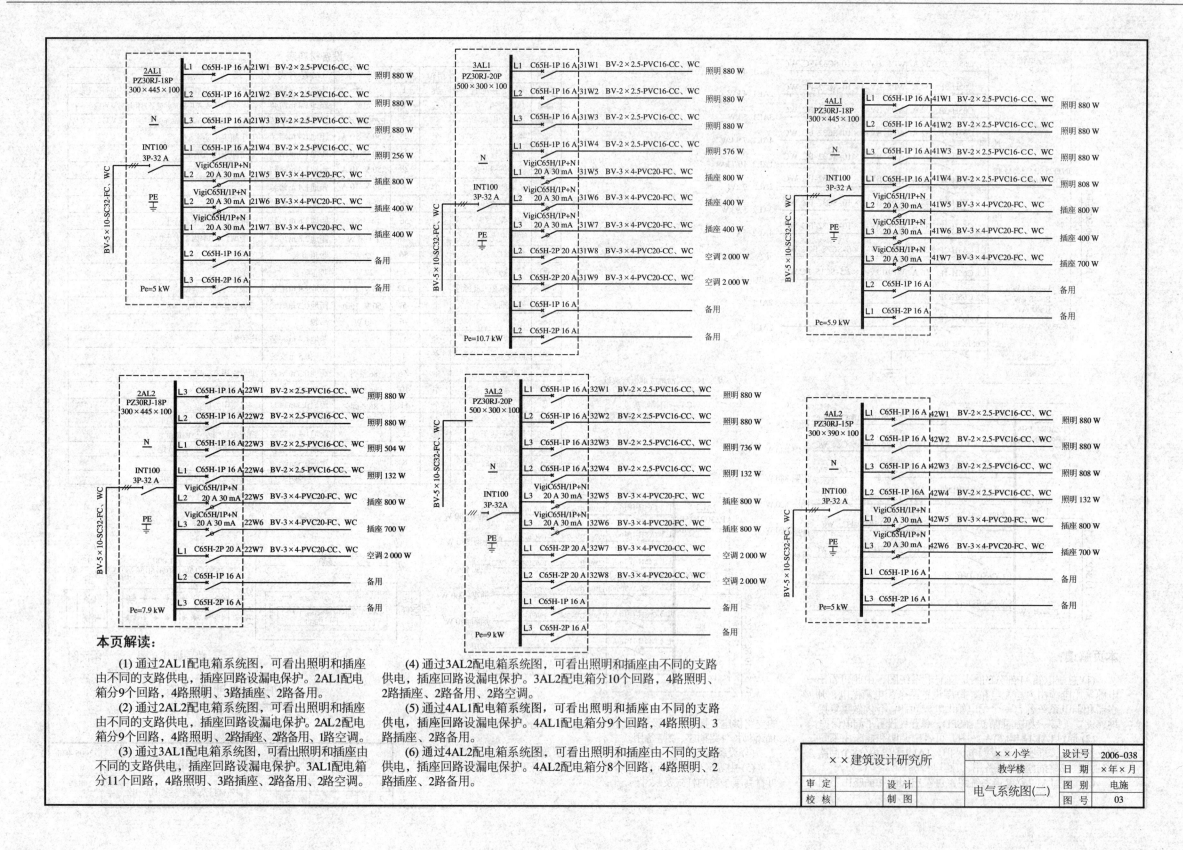

本页解读：

(1) 通过2AL1配电箱系统图，可看出照明和插座由不同的支路供电，插座回路设漏电保护。2AL1配电箱分9个回路，4路照明、3路插座、2路备用。

(2) 通过2AL2配电箱系统图，可看出照明和插座由不同的支路供电，插座回路设漏电保护。2AL2配电箱分9个回路，4路照明、2路插座、2路备用、1路空调。

(3) 通过3AL1配电箱系统图，可看出照明和插座由不同的支路供电，插座回路设漏电保护。3AL1配电箱分11个回路，4路照明、3路插座、2路备用、2路空调。

(4) 通过3AL2配电箱系统图，可看出照明和插座由不同的支路供电，插座回路设漏电保护。3AL2配电箱分10个回路，4路照明、2路插座、2路备用、2路空调。

(5) 通过4AL1配电箱系统图，可看出照明和插座由不同的支路供电，插座回路设漏电保护。4AL1配电箱分9个回路，4路照明、3路插座、2路备用。

(6) 通过4AL2配电箱系统图，可看出照明和插座由不同的支路供电，插座回路设漏电保护。4AL2配电箱分8个回路，4路照明、2路插座、2路备用。

××建筑设计研究所		××小学	设计号	2006-038
		教学楼	日 期	×年×月
审 定	设 计	电气系统图(二)	图 别	电施
校 核	制 图		图 号	03

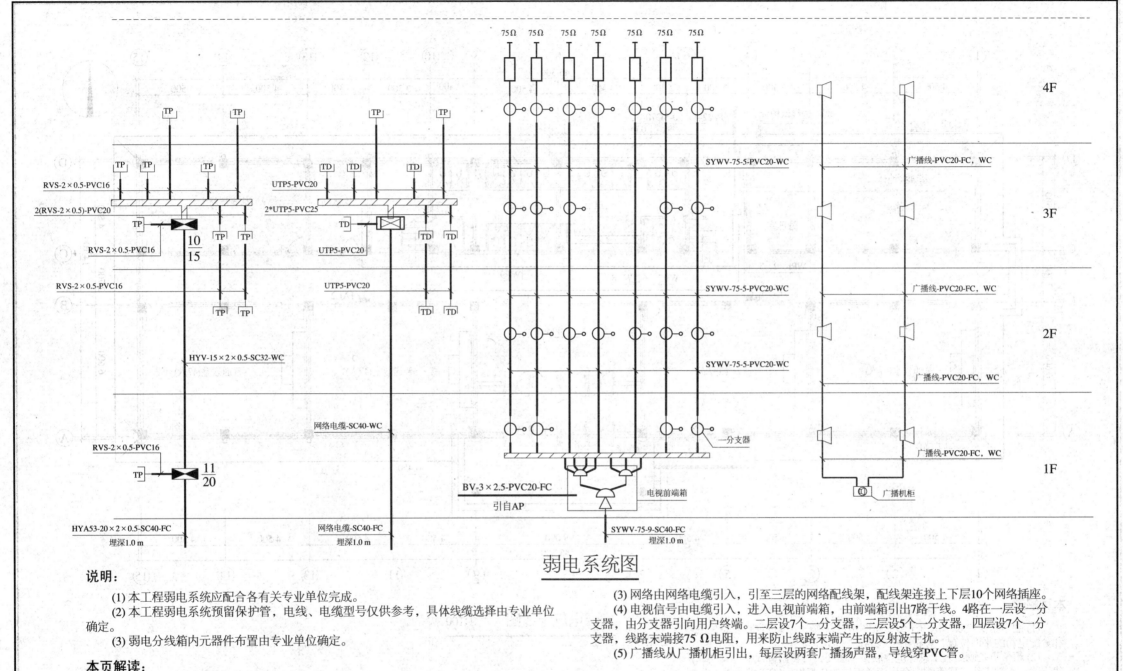

弱电系统图

说明:

(1) 本工程弱电系统应配合各有关专业单位完成。

(2) 本工程弱电系统预留保护管,电线、电缆型号仅供参考,具体线缆选择由专业单位确定。

(3) 弱电分线箱内元器件布置由专业单位确定。

本页解读:

(1) 图中从左边开始读图,第一部分是电话系统,进线采用电话电缆引入,电缆内有20对电话线,电缆先进入一层的电话分线箱,从分线箱引出一层用户线,用户线采用RVS型双绞线。

(2) 在三层设一只分线箱,从一层分线箱到三层的分线箱用一根15对线电缆,三层分线箱连接上下层10个电话插座。

(3) 网络由网络电缆引入,引至三层的网络配线架,配线架连接上下层10个网络插座。

(4) 电视信号由电缆引入,进入电视前端箱,由前端箱引出7路干线。4路在一层设一分支器,由分支器引向用户终端。二层设7个一分支器,三层设5个一分支器,四层设7个一分支器,线路末端接75 Ω电阻,用来防止线路末端产生的反射波干扰。

(5) 广播线从广播机柜引出,每层设两套广播扬声器,导线穿PVC管。

××建筑设计研究所		××小学		设计号	2006-038
审 定		设 计		教学楼		日 期	×年×月
校 核		制 图		弱电系统图		图 别	电施
						图 号	04

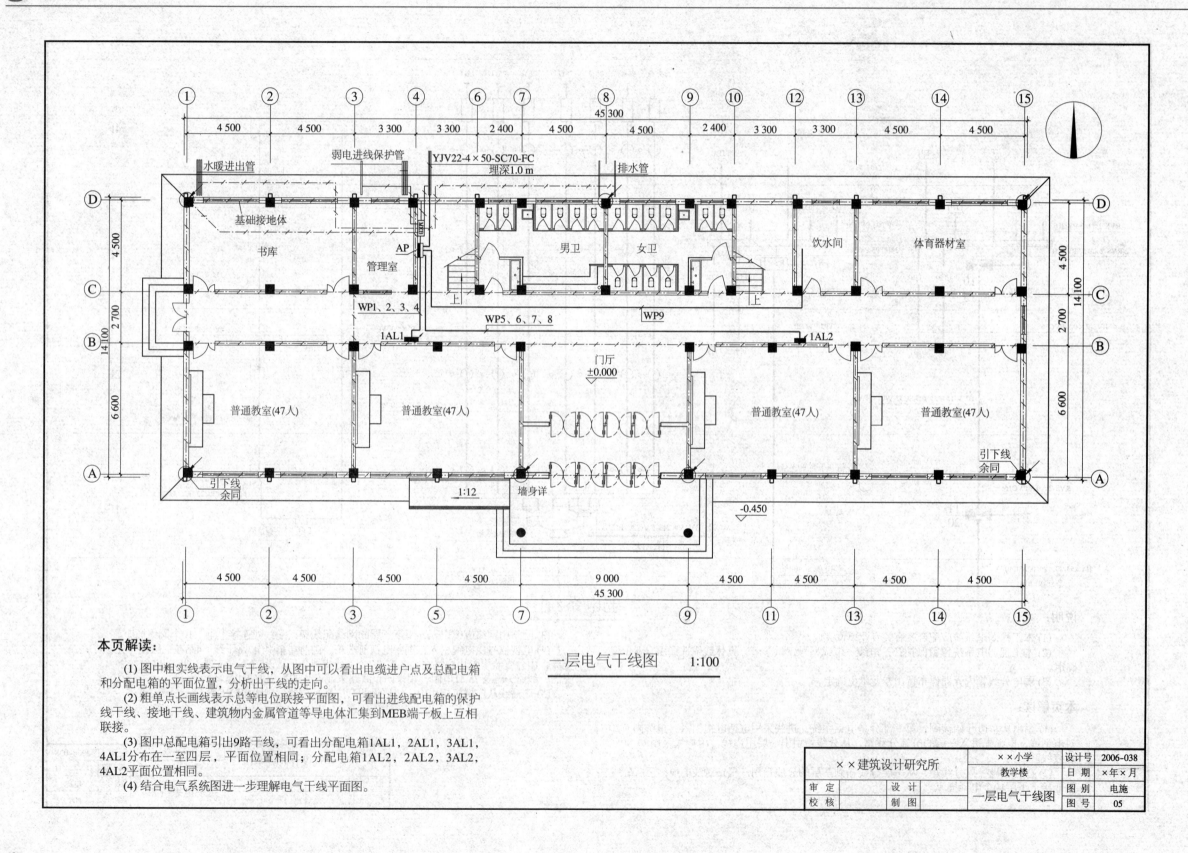

一层电气干线图　　1:100

本页解读：

(1) 图中粗实线表示电气干线，从图中可以看出电缆进户点及总配电箱和分配电箱的平面位置，分析出干线的走向。

(2) 粗单点长画线表示总等电位联接平面图，可看出进线配电箱的保护线干线、接地干线、建筑物内金属管道等导电体汇集到MEB端子板上互相联接。

(3) 图中总配电箱引出9路干线，可看出分配电箱1AL1，2AL1，3AL1，4AL1分布在一至四层，平面位置相同；分配电箱1AL2，2AL2，3AL2，4AL2平面位置相同。

(4) 结合电气系统图进一步理解电气干线平面图。

××建筑设计研究所		××小学	设计号	2006-038
		教学楼	日 期	×年×月
审 定	设 计	一层电气干线图	图别	电施
校 核	制 图		图号	05

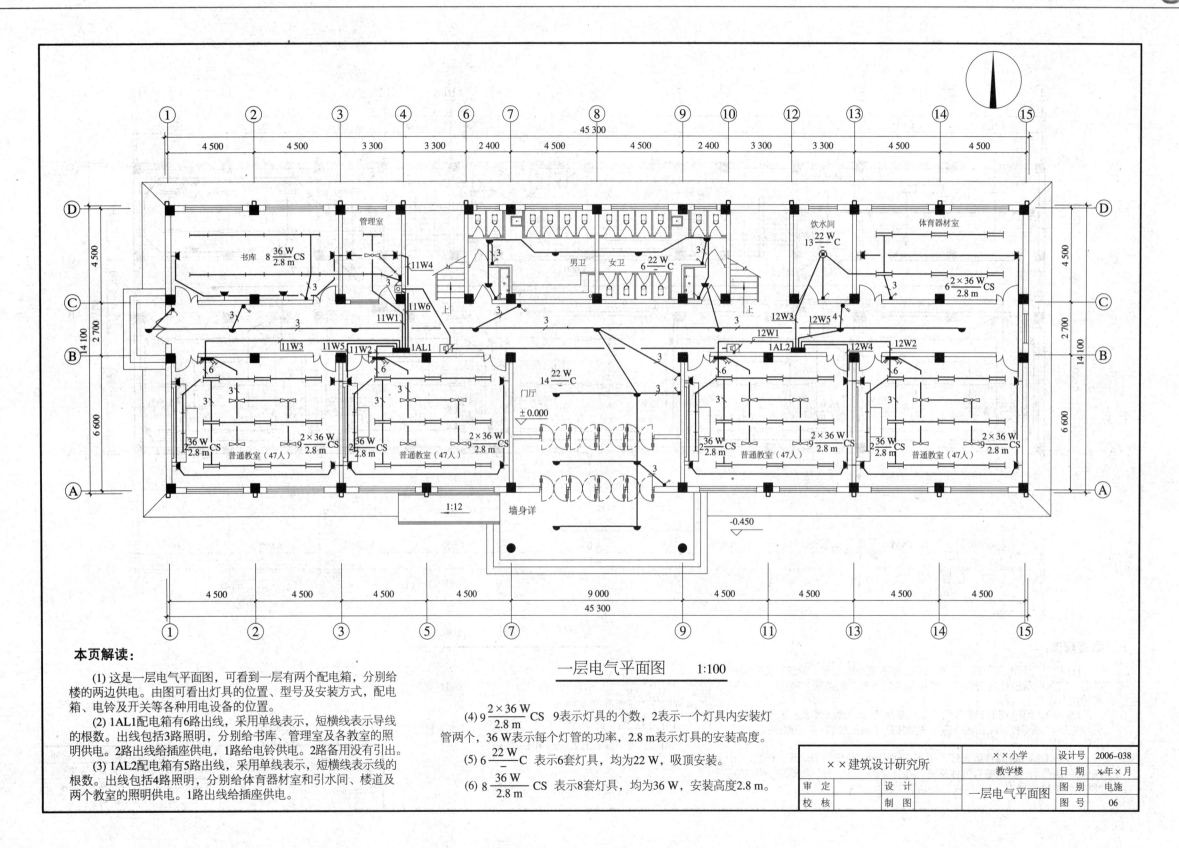

一层电气平面图 1:100

本页解读：

(1) 这是一层电气平面图，可看到一层有两个配电箱，分别给楼的两边供电。由图可看出灯具的位置、型号及安装方式，配电箱、电铃及开关等各种用电设备的位置。

(2) 1AL1配电箱有6路出线，采用单线表示，短横线表示导线的根数。出线包括3路照明，分别给书库、管理室及各教室的照明供电。2路出线给插座供电，1路给电铃供电。2路备用没有引出。

(3) 1AL2配电箱有5路出线，采用单线表示，短横线表示线的根数。出线包括4路照明，分别给体育器材室和引水间、楼道及两个教室的照明供电。1路出线给插座供电。

(4) $9\dfrac{2\times36\text{W}}{2.8\text{ m}}$CS 9表示灯具的个数，2表示一个灯具内安装灯管两个，36W表示每个灯管的功率，2.8 m表示灯具的安装高度。

(5) $6\dfrac{22\text{W}}{}$C 表示6套灯具，均为22 W，吸顶安装。

(6) $8\dfrac{36\text{W}}{2.8\text{ m}}$CS 表示8套灯具，均为36 W，安装高度2.8 m。

××建筑设计研究所		××小学	设计号	2006-038
		教学楼	日 期	×年×月
审 定	设 计	一层电气平面图	图 别	电施
校 核	制 图		图 号	06

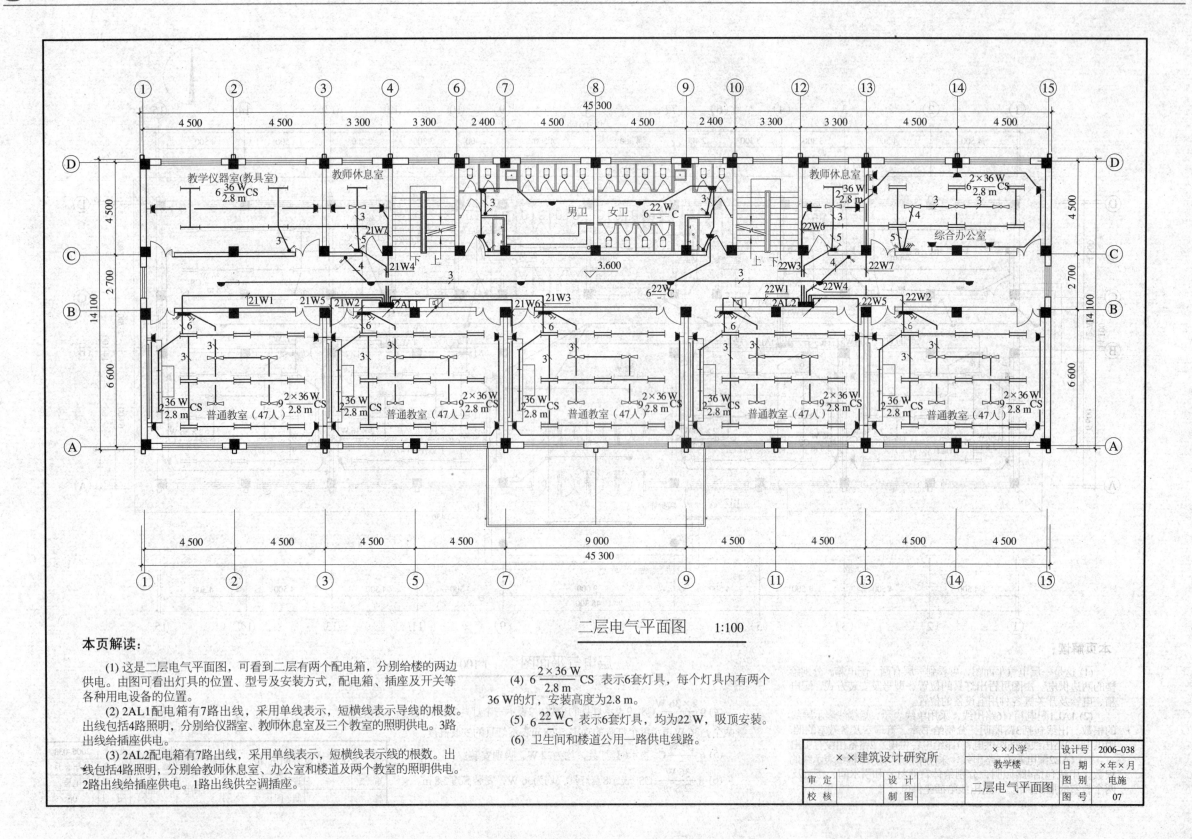

二层电气平面图   1:100

本页解读:

(1) 这是二层电气平面图,可看到二层有两个配电箱,分别给楼的两边供电。由图可看出灯具的位置、型号及安装方式,配电箱、插座及开关等各种用电设备的位置。

(2) 2AL1配电箱有7路出线,采用单线表示,短横线表示导线的根数。出线包括4路照明,分别给仪器室、教师休息室及三个教室的照明供电。3路出线给插座供电。

(3) 2AL2配电箱有7路出线,采用单线表示,短横线表示线的根数。出线包括4路照明,分别给教师休息室、办公室和楼道及两个教室的照明供电。2路出线给插座供电。1路出线供空调插座。

(4) $6\dfrac{2\times36\ \text{W}}{2.8\ \text{m}}$CS 表示6套灯具,每个灯具内有两个36 W的灯,安装高度为2.8 m。

(5) $6\dfrac{22\ \text{W}}{}$C 表示6套灯具,均为22 W,吸顶安装。

(6) 卫生间和楼道公用一路供电线路。

××建筑设计研究所		××小学	设计号	2006-038
		教学楼	日期	×年×月
审定	设计		二层电气平面图	图别	电施
校核	制图			图号	07

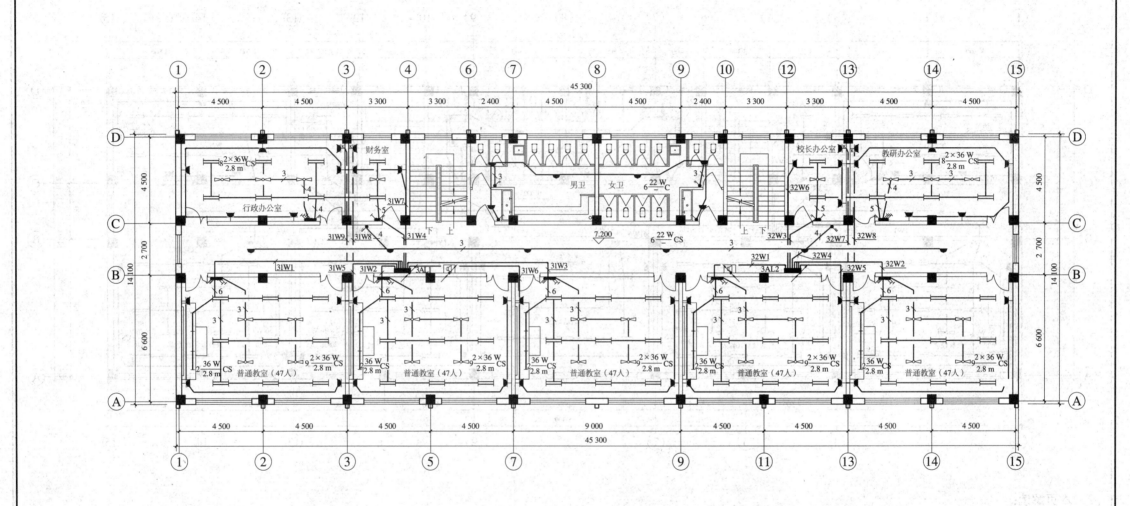

三层电气平面图 1:100

本页解读：

(1) 这是三层电气平面图，可看到三层有两个配电箱，分别给楼的两边供电。由图可看出灯具的位置、型号及安装方式，配电箱、插座及开关等各种用电设备的位置。

(2) 3AL1配电箱有9路出线，采用单线表示，短横线表示导线的根数。出线包括4路照明，分别给校长办公室、教研办公室及楼道和两个教室的照明供电。3路出线给插座供电。2路出线给空调插座供电。

(3) 3AL2配电箱有8路出线，采用单线表示，短横线表示线的根数。出线包括4路照明，分别给教师休息室、办公室和楼道及两个教室的照明供电。2路出线给插座供电。2路出线供空调插座。

(4) $8\frac{2\times36\,\text{W}}{2.8\,\text{m}}$CS 表示6套灯具，每个灯具内有两个36 W的灯，安装高度为2.8 m。

(5) $6\frac{22\,\text{W}}{-}$C 表示6套灯具，均为22 W，吸顶安装。

(6) 卫生间和楼道共用一路供电线路。

××建筑设计研究所		××小学	设计号	2006-038
		教学楼	日 期	×年×月
审 定	设 计	三层电气平面图	图 别	电施
校 核	制 图		图 号	08

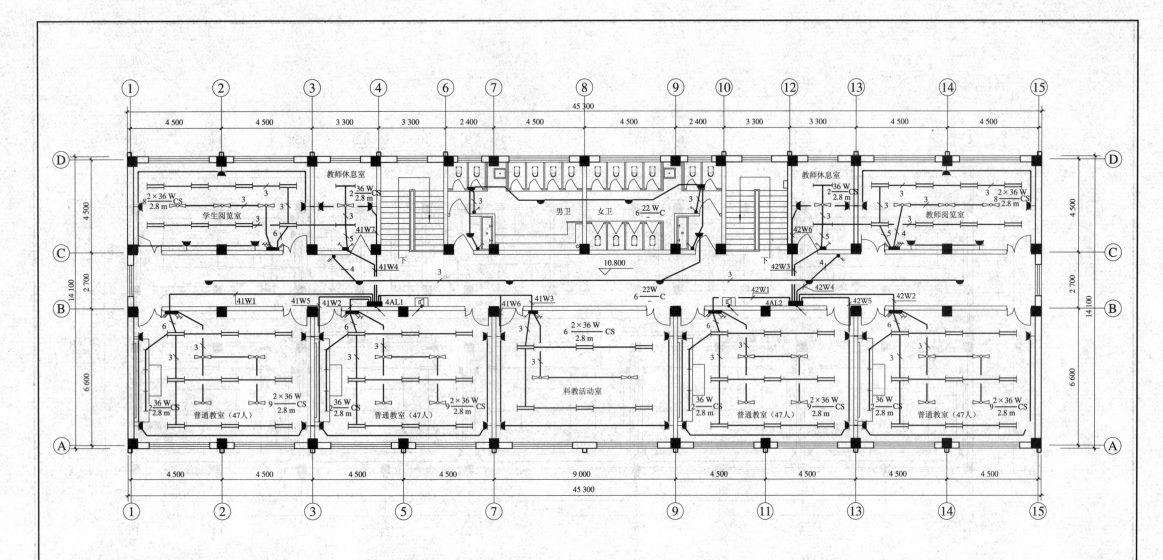

四层电气平面图   1:100

本页解读:

(1) 这是四层电气平面图,可看到四层有两个配电箱,分别给楼的两边供电。由图可看出灯具的位置、型号及安装方式,配电箱、插座及开关等各种用电设备的位置。

(2) 4AL1电箱有7路出线,采用单线表示,短横线表示导线的根数。出线包括4路照明,分别给学生阅览室、教师休息室及科研活动室和两个教室的照明供电。3路出线给插座供电。

(3) 4AL2电箱有6路出线,采用单线表示,短横线表示线的根数。出线包括4路照明,分别给教师休息室、教师阅览室和楼道及两个教室的照明供电。2路出线给插座供电。

(4) $8\dfrac{2\times36\,\text{W}}{2.8\,\text{m}}$ CS 表示6套灯具,每个灯具内有两个36 W的灯,安装高度为2.8 m。

(5) $6\dfrac{22\,\text{W}}{}$ C 表示6套灯具,均为22 W,吸顶安装。

(6) 卫生间和楼道共用一路供电线路。

××建筑设计研究所		××小学	设计号	2006-038
		教学楼	日 期	×年×月
审 定	设 计	四层电气平面图	图 别	电施
校 核	制 图		图 号	09

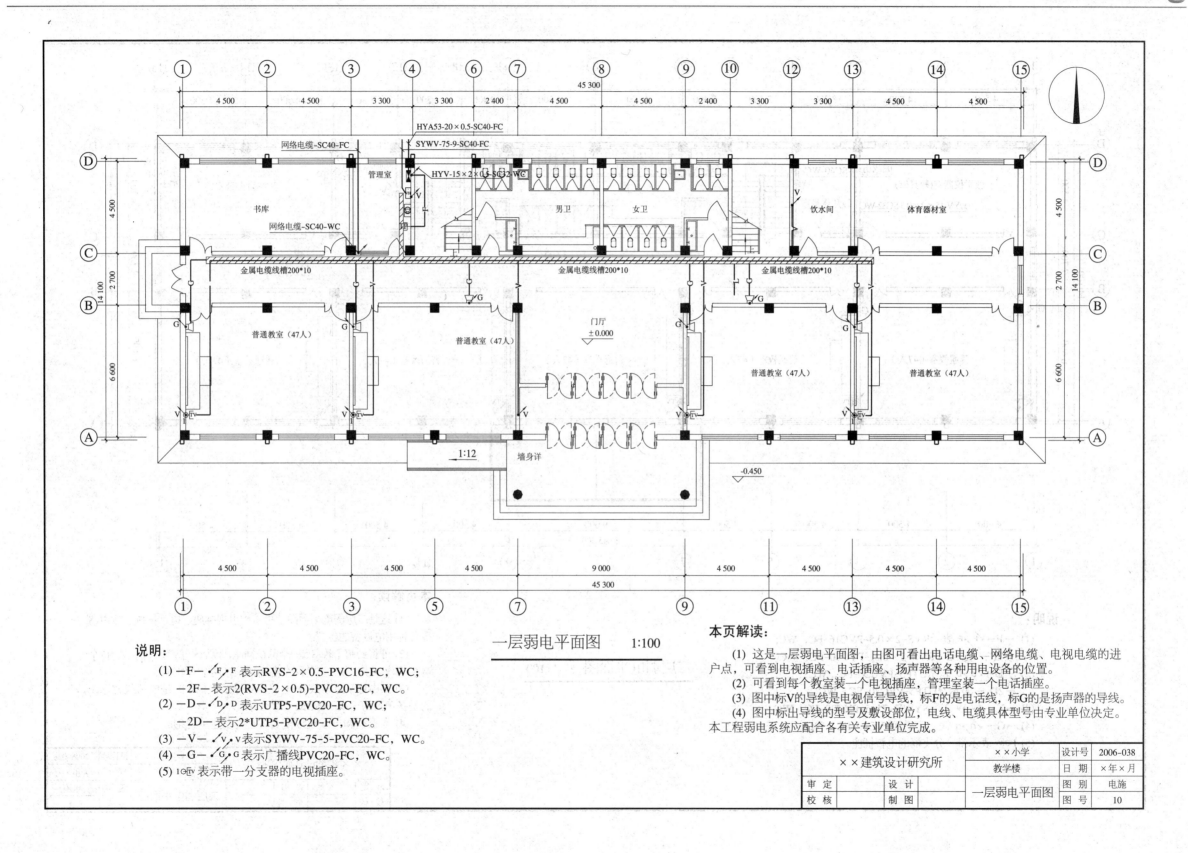

一层弱电平面图 1:100

说明：

(1) —F— 表示RVS-2×0.5-PVC16-FC，WC；

—2F— 表示2(RVS-2×0.5)-PVC20-FC，WC。

(2) —D— 表示UTP5-PVC20-FC，WC；

—2D— 表示2*UTP5-PVC20-FC，WC。

(3) —V— 表示SYWV-75-5-PVC20-FC，WC。

(4) —G— 表示广播线PVC20-FC，WC。

(5) 表示带一分支器的电视插座。

本页解读：

(1) 这是一层弱电平面图，由图可看出电话电缆、网络电缆、电视电缆的进户点，可看到电视插座、电话插座、扬声器等各种用电设备的位置。

(2) 可看到每个教室装一个电视插座，管理室装一个电话插座。

(3) 图中标V的导线是电视信号导线，标F的是电话线，标G的是扬声器的导线。

(4) 图中标出导线的型号及敷设部位，电线、电缆具体型号由专业单位决定。本工程弱电系统应配合各有关专业单位完成。

××建筑设计研究所		××小学	设计号	2006-038
		教学楼	日 期	×年×月
审 定	设 计	一层弱电平面图	图 别	电施
校 核	制 图		图 号	10

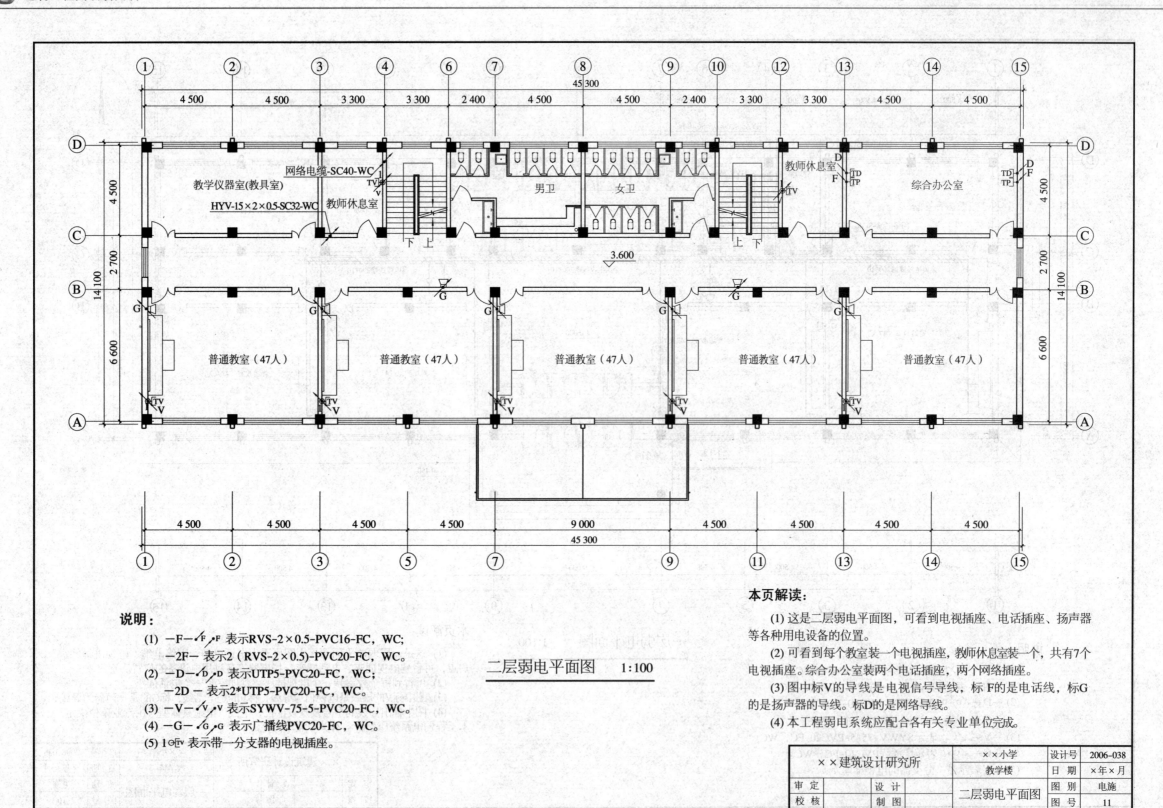

二层弱电平面图   1:100

说明：

(1) —F— 表示RVS-2×0.5-PVC16-FC，WC;

—2F— 表示2（RVS-2×0.5)-PVC20-FC，WC。

(2) —D— 表示UTP5-PVC20-FC，WC;

—2D— 表示2*UTP5-PVC20-FC，WC。

(3) —V— 表示SYWV-75-5-PVC20-FC，WC。

(4) —G— 表示广播线PVC20-FC，WC。

(5) 1○TV 表示带一分支器的电视插座。

本页解读：

(1) 这是二层弱电平面图，可看到电视插座、电话插座、扬声器等各种用电设备的位置。

(2) 可看到每个教室装一个电视插座，教师休息室装一个，共有7个电视插座。综合办公室装两个电话插座，两个网络插座。

(3) 图中标V的导线是电视信号导线，标F的是电话线，标G的是扬声器的导线。标D的是网络导线。

(4) 本工程弱电系统应配合各有关专业单位完成。

××建筑设计研究所		××小学	设计号	2006-038
		教学楼	日 期	×年×月
审 定	设 计	二层弱电平面图	图 别	电施
校 核	制 图		图 号	11

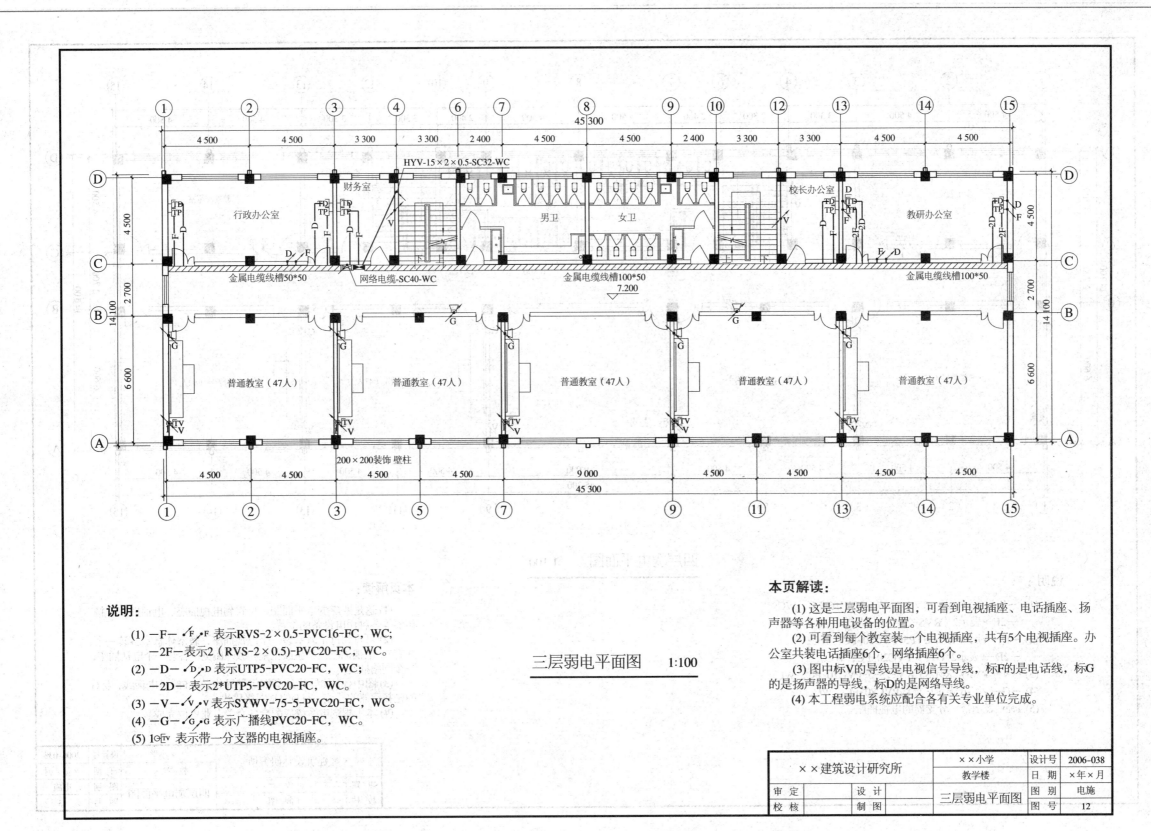

三层弱电平面图   1:100

说明：

(1) —F— $\checkmark_F$ F 表示RVS-2×0.5-PVC16-FC，WC；
　　—2F—表示2（RVS-2×0.5)-PVC20-FC，WC。

(2) —D— $\checkmark_D$ D 表示UTP5-PVC20-FC，WC；
　　—2D— 表示2*UTP5-PVC20-FC，WC。

(3) —V— $\checkmark_V$ V 表示SYWV-75-5-PVC20-FC，WC。

(4) —G— $\checkmark_G$ G 表示广播线PVC20-FC，WC。

(5) 1 TV 表示带一分支器的电视插座。

本页解读：

(1) 这是三层弱电平面图，可看到电视插座、电话插座、扬声器等各种用电设备的位置。

(2) 可看到每个教室装一个电视插座，共有5个电视插座。办公室共装电话插座6个，网络插座6个。

(3) 图中标V的导线是电视信号导线，标F的是电话线，标G的是扬声器的导线，标D的是网络导线。

(4) 本工程弱电系统应配合各有关专业单位完成。

××建筑设计研究所		××小学		设计号	2006-038
		教学楼		日 期	×年×月
审 定		设 计		三层弱电平面图	图 别	电施
校 核		制 图			图 号	12

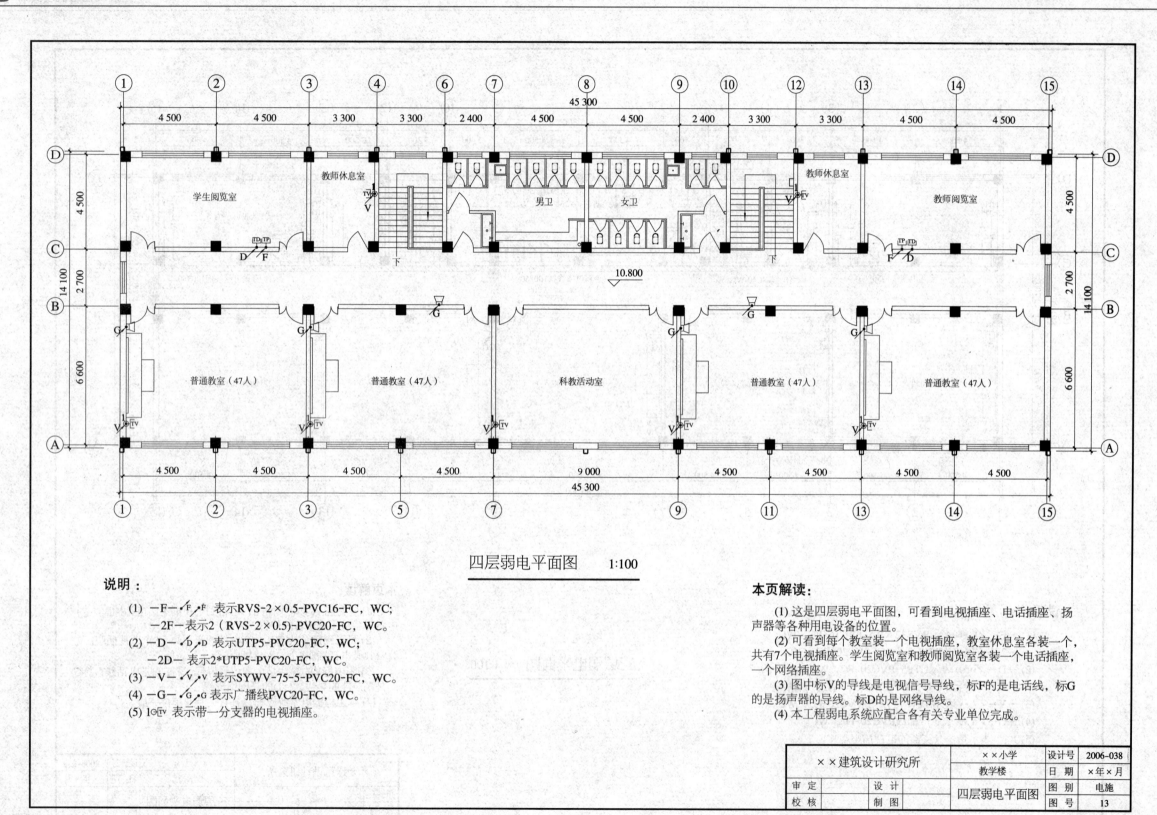

四层弱电平面图　　1:100

说明：

(1) —F— 表示RVS-2×0.5-PVC16-FC，WC；
　　—2F— 表示2（RVS-2×0.5)-PVC20-FC，WC。

(2) —D— 表示UTP5-PVC20-FC，WC；
　　—2D— 表示2*UTP5-PVC20-FC，WC。

(3) —V— 表示SYWV-75-5-PVC20-FC，WC。

(4) —G— 表示广播线PVC20-FC，WC。

(5) 1cⒽ 表示带一分支器的电视插座。

本页解读：

(1) 这是四层弱电平面图，可看到电视插座、电话插座、扬声器等各种用电设备的位置。

(2) 可看到每个教室装一个电视插座，教室休息室各装一个，共有7个电视插座。学生阅览室和教师阅览室各装一个电话插座，一个网络插座。

(3) 图中标V的导线是电视信号导线，标F的是电话线，标G的是扬声器的导线。标D的是网络导线。

(4) 本工程弱电系统应配合各有关专业单位完成。

××建筑设计研究所		××小学		设计号	2006-038
		教学楼		日 期	×年×月
审 定	设 计	四层弱电平面图		图 别	电施
校 核	制 图			图 号	13

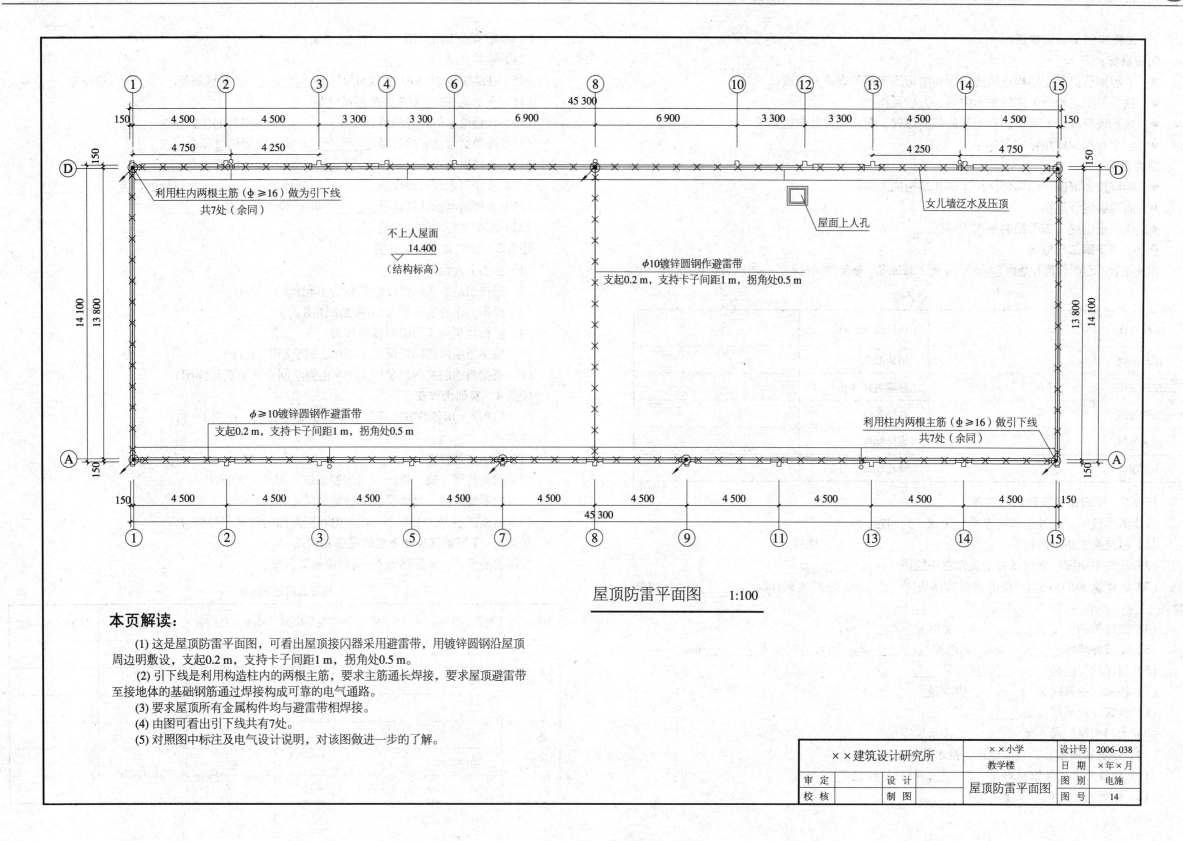

屋顶防雷平面图　　1:100

本页解读：

　　(1) 这是屋顶防雷平面图，可看出屋顶接闪器采用避雷带，用镀锌圆钢沿屋顶周边明敷设，支起0.2 m，支持卡子间距1 m，拐角处0.5 m。

　　(2) 引下线是利用构造柱内的两根主筋，要求主筋通长焊接，要求屋顶避雷带至接地体的基础钢筋通过焊接构成可靠的电气通路。

　　(3) 要求屋顶所有金属构件均与避雷带相焊接。

　　(4) 由图可看出引下线共有7处。

　　(5) 对照图中标注及电气设计说明，对该图做进一步的了解。

××建筑设计研究所		××小学	设计号	2006-038
		教学楼	日　期	×年×月
审　定	设　计	屋顶防雷平面图	图　别	电施
校　核	制　图		图　号	14

2.1.7 工程实例 1 识读实训

知识目标:

- 了解钢筋混凝土结构建筑施工图和结构施工图的表达及组成。
- 熟悉框架结构施工图的图示内容、方法及作用。
- 熟悉现浇板、框架梁、框架柱的截面形式、配筋种类及构造要求。
- 学会查阅和使用标准图集。

能力目标:

- 能够读懂混凝土结构建筑施工图和结构施工图。
- 能理解设计意图。
- 能够根据施工需要绘制施工大样图。

任务 1　了解工程概况

识读该套工程图建筑及结构总说明,了解工程概况、框架结构材料等要求;完成下表的统计。

统计表

工程名称		设计使用年限	
建筑层数		结构形式	
建筑面积		环境类别(地上)	
工程等级		抗震等级	
耐火等级		设防烈度	
房屋朝向		梁柱混凝土强度	

任务 2　识读建筑及结构施工图

识读该学校的建筑及结构施工图,完成下列问题:

(1) 建筑施工图一般包括_____、_____、_____、_____、_____图样。

(2) 建筑平面图、立面图和剖面图常用绘图比例是_____。

(3) 该建筑 ±0.000 相应的绝对标高是_____ m,室外地面标高_____ m;室内外高差_____ m。

(4) 该建筑的长度是_____ m,宽度是_____ m。

(5) 建筑外墙厚_____ mm,内墙厚_____ mm,散水的宽度为_____ mm。

(6) 门厅的开间是_____,进深是_____。

(7) 楼梯间的开间是_____,进深是_____。

(8) 建筑一层的层高是_____。

(9) 大门雨篷的尺寸是_____,排水坡度是_____。

(10) 建筑屋顶是_____屋顶,排水坡度是_____。

(11) 建筑外墙的装饰材料是_____,勒脚材料是_____。

(12) 厕所盥洗池的尺寸是_____。

(13) 结构施工图采用_____表示法。

(14) 建筑基础类型是_____。

(15) 在结施 04 中 KZ1 的截面尺寸是_____。所配纵筋是_____,箍筋是_____。

(16) 在结施 07 中 KL4 的截面尺寸是_____。

(17) 该楼给水引入管的位置是在_____,排出管的位置在_____。

(18) 该楼给水立管的管径是_____,排水立管的管径是_____。

(19) 该楼供热水平管的坡度是_____,总立管的管径是_____。

(20) 该楼回水管的坡度是_____,管径是_____,出口处的高度是_____。

(21) 该楼供电设计负荷是_____级,设备功率是_____。

(22) 配电箱距地的高度是_____。

任务 3　绘制施工图大样图

(1) 抄绘上人孔详图。

(2) 根据当地的实际情况绘制台阶 1 和台阶 2 详图。

(3) 根据当地的实际情况绘制散水详图。

(4) 根据建筑施工图绘制楼梯详图。

(5) 根据当地的实际情况用 1:20 比例绘制窗台详图。

(6) 根据当地的实际情况用 1:10 比例绘制女儿墙泛水详图。

任务 4　实训大作业

在 A2 图纸上用传统方法绘制③轴线框架配筋图,比例 1:50。

要求:

(1) 图面布置合理。

(2) 线条使用正确,符合《房屋制图统一标准》的要求。

(3) 钢筋的搭接、锚固要表达清楚,尺寸标注齐全。

(4) 断面图不得少于 8 个,立面图和断面图的钢筋编号要对应。

任务 5　了解钢筋混凝土板的配筋和构造

按照表的形式,根据结施 10 编制钢筋下料单。

现浇板钢筋下料单

构件类型	钢筋编号	简图	钢筋级别	钢筋直径/mm	钢筋间距/mm	下料长度/mm
B1	①					
	②					
	③					
B2	④					
	⑤					
	⑥					

评 价 标 准

任务目标			掌握施工图的读图要领								
考核内容		分值	考核标准	评定等级							
				学生自评				教师评价			
类	项			A	B	C	D	A	B	C	D
素 质	学习态度	15	A. 学习认真，学习总结全面 B. 学习较认真，学习总结较全面 C. 学习一般，学习总结一般 D. 学习不认真，学习总结差								
	语言表达能力和应辩能力	15	A. 应辩能力强 B. 应辩能力较强 C. 应辩能力一般 D. 应辩能力较差								
知 识	知识点的掌握程度	20	A. 通过提问反映的知识点掌握熟练 B. 通过提问反映的知识点掌握较熟练 C. 通过提问反映的知识点掌握一般 D. 通过提问反映的知识点掌握较差								
	识图的熟练与准确	10	A. 施工图识读准确 B. 施工图识读较准确 C. 施工图识读一般 D. 施工图识读不准确								
能 力	能力目标的掌握程度	20	A. 对制图及建筑构造知识理解全面 B. 对制图及建筑构造知识理解较全面 C. 对制图及建筑构造知识理解一般 D. 对制图及建筑构造知识理解较差								
	知识的灵活运用能力	10	A. 所学知识运用灵活 B. 所学知识运用较灵活 C. 所学知识运用一般 D. 所学知识运用较差								
	理论与实践结合的能力	10	A. 理论与实践结合紧密 B. 理论与实践较紧密 C. 理论与实践一般 D. 理论与实践不紧密								
合 计		100									
权 重				0.3				0.7			
		成绩评定									
		教师签字									

实训成果：优秀—100～90分、良好—89～75分、合格—74～60分、不合格59分以下。

项目2.2 工程实例2: ××统建安置小区 ——龙祥佳苑

2.2.1 图纸目录

1. 项目概述

本项目是成都××县人民政府××街道办事处××统建安置小区二期6#住宅楼。本建筑耐久年限50年，耐火等级二级，屋面防水层等级三级，抗震设防烈度7度，结构形式砌体（砖混）结构。施工图包括建筑施工图、结构施工图、给排水施工图以及电气施工图共39页。图纸采用标准A2图纸（部分采用的是标准的A2加长1/4的图纸）。

2. 学习目标

(1) 掌握各工程图的形成原理及表达的内容。
(2) 熟悉各工程图的组成及作用。
(3) 巩固各工程图的识读方法。
(4) 掌握混凝土构件平面整体表达方法。
(5) 了解设备施工图中的表达形式和表达内容。

3. 学习重点

工程图的形成原理和各自表达的内容；混凝土构件平面整体表达方法；各专业施工图的识读方法。

4. 教学建议

本项目采用工学结合的学习方法即教师讲解与学生实践相结合。首先，教师对整套图纸的内容包括文字部分、尺寸标注部分和符号表示部分作详细的讲述，其次，学生在教师导学之后对整套图纸或者图纸中的部分进行手工抄绘、绘制构造（构件）大样、钢筋量的汇编和计算等。以此熟悉项目当中的细节部分所表达的含义。同时要求学生查阅当地相关图集（必要时教师可以提供），掌握图集的查阅方法，学会选用标准图集。

5. 关键词

识读(reading)，抄绘(copy painting)，平面图(building plans)，立面图(building elevation)，剖面图(construction profile)，钢筋符号(symbol steel)，管道(pipeline)。

图 纸 目 录 汇 总
DRAWINGS LIST

建设单位 CLIENT	××县人民政府 ××街道办事处	项目名称 PROJECT	××统建安置 小区龙祥佳苑	设计阶段 DESIGN PHASE	施工图	版本编号 EDITION NO.	第1版	工程编号 PROJECT NO.	HT2007- CD23-J06	电脑编号 COMPUTER NO.		页次 PAGE	第 页	日期 DATE	×年×月

专业 SPECIALITY	序号 NO.	图纸编号 DRAWING NO.	图纸名称 DRAWING TITLE	图幅 DRAWING SIZE	版本编号 EDITION NO.	备注 REMARKS	专业 SPECIALITY	序号 NO.	图纸编号 DRAWING NO.	图纸名称 DRAWING TITLE	图幅 DRAWING SIZE	版本编号 EDITION NO.	备注 REMARKS
建筑专业	01	建施-01	总平面图	A2	第1版		给排水专业	22	结施-07页	D型屋面层结构平面图 D型构架层结构平面图	A2	第1版	
	02	建施-02页	建筑设计说明(一)	A2	第1版			23	结施-08页	D型楼梯详图	A2	第1版	
	03	建施-03页	建筑设计说明(二)	A2	第1版			24	水施-01	设计说明 图纸目录 图例	A2	第1版	
	04	建施-04页	建筑节能设计说明(一)	A2	第1版			25	水施-02	D户型一层给排水平面图	A2	第1版	
	05	建施-05页	建筑节能设计说明（二）	A2	第1版			26	水施-03	D户型二~四层给排水平面图	A2	第1版	
	06	建施-06页	建筑节能设计说明（三）	A2	第1版			27	水施-04	D户型五、六层给排水平面图	A2	第1版	
	07	建施-07页	底层平面图	A2	第1版			28	水施-05	D户型屋顶层给排水平面图	A2	第1版	
	08	建施-08页	二~四层平面图	A2	第1版			29	水施-06	D户型厨、卫间大样及给排水支管图	A2	第1版	
	09	建施-09页	五、六层平面图	A2	第1版				水施-06	D户型厨卫间大样图 D户型厨卫间给排水支管图、立管展开图 D户型空调凝结水、雨水立管展开图	A2	第1版	
	10	建施-10页	屋顶平面图 屋面节点大样	A2	第1版								
	11	建施-11页	2-13 — 1-1 轴立面图	A2	第1版		电气专业	30	电施-01页	施工图设计说明	A2	第1版	
	12	建施-12页	1-1 — 2-13 轴立面图	A2	第1版			31	电施-02页	图纸目录 主要设备及材料表	A2	第1版	
	13	建施-13页	1-1剖面图 H—A 立面图	A2	第1版			32	电施-03页	配电系统图	A2	第1版	
	14	建施-14页	节点大样	A2	第1版			33	电施-04页	底层电气平面图	A2	第1版	
	15	建施-15页	门窗大样 卫生间大样厨房大样	A2	第1版			34	电施-05页	二至六层电气平面图	A2	第1版	
结构专业	16	结施-01	结构设计总说明一	A2	第1版			35	电施-06页	防雷平面图	A2	第1版	
	17	结施-02	结构设计总说明二 图纸目录	A2	第1版			36	电施-07页	弱电系统图	A2	第1版	
	18	结施-03	结构设计总说明三	A2	第1版			37	电施-08页	底层弱电平面图	A2	第1版	
	19	结施-04	6#楼基础平面布置图	A2	第1版			38	电施-09页	二至六层弱电平面图	A2	第1版	
	20	结施-05	D型二~四层结构平面图	A2	第1版			39	电施-10页	接地平面图	A2	第1版	
	21	结施-06	D型五、六层结构平面图	A2	第1版								

地址 ADDRESS		邮政编码 POST CODE		互联网址 WEB SITE		电子邮箱 E-mail		电话 TEL.		传真 FAX	

2.2.2 建筑工程施工图

设计说明

(1) 本工程位于成都××县××镇，规划净用地9 070.90 m²。

(2) 施工放线：建筑放线之前要对四周的道路。控制点的标高，坐标核实无误后方能进行。以图中的定位坐标为放线基准点，总图中建筑定位的尺寸均为建筑轴线尺寸。

(3) 单体建筑的±0.000标高相当于绝对标高均以总图上所注的标高为准。

(4) 沿市政道路的建筑，地面雨水排除是利用地面坡度就近排入市政道路边沟；沿小区内侧建筑，地面雨水通过排水沟经汇集后，由雨水井排入附近雨水管网。

(5) 挖方回填土要分层夯实，压实密度为0.9以上。

(6) 凡要更改设计处，必须要同设计单位商定后方能施工。

(7) 车行通道转弯半径除标注外均为R=6.0 m，3.0 m。

(8) 厂区人行通道结合小区绿化工程设计施工。

本页解读

(1) 本页表达的是该项目所处的平面环境。包括小区的其他同期建筑、道路关系、楼间距、绿化、地面车位、风玫瑰图等。

(2) 一般每栋房屋都有四个坐标定位点，为建筑施工放线提供确切依据。

(3) 小区内道路的施工节点。

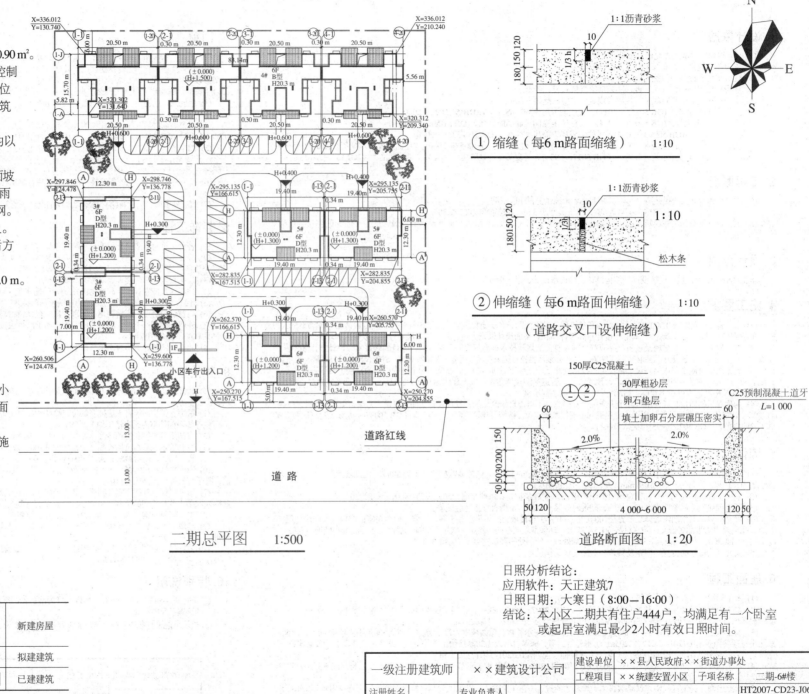

二期总平图 1:500

① 缩缝（每6 m路面缩缝） 1:10

② 伸缩缝（每6 m路面伸缩缝） 1:10
（道路交叉口设伸缩缝）

道路断面图 1:20

日照分析结论：
应用软件：天正建筑7
日照日期：大寒日（8:00—16:00）
结论：本小区二期共有住户444户，均满足有一个卧室或起居室满足最少2小时有效日照时间。

图 例

道路中心线		新建道路	新建房屋
红 线		室内标高	拟建建筑
绿 化		室外标高	已建建筑
停车位		坐 标	

一级注册建筑师	××建筑设计公司	建设单位	××县人民政府××街道办事处	
注册姓名	专业负责人	工程项目	××统建安置小区	子项名称 二期-6#楼
印章号码	校 核	总平面图 图例 日照结论说明		HT2007-CD23-J06
证书号码	设 计			图别 张次 张数 建施 01 15 ×年×月

<h2 style="text-align:center">建筑设计说明（一）</h2>

1. 设计依据

(1) ××规划局对本工程建设方案设计批复。
(2) 建设单位提供的方案及各设计阶段修改意见。
(3) 建设单位和设计单位签定的工程设计合同。
(4) 建设单位提供的红线图、地形图、勘察资料和设计要求。
(5) 国家颁布实施的现行规范、规程及规定，主要规范如下：
《民用建筑设计通则》（GB 50352—2011），《住宅厨房设计功能标准》（DB 51/5020—2000），
《建筑设计防火规范》（GB 50016—2014），《住宅卫生间设施功能标准》（DB 51/5022—2000），
《住宅设计规范》（GB 50096—2014），《住宅厨房设施尺度标准》（DB 51/T5021—2000），
《住宅建筑规范》（GB 50368—2012），《住宅卫生间设施尺度标准》（J 10057—2000），《屋面工程技术规范》（GB 50345—2012），《民用建筑热工设计规范》（GB 50176—93），《夏热冬冷地区居住建筑节能设计标准》（JGJ 134—2010）。

2. 工程概况

(1) 本工程为××县人民政府××街道办事处××统建安置小区二期。
(2) 本二期的6#住宅楼，层数为六层，建筑高度20.3 m，建筑面积为2 772.36 m²。
(3) 工程设计等级为民用建筑三级，建筑耐久年限50年，耐火等级二级，屋面防水层等级三级，抗震设防烈度为7度，结构形式为砖混结构。

3. 设计范围

本工程施工图设计包括建筑设计、结构设计、给排水设计、电气设计，不含二次装修设计。

4. 施工要求

(1) 本工程设计标高±0.000相对于绝对标高参详建筑总平面图，各定位以轴线交点坐标定位，施工放线若与现场不符，施工单位应与设计单位协商解决。本工程设计除高程标高和总平面尺寸以米为单位外，其余尺寸标注均以毫米为单位。
(2) 本工程采用的建筑材料及设备产品应符合国家有关法规及技术标准规定的质量要求，颜色的确定须经设计方认可，建设方同意后方可施工。施工单位除按本施工图施工外还必须严格执行国家有关现行施工及验收规范，并提供准确的技术资料档案。
(3) 施工交付施工前应会同设计单位进行技术底交及图纸会审后方可施工。在施工的全过程中必须按施工规程进行，土建施工与其他工种密切配合。预留洞口、预埋铁件、管道穿墙预埋套管除按土建图标明外，应结合设备专业图纸核对预留，预埋件尺寸及标高，不得在建成后随意打洞，影响工程质量。
(4) 为确保工程质量，任何单位和个人未经设计同意，不得擅自修改。如果发现设计文件有错误、遗漏、交待不清时，应提前通知设计单位，并按设计单位提供的变更通知单或技术核定单。按《建筑地面设计规范》（GB 50037—96）和《建筑地面工程施工验收规范》（GB 50209—95）相关章节执行。

5. 墙体工程

(1) 本工程框架填充墙采用KP1型页岩多孔砖(干容重800 kg/m³)砌筑。内外墙除标注外均为240厚，内外墙标注外墙体均为轴线居中，门垛宽除标注外均为120 mm（靠门轴一边甩墙边）。
(2) 室内墙面、柱面的阳角和门窗洞口阳角用1:2水泥砂浆护角，每侧宽度为50，高为1 800，厚度为20。
(3) 所有砌块尺寸尽量要求准确、统一，砌筑时砂浆应饱满，不得有垂直通缝现象。
(4) 所有厨房、卫生间内墙体底部先浇200高(除门洞外)与楼板相同等级混凝土墙边。墙与地面在做面层前先作防水处理，管道、孔洞处用防水油膏嵌实。防水材料为1.5厚双组分环保型聚氨酯防水涂膜，楼地面满铺，墙面防水层高度在楼地面面层以上厨房内高300，卫生间内高1 500，转角处均应加强处理，口洞处的翻边宽度不应小于300宽。
(5) 女儿墙构造柱的位置、间距及具体构造配筋详结构设计。

6. 屋面工程

(1) 本工程屋面防水等级为Ⅱ级，两道防水设防，耐久年限15年。
(2) 本工程严格按《屋面工程质量验收规范》（GB 50207—2002）执行，在施工过程中必须严格遵守操作程序及规程，保证屋面各层厚度和紧密结合，确保屋面不渗漏。屋面分格缝必须严格按照有关规定要求施工。
(3) 本工程上人平屋面防水层采用两道4 mm厚改性沥青防水卷材；屋面坡度为2%，雨水斗四周500范围内坡度为5%，屋面做法平屋顶参照西南03J201-1第17页2205a，防水卷材二道，保温材料改为30厚挤塑聚苯保温板。水落斗、水落管的安装牢固，在转角处及接缝处附加一层防水卷材，非上人平屋面参照西南03J201-1第17页2205b。
(4) 本工程坡屋面部分，做法参照西南03J201-2第8页2515a-e及其他相关章节详细说明。防水和保温层材料同平屋顶，详细构造应详见本图纸之构造大样图。
(5) 保温屋面在施工过程中，保温层必须干燥后才能进行下道工序施工，若保温隔热材料含湿度大，干燥有困难须采取排汽干燥措施。保温屋面排气道及排气孔应严格按相关规程施工。

7. 门窗

(1) 所有门窗按照国家现行技术规范及设计要求制作安装。
(2) 住宅楼各入户门为特殊防盗门，其他外门窗除特殊说明外均为塑钢玻璃门窗和夹板门。塑钢型材甲方定，玻璃颜色以节能设计为准。住户内门窗由用户自理，门窗立面具体分隔及式样由有相应资质的专业厂家设计，各门窗产品须由持有产品合格证的厂家提供方可施工安装。夹板门安装详见西南04J611。
(3) 单元入口门另留门洞，各户入户门采用防盗门，产品须由持有产品合格证书的厂家提供。其施工安装图及有关技术资料由厂家提供。
(4) 门窗玻璃材质及厚度选用按照《建筑玻璃技术规程》（JGJ 113—2003）执行，施工要求按照《建筑装饰装修工程质量验收规范》（GB 50210—2001）执行。大于1.5 m²的单块玻璃及外门窗玻璃应采用安全玻璃。
(5) 图中所有门窗均以现场实际尺寸为准，并现场复核门窗数量和开启方向和方式后方能下料制作。门窗型材大小、五金配件及制作安装等均由生产据有关行业标准进行计算确定。图中所有门窗立面形式仅供门窗厂家参考，具体门窗形式及分隔样式可由具有专业资质的门窗厂家提供多种样式，经建设方及设计单位确认后方可制作安装。
(6) 所有外窗和阳台门的气密性，不应低于现行国家标准《建筑外窗空气渗透性能分级及其检测方法》（GB 7107）规定的Ⅲ级水平。
(7) 底层处窗阳台门应有防护措施详《住宅设计规范》3.9.2条，用户自理。

8. 装饰工程

(1) 各种装饰材料应符合行业标准和环卫标准。
(2) 二装室内部分应严格按照《建筑内部装修设计防火规范》（GB 50222—95）（2001年版）执行，选材应符合装修材料燃烧性能等级要求，装修施工时不得随意修改、移动、遮敞消防设施。且不得降低原建筑设计的耐火等级。
(3) 凡有找坡要求的楼地面应按0.5%坡向排水口。
(4) 外墙抹灰应在找平层砂浆中渗入3%～5%防水剂（或另抹其他防水材料）以提高外墙面防雨水渗透性能。
(5) 不同墙体材料交接处应加挂250宽钢丝网再抹灰，防止墙体裂缝。
(6) 门窗洞口缝隙应严密封堵，特别注意窗台处窗框与窗洞口底面应留足距离以满足窗台向外找坡要求，避免雨水倒灌。
(7) 外门、窗洞口上沿、所有外出挑构件的下沿均应按相关规范做好滴水。滴水做法参照西南04J516-J/4，且应根据建筑外饰面材的不同作相应调整。
(8) 油漆、刷浆等参照西南04J312相关章节。

9. 其他

(1) 楼地面所注标高以建筑面层为准，结构层的标高应扣除建筑面层与垫层厚度（统一按50 mm考虑），特殊情况另见具体设计。
(2) 厨房、卫生间等有水房间与部位，除标注外楼（地）面标高完成后应低于相邻室内无水房间楼（地）面50 mm，阳台除标注外低于相邻室内无水楼（地）面50 mm。
(3) 屋面雨落水管和空调冷凝水管等为白色UPVC管，其外表面应漆刷与其背景同质或同色的油漆。
(4) 所有散水及暗沟表面标高低于室外地坪100，做完覆土植草坪。其周边雨水口及雨水篦子不应被遮蔽和覆盖。
(5) 楼梯踏步及防滑做法详见西南04J412-7/60。
(6) 室内栏杆：户内钢（木）楼梯及栏杆详二装，其他护栏杆做法参照西南(04J412-2/53)。临空栏杆从可踏面起1 050高，其垂直杆件间净距≤110。
(7) 室外栏杆：外廊等室外栏杆和非封闭阳台栏杆为深绿灰色钢栏杆，高度以踏面起算为1 050，其垂直杆件间距≤110，并应采取防止儿童攀爬的措施。室外栏杆由有专业资质的厂家提供产品样式，经建设方和设计同意方可制作安装。
(8) 本工程所有钢、木构件均应根据规范要求做防火、防锈、防腐处理。
(9) 建筑室内、外墙面装饰，各房间内地坪、顶棚（吊顶）等详见装修表。装修材料如成品防盗门均由施工方提供样品给建设方认可后，方能施工。
(10) 本工程施工图设计选用主要图集为《西南地区建筑标准设计通用图》合定本(1)，(2)，《住宅排气道》(02J916-1)，《坡屋面建筑构造》(00J202-1)等。

10. 特别说明

(1) 如图纸与所索引大样不符，应以大样为准；如图纸与说明不符，应以说明为准；本工程设计如有未尽事宜，均按国家现行设计施工及验收规范执行。
(2) 建筑节能设计参详每栋建筑节能设计报表及节能设计。

一级注册建筑师		××建筑设计公司	建设单位	××县人民政府××街道办事处		
			工程项目	××统建安置小区龙祥佳苑	子项名称	二期-6#楼
注册姓名		专业负责人				HT2007-CD23-J06
印章号码		校　核		建筑设计说明(一)		图别 张次 张数
证书号码		设　计				建施 02 14
						×年×月

建筑设计说明（二）

表1　　　　门窗表

类型	设计编号	洞口尺寸/mm	数量	备注
门	DJM1521	1 500×2 100	1	对讲单元门
	FDM1021	1 000×2 100	13	防盗门
	M0821	800×2 100	24	夹板木门
	M0921	900×2 100	36	夹板木门
	TLM0821	800×2 100	12	塑钢推拉门
	TLM2124	2 100×2 400	12	塑钢推拉门
门连窗	MLC1524	1 500×2 400	12	塑钢门连窗
窗	C1512	1 500×1 500	6	塑钢窗
	GC0609	660×900	12	塑钢窗
	GC0906	900×600	12	塑钢窗
凸窗	TC1518	1 500×1 800	24	塑钢凸窗
	TC2118	2 100×1 800	12	塑钢凸窗

注：门窗立面形式参照建筑立面图中门窗形式或按建设方设计进行选型或定做；塑钢为银白色；所有门窗玻璃均为白玻，其材质及厚度选用按照由建设方和专业厂商选定并经设计方同意方可使用；门窗过梁详见结构设计。

表2　　采用标准图集目录

序号	图集名称	备注
1	西南03J201-1，23 西南04J112-西南04J812	
2	屋面	西南03J201-1，2，3
3	夏热冬冷地区节能建筑屋面	川02J201
4	夏热冬冷地区节能建筑门窗	川02J605/705
5	《夏热冬冷地区节能建筑墙体、楼地面构造》	川02J106
6	《ZL胶粉聚苯颗粒外墙外保温隔热节能构造图集》	川03J109

建筑设计总说明解读：

(1) 本页是建筑设计总说明，是对后面的建筑图中的有关做法用文字加以说明和解释。例如整个工程的工程概况，门窗的要求，装饰工程的要求等，还包括了参考图集的范围等。

(2) 建筑标准图集，即将各个构件和部位的做法汇集在一起的图样，设计人员在进行设计的时候可以直接采用图集上的一些做法，不需要在图纸上画出详图，比较省事。施工人员进行施工时，施工员也需要查询相应的图集作为施工参考。但是当标准图上没有我们需要的详图时，就必须在图中画出构造的节点详图。建筑的各个专业都有相应的标准图集，制定的单位从国家到地方都有，甚至一些比较大的设计院也编制自己的图集。本图当中采用的图集都是西南统编的。

(3) 说明中未注明单位的数字均为mm。

表3　　图纸目录

序号	图纸名称	页数
1	建筑总平面图	1/15
2	建筑设计说明(一)	2/15
3	建筑设计说明(二)	3/15
4	建筑节能设计说明(一)	4/15
5	建筑节能设计说明(二)	5/15
6	建筑节能设计说明(三)	6/15
7	底层平面图	7/15
8	二-四层平面图	8/15
9	五、六层平面图	9/15
10	屋顶平面图　屋面节点大样	10/15
11	②-13—①-1立面图	11/15
12	①-1—②-13立面图	12/15
13	1-1剖面图　Ⓗ—Ⓐ立面图	13/15
14	节点大样	14/15
15	门窗大样　卫生间大样　厨房大样	15/15

表4　　　　建筑装饰做法

	室内装饰做法			
楼(地)面	厨卫、楼梯间	水泥砂浆地面	西南04J312-3103，3105，3107	
	其余所有房间	水泥砂浆地面	西南04J312-3102a，3104	
墙面	厨房，卫生间	水泥砂浆墙面	西南04J515 $\frac{N07}{4}$	去掉面层
	客厅、其他房间	水泥砂浆墙面	西南04J515 $\frac{N07}{4}$	
	阳台	水泥砂浆墙面	西南04J515 $\frac{N07}{4}$	
	楼梯间	水泥砂浆墙面(刷钢化涂料)	西南04J515 $\frac{N07}{4}$	涂料由甲方定
顶棚	所有房间	水泥砂浆顶棚	西南04J515 $\frac{P05}{12}$	去掉面层
	室外装饰做法			
地面	室外踏步及平台	水泥砂浆地面	西南04J312-3102a，3104	有景观要求的详景观设计
墙面	墙1	外墙面砖墙面	西南04J516 68页5407，5408	饰面部位及颜色详建筑立面图，施工时由本院提供颜色样板
屋面	屋面1	不上人屋面	西南03J201-1第17页2204	防水材料改为聚氯乙烯合成高分子防水卷材两道，厚度2.4 mm
	屋面2	上人屋面	西南03J201-1第17页2205a	
	屋面3	坡屋面	西南03J201-2第5页2508c	

注：住宅室内将另做二装，住宅所有室内（楼）地面水泥砂浆找平压光，有防水要求的（楼）地面防水相关内容另见设计说明或详图大样。

本页解读：

(1) 本页包括了门窗表（表1）、图纸目录（表3）、室内和室外的一些构造做法和本图采用的一些标准图集名称（表2和表4）。

(2) 门窗表是对整套图纸当中所用到的门窗的数量和要求的一个统计。作为施工单位的一个参考。图纸部分还有门窗大样作为补充。

(3) 图纸目录是对整套图所有的图纸名称和页码的编辑。便于翻阅图纸的人查找需要的内容。

一级注册建筑师	××建筑设计公司		建设单位	××县人民政府××街道办事处	
注册姓名		专业负责人	工程项目	××统建安置小区龙祥佳苑	子项名称　二期-6#楼
印章号码		校　核		建筑设计说明(二)	HT2007-CD23-J06 图别 张次 张数 建施 03 14
证书号码		设　计			×年×月

建筑节能设计说明（一）

1. 工程概况

项目名称：××统建安置小区二期。
项目地址：四川省××县。
建设单位：××县人民政府××街道办事处。
设计单位：四川××建筑设计有限公司。

2. 建筑节能设计依据

(1)《民用建筑节能设计标准》（采暖居住建筑部分）（JGJ 26—2010）。
(2)《夏热冬冷地区居住建筑设计标准》（JGJ 164—2010）。
(3)《公共建筑节能设计标准》（GB 50189—2005）。
(4)《民用建筑热工设计规范》（GB 50176—93）。
(5)《建筑外窗空气渗透性能分级及其检测方法》（GB 7107）。

3. 建筑概况

本工程为××县人民政府××街道办事处××统建安置小区二期6#楼。依照全国建筑热工设计分区，属于亚热带季风气候，属夏热冬冷气候。夏季炎热，月平均温25.5℃，极端最高温度37.3℃，平均相对湿度85%。冬季最冷月平均温度5.4℃，极端最低温度-5.5℃，平均相对湿度80%，冬季日照率19%。常年主导风向NNE，风频11%。建筑节能面积如表1所示。
(1) 夏季空调室内热环境设计指标：宿舍内设计温度取26℃~28℃，换气次数取1.0次/h。
(2) 冬季采暖室内热环境设计指标：宿舍内设计温度取16℃~18℃，换气次数取1.0次/h。

表1　　　　　　　　建筑概况

建筑名称	朝向	外表面积/m²	体积/m³	建筑节能面积	体型系数S
					条式建筑
6#楼	南	2 890.41	10 240.46	3 052.76	0.24<0.35 满足要求

4. 建筑节能设计指标

建筑外门窗节能设计外窗框选用塑钢，空调房间玻璃采用5 mm+9 Amm+5 mm普通中空玻璃。单玻璃采用5 mm；外门采用节能外门，具体参数的计算如表2所示。

表2　　　　　　　　门窗节能设计

门窗类型	规格型号	窗墙比	朝向	传热系数K限值/[W·(m²·K)⁻¹]	气密性1~6层	气密性7层及以上	K限值
1	塑钢单框普通中空玻璃窗	0.22	北	2.84	3	4	≤4.7
	满足冬热夏冷地区居住建筑节能设计标准1.0.8条的要求。						
3	塑钢单框普通中空玻璃窗	0.15	西	2.84	3	4	≤4.7
	满足冬热夏冷地区居住建筑节能设计标准1.0.8条的要求。						
4	塑钢单框普通中空玻璃窗	0.24	南	2.84	3	4	≤3.20
	满足冬热夏冷地区居住建筑节能设计标准1.0.8条的要求。						
1	塑钢单框普通中空玻璃窗	0.14	东	2.84	3	4	≤4.7
	满足冬热夏冷地区居住建筑节能设计标准1.0.8条的要求。						

户门类型	门名称	传热系数/[W·(m²·K)⁻¹]	传热限值/[W·(m²·K)⁻¹]
1	节能外门	2.47	3.00
	满足冬热夏冷地区居住建筑节能设计标准4.0.8条K≤3.0的要求		

5. 住宅楼节能设计

1) 墙体保温节能设计
(1) 建筑外墙内保温设计：具体构造做法及相应的热工指标如表3所列。

表3　　　　　　　　建筑外墙内保温设计

序号	材料名称	干密度/(kg·m⁻³)	材料层厚度/m	材料导热系数/[W·(m·K)⁻¹]	材料层热阻/[(m²·K)·W⁻¹]	材料蓄热系数/[W·(m²·K)⁻¹]	材料层惰性指标 D=RS
1	外墙外饰面层						
2	水泥砂浆抹灰	1 800	0.02	0.93	0.02	11.37	0.23
3	页岩多孔砖	1 400	0.24	0.58	0.41	7.92	3.24
4	水泥砂浆抹灰	1 800	0.02	0.93	0.02	11.37	0.23
5	专用粘结石膏	1 800	0.003	0.35	0.01	5.28	0.05
6	挤塑聚苯板	30	0.02	0.028	0.71	0.28	0.2
7	粉刷石膏		0.001	0.35	0.03	5.28	0.16
	各层之和		0.313		1.2		4.11

外墙构造传热阻：1.35　　　　　　外墙热阻：0.04+1.2+0.11=1.35
外墙传热系数：1/1.35=0.74　　　D=4.11≥2.5(外墙惰性指标限值)

注：表中将乳胶漆+内墙腻子，外贴涂料，聚合物砂压入网格布，柔性腻子的热阻和热惰性指标未记入，作安全余量考虑。

(2) 典型墙体平均传热系数的计算数据如表4所列。

表4　　　　　　　　典型墙体平均传热系数

外墙主体厚度/mm	计算单元外墙面积（不含窗）/m²	外墙各部位面积/m²		备注
		主墙体	热桥面积	
313	2.48	2.20	0.28	
各部位的传热系数/[W·(m²·C)⁻¹]		0.74	0.71	
外墙平均传热系数K_m=0.73W·(m²·C)⁻¹			外墙的热惰性指标D=4.1	
外墙内表面最高温度T_{max}=33.00				
外墙传热系数限值/[W·(m²·C)⁻¹]1.50			外墙内表面温度限值（C）34.40	
外墙满足夏热冬冷地区建筑节能设计标准4.0.8条的要求				

一级注册建筑师	××建筑设计公司	建设单位	××县人民政府××街道办事处	
		工程项目	××统建安置小区龙祥佳苑	子项名称 二期-6#楼
注册姓名	专业负责人			HT2007-CD23-J06
印章号码	校　核	建筑节能设计说明(一)		图别 张次 张数
证书号码	设　计			建施 04 14
				×年×月

建筑节能设计说明（二）

2）屋顶保温节能设计

（1）屋顶1（平屋顶）具体构造做法及相应的热工指标如表1所示。

表1 　　　　　　　平屋顶保温节能设计指标

层次	材料名称	材料层厚度 d/m	材料导热系数 $\lambda/[W\cdot(m\cdot K)^{-1}]$	材料层热阻 $R=d/\lambda/[(m^2\cdot K)/W)]$	蓄热系数 $/[W\cdot(m^2\cdot K)^{-1}]$	材料层惰性指标 $D=RS$
1	细石混凝土	0.04	1.28	0.03	14.03	0.44
2	水泥砂浆	0.02	0.93	0.02	11.37	0.23
3	聚苯乙烯挤塑板	0.03	0.03	1.07	0.28	0.30
4	改性沥青防水卷材					
5	水泥砂浆	0.02	0.93	0.02	11.37	0.23
6	水泥炉渣找坡	0.06	0.93	0.10	8.9	0.85
7	钢筋混凝土屋面结构层	0.10	1.74	0.06	17.2	1.03
8	水泥砂浆	0.02	0.93	0.02	11.37	0.23
	各层之和	0.31		1.32		3.34
	热阻	$R_o=R_i+\sum R+R_e=0.11+1.32+0.04=1.47$				
	传热系数	$K=1/R_o=1/1.47=0.68$				
	惰性指标	$D=3.271\geqslant 2.5$(屋面惰性指标限值，满足规范要求)				

（2）屋顶2（坡屋顶）具体构造做法及相应的热工指标如表2所示。

表2 　　　　　　　坡层顶保温节能设计指标

屋面2（坡屋面）每层材料名称	厚度 /mm	导热系数 $/[W\cdot(m\cdot K)^{-1}]$	蓄热系数 $/[W\cdot(m^2\cdot K)^{-1}]$	热阻值 $/[W\cdot(m^2\cdot K)^{-1}]$	热惰性指数 $D=RS$	导热系数修正系数
		不计入				
		不计入				
		不计入				
细石混凝土	20	1.51	15.24	0.01	0.02	1.00
挤塑聚苯板	30	0.03	0.26	1.00	0.26	1.00
	20	0.93	11.31	0.02	0.23	1.00
		不计入				
	20	0.93	11.31	0.02	0.23	1.00
钢筋混凝土	100	1.74	17.20	0.06	1.03	1.00
	20	0.87	10.62	0.02	0.21	1.00
屋顶各层之和	210			1.13	2.16	
屋顶热阻	1.28（m²·K/W）（$R_o=R_i+\sum R+R_e$）					
屋顶传热系数	0.88 W/（m²·K）					

不满足夏热冬冷地区居住建筑节能设计标准4.0.8条K《1.0 D》3.0的要求，但坡屋面内表面最高温度为36.02°，小于规范要求的36.10°的夏季室外最高计算温度。符合规范要求

3）楼地面节能设计

楼地面节能设计如表3所列。

表3 　　　　　　　楼面节能设计表

层次	材料名称	材料层厚度 d/m	材料导热系数 $\lambda/[W\cdot(m\cdot K)^{-1}]$	材料层热阻 $R=d/\lambda/[(m^2\cdot K\cdot W^{-1}]$	蓄热系数 $/[W\cdot(m^2\cdot K)^{-1}]$	材料层惰性指标 $D=RS$
1	混合砂浆	0.02	0.93	0.02	11.37	0.24
2	钢筋混凝土结构层	0.10	1.74	0.06	17.2	1.03
3	水泥砂浆找平层	0.02	0.93	0.02	11.37	0.24
	各层之和			0.10		1.51
	热阻	$R_o=R_i+\sum R+R_e=0.11+1.51+0.04=1.66$				
	传热系数	$K=1/R_o=1/1.66=0.60$				
	惰性指标	$D=1.51\geqslant 2.5$(屋面惰性指标限值)，不满足规范要求				

4）住宅分户墙及分户楼板节能设计

（1）住宅分户墙具体构造做法及相应的热工指标如表4所列。

表4 　　　　　　　住宅分户墙节能设计表

层次	材料名称	材料层厚度 d/m	材料导热系数 $\lambda/[W\cdot(m\cdot K)^{-1}]$	材料层热阻 $R=d/\lambda/[(m^2\cdot K\cdot W^{-1}]$	蓄热系数 $/[W\cdot(m^2\cdot K)^{-1}]$	材料层惰性指标 $D=RS$
1	水泥砂浆	0.02	0.93	0.02	11.37	0.23
2	页岩多孔砖	0.24	0.58	0.41	7.92	3.24
3	水泥砂浆	0.02	0.93	0.02	11.37	0.23
	各层之和	0.28		0.45		3.7
	热阻	$R_o=R_i+\sum R+R_e=0.11+0.45+0.04=0.6$				
	传热系数	$K=1/R_o=1/0.6=1.67$ W/(m²·K)（$\leqslant 2$ W/(cm²·K)），满足规范要求				

（2）分户楼板保温隔热构造措施与热工参数。根据四川省建筑标准图集《夏热冬冷地区节能建筑墙体、楼地面构造图》（川02J106）第77页构造5做法选用30 mm厚珍珠岩板保温层，传热系数 $K=1.75$ W/（m²·K）＜2.0（规范限值）能够达到节能要求。

5）宿舍户门的节能设计

按前述的国家行业标准要求，节能设计要求住宅门的传热系数≤3.0 W/(m²·K)，可选用双面金属门板加填充即满足其要求。

一级注册建筑师	××建筑设计公司	建设单位	××县人民政府××街道办事处		
注册姓名		工程项目	××统建安置小区龙祥佳苑	子项名称	二期-6#楼
印章号码	专业负责人				HT2007-CD23-J06
	校 核	建筑节能设计说明(二)		图别	张次 张数
证书号码	设 计			建施 05	14
				×年×月	

建筑节能设计说明（三）

6. 节能综合指标

该建筑维护结构部分指标不满足《夏热冬冷地区居住建筑节能设计标准》(JGJ 134—2010)第四章的相应要求。

根据本标准第五章的要求必须进行节能综合指标——全年采暖空调年耗电量指标进行动态计算。

建筑物节能综合指标的计算与分析：

计算城市：成都

气象数据文件：CHENGTY3.BIN

节能综合指标计算条件：

居室室内计算温度：冬季全天为18℃；夏季全天为26℃。

室外气象计算参数采用典型气象年。

采暖和空调时，换气次数为1.0次/h。

采暖、空调设备为家用气源热泵空调器，空调额定能效比取2.3，采暖额定能效比取1.9。

室内照明得热为每平方米每天0.0 141 kWh，室内其他供热平均强度为4.3 W/m²。

经计算（详节能设计计算报告）得：

全年耗电量=39.13 kWh/m²

全年耗电量指标限定值=39.520 kWh/m²

结论：符合规范(JGJ 134—2010)第5.0.5条的要求。

7. 节能计算综合结果

要求对该建筑物节能综合指标——采暖和空调年耗电量进行全年的动态计算后，结果其全年耗电量小于《夏热冬冷地区居住建筑节能设计标准》，该建筑的静态指标虽然部分不满足《夏热冬冷地区居住建筑节能设计标准》第四章的相应要求，但是根据标准第五章的节能综合指标——全年采暖空调年耗电量指标计算，满足要求。

8. 节能措施

本工程采取的主要节能措施满足《建筑节能设计标准》规定的限值，符合标准规定的建筑节能设计要求。

(1) 上人平屋面：屋面隔热保温材料采用30 mm厚聚苯乙烯挤塑板，节能设计指标：$K<0.7$ W/(m²·K)；$K_m<1.0$ W/(m²·K)。

(2) 门窗气密性等级：根据《建筑外窗气密性能分级及检测方法》(GB 7107—2002)，公建门窗为4级，玻璃幕墙的气密性等级不低于《建筑玻璃幕墙物理性能分级》(GB/T 15225)规定的3级。

9. 日照

本工程日照分析根据《城市居住区规划设计规范》要求日照时数为大寒日底层满窗不低于2小时，满足要求。

10. 其他

(1) 本工程以钢化玻璃作为安全玻璃，门、窗玻璃厚度和种类同时不应低于《建筑玻璃应用技术规程》(JGJ 113—2003)的相应规定。

(2) 保温系统由专业队伍施工。选用的保温材料应具有合格的证明文件。

(3) 玻璃幕墙的安装要严格按照《玻璃幕墙工程技术规范》(JGJ 102—2003)技术规定施工安装。质量检测部门认证，同时尚应使完成的保温系统各控制参数满足设计控制参数的要求。

建筑节能设计解读

(1) 在《公共建筑节能设计标准》(GB 50189—2005)中，根据建筑所处城市的建筑气候分区，将围护结构的热工性能列为强制性条文，必须严格执行。并将全国范围按气候特点分为严寒地区A区、严寒地区B区、寒冷地区、夏热冬冷地区和夏热冬暖地区。再根据不同的分区严格控制窗墙面积比。

(2) 规范中明确要求，凡是作为民用建筑范畴的所有建筑，均应做建筑节能设计，以实现节能型的建筑。具体要求建的外围构件的构造层次必须根据要求做保温隔热，并且根据要求计算全年耗电量，要求不得超出全年耗电量指标限定值。

本建筑外墙及屋面采用的是挤塑聚苯板，厚度查表得知。比如，墙面的挤塑聚苯板的厚度为0.02 m。本建筑的全年耗电量为39.13 kWh/m²，全年耗电量指标限定值39.520 kWh/m²，符合规范要求。

一级注册建筑师	××建筑设计公司	建设单位	××县人民政府××街道办事处	
		工程项目	××统建安置小区龙祥佳苑	子项名称 二期-6#楼
注册姓名	专业负责人			HT2007-CD23-J06
印章号码	校 核		建筑节能设计说明(三)	图别 张次 张数
证书号码	设 计			建施 06 14
				×年×月

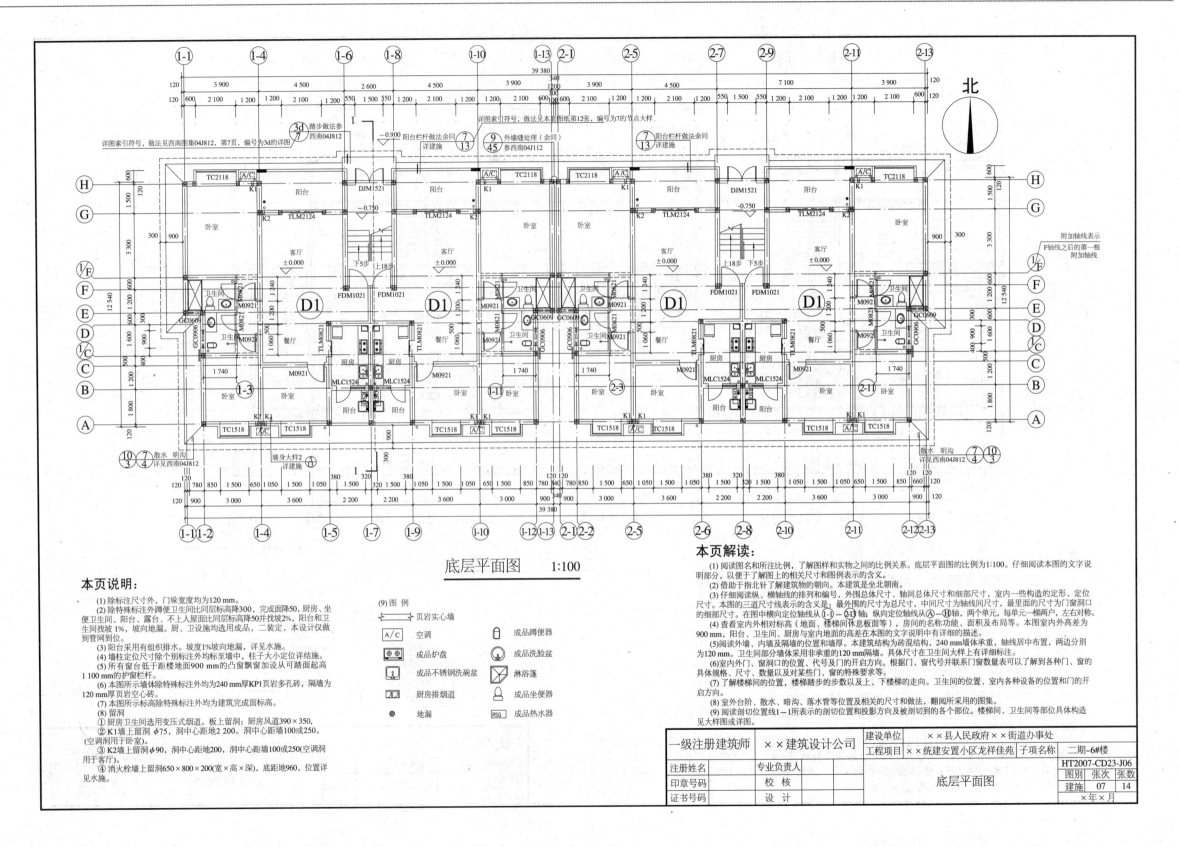

底层平面图　1:100

本页说明：
(1) 除标注尺寸外，门垛宽度均为120 mm。
(2) 除特殊标注外蹲便卫生间比同层标高降300，完成面降50，厨房、坐便卫生间、阳台、露台、不上人屋面比同层标高降50并放坡2%，阳台和卫生间均作找坡1%，坡向地漏，厨、卫设施选用成品，二装过，此设计仅做到管网到位。
(3) 阳台采用有组织排水。坡度1%坡向地漏，详见水施。
(4) 墙柱定位尺寸除个别标注外均标至墙中，柱子大小定位详结施。
(5) 所有窗台低于距楼地面900 mm的凸窗飘窗加设从可踏面起高1 100 mm的护窗栏杆。
(6) 本图所示墙体除特殊标注外均为240 mm厚KP1页岩多孔砖，隔墙为120 mm厚页岩空心砖。
(7) 本图所标标高除特殊标注外均为建筑完成面标高。
(8) 留洞
① 厨房卫生间选用变压式烟道。板上留洞：厨房风道390×350，
② K1墙上留洞φ75，洞中心距地2 200。洞中心距100或250。(空调洞用于卧室)。
③ K2墙上留洞φ90，洞中心距地200，洞中心距100或250(空调洞用于客厅)。
④ 消火栓墙上留洞650×800×200(宽×高×深)，底距地960，位置详见水施。

(9) 图例

	页岩实心墙
A/C	空调
	成品炉盘
	成品不锈钢洗碗盆
	厨房排烟道
•	地漏
	成品蹲便器
	成品洗脸盆
	淋浴篷
	成品坐便器
RSQ	成品热水器

本页解读：
(1) 阅读图名和所注比例，了解图样与实物之间的比例关系。底层平面图的比例为1:100。仔细阅读本图的文字说明部分，以便于了解图上的相关尺寸和图例表示的含义。
(2) 借助于指北针了解建筑物的朝向。本建筑是坐北朝南。
(3) 仔细阅读纵、横轴线的排列和编号，外围总体尺寸、轴间总体尺寸和细部尺寸，室内一些构造的定形、定位尺寸。本图的三道尺寸线表示的含义是：最外围的尺寸为总尺寸，中间尺寸为轴线间尺寸，最里面的尺寸为门窗洞口的细部尺寸。在图中横向定位轴线从(1-1)—(2-13)轴，纵向定位轴线从(A)—(H)轴，两个单元，每单元一梯两户，左右对称。
(4) 查看室内外相对标高(地面、楼梯间休息板面等)，房间的名称功能、面积及布局等。本图室内外高差为900 mm，阳台、卫生间、厨房与室内地面的高差在本图说明中有详细的描述。
(5) 阅读外墙、内墙及隔墙的位置和墙厚。本建筑结构为砖混结构，240 mm墙体承重，轴线居中布置，两边分别为120 mm。卫生间部分墙体采用非承重的120 mm隔墙。具体尺寸在卫生间大样上有详细标注。
(6) 阅读室内外门、窗洞口的位置、代号与门的开启方向等。根据门、窗代号并联系门窗表可以了解到各种门、窗的具体规格、尺寸、数量以及对某些门、窗的特殊要求等。
(7) 了解楼梯间的位置，楼梯踏步的步数以及上、下楼梯的走向。卫生间的位置、室内各种设备的位置和门的开启方向。
(8) 室外台阶、散水、暗沟、落水管等位置相关的尺寸和做法，翻阅所采用的图集。
(9) 阅读剖切位置线1—1所表示的剖切位置以及被剖切到的各个部位。楼梯间、卫生间等部位具体构造见大样图或详图。

一级注册建筑师	××建筑设计公司	建设单位	××县人民政府××街道办事处			
		工程项目	××统建安置小区龙祥佳苑	子项名称	二期-6#楼	
注册姓名	专业负责人				HT2007-CD23-J06	
印章号码	校　核		底层平面图		图别	张次 张数
证书号码	设　计				建施	07　14
					×年×月	

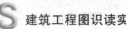

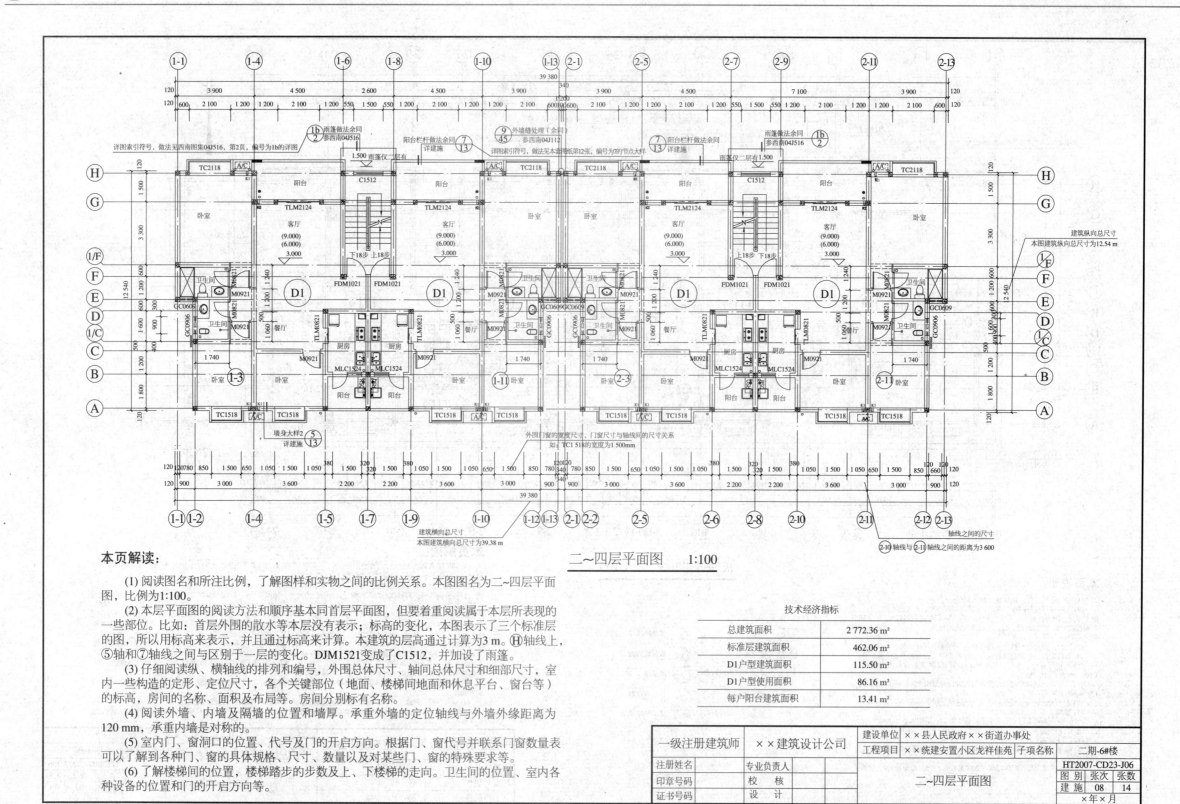

二~四层平面图   1:100

本页解读：

(1) 阅读图名和所注比例，了解图样和实物之间的比例关系。本图图名为二~四层平面图，比例为1:100。

(2) 本层平面图的阅读方法和顺序基本同首层平面图，但要着重阅读属于本层所表现的一些部位。比如：首层外围的散水等本层没有表示；标高的变化，本图表示了三个标准层的图，所以用标高来表示，并且通过标高来计算。本建筑的层高通过计算为3 m。Ⓗ轴线上，⑤轴和⑦轴线之间与区别于一层的变化。DJM1521变成了C1512，并加设了雨篷。

(3) 仔细阅读纵、横轴线的排列和编号，外围总体尺寸、轴间总体尺寸和细部尺寸，室内一些构造的定形、定位尺寸，各个关键部位（地面、楼梯间地面和休息平台、窗台等）的标高，房间的名称、面积及布局等。房间分别标有名称。

(4) 阅读外墙、内墙及隔墙的位置和墙厚。承重外墙的定位轴线与外墙外缘距离为120 mm，承重内墙是对称的。

(5) 室内门、窗洞口的位置、代号及门的开启方向。根据门、窗代号并联系门窗数量表可以了解到各种门、窗的具体规格、尺寸、数量以及对某些门、窗的特殊要求等。

(6) 了解楼梯间的位置，楼梯踏步的步数及上、下楼梯的走向。卫生间的位置、室内各种设备的位置和门的开启方向等。

技术经济指标

总建筑面积	2 772.36 m²
标准层建筑面积	462.06 m²
D1户型建筑面积	115.50 m²
D1户型使用面积	86.16 m²
每户阳台建筑面积	13.41 m²

一级注册建筑师	××建筑设计公司	建设单位	××县人民政府××街道办事处		
		工程项目	××统建安置小区龙祥佳苑	子项名称	二期-6#楼
注册姓名	专业负责人				HT2007-CD23-J06
印章号码	校 核		二~四层平面图		图 别 张次 张数
证书号码	设 计				建 施 08 14
					×年×月

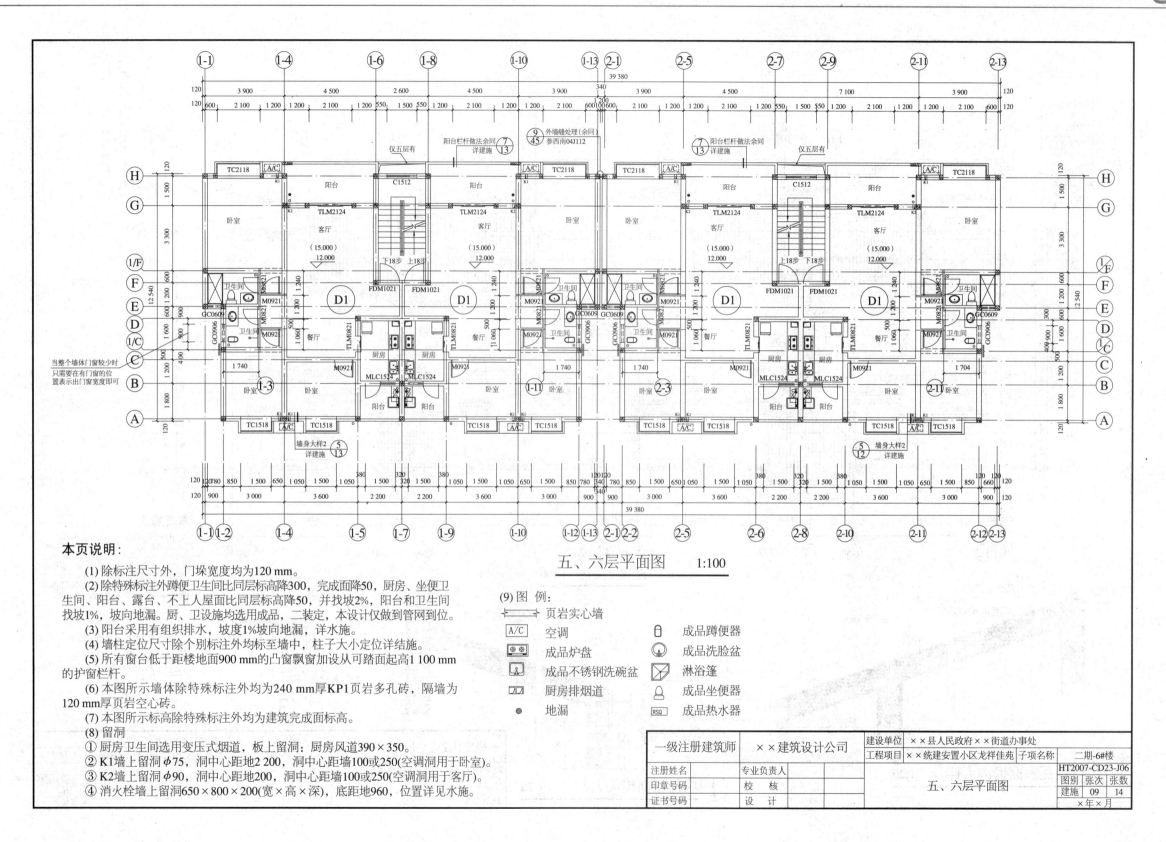

五、六层平面图   1:100

本页说明：

(1) 除标注尺寸外，门垛宽度均为120 mm。

(2) 除特殊标注外蹲便卫生间比同层标高降300，完成面降50，厨房、坐便卫生间、阳台、露台、不上人屋面比同层标高降50，并找坡2%，阳台和卫生间找坡1%，坡向地漏。厨、卫设施均选用成品，二装定，本设计仅做到管网到位。

(3) 阳台采用有组织排水，坡度1%坡向地漏，详水施。

(4) 墙柱定位尺寸除个别标注外均标至墙中，柱子大小定位详结施。

(5) 所有窗台低于距楼地面900 mm的凸窗飘窗加设从可踏面起高1 100 mm的护窗栏杆。

(6) 本图所示墙体除特殊标注外均为240 mm厚KP1页岩多孔砖，隔墙为120 mm厚页岩空心砖。

(7) 本图所示标高除特殊标注外均为建筑完成面标高。

(8) 留洞

① 厨房卫生间选用变压式烟道，板上留洞：厨房风道390×350。

② K1墙上留洞φ75，洞中心距地2 200，洞中心距墙100或250(空调洞用于卧室)。

③ K2墙上留洞φ90，洞中心距地200，洞中心距墙100或250(空调洞用于客厅)。

④ 消火栓墙上留洞650×800×200(宽×高×深)，底距地960，位置详见水施。

(9) 图 例：

页岩实心墙	
A/C 空调	成品蹲便器
成品炉盘	成品洗脸盆
成品不锈钢洗碗盆	淋浴篷
厨房排烟道	成品坐便器
地漏	RSQ 成品热水器

一级注册建筑师	××建筑设计公司	建设单位	××县人民政府××街道办事处		
注册姓名	专业负责人	工程项目	××统建安置小区龙祥佳苑	子项名称	二期-6#楼
印章号码	校 核				HT2007-CD23-J06
证书号码	设 计		五、六层平面图	图别	张次	张数
				建施 09 14		
			×年×月		

129

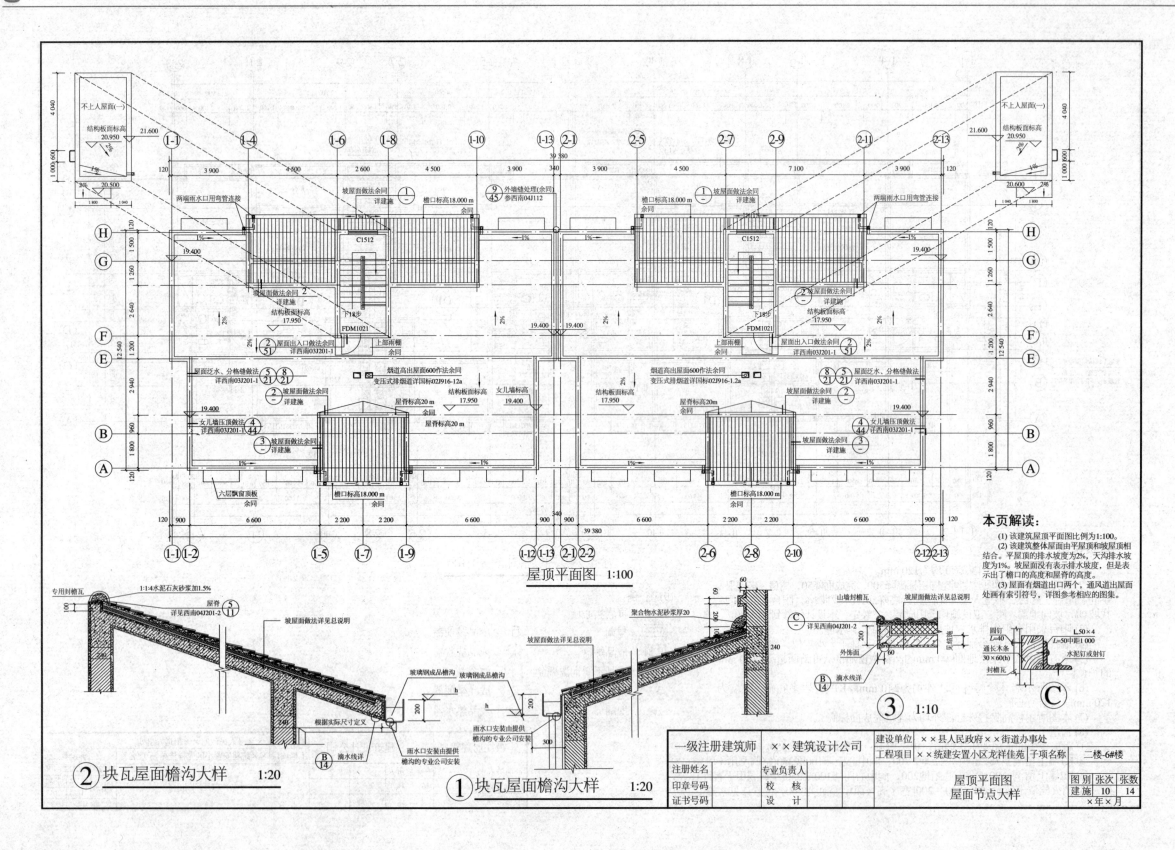

屋顶平面图 1:100

本页解读：
(1) 该建筑屋顶平面图比例为1:100。
(2) 该建筑整体屋面由平屋顶和坡屋顶相结合。平屋顶的排水坡度为2%，天沟排水坡度为1%。坡屋面没有表示排水坡度，但是表示出了檐口的高度和屋脊的高度。
(3) 屋面有烟道出口两个，通风道出屋面处有索引符号，详图参考相应的图集。

② 块瓦屋面檐沟大样 1:20

① 块瓦屋面檐沟大样 1:20

③ 1:10

Ⓒ

一级注册建筑师	××建筑设计公司	建设单位	××县人民政府××街道办事处			二楼-6#楼
		工程项目	××统建安置小区龙祥佳苑		子项名称	
注册姓名		专业负责人		屋顶平面图	图别	张次	张数
印章号码		校核		屋面节点大样	建施	10	14
证书号码		设计			×年×月		

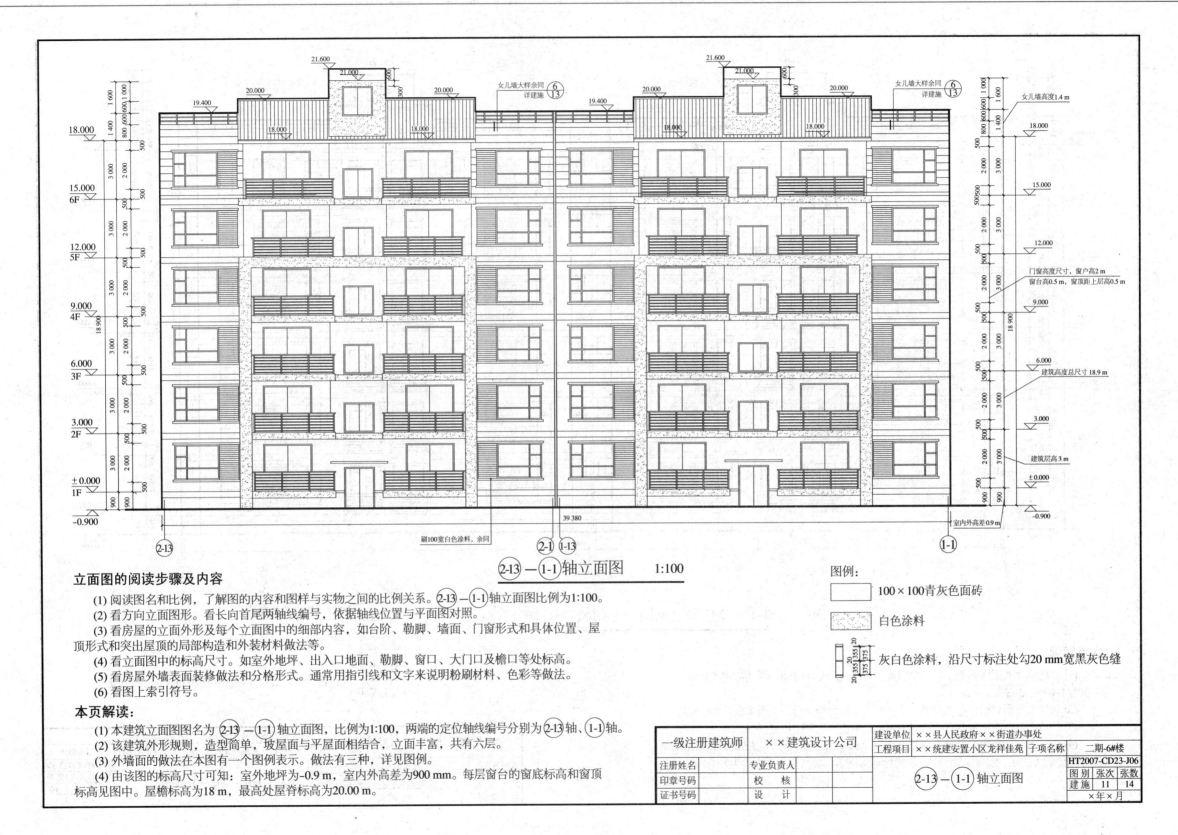

②-13 — ①-1 轴立面图   1:100

图例：

☐ 100×100青灰色面砖

▨ 白色涂料

▨ 灰白色涂料，沿尺寸标注处勾20 mm宽黑灰色缝

立面图的阅读步骤及内容

(1) 阅读图名和比例，了解图的内容和图样与实物之间的比例关系。②-13 —①-1轴立面图比例为1:100。

(2) 看方向立面图形。看长向首尾两轴线编号，依据轴线位置与平面图对照。

(3) 看房屋的立面外形及每个立面图中的细部内容，如台阶、勒脚、墙面、门窗形式和具体位置、屋顶形式和突出屋顶的局部构造和外装材料做法等。

(4) 看立面图中的标高尺寸。如室外地坪、出入口地面、勒脚、窗口、大门口及檐口等处标高。

(5) 看房屋外墙表面装修做法和分格形式。通常用指引线和文字来说明粉刷材料、色彩等做法。

(6) 看图上索引符号。

本页解读：

(1) 本建筑立面图图名为②-13 —①-1轴立面图，比例为1:100，两端的定位轴线编号分别为②-13轴、①-1轴。

(2) 该建筑外形规则，造型简单，玻璃面与平屋面相结合，立面丰富，共有六层。

(3) 外墙面的做法在本图有一个图例表示。做法有三种，详见图例。

(4) 由该图的标高尺寸可知：室外地坪为-0.9 m，室内外高差为900 mm。每层窗台的窗底标高和窗顶标高见图中。屋檐标高为18 m，最高处屋脊标高为20.00 m。

一级注册建筑师	××建筑设计公司	建设单位	××县人民政府××街道办事处		
注册姓名	专业负责人	工程项目	××统建安置小区龙祥佳苑	子项名称	二期-6#楼
印章号码	校 核				HT2007-CD23-J06
证书号码	设 计	②-13 —①-1 轴立面图		图别	张次	张数
				建施	11	14
				×年×月		

131

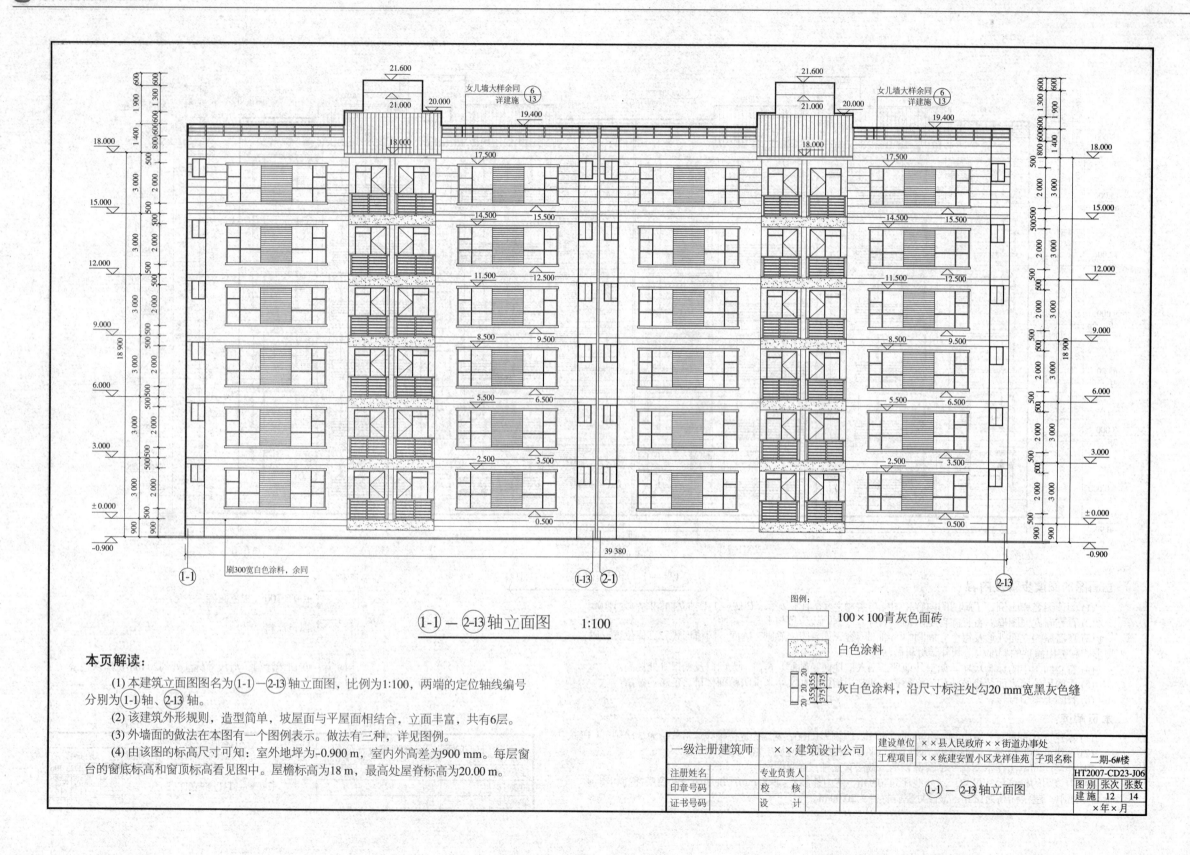

①-1 — ②-13 轴立面图　1:100

图例：

□　100×100青灰色面砖

▨　白色涂料

▦　灰白色涂料，沿尺寸标注处勾20 mm宽黑灰色缝

本页解读：

(1) 本建筑立面图图名为①-1—②-13轴立面图，比例为1:100，两端的定位轴线编号分别为①-1轴、②-13轴。

(2) 该建筑外形规则，造型简单，坡屋面与平屋面相结合，立面丰富，共有6层。

(3) 外墙面的做法在本图有一个图例表示。做法有三种，详见图例。

(4) 由该图的标高尺寸可知：室外地坪为-0.900 m，室内外高差为900 mm。每层窗台的窗底标高和窗顶标高看见图中。屋檐标高为18 m，最高处屋脊标高为20.00 m。

一级注册建筑师		××建筑设计公司	建设单位	××县人民政府××街道办事处	
注册姓名		专业负责人	工程项目	××统建安置小区龙祥佳苑	子项名称 二期-6#楼
印章号码		校 核		①-1 — ②-13轴立面图	HT2007-CD23-J06
证书号码		设 计			图别 张次 张数 建施 12 14
					×年×月

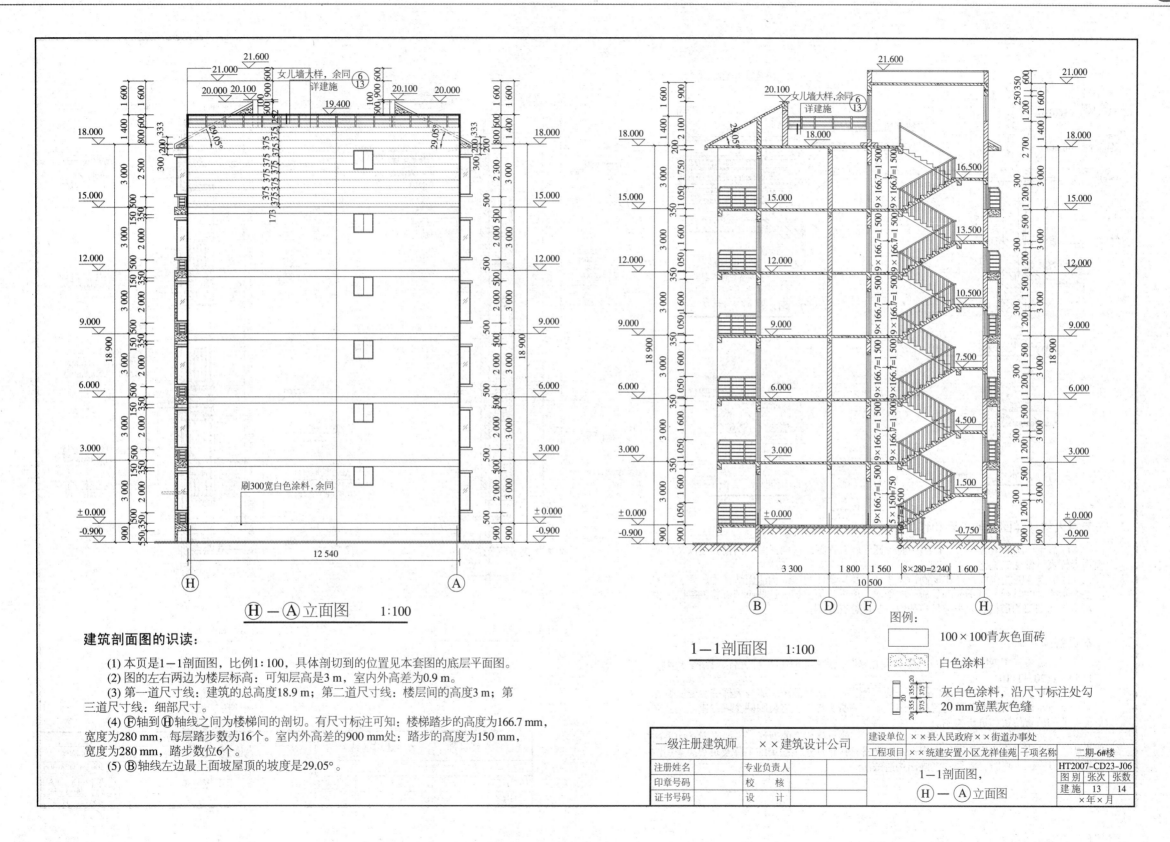

Ⓗ—Ⓐ立面图　　1:100

1—1剖面图　　1:100

建筑剖面图的识读：

(1) 本页是1—1剖面图，比例1:100，具体剖切到的位置见本套图的底层平面图。

(2) 图的左右两边为楼层标高：可知层高是3 m，室内外高差为0.9 m。

(3) 第一道尺寸线：建筑的总高度18.9 m；第二道尺寸线：楼层间的高度3 m；第三道尺寸线：细部尺寸。

(4) Ⓕ轴到Ⓗ轴线之间为楼梯间的剖切。有尺寸标注可知：楼梯踏步的高度为166.7 mm，宽度为280 mm，每层踏步数为16个。室内外高差的900 mm处：踏步的高度为150 mm，宽度为280 mm，踏步数位6个。

(5) Ⓑ轴线左边最上面坡屋顶的坡度是29.05°。

图例：

▢　100×100青灰色面砖

▨　白色涂料

▨　灰白色涂料，沿尺寸标注处勾20 mm宽黑灰色缝

一级注册建筑师	××建筑设计公司		建设单位	××县人民政府××街道办事处		
注册姓名		专业负责人	工程项目	××统建安置小区龙祥佳苑	子项名称	二期-6#楼
印章号码		校　核	1—1剖面图，		HT2007-CD23-J06	
证书号码		设　计	Ⓗ—Ⓐ立面图		图别 张次 张数 建施 13 14 ×年×月	

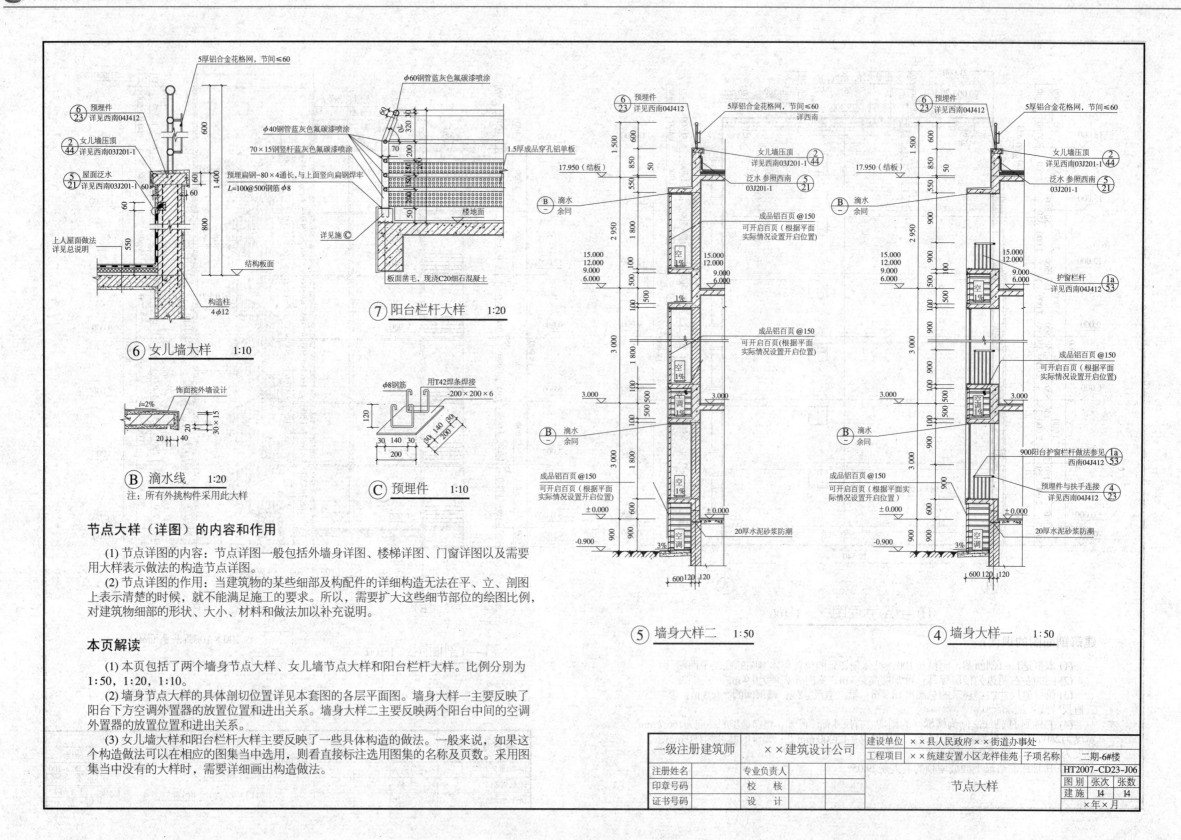

⑥ 女儿墙大样 1:10

⑦ 阳台栏杆大样 1:20

Ⓑ 滴水线 1:20
注：所有外挑构件采用此大样

Ⓒ 预埋件 1:10

⑤ 墙身大样二 1:50

④ 墙身大样一 1:50

节点大样（详图）的内容和作用

(1) 节点详图的内容：节点详图一般包括外墙身详图、楼梯详图、门窗详图以及需要用大样表示做法的构造节点详图。

(2) 节点详图的作用：当建筑物的某些细部及构配件的详细构造无法在平、立、剖图上表示清楚的时候，就不能满足施工的要求。所以，需要扩大这些细节部位的绘图比例，对建筑物细部的形状、大小、材料和做法加以补充说明。

本页解读

(1) 本页包括了两个墙身节点大样、女儿墙节点大样和阳台栏杆大样。比例分别为 1:50，1:20，1:10。

(2) 墙身节点大样的具体剖切位置详见本套图的各层平面图。墙身大样一主要反映了阳台下方空调外置器的放置位置和进出关系。墙身大样二主要反映两个阳台中间的空调外置器的放置位置和进出关系。

(3) 女儿墙大样和阳台栏杆大样主要反映了一些具体构造的做法。一般来说，如果这个构造做法可以在相应的图集当中选用，则直接标注选用图集的名称及页数。采用图集当中没有的大样时，需要详细画出构造做法。

一级注册建筑师		××建筑设计公司	建设单位	××县人民政府××街道办事处		
			工程项目	××统建安置小区龙祥佳苑	子项名称	二期-6#楼
注册姓名		专业负责人				HT2007-CD23-J06
印章号码		校 核		节点大样	图别	张次	张数
证书号码		设 计			建施	14	14
					×年×月		

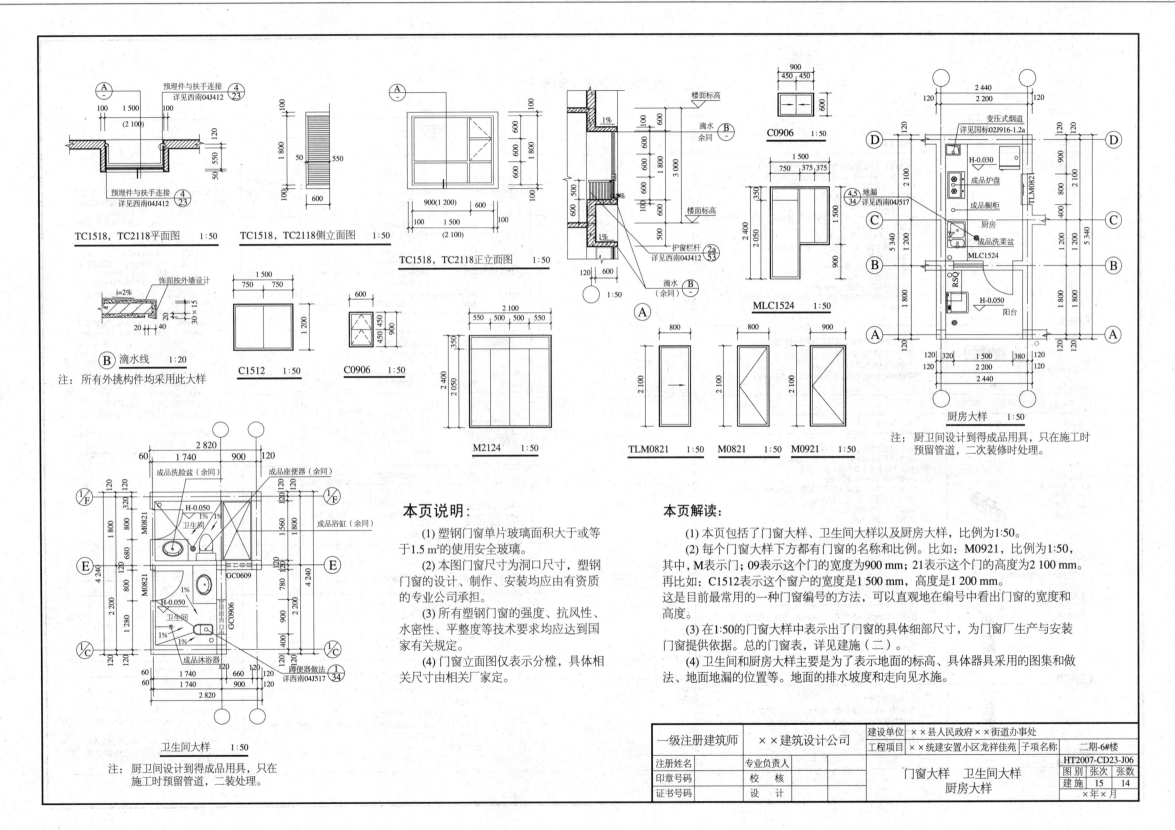

本页说明：

（1）塑钢门窗单片玻璃面积大于或等于1.5 m²的使用安全玻璃。

（2）本图门窗尺寸为洞口尺寸，塑钢门窗的设计、制作、安装均应由有资质的专业公司承担。

（3）所有塑钢门窗的强度、抗风性、水密性、平整度等技术要求均应达到国家有关规定。

（4）门窗立面图仅表示分樘，具体相关尺寸由相关厂家定。

本页解读：

（1）本页包括了门窗大样、卫生间大样以及厨房大样，比例为1:50。

（2）每个门窗大样下方都有门窗的名称和比例。比如：M0921，比例为1:50，其中，M表示门；09表示这个门的宽度为900 mm；21表示这个门的高度为2 100 mm。再比如：C1512表示这个窗户的宽度是1 500 mm，高度是1 200 mm。这是目前最常用的一种门窗编号的方法，可以直观地在编号中看出门窗的宽度和高度。

（3）在1:50的门窗大样中表示出了门窗的具体细部尺寸，为门窗厂生产与安装门窗提供依据。总的门窗表，详见建施（二）。

（4）卫生间和厨房大样主要是为了表示地面的标高、具体器具采用的图集和做法、地面地漏的位置等。地面的排水坡度和走向见水施。

一级注册建筑师	××建筑设计公司	建设单位	××县人民政府××街道办事处		
注册姓名		专业负责人	工程项目 ××统建安置小区龙祥佳苑	子项名称 二期-6#楼	
印章号码		校核	门窗大样 卫生间大样 厨房大样		HT2007-CD23-J06 图别 建施 图次 15 张数 14
证书号码		设计			×年×月

西南图集参考（节选一）

图集号：西南03J201-1　第17页

名称代号	构造简图	材料及做法	备注
卷材防水屋面（非上人）保温 ≡≡2204		(1) 20厚1:2.5水泥砂浆保护层，分格缝间距≤1.0m； (2) 高分子卷材一道，同材性胶粘剂二道（材料按工程设计）； (3) 改性沥青卷材二道，胶粘剂二道（材料按工程设计）； (4) 刷底胶一道（材料同上）； (5) 20厚沥青砂浆找平层； (6) 沥青膨胀珍珠岩或沥青膨胀蛭石现浇或预制块，预制块永乳化沥青铺贴（材料和厚度按工程设计）； (7) 隔气层（按工程设计任选一种）； 　①冷底子油一道，热沥青二道（石油沥青）； 　②氯丁胶乳沥青二道； 　③改性沥青防水卷材一道； 　④改性沥青一布二涂1厚； 　⑤合成高分子涂料，＞0.5厚； (8) 1:3水泥砂浆找平层（厚度：预制板20，现浇板15）； (9) 结构层	二道防水 1.71 kN/m²
卷材防水屋面（非上人） a:保温 b:不保温（取消6.7.8） ≡≡2205		(1) 35厚590×590钢筋混凝土预制板或铺地面砖； (2) 10厚1:2.5水泥砂浆结合层； (3) 20厚1:3水泥砂浆保护层； (4) (5)(6)(7)(8)(9)(10)(11)同2203（2.3.4.5.6.7.8.9）	二道防水 保温 3.01 kN/m² 不保温 1.68 kN/m²

图集号：西南03J201-2　第5页

名称代号	构造简图	材料及做法	备注
平瓦屋面 a. 土质平瓦 b. 水泥平瓦 c. 彩色水泥平瓦 d. 波纹装饰瓦 e. 彩色西瓦 f. 釉面西瓦 （钢挂瓦条挂瓦） ≡≡2508a~f		(1) 瓦屋面品种及颜色详工程设计； (2) 钢挂瓦条L30×4，中距按瓦才规格，用3.5×4水泥钉固定在垫块和平瓦上（不露钉头）； (3) 顺水条-25×5，中距600； (4) 35厚C15细石混凝土找平层配筋φ6@500×500钢筋网； (5) 改性沥青卷材一道，厚≥3； (6) 15厚1:3水泥砂浆找平层； (7) 保温层或隔热层； (8) 改性沥青涂膜，厚≥1； (9) 15厚1:3水泥砂浆找平层； (10) 钢筋混凝土屋面板	二道防水适用于Ⅱ级屋面防水 有保温隔热层

图集号：西南04J516　第68页

名称代号	构造简图	材料及做法	备注
面砖饰面 砖基层 5 407	27~28	(1) 14厚1:3水泥砂浆打底，两次成活，扫毛或划出纹道； (2) 8厚1:0.15:2水泥石灰砂浆（内掺建筑胶或专业粘结剂），贴外墙砖； (3) 1:1水泥浆勾缝	面砖颜色及种类按工程设计 分格线贴法及缝宽颜色在立面图上表示
面砖饰面 混凝土基层 5 408	27~28	(1) 界面剂处理剂； (2) 14厚1:3水泥砂浆打底，两次成活，扫毛或划出纹道； (3) 8厚1:0.15:2水泥石灰砂浆（内掺建筑胶或专业粘结剂），贴外墙砖； (4) 1:1水泥浆勾缝	

图集号：西南04J312

3102		水泥砂浆地面	总厚101/121	
		20厚1:2水泥砂浆面层铁板赶光 水泥砂浆结合层一道—注1 80（100）厚C10混凝土垫层 素土夯实基土	a为80厚混凝土 b为100厚混凝土	
3103		水泥砂浆地面	总厚123	
		20厚1:2水泥砂浆面层铁板赶光 改性沥青一布四涂防水层—注4 100厚C10混凝土垫层找坡找平面赶平 素土夯实基土	有防水层	
3104		水泥砂浆楼面	总厚21 0.4 kN/m²	
		20厚1:2水泥砂浆面层铁板赶光 水泥砂浆结合层一道—注1 结构层		
3105		水泥砂浆楼面	总厚≥44 ≤0.84 kN/m²	
		20厚1:2水泥砂浆面层铁板赶光 改性沥青一布四涂防水层—注4 1:3水泥砂浆找坡层，最薄处20厚 水泥砂浆结合层一道—注1 结构层	有防水层	
3107		水泥砂浆楼面	总厚≥73 ≤1.64 kN/m²	
		20厚1:2水泥砂浆面层铁板赶光 改性沥青一布四涂防水层—注4 C10细石混凝土敷管找坡层，最薄处50厚 结构层	有防水层及敷管层	

(1) 地面及楼面设有敷管层时，敷管层的材料除用C10细石混凝土垫层外，也可采用煤渣混凝土和陶粒混凝土，其强度应≥C10。
(2) 本图集所示敷管层，仅用于敷设D≤20的电路线管，当为其他管线时须另外设计。
(3) 图集主要附注内容如下：
注一：水泥浆水灰比为0.4~0.5。
注二：建筑胶水泥乳液配合比（重量比）为水泥：建筑胶：水=1:0.5~0.8。
注三："干硬性水泥砂浆"即用水量少，拌合后能用手捏成团，落地开花的水泥砂浆，敷设后须加强养护。
注四：本图集防水层按改性沥青一布四涂或二布六涂设计，工程设计时可根据需要另行设计，防水层加筋布若加说明：防水层加筋布若无注明者均为玻纤布，实铺时，墙角、柱角管脚等处均应向上延续防水层150高，门洞处应往外延伸300宽。
注五：腻子配合比（重量比）为：石膏:熟桐油:油性腻子或醇酸腻子：底漆:水=20:5:10:7:45。
注六：清楚基层安装石板后再行砂浆灌注。
注七：砂浆中加入建筑胶，加入量为水泥重20%。
(4) 凡有防水层处楼、地面，在刷防水层前应刷与防水层防水材料相同的基层处理剂。防水层一布四涂总厚度布小于3，二布六涂总厚度布小于5

图集号：西南04J515

页次：4	N07	水泥砂浆喷涂料墙面	燃烧性能等级　B1 总厚度　19
		(1) 基层处理； (2) 7厚1:3水泥砂浆打底扫毛； (3) 6厚1:3水泥砂浆垫层； (4) 5厚1:2.5水泥砂浆照面压光； (5) 喷涂料	说明： (1) 涂料品种、颜色由设计定； (2) 涂料为无机涂料时，燃烧性能为A级；有机涂料湿涂覆比<1.5 kg/m²，为B1级
页次：12	P05	水泥砂浆喷涂料墙面	燃烧性能等级　B1 总厚度　19
		(1) 基层处理； (2) 刷水泥浆一道（加建筑胶适量）； (3) 10，15厚1:1:4水泥石灰砂浆（现浇基层10厚，预制基层15厚）； (4) 3厚1:2.5水泥砂浆； (5) 喷涂料	说明： (1) 涂料品种、颜色由设计定； (2) 适用于相对湿度较大的房间，如水泵房、洗衣房等； (3) 涂料为无机涂料时，燃烧性能为A级；有机涂料湿涂覆比<1.5 kg/m²，为B1级

西南图集参考（节选二）

图集号：西南03J201-1

名称代号	构造简图	备注
屋面泛水 页次：21	⑤ ⑥	(1) 节点5适用于改性沥青或高分子卷材防水层； (2) 屋面与墙连结转角处泛水可做成圆弧（直径>100）或做钝角斜坡（斜面度>100）
分格缝 页次：21	⑧	
女儿墙压顶 页次：44	②	(1) 女儿墙压顶采用现浇C15混凝土浇制； (2) 构造柱内的配筋应伸入与压顶板的钢筋相连接
屋面出入口 页次：51	② A	(1) 节点2为无变形缝做法； (2) 屋面上砖砌踏步表面用1:2.5水泥砂浆粉20厚，长度与A节点长度相同； (3) 2节点适用于室内低于或平与屋面

图集号：西南04J201-2

名称代号	构造简图	备注
屋脊 页次：11	⑤	图集说明（节选）： 八、平瓦，筒板瓦，琉璃瓦屋面瓦材的固定措施： 1. 抗震烈度等级为7度及其以上者，全部瓦材均应采取固定加强措施； 2. 大风地区，全部瓦材均应采取固定加强措施； 3. 六度及非设防者或非大风地区，当屋面坡度大于50%时，全部瓦材均应采取固定加强措施；当屋面坡度为33%~50%(1:3~1:2)时，檐口（沟）处两排瓦和屋脊两侧的各一排瓦应采取固定加强措施； 固定措施：用木挂瓦条者，用40圆钉（或双股18号铜丝）将瓦与木挂条订（绑）牢；用钢挂条者，用双股18号铜丝将瓦与φ6钢筋绑牢。当屋面坡度≤50%者，可用18号镀锌铝铅丝替铜丝。

图集号：西南04J112

名称代号	构造简图	备注
外墙缝处理 页次：45	⑨	B为80~150
外墙缝盖缝板 页次：48	⑧ ⑩	盖缝板为3厚铝皮

图集号：西南04J412

名称代号	构造简图	备注
预埋件与扶手的连接 页次：23	⑥ ④	
预埋件 页次：23	⑥	

西南图集参考（节选三）

图集号：西南04J412

名称代号	构造简图	备注
护窗栏杆	金属栏杆 ①a（窗宽，按净间距≤110排匀，180，180，950(1 000)(1 150)，50）不锈钢扶手，φ38.1不锈钢管 δ=1.5；A（不锈钢钢管扶手，窗户，φ38.1不锈钢管 δ=1.5，950(1 000)，楼板预留筋用C20混凝土，现浇踢脚或楼梯一起现浇，1-1）；金属扶手（M-4，60，60） 页次：53	(1) 护窗栏杆1a用于多层建筑，高度不小于1 050；(2) 栏杆的扶手颜色及踢脚装修面层按工程设计
栏杆与楼梯踏步连接详图 页次：56	③（方钢、圆钢或扁钢，b/2 b/2，3，3-3，3）	(1) 假设楼梯踏步的宽度为b；(2) 踏步中心线系装修面层边际线间的中心线；(3) 钢内套管外径=不锈钢管内径-2，δ=2.5
预埋件详图 页次：57	M-4（100，20，60，20，4），4-4（100，20，60，20，6，2φ8钢筋）	
金属扶手详图 页次：58	①ad（注一，6）	(1) a：外径φ50的钢管扶手，δ=2.5；b：外径φ75的钢管扶手，δ=2.5；c：外径φ50.8的钢管扶手，δ=1.5；d：外径φ76.2的钢管扶手，δ=1.5；(2) a、c扶手用于住宅、小学、幼托建筑；b、d扶手用于其他民用建筑

图集号：西南04J517

名称代号	构造简图	备注
蹲便器 页次：34	1.ab 1.ab；1-1a 适用于地面，1-1b 适用于楼面（地面粘贴材料，1:1水泥砂浆结合层，20厚1:2.5水泥砂浆找平层，素土夯实，1:6水泥炉渣找1%坡，坡向地漏，厚度按工程设计，防水层详见单体设计，20厚1:2.5水泥砂浆找平层，60厚C10混凝土垫层，素土夯实，楼板结构层）；②适用于地面 ③适用于楼面	
地漏 页次：34	④适用于楼面 ⑤适用于地面（聚氨酯嵌缝 i=1%，60 D 60）	

住宅厨房变压式排风系统设计选用参考表

用途	序号	选用型号	适用建筑层数（实际用户层数）	层高/mm	自重/kg	排气道壁厚/mm	界面外形尺寸 a×b/mm×mm	楼板预留洞尺寸/mm 排烟气道不靠墙时	排烟气道一面或两面靠墙时	无动力排气风帽底座尺寸/mm
厨房	1	BPSA-1	≤6层	2 800	47.5	10	250×250	350+350	350+300	φ300
	2	BPSA-2	≤12层		52.4	10	350×250	350+420	300+420	φ300
	3	BPSA-3	≤18层		64.7	10	400×300	400+500	350+500	φ450
	4	BPSA-4	≤24层		121	15	500×350	450+600	400+600	φ600
	5	BPSA-5	≤33层		128	15	500×400	500+600	450+600	φ600

西南图集参考（节选四）

图集号：西南04J812

名称代号	构造简图	备注
暗沟 页次：3	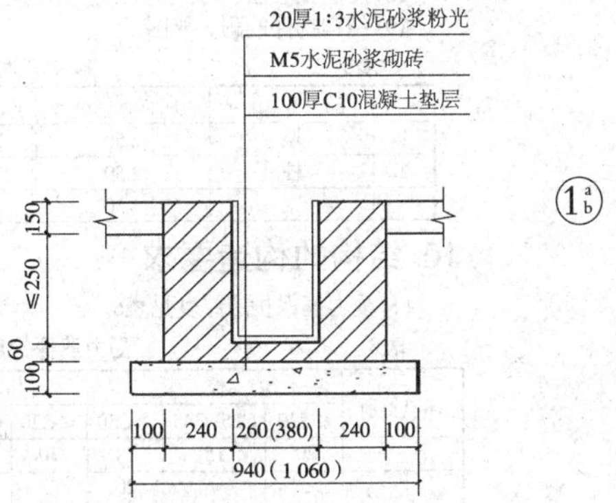 20厚1:3水泥砂浆粉光 M5水泥砂浆砌砖 100厚C10混凝土垫层 ①ᵃ/ᵇ ≤250　150　150 60　100 100　240　260(380)　240　100 940（1 060）	(1) 明暗沟纵向排水坡度为0.5%，当坡高超过本节点的规定时，按工程设计； (2) 明沟穿过斜道、踏步、花台、花池等应加C20混凝土盖板； (3) 编号为a用于建筑四周，编号为b用于人行道； (4) b为图中括号内尺寸； (5) 所有排水沟基土用黏土加碎砖、石、卵石夯实
散水 页次：4	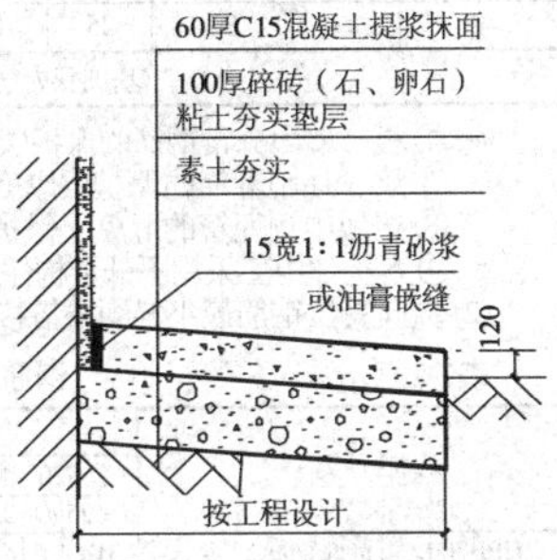 60厚C15混凝土提浆抹面 100厚碎砖（石、卵石） 粘土夯实垫层 素土夯实 15宽1:1沥青砂浆 或油膏嵌缝 120 Ⓐ 按工程设计	(1) 散水长度超过50 m时设散水伸缩缝； (2) 地下水位据室外地面小于1.50 m时，素土夯实层宜改用300~400厚天然级配砂石夯实
踏步 页次：7	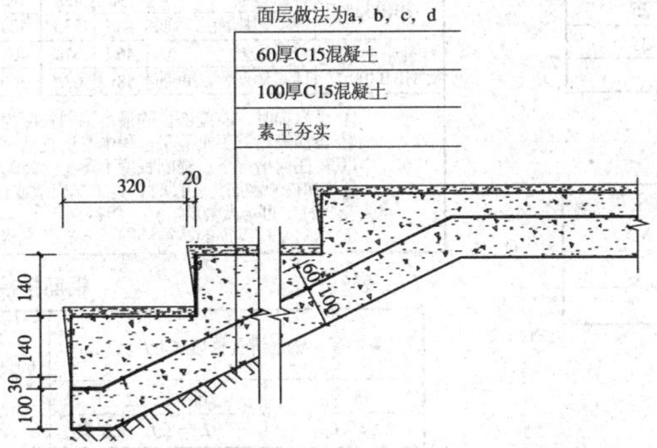 面层做法为a、b、c、d 60厚C15混凝土 100厚C15混凝土 素土夯实 320　20 140 140 100　30	面层做法 a：1:2水泥砂浆； b：水磨石面； c：防滑地砖； d：花岗石

图集引用说明：
(1) 本套图中所选用的节点大样和做法均选自西南标准图集；
(2) 引用的部分图集只与本套图相关；
(3) 本图集单位只有米（m）和毫米（mm），未标明单位默认为毫米（mm）。

2.2.3 结构工程施工图

结构设计说明(一)

1. 工程概述

(1) 本工程为××街道办××统建安置小区6#楼。该建筑物层数为6层;结构总高为20.30 m;使用性质为住宅楼。

(2) 本工程主体结构形式为砖混结构,地基采用复合地基,基础形式为条形基础。

2. 建筑结构的安全等级、设计使用年限及抗震等级

(1) 建筑结构安全等级:二级。

(2) 结构设计安全使用年限:50年。

(3) 建筑耐火等级:二级。

(4) 地基基础设计等级:丙级。

(5) 建筑抗震设防类别:丙类。

(6) 砌体施工等级:B级。

3. 自然条件

(1) 基本风压:w_0=0.30 kN/m²类。

(2) 基本雪压:s=0.10 kN/m²,地面粗糙度类别:B。

(3) 建筑场地类别:Ⅱ类。

(4) 地震基本烈度:7度;抗震设防烈度:7度(0.10 g);设计地震分组:第一组。

(5) 场地的工程地质及地下水条件:
① 本工程根据业主提供的《××统建安置小区二期》岩土工程勘察报告进行设计。
② 本工程地基土的工程地质特征详见地质勘察报告。
③ 本工程地下水埋深为5.7~6.2 m。
④ 地勘表明,地下水、地基土对混凝土及钢筋混凝土中的钢筋无腐蚀作用。

4. 结构设计的±0.000绝对标高同建筑设计的±0.000绝对标高

5. 本工程结构设计遵循的标准规范及规程

(1)《建筑结构可靠度设计统一标准》(GB 50068—2001)。

(2)《建筑抗震设防分类标准》(GB 50223—2008)。

(3)《建筑地基基础设计规范》(GB 50007—2011)。

(4)《建筑结构荷载规范》(2006年版)(GB 50009—2012)。

(5)《混凝土结构设计规范》(GB 50010—2010)。

(6)《建筑抗震设计规范》(GB 50011—2010)。

(7)《砌体结构设计规范》(GB 50003—2011)。

(8)《冷扎带肋钢筋混凝土结构技术规程》(JGJ 95—2011)。

(9)《建筑制图标准》(GB/T 50105—2010)。

本工程按现行国家设计标准进行设计,施工时除应遵守本说明及各设计图纸说明外,尚应严格执行现行国家及工程所在地区的有关规范或规程。

6. 设计计算程序

(1) 结构整体分析计算:建筑结构平面计算机设计软件PKPM,版本2006年5月。

(2) 基础计算:PKPM系列基础设计软件JCCAD。

7. 使用和施工荷载限制

(1) 本工程使用和施工荷载标准值(kN/m²)不得大于表1(恒载均不包含结构自重)。

表1 荷载标准值

序号	功能房间	恒载标准值	活载标准值	序号	功能房间	恒载标准值	活载标准值
1	客、餐厅	1.70	2.5	5	阳台	1.70	2.5
2	卧室	1.50	2.0	6	楼梯间	1.50	2.0
3	厨房主卫	1.70	2.0	7	非上人屋面	2.70	0.5
4	坐式卫生间	1.70	2.5	8	上人屋面	3.60	2.0

(2) 楼梯、阳台、上人屋面栏杆应选用标准图中顶部能承受水平荷载为1.0 kN/m的栏杆。

8. 地基、基础

(1) 基础方案:本工程采用墙下条形基础,采用振冲碎石桩人工复合地基作为基础持力层。复合地基承载力特征值f_{ak}>220 kPa,压缩模量不小于13,地基承载力应通过检测确定。

(2) 施工开挖基坑时应注意边坡稳定,定期观测基坑对周围道路市政设施和建筑物有无不利影响,非自然放坡开挖时基坑护壁应做专门设计。

(3) 基坑开挖时严禁超挖相邻建筑物、构筑物基础,且应有可靠措施确保基坑边坡稳定安全。

(4) 基础施工前应进行坑探、验槽,如发现土质及勘察报告不符时,须会同建设、勘察、设计、施工及监理各单位共同协商研究处理。验槽通过后,应立即进行下道工序,防止爆晒或雨水浸泡造成基土破坏。

(5) 基础回填土及位于设备基础、地面、散水、踏步等基础之下的回填土采用素土(或灰土)分层对称回填压实,每层厚度≤200 mm,压实系数≥0.94。

(6) 防潮层用1:2水泥砂浆掺5%水泥重量的防水剂,厚20 mm。

(7) 底层内隔墙,非承重墙(高度≤4 000 mm)可直接砌筑在混凝土地面上,作法见(图一)。

(8) 除本说明外,尚应满足本工程勘察报告的其他要求。

(9) 本工程应进行沉降观测,应按《建筑变形测量规程》(JGJ/T 8—97)中的有关要求执行,且应由有相应资质的单位承担。

9. 主要结构材料(详图中注明除外)

(1) 钢筋及钢材:
① 钢筋采用HPB300级钢ϕ;HRB335级钢筋Φ;HRB400Φ级钢筋、冷扎带肋钢筋CRB550ϕ^R。
② 钢板、型材采用Q235B级钢。
③ 预埋钢板采用Q235B级钢。
④ 钢筋用钢材应具有抗拉强度、屈服强度、伸长率和硫、磷含量的合格保证;对焊接钢结构用钢材,尚应具有碳含量、冷弯试验的合格保证。

(2) 混凝土强度等级见表2。

表2 混凝土强度等级

序号	构件或部位	混凝土强度等级	序号	构件或部位	混凝土强度等级
1	素混凝土条基	C15	4	过梁	C25
2	现浇梁、现浇板	C25	5	其他未标注现浇构件	C25
3	构造柱	C25			

(3) 砌体(烧结页岩多孔砖)强度等级见表3。

表3 砌体强度等级

砌体标高范围	砖强度等级	砂浆强度等级	砌体标高范围	砖强度等级	砂浆强度等级
2.970以下	MU15	M10	零星砌体	MU10	M5
2.970至8.970	MU10	M7.5			
8.970以上	MU10	M5			

备注:防潮层以下为水泥砂浆 防潮层以上为混合砂浆标高±0.000以下采用实心砖

(4) 所有结构材料的强度标准值应具有不低于95%的保证率。

(5) 混凝土结构环境类别及耐久性的基本要求:
① 混凝土结构环境类别为二(a)类;±0.00以上为一类。
② 混凝土结构耐久性的基本要求如表4所示。

表4 结构耐久性表

一类,二类,三类环境中,使用年限为50年的结构混凝土耐久性的基本要求				
环境类别	最大水灰比	最小水泥用量/(kg·m⁻³)	最大氯离子含量/%	最大碱含量/(kg·m⁻³)
一	0.65	225		不限制
二 a	0.60	250	0.3	3.0
二 b	0.55	275	0.2	3.0
三	0.50	300	0.1	3.0

(6) 焊条:HPB300级钢采用E43×型,HRB335级钢采用E50×型,钢筋与型钢焊接随钢筋定焊条。

(7) 油漆:所有外露的钢铁件表面(包括仅有装修面层包覆的钢表面)均应除锈后涂防锈漆,面漆两道,并经常注意维护。

(8) 屋面找坡层:填充材料见建筑做法,容重≤14 kN/m³。

(9) 结构构件的耐火极限。

表5 耐火极限

序号	部位或构件	耐火极限/h	序号	部位或构件	耐火极限/h
1	墙	2.50	4	现浇板	1.00
2	柱	2.50			
3	梁	1.50			

10. 结构的构造要求

(1) 受力筋保护层厚度见表6。

表6 受力筋保护层厚 mm

环境类别	墙、板、壳			梁			柱		
	≤C20	C25~C45	≥C50	≤C20	C25~C45	≥C50	≤C20	C25~C45	≥C50
一	20	15	15	30	25	25	30	30	30
二 a	-	20	20	-	30	30	-	30	30
二 b	-	25	20	-	35	30	-	35	30
三	-	30	25	-	40	35	-	40	35
基础受力筋保护层厚度为40									

注:① 板、墙中分布钢筋的保护层厚度为表中相应数值减10 mm,且不应小于10 mm。
② 梁、柱中箍筋的保护层厚度不应小于15 mm。
③ 梁板中预埋管的保护层厚度不小于30 mm。
④ 各构件中应采用不低于构件强度等级的素混凝土垫块来控制钢筋的保护层厚度。

(2) 纵向受拉钢筋最小锚固及搭接长度见表7。

表7 钢筋锚固长度

钢筋种类		受拉钢筋的最小锚固长度L_a							
		C20		C25		C35		≥C40	
		d≤25	d>25	d≤25	d>25	d≤25	d>25	d≤25	d>25
HPB300	普通钢筋	31d	31d	27d	27d	24d	24d	22d	22d	20d	20d
HRB335	普通钢筋	39d	-	34d	37d	30d	34d	25d	27d
	环氧树脂涂层钢筋	48d	53d	42d	46d	37d	41d	31d	34d
冷轧带肋钢筋	普通钢筋	46d	51d	40d	44d	36d	39d	33d	36d
HRB400	环氧树脂涂层钢筋	58v	61d	50d	55d	45d	48d	41d	45d	37d	41d

注:① 当弯锚时,有弯折部位的最小锚固长度为≥0.4l_a+15d,见各类构件的标准构造详图。
② 当钢筋在混凝土施工过程中易受扰动(如滑模施工)时其锚固长度应乘以修正系数1.1。
③ 在任何情况下,锚固长度不得小于250 mm。
④ HPB300钢筋为受拉时,其末端应做成180°弯钩。弯钩平直段长度不应小于3d。当为受压时,可不做弯钩。
⑤ 纵向受拉钢筋的抗震锚固长度L_{aE},三级抗震设时L_{aE}=1.05La。

表8 钢筋搭接长度

纵向受拉钢筋绑扎搭接长度L_{lE}、L_l			(1) 当不同直径的钢筋搭接时,L_{lE}与L_l值按较小的直径计算。
	抗震	非抗震	(2) 在任何情况下L_l值不应小于300 mm。
	$L_{lE}=\zeta L_{aE}$	$L_l=\zeta L_a$	(3) 式中ζ为搭接长度修正系数(见下表)。

纵向钢筋搭接接头面积百分率/%	≤25	50	100
纵向受拉钢筋搭接长度修正系数ζ	1.2	1.4	1.6

一级注册建筑师	××建筑设计公司	建设单位	××县人民政府××街道办事处	
		工程项目	××统建安置小区	子项名称 二期-6#楼
注册姓名	专业负责人			HT2007-CD23-J06
印章号码	校 核	结构设计总说明一		
证书号码	设 计		图别 张次 张数	结施 01 8
				×年×月

结构设计说明(二)

(3) 钢筋接头应优先选用机械连接，也可选用绑扎搭接或焊接，受力钢筋接头应在受力较小处，接头的类型及质量应符合《混凝土结构施工及验收规范》(GB 50204－2002)(2011版)及《钢筋机械连接通用技术规程》、《钢筋焊接及验收规程》的有关规定。

(4) 砖混结构的抗震构造按下页表(二)选用标准图西南03G 601相应节点并参照03G 329-3施工。

(5) 混凝土梁、过梁的构造要求：

① 现浇梁内严禁竖向穿水电管道，水平垂直梁侧面穿管或预埋件须经设计许可，并严格按设计图纸要求设置，按表10中图六施工且加设钢套管；

② 图中用剖面表示的梁其支座构造如表10中图九所示，当边支座为构造柱时，梁钢筋应锚入构造柱并满足锚固长度；

③ 主次梁相交处在主梁上的附加箍筋按表10中图三施工，附加箍筋肢数同主梁箍筋；

④ 洞口小于800 mm且未设过梁的做钢筋砖过梁，配3φ8；

⑤ 门窗过梁与其他构件相碰时，过梁现浇(上部修改同下部钢筋)，过梁的标志长度按洞口实际宽度修改；

⑥ 后砌隔墙的洞口过梁采用所选图集中相应洞口宽度的零级过梁，梁高同墙厚。

(6) 楼板及屋面板的构造要求：

① 楼板顶面结构标高比同层建筑标高低30 mm。

② 图中现浇板底钢筋的布置为短向筋在下，长向筋在上。

③ 图中现浇板分布钢筋为φ 6.5@250。

④ 图中φ 6的钢筋表示直径为φ 6.5的钢筋。

⑤ 现浇板钢筋在梁内的锚固及板面钢筋边支座锚固长度见图二。

⑥ 现浇楼板的各工种预留洞口见各工种施工图，板开孔宽度直径小于300 mm板钢筋弯绕洞口；板开孔宽度(直径)在300～800 mm时板附加筋见表10中图五。

⑦ 厨卫间在周边浇120 mm高素混凝土反口，反口宽120 mm。

⑧ 一层至屋面厨(卫)间现浇板排风道处构造如图四所示。

⑨ 板内预埋管线时其预埋管道外径应小于h/3 (h为板厚)，管道之间的净距离应大于80 mm，铺设管线应放在板底钢筋之上和板上部负筋之下。且管线的混凝土保护层应大于等于40。当管线部无负筋时，须在与预埋管道垂直的方向设置防裂钢网φ6@200，且钢筋在管线两侧的伸出长度均不小于250，设于板顶。

⑩ 所有现浇板于240厚墙体支座处按表10中图十三增设加强钢筋并应锚入构造柱内满足L，或与相邻加强筋满足搭接长度。

⑪ 外露的雨罩、挑檐、挑板、天沟应每隔10～15 m设10 mm宽的缝，钢筋不断，缝用沥青麻丝塞填。

(7) 砖墙内埋管的构造要求：

① 管径40～100的水电管线水平入墙内时采用表10中图七构造。

② 水平暗埋直径小于40水管时，表10中预制图十所示C20混凝土块，双面水平暗埋按表10中图十一预制，当为两根水平管时，用括号内尺寸。

③ 管径40～100的水电管线竖直埋入墙内时采用表10中图八构造，且须先铺设管道后砌墙。

④ 直径小于40水管竖直埋入墙内时，不多于3根按表10中图八构造，多于3根按表10中图十二构造。

11. 施工、制作及其他

(1) 必须严格按图纸及有关规范、规程施工。本结构施工图应与建筑、电气、给排水、通风、空调和动力等专业的施工图密切配合，及时铺设各类管线及套管，并核对留洞及预埋件位置是否准确。设备基础待设备到货经校对无误后方可施工。

(2) 各楼层未特殊注明的墙应先砌墙后浇梁柱。

(3) 施工期间应采取有效措施防止围护墙被风刮倒。

(4) L>4 m的板，要求支撑时起拱L/400(L为板跨)；L>4 m的梁，要求支模时跨中起拱L/400 (L为梁跨)；L>10 m的梁，要求支撑时跨中起拱L/300 (L为梁跨)；悬挑长度L>2m的挑梁，要求支模时悬挑起拱L>200；悬挑长度L>1.2m的挑板，要求支模时悬挑起拱L/200；悬挑长度L>4 m的挑梁，要求支模时悬挑起拱L/150。任何情况下起拱高度不小于20 mm。

(5) 施工中各工种要密切配合，各工种的预埋件和洞口见各工种施工图；严禁在已施工完的结构构件上乱凿乱砸。

(6) 柱与梁相交处(节点核心区)必须精心施工，混凝土一定要振捣密实，当顶部钢筋较密，使用振捣器有困难时，应用手工仔细振捣。

(7) 悬挑板必须待混凝土强度达到100%设计强度后，方可拆除底模。

(8) 钢筋、水泥除必须有出厂证明外，还须专门抽样检验，质量合格方可使用，并应做好试块的制作与实验和隐蔽工程的验收。

(9) 雨季施工时，须采取有效措施，确保工程质量。

(10) 若总说明中内容与详图中的内容不符或矛盾时，以各详图为准。

(11) 支撑钢筋的形式可用φ8钢筋制成冂形，每平方米设置三个。

(12) 凡下面有吊顶的混凝土板，均须预留钢筋，做法详见有关建施图。

(13) 楼梯栏杆与混凝土梁板的连接及其预埋件，详见有关建施图。

(14) 本工程防雷部分应配合电气专业实施。凡作为防雷接地引下线用的主钢筋与避雷带和基础底板的主筋相连接时均应采用焊接接头，以形成良好的电气回路，接地引下线位置及做法见电气施工图。

(15) 未详事项依照国家现行的规范和规程执行。

(16) 计量单位(除注明外)：

① 长度：mm(毫米)；

② 角度：°(度)；

③ 标高：m(米)；

④ 强度：N/mm²(牛顿/平方毫米)；

⑤ 时间：h(小时)。

(17) 未交代的大样及建筑线条做法均见相关建筑图。施工时施工人员应对照建筑施工图相应结点施工，凡在现浇构件上的建筑线条应同结构构件一次浇筑。

(18) 未经技术鉴定或设计许可，不得改变结构的用途和使用环境。

(19) 结构说明书的解释权在设计公司，对本设计有疑问和不同建议者请与该工程专业负责人联系。

(20) 本工程施工图必须通过施工图审查合格盖章后方可施工。

表9 图纸目录

标准图集目录

图纸目录

一级注册建筑师	××建筑设计公司		建设单位	××县人民政府××街道办事处	
			工程项目	××统安置小区	子项名称 二期-6#楼
注册姓名	专业负责人				HT2007-CD23-J06
印章号码	校 核		结构设计总说明二		图别 张次 张数
证书号码	设 计				结施 02 8
					×年×月

结构设计说明（三）

表10　补充的构造节点选用表

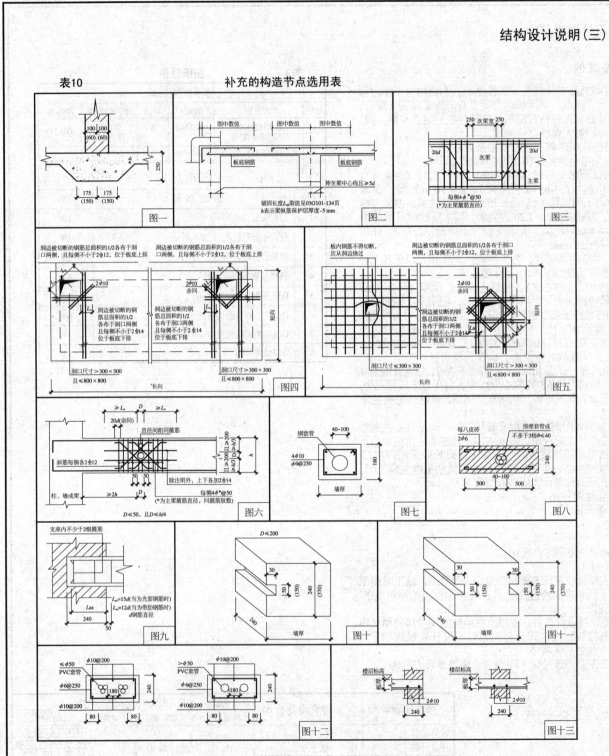

图一　图二　图三
图四　图五
图六　图七　图八
图九　图十　图十一
图十二　图十三

表11　抗震构造选用表

构造部位	详图结点	施工图选用节点	构造部位	详图结点	施工图选用节点
基础埋深不同时的处理	见17页		现浇板与墙体连接	77	●
基础圈梁	1,3,5/17　2,4,6/17	●	板与圈梁、墙体的连结	78,79/80	●
<1 000宽的窗间墙	1,2,3/20　4,5/20	●	>4 800预制板与圈梁、墙体连接	81	●
构造柱立面构造	22	●	≤4 800预制板与圈梁、墙体连接	83	●
构造柱与地圈梁连接	23,24/44	●	4.8~12 m梁与圈梁、墙体连接	84,85	●
构造柱与墙体连接	26,27/46,47	●	外廊横梁与圈梁、墙体连接	86	●
构造柱与现浇梁连接	28,29/48,49	●	外廊挑梁与圈梁、墙体连接	15~17/87	●
构造柱与预制梁连接	30,31/50,51	●	天沟、挑板与圈梁、墙体连接	89,90	●
构造柱与楼盖圈梁连接	33,34/35,36/37　15,16,17/37	●	女儿墙构造柱详图	91,93	●
构造柱与楼盖圈梁连接	53~58/59　18,19/59	●	砖砌阳台栏板的连接	96	●
构造柱与屋盖圈梁连接	18/37　20/59	●	砌块阳台栏板的连接	97	●
构造柱在垫层上	5,6/42	●	外廊栏板的连接	98	●
构造柱屋盖节点	38,39/40	●	后砌砖墙连接	99,100	●
构造柱与上下圈梁连接	41		砌块隔墙连接	101	
大洞口两侧构造柱	7/42		石膏板隔墙连接	102	
大房间组合砖柱详图	73		聚苯乙烯夹芯板隔墙连接	103	
圈梁详图	74,75	●			
外墙角及内墙交接处配筋	18	●			

注：施工过程中还存在二次选标准图节点的过程，其选用原则是依据本表中的图集为建筑抗震构造详图(砖墙楼房)(03G329-3)建筑和结构所采用的材料、抗震烈度、部位和构件详图进行选用。

结构总说明解读：

(1) 结构总说明是对本套结构图的统一说明，用文字和图结合的方式对后面的结构图的详细做法加以概括式解释和说明。

(2) 结构设计说明从工程概述、建筑结构的安全等级、设计使用年限及抗震等级、自然条件、标高和标准规范及规程、设计计算程序、使用和施工荷载限制、地基和基础、主要结构材料、结构的构造要求、施工、制作及其他等方面对结构图中加以解释和补充，简化了需要在图中表示的东西，使结构图的画面整洁清晰，更有利于施工方对图纸的学习。

一级注册建筑师	××建筑设计公司	建设单位	××县人民政府××街道办事处		
注册姓名	专业负责人	工程项目	××统建安置小区	子项名称	二期-6#楼
印章号码	校　核	结构设计总说明三		图别 结施	张次 03
证书号码	设　计			张数 8	×年×月

TH2007-CD23-J06

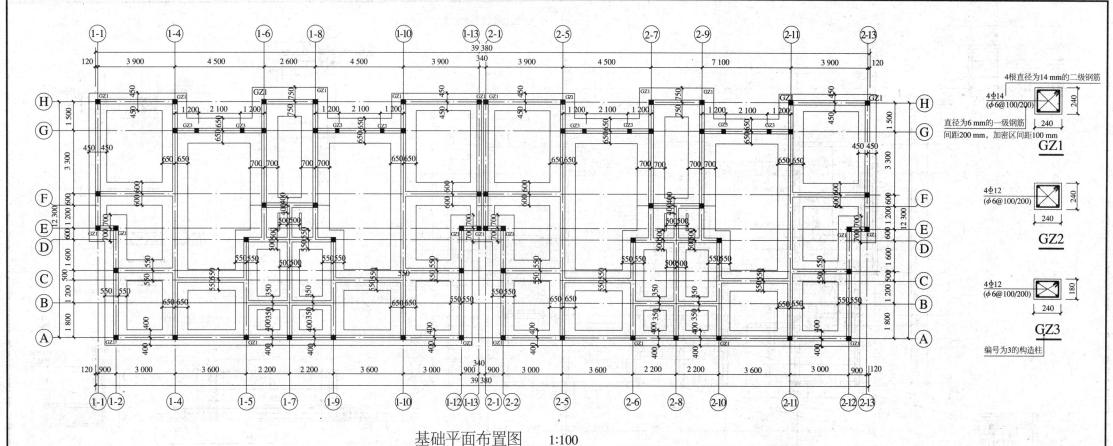

基础平面布置图　1:100

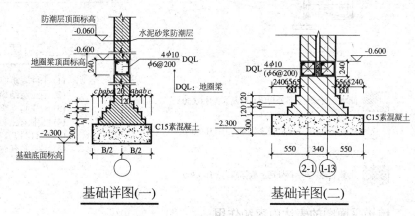

条形基础（一）参数表

B	$m \times a$	$n \times b$	c	$m \times h_1 + n \times h$
700	1×65		165	1×120
800	1×65		215	1×120
900	2×65	1×60	140	$2 \times 120 + 1 \times 60$
1 000	2×65	1×60	190	$2 \times 120 + 1 \times 60$
1 100	2×65	1×60	240	$2 \times 120 + 1 \times 60$
1 200	3×65	2×60	165	$3 \times 120 + 2 \times 60$
1 300	4×65	2×60	125	$4 \times 120 + 2 \times 60$
1 400	4×65	3×60	140	$4 \times 120 + 3 \times 60$
1 500	4×65	3×60	190	$4 \times 120 + 3 \times 60$

注：①图中未注明构造柱为GZ2。
　　②图中未注明墙体厚度为240 mm厚。
　　③上部没有墙体部位处相应基础伸至地圈梁止。
　　④构造柱与基础连接做法选用图集西南03G601，24页。

本页解读：

(1) 本图的基础平面图属于典型的砖混建筑的条形基础。

(2) 纵横向定位轴线及编号、轴线尺寸参考同套的建筑施工图。

(3) 基础详图上用水泥砂浆做水平防潮层。并用C15素混凝土做300 mm厚的基础垫层。

(4) 构造柱的种类共三种，并在图上用大样表示出了构造柱的配筋。

(5) 条形基础参数表当中罗列出了条形基础用到的参考数据，只用了两个大样来表示，大大减少了大样的数量，同时将所需要表达的数据表示清楚。

基础详图(一)

基础详图(二)

一级注册建筑师	××建筑设计公司		建设单位	××县人民政府××街道办事处		
			工程项目	××统建安置小区	子项名称	二期-6#楼
注册姓名		专业负责人			HT2007-CD23-J06	
印章号码		校　核		基础平面布置图	图别 张次 张数	
证书号码		设　计			结施 04 8	
					×年×月	

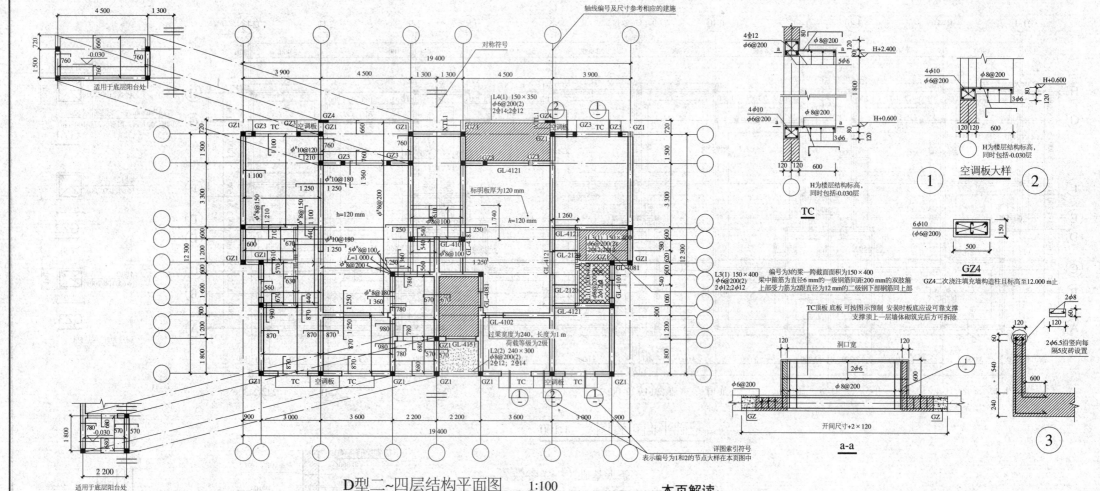

D型二~四层结构平面图　1:100

说明：(1) 未注明板厚均为100 mm。
(2) 相应层结构标高分别为2.970、5.970、8.970。
(3) 未注明支座负筋为$\phi^R 8@200$，未注明板底钢筋为$\phi^R 6@140$
(4) 图中未注明构造柱为GZ2。
(5) 所有240墙处现浇板均设加强钢筋按总说明图十三执行。
(6) 图中所有$\phi 6$均为$\phi 6.5$。

此填充图案表示该处现浇板标高为：H-0.050

此填充图案表示该处现浇板标高为：H-0.080

用材料填充来表示标高

此填充图案表示该处现浇板标高为：H-0.300

结构平面图的表达内容和作用

(1) 结构平面图主要表示各层梁、板、柱、过梁和圈梁等平面布置情况，以及现浇楼板、梁的构造与配筋情况及构件之间的结构关系。
(2) 结构平面图的主要作用是为施工中安装梁、板、柱等各种构件提供依据，同时为现浇构件立模板、绑扎钢筋、浇筑混凝土提供依据。

本页解读：

(1) 本页图是二~四层结构平面布置图。轴线编号参考上页基础图。同层左右对称，以对称符号分隔。
(2) 各个房间板的厚度见说明。没有标明板厚的房间区域为板厚120 mm。
(3) 图中标明各板钢筋的布置情况。板中的钢筋弯钩向下的，放在板的上部；弯钩向上的，放在板的底部。
(4) 各板顶结构标高一般比相应的建筑标高少30 mm，阳台等用材料填充来表示标高。
(5) 构造柱的类型有3种。本页图中构造柱钢筋参考基础平面图中构造柱详图。
(6) 门窗洞口上方过梁示意为：GL表示过梁，GL-4121中，4表示过梁的宽度为240 mm，12表示过梁的长度为1.2 m，1表示过梁等级为1级。
(7) 砖混中的梁的数量和钢筋配置。阳台封口梁L2和L4，在板上直接砌筑墙体时下方加设的梁L1和L3。

一级注册建筑师	××建筑设计公司	建设单位	××县人民政府××街道办事处		
注册姓名	专业负责人	工程项目	××统建安置小区	子项名称	二期-6#楼
印章号码	校　核		D型二~四层结构平面图		HT2007-CD23-J06
证书号码	设　计			图 别 结 施	张次 05 张数 8
				×年×月	

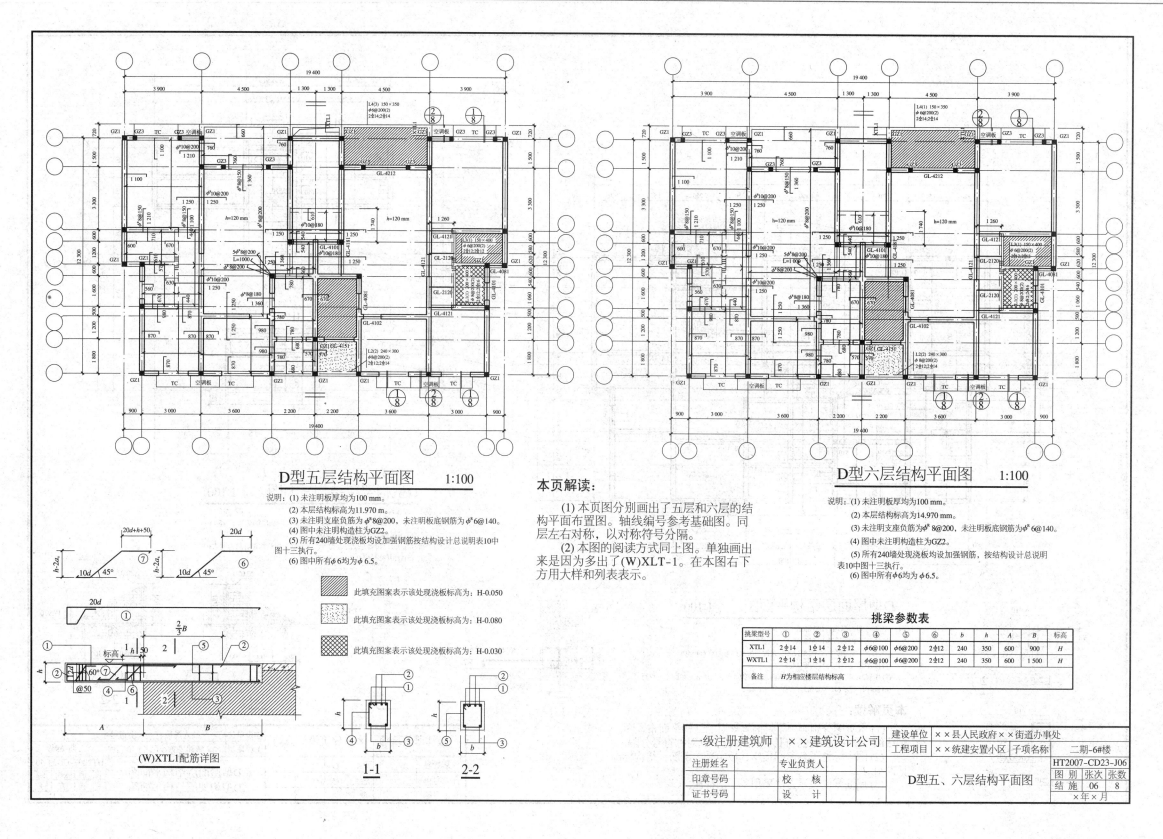

本页解读：

(1) 本页图分别画出了五层和六层的结构平面布置图。轴线编号参考基础图。同层左右对称，以对称符号分隔。

(2) 本图的阅读方式同上图。单独画出来是因为多出了(W)XLT-1。在本图右下方用大样和列表表示。

挑梁参数表

挑梁型号	①	②	③	④	⑤	⑥	b	h	A	B	标高
XTL1	2Φ14	1Φ14	2Φ12	φ6@100	φ6@200	2Φ12	240	350	600	900	H
WXTL1	2Φ14	1Φ14	2Φ12	φ6@100	φ6@200	2Φ12	240	350	600	1 500	H
备注	H为相应楼层结构标高										

一级注册建筑师	××建筑设计公司	建设单位	××县人民政府××街道办事处
注册姓名	专业负责人	工程项目	××统建安置小区 子项名称 二期-6#楼
印章号码	校 核	D型五、六层结构平面图	HT2007-CD23-J06
证书号码	设 计		结施 06 8 ×年×月

145

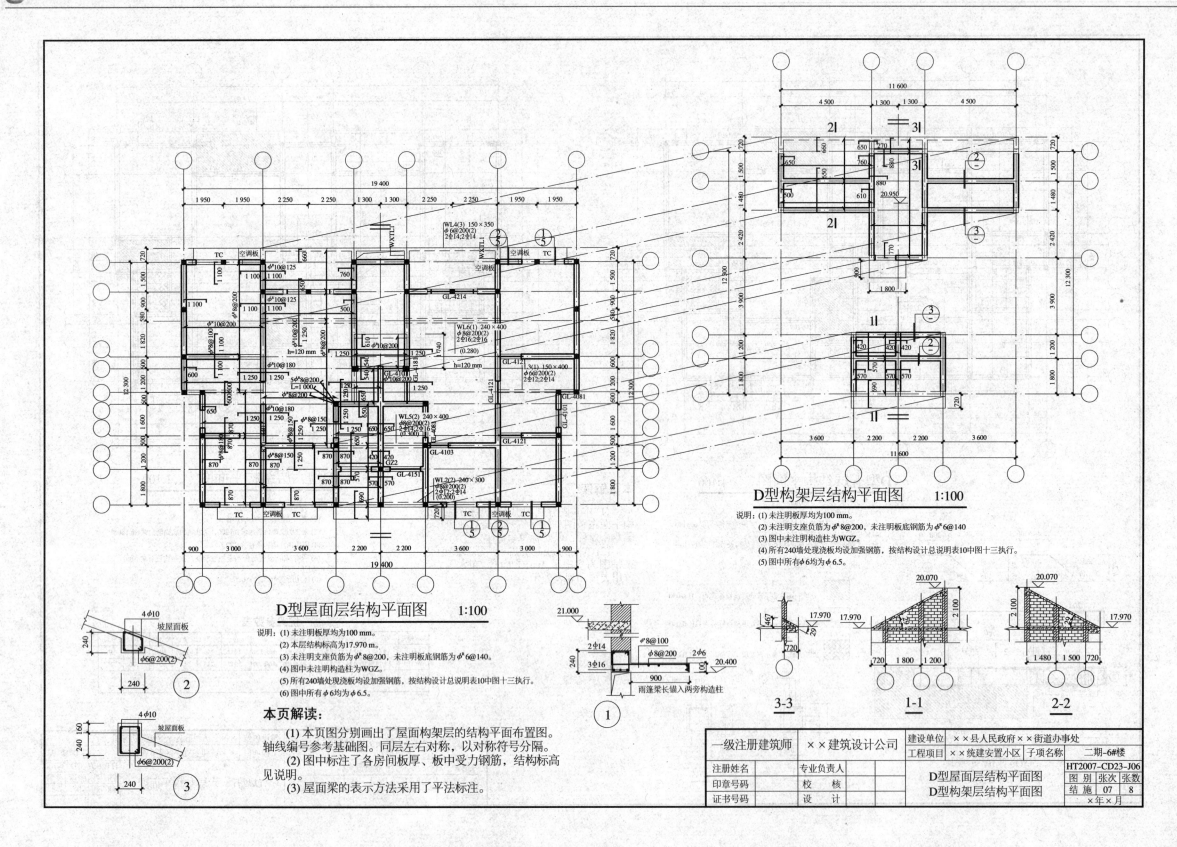

D型构架层结构平面图   1:100

说明：(1) 未注明板厚均为100 mm。
(2) 未注明支座负筋为ϕ^k8@200，未注明板底钢筋为ϕ^k6@140。
(3) 图中未注明构造柱为WGZ。
(4) 所有240墙处现浇板均设加强钢筋，按结构设计总说明表10中图十三执行。
(5) 图中所有ϕ6均为ϕ6.5。

D型屋面层结构平面图   1:100

说明：(1) 未注明板厚均为100 mm。
(2) 本层结构标高为17.970 m。
(3) 未注明支座负筋为ϕ^k8@200，未注明板底钢筋为ϕ^k6@140。
(4) 图中未注明构造柱为WGZ。
(5) 所有240墙处现浇板均设加强钢筋，按结构设计总说明表10中图十三执行。
(6) 图中所有ϕ6均为ϕ6.5。

本页解读：
(1) 本页图分别画出了屋面构架层的结构平面布置图。轴线编号参考基础图。同层左右对称，以对称符号分隔。
(2) 图中标注了各房间板厚、板中受力钢筋，结构标高见说明。
(3) 屋面梁的表示方法采用了平法标注。

一级注册建筑师	××建筑设计公司	建设单位	××县人民政府××街道办事处
		工程项目	××统建安置小区	子项名称	二期-6#楼
注册姓名	专业负责人		D型屋面层结构平面图	HT2007-CD23-J06
印章号码	校核			图别 张次 张数
证书号码	设计		D型构架层结构平面图	结施 07 8
				×年×月

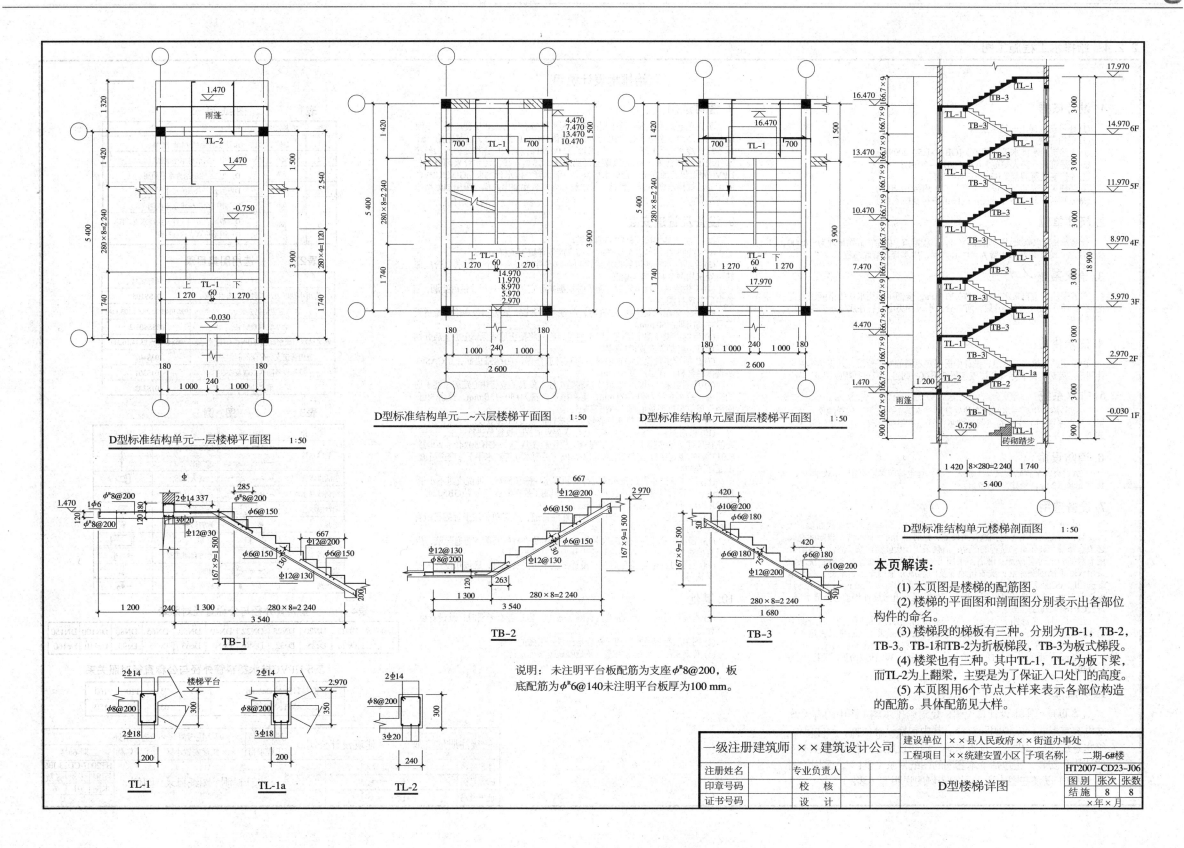

D型标准结构单元一层楼梯平面图　1：50

D型标准结构单元二~六层楼梯平面图　1：50

D型标准结构单元屋面层楼梯平面图　1：50

D型标准结构单元楼梯剖面图　1：50

TB-1

TB-2

TB-3

说明：未注明平台板配筋为支座φ^R8@200，板底配筋为φ^R6@140未注明平台板厚为100 mm。

TL-1　　　TL-1a　　　TL-2

本页解读：

(1) 本页图是楼梯的配筋图。

(2) 楼梯的平面图和剖面图分别表示出各部位构件的命名。

(3) 楼梯段的梯板有三种。分别为TB-1，TB-2，TB-3。TB-1和TB-2为折板梯段，TB-3为板式梯段。

(4) 楼梯也有三种。其中TL-1，TL-1a为板下梁，而TL-2为上翻梁，主要是为了保证入口处门的高度。

(5) 本页图用6个节点大样来表示各部位构造的配筋。具体配筋见大样。

一级注册建筑师	××建筑设计公司	建设单位	××县人民政府××街道办事处	
注册姓名		专业负责人	工程项目	××统建安置小区	子项名称	二期-6#楼
印章号码		校　核			HT2007-CD23-J06	
证书号码		设　计	D型楼梯详图	图别 结施	张次 8	张数 8

2.2.4 给排水工程施工图

给排水设计说明

1. 设计依据

(1) 建设单位提出的技术要求。
(2) 采用的规范:
① 《建筑给水排水设计规范》(GB 50015—2009);
② 《建筑设计防火规范》(GB 50016—2014);
③ 《住宅建筑规范》(GB 50368—2012);
④ 《建筑灭火器配置设计规范》(GB 50140—2005)。
(3) 本项目设计组各专业提供的图纸资料及技术要求。

2. 尺寸单位

管径及长度以毫米计,高程以米计。高程零点:以室内底层地坪为±0.000。高程注法:给水管及热水管为管中心高程,排水管为管底高程。

3. 给水系统

水源采用城市自来水,水压按0.30 MPa,全部生活用水均由市网压力直接供给。每户设分户水表1只,所有分户水表均集中设置在底层室外的水表箱(柜)内,户外抄表。

4. 热水供应

由家用燃气热水器供给,设计中提出热水器的参考位置,并将热水管设计到位。若热水器实际安装位置与图纸不符,则管道应进行相应调整。

5. 排水系统

污雨分流,生活污水经化粪池处理后排入城市污水管。化粪池位置及容量详见总平面图。住户的空调凝结水由管道有组织排放。雨水管道详见建施图。

6. 消防设施

按A类火灾配置磷酸铵盐干粉灭火器。住宅按轻危险级别,每处两具,每具充装量2 kg,悬挂高度1.5 m。

7. 设备选用

分户水表采用立式水表,设在水表箱(柜)内。面盆选用台板式面盆,板上安装;蹲便器选用无前挡瓷蹲便器,延时自闭冲洗阀冲洗,自闭冲洗阀必须选择带有破坏真空装置的产品;浴盆采用钢板或铸铁搪瓷浴盆,坐厕采用节水型6 L低水箱坐厕;淋浴器采用带软管淋浴头的双管淋浴器;洗涤盆采用双联不锈钢洗涤盆;洗衣机地漏及雨水地漏采用无水封地漏,其余地漏选用UPVC深水封圆形塑料地漏,其水封深度不得小于50 mm;卫生洁具应与上下水五金配件成套购置,所有卫生洁具及五金配件均须选择节水型,符合CJ 164—2002标准。

卫生洁具的色泽由业主选定,宜与建筑的内部装饰协调一致。设计图中热水器设在生活阳台上,若住户改设在厨房内,必须采用强制排风式热水器。所有角阀及水嘴均采用铜质,陶瓷阀芯。洗衣机用的带疏纹接头。阀门:DN≤40 mm,为截止阀;DN≥50 mm,用蝶阀,阀门均为铜质,耐压为1.0 MPa。

本页解读:

本页是给排水设计总说明,是对给排水施工图中的有关做法以文字形式加以说明和解释。其中包括设计依据、尺寸单位、给水系统、热水供应、排水系统、消防设施、设备和管道材料的选用和安装,还包括了本套图的图纸目录(表1)、采用的图集(表2)以及在图中所采用的图例的说明等(表3)。

8. 管材选用

明露在室外的给水立管采用内筋嵌式衬塑钢管,卡式快装连接。室内暗装的生活给水及热水管采用无规共聚聚丙烯(PP-R)给水管,热熔连接。耐压等级:冷水管为1.25 MPa,热水管为2.00 MPa,与阀门连接处转换为丝接。室外埋地给水管采用PE80级聚乙烯给水管,热熔连接。污水管采用PPI型UPVC硬聚氯乙烯螺旋消音排水塑料管,雨水管、排水管均采用GD型UPVC硬聚氯乙烯排水塑料管,粘接。排水管和雨水管底部出户横管采用加厚型塑料排水管。

9. 设备及管道安装

(1) 卫生洁具均按国标99S304安装。
(2) 各种卫生洁具五金配件的安装高度均详厨卫大样图。
(3) 生活污水管在每层排水横管的下方设伸缩接头一个。污水立管底部转弯处采用两个45°弯头相连。
(4) 卫生洁具应及早定货,施工时根据实际定货的洁具尺寸预留孔洞,避免事后敲凿打洞。
(5) 管道穿越混凝土楼(屋)面时,应预埋钢套管,套管口径规格比管道大二号并高出地面50 mm。
(6) 当管道设在覆土层或回填土内时,应先将覆土层或回填土夯实后开挖管沟埋管,严禁先安管道后回填。
(7) 生活冷水管设在吊顶内时,应对管道作保冷防结露措施,用CAS憎水型保温材料,保温厚度30 mm。
(8) 凡图中未注明的细部尺寸:靠墙(柱)安装的立管中心距墙(柱)面的距离,给水立管为80~100 mm,雨污排水立管为130~150 mm,其余的可由施工单位根据现场情况,依据常规处理。
(9) 凡图中未注明的排水横管坡度均按标准坡度0.026敷设。
(10) 管道安装完毕后,给水管及热水管应依据验收规范进行试压,试压方法按《建筑给水排水及采暖工程施工质量验收规范》(GB 50242—2002)(2011版)的规定执行。试验压力为1.0 MPa。污雨水立管和水平干管应进行灌水通球试验。
(11) 给水管及热水管道在系统运行前须用水冲洗和消毒,冲洗流速不小于1.5 m/s,并符合《建筑给水排水及采暖工程施工质量验收规范》(GB50242—2002)(2011版)的规定执行(表4和表5)。
(12) 为避免住户二次装修时破坏暗管的管道,施工单位竣工时应将所有暗敷管道的准确位置标明在竣工图上,交付建设单位。
(13) 建设单位或住户在二次装修时,若用装饰材料将明露管道隐蔽,应在设有检查口和阀门的部位留有便于开启和检修的活门。
(14) 安装过程中若实际情况与设计图纸不符需变动时,应告知设计人员并取得认可。

10. 其他

(1) 本设计说明与设计图纸具有同等效力。当二者有矛盾时,以设计单位解释为准。
(2) 图中所有带撇的制图元素均与同号不带撇的对称。
(3) 其余未尽事宜按有关施工及验收规范规程执行。

表1 图 纸 目 录

序	水施图号	图名及图号
1	1/6	设计说明 图纸目录 图例
2	2/6	D户型一层给排水平面图
3	3/6	D户型二~四层给排水平面图
4	4/6	D户型五、六层给排水平面图
5	5/6	D户型屋顶层排水平面图
6	6/6	D户型厨、卫间大样及给排水支管图 D户型给排水立管展开图

表2 选用图集目录

名 称	国标图号
常用小型仪表及特种阀门选用安装	01SS105
卫生洁具安装	99S304(P22,38,62,103,118)
给水塑料管安装	02SS405-2
建筑排水用硬聚氯乙烯(PVC-U)管道安装	96S406(P5,13,14,16,21)
室内管道支、吊架的制作安装	03S402
排水设备附件制造及安装	04S301
雨水斗	01S302

表3 图 例

名 称	图 形	名 称	图 形
生活给水管		LXS型水表	
生活排水管		通气罩	
空调冷凝水管		坐式大便器	
阳台雨水管		蹲式大便器	
地漏		洗手盆	
检查口		软管淋浴头	
灭火器		浴缸	
检查井		延时自闭式阀	
截止阀		放水龙头	
		角阀	

表4 塑料管外径与公称直径对照表

公称直径	DN15	DN20	DN25	DN32	DN40	DN50	DN65	DN80	DN100	DN150
公称外径	De20	De25	De32	De40	De50	De63	De75	De90	De110	De160

表5 UPVC排水塑料管外径与公称直径对照关系

塑料管外径 De/mm	50	75	110	160
公称直径 DN/mm	65	65	100	150

一级注册建筑师	××建筑设计公司	建设单位	××县人民政府××街道办事处
		工程项目 ××统建安置小区	子项名称 二期-6#楼
注册姓名	专业负责人		HT2007-CD23-J06
印章号码	校 核	设计说明 图纸目录 图例	图别 张次 张数
证书号码	设 计		水施 01 6
			×年×月

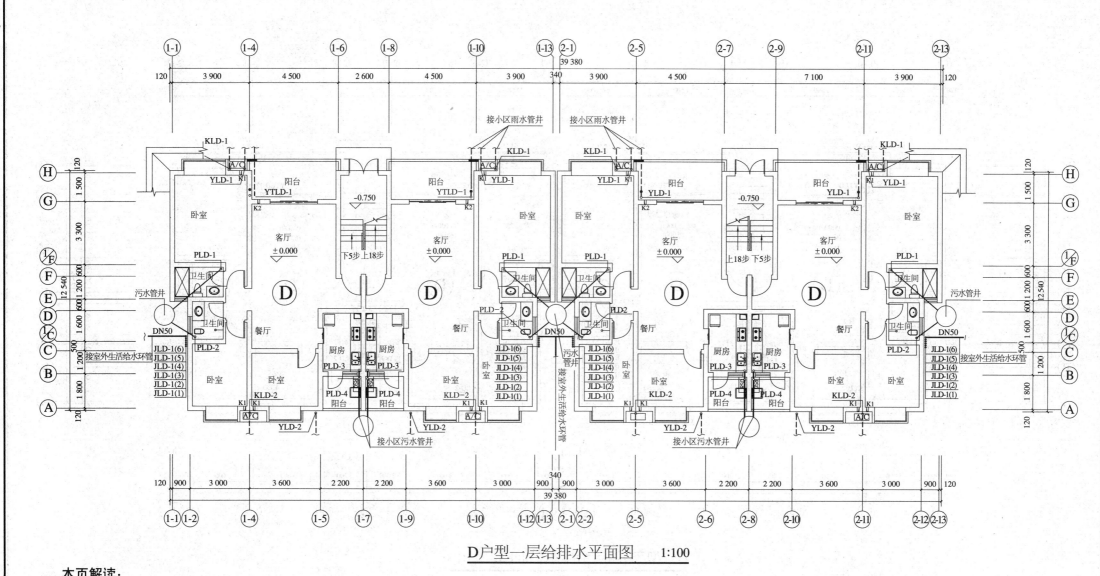

D户型一层给排水平面图   1:100

本页解读：

　　(1) 本页是一层给排水平面图。包括了各种管道的标注和位置。如：KLD表示空调冷凝水管道，D表示户型。在设计说明的图例当中有详细的标注说明。

　　(2) 各种线型表示不同作用的管道。如虚线表示各种排水管道，而实线和双点画线表示各种给水管道。

　　(3) 各楼层的给水管道外接室外生活给水环管。

　　(4) 排水管道从上至下，最后由一层管道外接小区的污水管井和雨水管井。

　　(5) 各种管道的直径和材料选用在设计说明中有明确的要求。

　　(6) 轴线编号及尺寸详见建施。

一级注册建筑师	××建筑设计公司		建设单位	××县人民政府××街道办事处	
			工程项目	××统建安置小区	子项名称　二期-6#楼
注册姓名		专业负责人			HT2007-CD23-J06
印章号码		校　核		D户型一层给排水平面图	图别　张次　张数
证书号码		设　计			水施　02　6
					×年×月

149

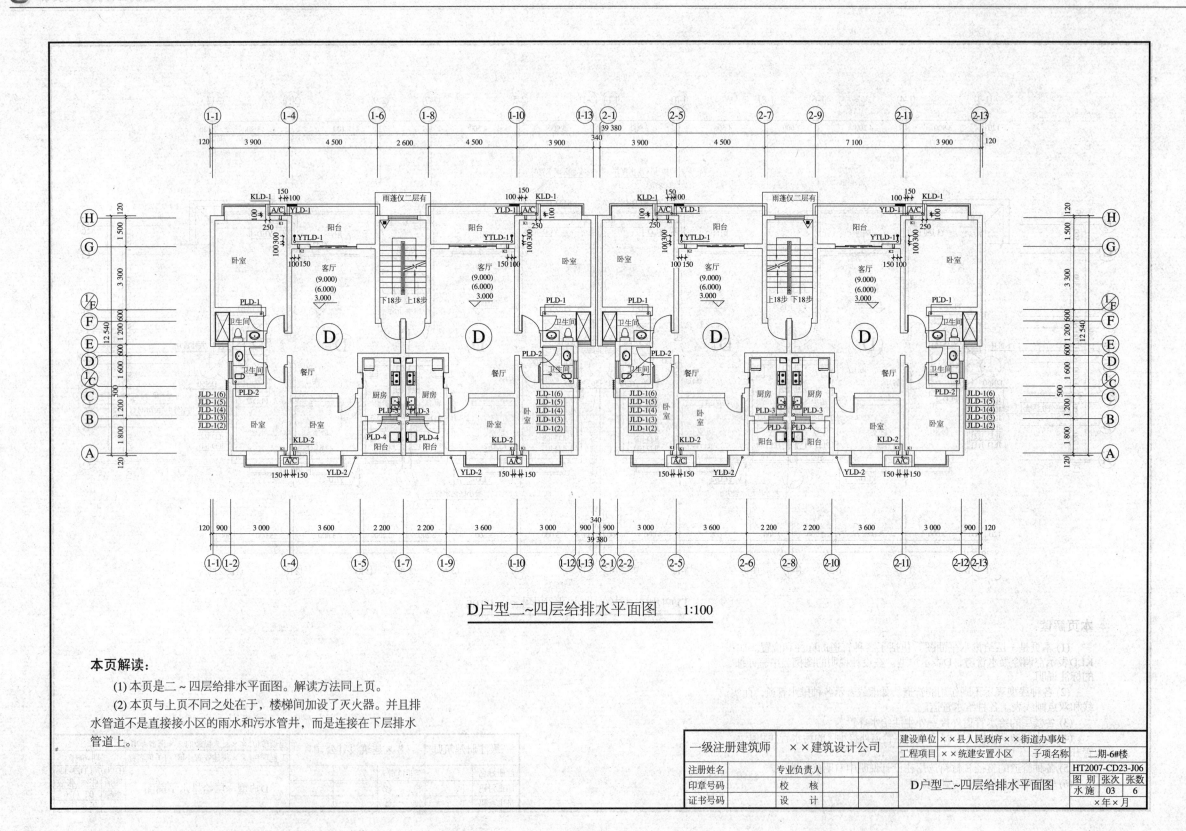

D户型二~四层给排水平面图   1:100

本页解读：

(1) 本页是二～四层给排水平面图。解读方法同上页。

(2) 本页与上页不同之处在于，楼梯间加设了灭火器。并且排水管道不是直接接小区的雨水和污水管井，而是连接在下层排水管道上。

一级注册建筑师	××建筑设计公司		建设单位	××县人民政府××街道办事处		
			工程项目	××统建安置小区	子项名称	二期-6#楼
注册姓名		专业负责人				HT2007-CD23-J06
印章号码		校 核		D户型二~四层给排水平面图	图别	张次 张数
证书号码		设 计			水施	03 6
					×年×月	

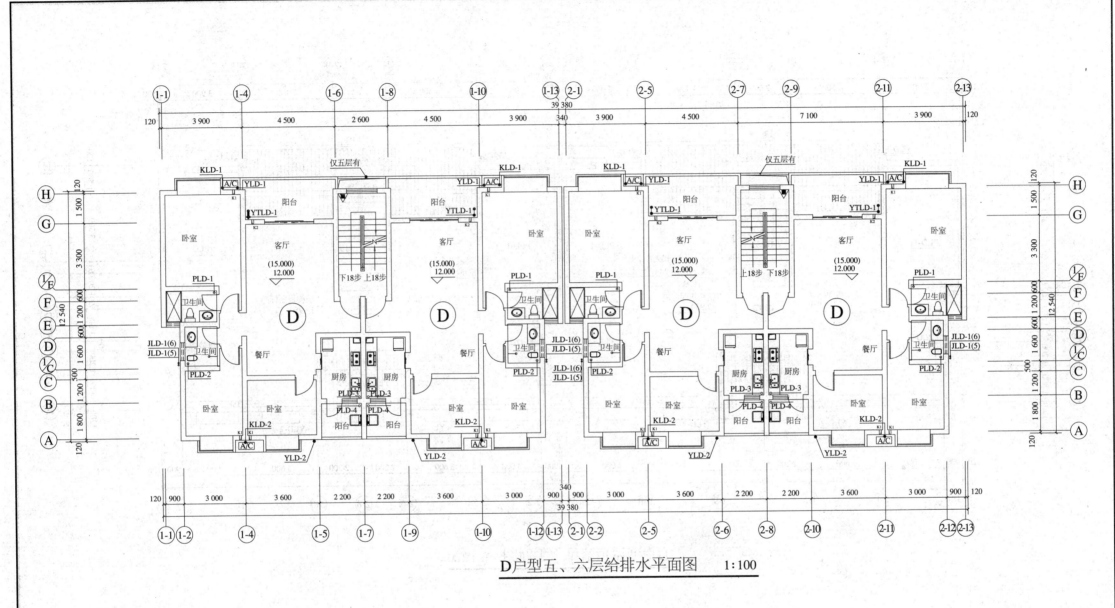

D户型五、六层给排水平面图   1:100

本页解读：

(1) 本页是五、六层给排水平面图。解读方法同上页。

(2) 单独罗列出五、六层排水平面图是因为在建筑布置上不同于其他层。不同之处详见建施。

一级注册建筑师	××建筑设计公司	建设单位	××县人民政府××街道办事处	
		工程项目	××统建安置小区	子项名称 二期-6#楼
注册姓名	专业负责人			HT2007-CD23-J06
印章号码	校　核		D户型五、六层给排水平面图	图　别 张次 张数
证书号码	设　计			水　施 04　6
				×年×月

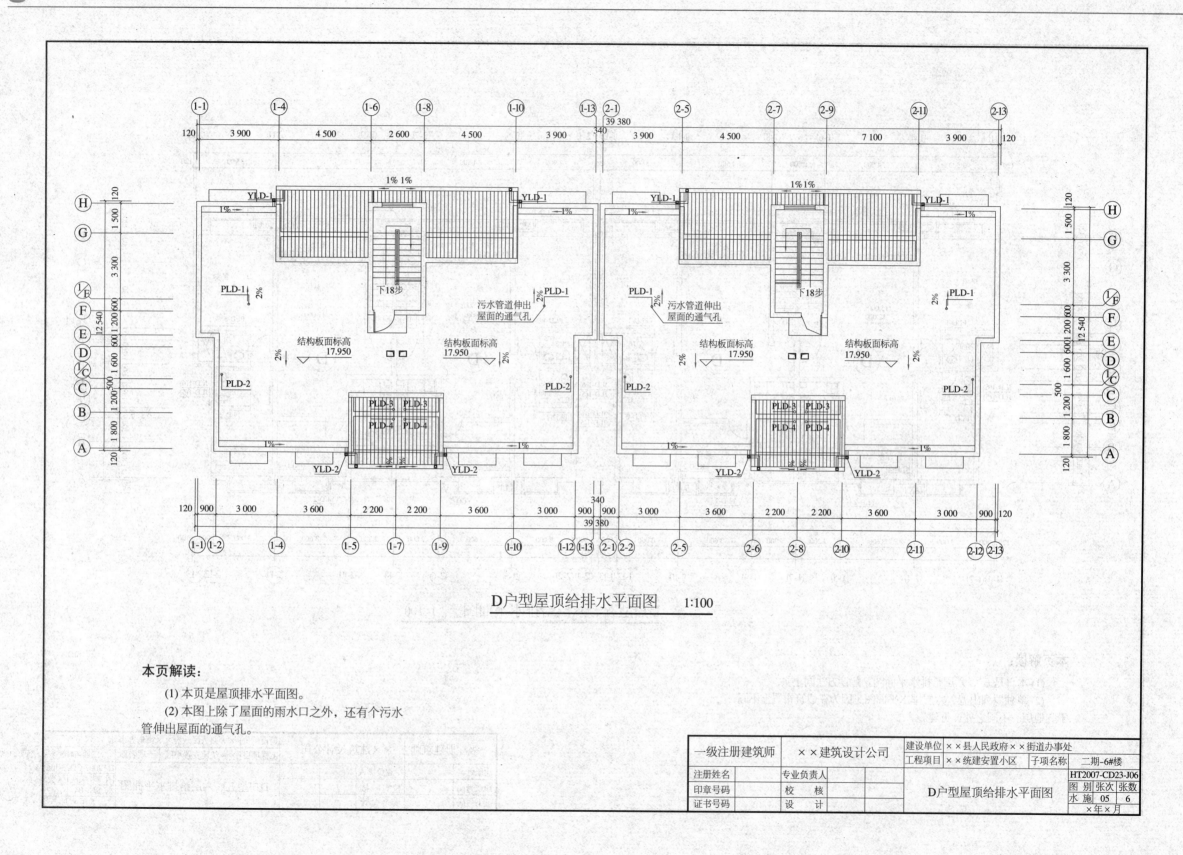

D户型屋顶给排水平面图   1:100

本页解读:

(1) 本页是屋顶排水平面图。

(2) 本图上除了屋面的雨水口之外,还有个污水
管伸出屋面的通气孔。

一级注册建筑师	××建筑设计公司		建设单位	××县人民政府××街道办事处	
注册姓名		专业负责人	工程项目	××统建安置小区	子项名称 二期-6#楼
印章号码		校 核			HT2007-CD23-J06
证书号码		设 计		D户型屋顶给排水平面图	图 别 张次 张数
					水 施 05 6
					×年×月

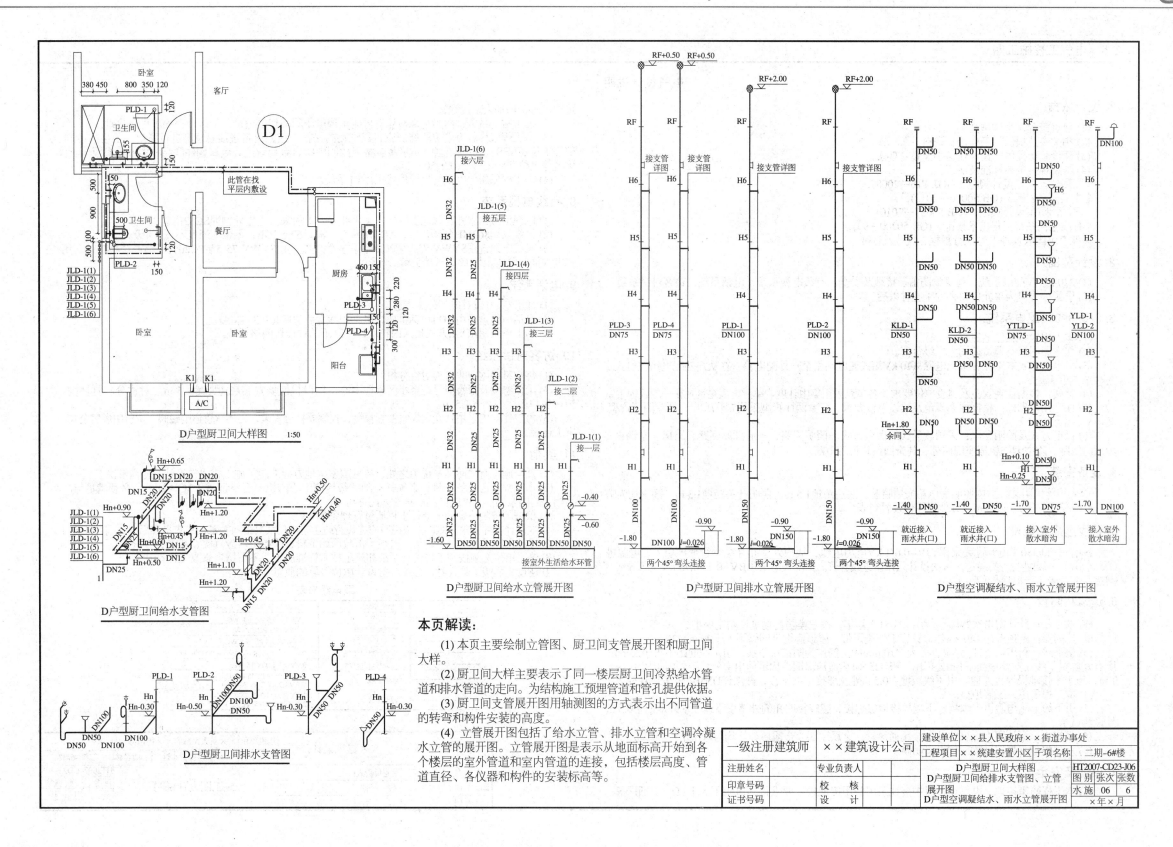

D户型厨卫间大样图 1:50

D户型厨卫间给水支管图

D户型厨卫间排水支管图

D户型厨卫间给水立管展开图

D户型厨卫间排水立管展开图

D户型空调凝结水、雨水立管展开图

本页解读：

(1) 本页主要绘制立管图、厨卫间支管展开图和厨卫间大样。

(2) 厨卫间大样主要表示了同一楼层厨卫间冷热给水管道和排水管道的走向。为结构施工预埋管道和管孔提供依据。

(3) 厨卫间支管展开图用轴测图的方式表示出不同管道的转弯和构件安装的高度。

(4) 立管展开图包括了给水立管、排水立管和空调冷凝水立管的展开图。立管展开图是表示从地面标高开始到各个楼层的室外管道和室内管道的连接，包括楼层高度、管道直径、各仪器和构件的安装标高等。

一级注册建筑师		××建筑设计公司	建设单位	××县人民政府××街道办事处		
注册姓名		专业负责人	工程项目	××统建安置小区	子项名称	二期-6#楼
印章号码		校 核	D户型厨卫间大样图 D户型厨卫间给排水支管图、立管展开图 D户型空调凝结水、雨水立管展开图			HT2007-CD23-J06
证书号码		设 计			图别	张次	张数
					水施	06	6
					×年×月		

153

2.2.5 电气工程施工图

电气设计说明

1. 设计依据

(1) 建筑概况，由建施提供。
(2) 相关专业提供的工程设计资料。
(3) 建设单位提供的设计任务书及设计要求。
(4) 国家现行主要标准及法规：
《民用建筑电气设计规范》(JGJ/T16—2008)，
《住宅设计规范》(GB 50096—2012)，
《建筑物防雷设计规范》(GB 50057—2010)，
《有线电视系统工程技术规范》(GB 50200—94)，
其他有关国家及地方的现行规程、规范及标准。

2. 设计范围

(1) 220/380 V配电系统，建筑物防雷、接地及安全，有线电视系统，电话系统，访客对讲系统。
(2) 电源分界点为单元门口外的手孔井以后。

3. 220/380 V配电系统

(1) 本工程为多层住宅建筑。
(2) 住宅照明及空调负荷均为三级负荷。
(3) 供电电源：本工程各单元电源从10 kV箱式变电站引至户外配电箱，在从户外配电箱放射式引入各单元电表箱。
(4) 计费：根据住宅规范及建设单位要求，各单元采用集中计度。单元电表箱设置在一层或地下室。
(5) 住宅用电指标：根据住宅规范及建设单位要求，三室两厅户型采用7 千瓦/户，两室两厅户型采用5 千瓦/户。
(6) 供电方式及照明配电：采用放射式的供电方式。照明回路、一般插座回路、厨房、空调设用插座回路。除空调挂机插座回路外，其余回路均设漏电断路器保护。

4. 设备安装

电表箱落地明装，户内照明配电箱嵌墙暗装，底边距地1.5 m。照明开关距地1.3 m。插座均为暗装，一般插座底部距地0.3 m，其他详图例及材料表。

5. 导线选择及敷设

各单元220/380 V电源进线采用YJV-0.6/1 kV电力电缆，从户外手孔井穿钢管埋地引入，电源进线大小由上一级配电开关确定，本次设计只预留进线套管。户内线路采用BV-0.45/0.75 kV铜芯导线穿钢管沿地、墙、顶板暗敷（表1）。

6. 建筑物防雷

(1) 本工程年预计雷击次数（计算为）：0.051 2次/年，按三类防雷建筑设防雷保护。
(2) 接闪器在屋顶采用-40×4热镀锌扁钢作避雷带，屋顶避雷带网格不大于20 m×20 m。
(3) 引下线：利用构造柱内4根直径大于10 mm的主筋作为防雷引下线。引下线间距不大于25 mm。所有外墙引下线在室外地面下1 m处引出一根-25×4热镀锌扁钢，扁钢伸出室外，距外墙距离不小于1 m，与水平接地极焊接连通。
(4) 本工程采用人工接地极。
(5) 引下线上端与避雷带焊接，下端与接地极焊接，建筑物四角的外墙引下线在室外地面上0.5 m处设置测试卡子。
(6) 凡突出屋面的所有金属构件、金属通风管、金属屋面、金属屋架等均与避雷带可靠焊接。
(7) 室外接地凡焊接处均应刷沥青防腐。

7. 接地及安全

(1) 本工程防雷接地，电气设备保护接地采用共用接地极，要求接地电阻不大于1Ω。实测不满足要求时，增加人工接地极。
(2) 凡正常不带电，而当绝缘破坏有可能呈现电压的一切电气设备金属外壳均应可靠接地。
(3) 本工程采用总等电位联结。应将建筑物内保护干线，设备进线总管等进行联结。卫生间设局部等电位箱LEB，底边距地0.5 m暗装。将卫生间内所有金属管道，金属构件联结具体做法参见国标图集《等电位联结安装》(02D501-2)。
(4) 本工程低压配电系统接地型式采用TT系统。

8. 有线电视系统

(1) 电视信号由室外有线电视网接口（手孔井处）引来。进楼处预埋SC32钢管。
(2) 系统采用862MH邻频传输，要求用户电平满足67±5DB，图像清晰度不低于4级。
(3) 干线电缆选用SYWV-75-9穿PC25管。支线电缆选用SYWV-75-5穿PC20管沿墙或楼板暗敷。用户电视插座底边距地0.3 m嵌墙暗装。

9. 电话系统

(1) 住宅每户按1对电话外线考虑。
(2) 电话出线盒采用RJ11电话插座，电话出线盒底边距地0.3 m暗装。
(3) 本工程采用ADSL方式接入因特网，所以不单独设置网络系统。

10. 访客对讲系统

(1) 每户设联网型非可视对讲分机。
(2) 工作态度及报警信号送至小区管理中心。门口机嵌墙安装底边距地1.5 m。对讲分机挂墙安装在住户门厅内距地1.5 m。
(3) 每户住宅内采用独立式煤气泄漏报警，控制器挂墙安装，与燃气管道电磁阀（位置由燃气公司定）连接。

11. 其他

(1) 凡与施工有关而又未说明之处，参见国家、地方标准图集施工，或与设计院协商解决。
(2) 本工程所选设备、材料必须具有国家级检测中心的检测合格证书（3C认证），必须满足与产品相关的国家标准，供电产品应具有入网许可证。
(3) 根据国务院签发的《建设工程质量管理条例》。
① 本设计文件需报县级以上人民政府建设行政主管部门或其他有关部门审查批准后，方可用于施工。
② 建设方应提供电源、电信、电视等市政原始资料，原始资料应真实、准确、齐全。
③ 施工单位必须按照工程设计图纸和施工技术标准施工，不得擅自修改工程设计。
④ 建设工程竣工验收时，必须具备设计单位签署的质量合格文件。

表1 弱电线形表

图例	线路名称	线路型号及敷设方式
——F——	电话线路	RVS-2×0.5 PC16 F WC
——V——	有线电视线路	SYWV75-5 PC20 F WC
——2V——	有线电视线路	2SYWV75-5 PC25 F WC
——D——	可视对讲信号线	RVV-4×0.75+RVV-2×1.0 PC32 F WC
——K——	可视对讲开锁线	RVV-2×1.0 PC16 WC
——Z——	弱电干线	SYWV-75-9 PC25 F WC 5(RVS-2×0.5) PC32 F WC
——2Z——	弱电干线	2(SYWV-75-9 PC25) F WC 2(5(RVS-2×0.5) PC32) F WC

一级注册建筑师		××建筑设计公司		建设单位	××县人民政府××街道办事处	
注册姓名		专业负责人		工程项目	××统建安置小区	子项名称 二期-6#楼
印章号码		校 核				HT2007-CD23-J06
证书号码		设 计		施工图设计说明		图别 张次 张数
						电施 01 10
						×年×月

表2　强电系统主要设备材料表

序号	图例	名称	型号及规格	单位	数量	备注
1	□	单元电表箱	XL21	台	1	落地安装
2	■	户内配电箱	5 kW	套	6	距地1.5 m安装
3	■	户内配电箱	7 kW	只	12	距地1.5 m安装
4	○	预留灯头	~250 V	只	200	吸顶安装
5	⊗	红外感应灯具	GD105A-平9~250 V 25 W	只	12	吸顶安装
6	✗	壁灯	~250 V	只	30	距地2.2 m安装
7	✔	单联单控开关	KXJ-D-3K	只	120	距地1.3 m安装
8	✔	双联单控开关	12 kW	只	61	距地1.3 m安装
9	▼	插座	S426/10USU ~250 V 16 A	只	200	距地0.3 m安装
10	▼	挂式空调插座	S15/15CN ~250 V 16 A	只	15	距地2.0 m安装
11	▼	柜式空调插座	S15/15CN ~250 V 20 A	只	18	距地0.3 m安装
12	▼	冰箱插座	S426/10USU ~250 V 10 A	只	18	距顶0.3 m安装
13	▼	电炊具插座	S15/15CN ~250 V 16 A 带防溅面板	只	36	距地1.3 m安装
14	▼	洗衣机插座	S15/15CN ~250 V 16 A 带防溅面板	只	18	距地1.5 m安装
15	▼	卫生间插座	KG727 ~230V 带防溅面板	只	30	距地1.3 m安装
16	▼	燃气热水器插座	S15/15CN ~250 V 16 A 带防溅面板	只	16	距地1.5 m安装
17	▼	抽油烟机插座	S15/15CN ~250 V 16 A	只	16	距地1.8 m安装
18	▼	独立式燃气体报警器插座	S15/15CN ~250 V 16 A	只	16	距地2.2 m安装
19	▢▢	等电位联结端子板		只	30	
20		导线	BV-0.45/0.75 kV-2.5/4/10	m		施工预算
21		电力电缆	YJV-0.6/1 kV-4×70/4×95	m		施工预算
22		镀锌钢管	SC100/80/32/25/20/15	m		施工预算
23		PVC管	PC16/PC25/PC23	m		施工预算

表3　弱电系统表

序号	图例	名称	型号及规格	单位	数量	备注
1	⊞	有线电视器件箱		个	1	距地1.3 m安装
2	■	壁龛式电话分线箱		个	1	距地1.3 m安装
3	▣	非可视对讲口机		个	1	距地1.3 m安装
4	▣	非可视对讲电源箱		个	1	距地1.3 m安装
5		四分配器		个	1	安装在有线电视器件箱内
6		干线放大器		个	1	安装在有线电视器件箱内
7	⊖	电话插座		个	36	距地0.3 m安装
8	⊖	电视插座		个	36	距地0.3 m安装
9	⊕	非可视对讲室内机		个	36	距地1.3 m安装
10	▣	独立式燃气报测器		个	36	距地2.2 m安装
11		光纤	6芯单模光纤	m		
12		有线电视电缆	SYWV-75-12.9.5	m		
13		电话电缆	HYA-100×2×0.5	m		
14		闭路监控同轴电缆	SYV-75-5	m		
15		综合布线水平电缆	超五类非屏蔽四对对绞电缆	m		

表4　采用标准图目录

序号	规范名称	图别	图号
1	《常用低压配电设备安装》	标准图	04D702-1
2	《硬塑料管配线安装》	标准图	98D302-2
3	《建筑物防雷设施安装》	标准图	99D501-1
4	《利用建筑物金属体做防雷及接地装置安装》	标准图	03D501-3
5	《等电位联结安装》	标准图	02D501-2
6	《有线电视系统》	标准图	03-×401-2
7	《智能建筑弱电工程施工图集》	标准图	97×700(上)
8	《硬塑料管配线安装》	标准图	98D301-2
9	《钢导管配线安装》	标准图	03D301-3
10	《综合布线系统工程设计实例》	标准图	03-×101-4
11	《综合布线系统施工图集》	标准图	02-×101-3
12	《常用灯具安装》	标准图	96D702-2

表5　图纸目录

序号	图　号	图别	图幅	图号	备注
1	施工图设计说明	电施	A2	1/10	
2	图纸目录　主要设备及材料表	电施	A2	2/10	
3	配电系统图	电施	A2	3/10	
4	底层电气平面图	电施	A2	4/10	
5	一至六层电气平面图	电施	A2	5/10	
6	防雷平面图	电施	A2	6/10	
7	弱电系统图	电施	A2	7/10	
8	底层弱电平面图	电施	A2	8/10	
9	一至六层弱电平面图	电施	A2	9/10	
10	接地平面图	电施	A2	10/10	

本页及上页解读

(1) 本套电气施工图的说明包括了设计依据、设计范围、配电系统、设备安装、导线选择和敷设、建筑物防雷、接地安全、有线电视系统、电话系统、访客对讲系统等，说明对设计中采用的管线的型号及安装方式作出规定。

(2) 本页包括了主要设备材料表(表2)、参考标准图集(表4)、图纸目录表(表5)。主要设备材料表对强电系统和弱电系统采用的图例进行说明(表3)，并对使用到的材料进行归并统计，为施工时准备材料提供参考依据。

一级注册建筑师		建设单位	×× 县人民政府 ×× 街道办事处
注册姓名		工程项目 ×× 统建安置小区	子项名称 二期-6#楼
印章号码		图纸名称	图纸目录　主要设备及材料表
证书号码			
专业负责人			HT2007-CD23-J06
校		图别 电施	图次 02　张数 10
审		张次	×年×月
设			
计			

×× 建筑设计公司

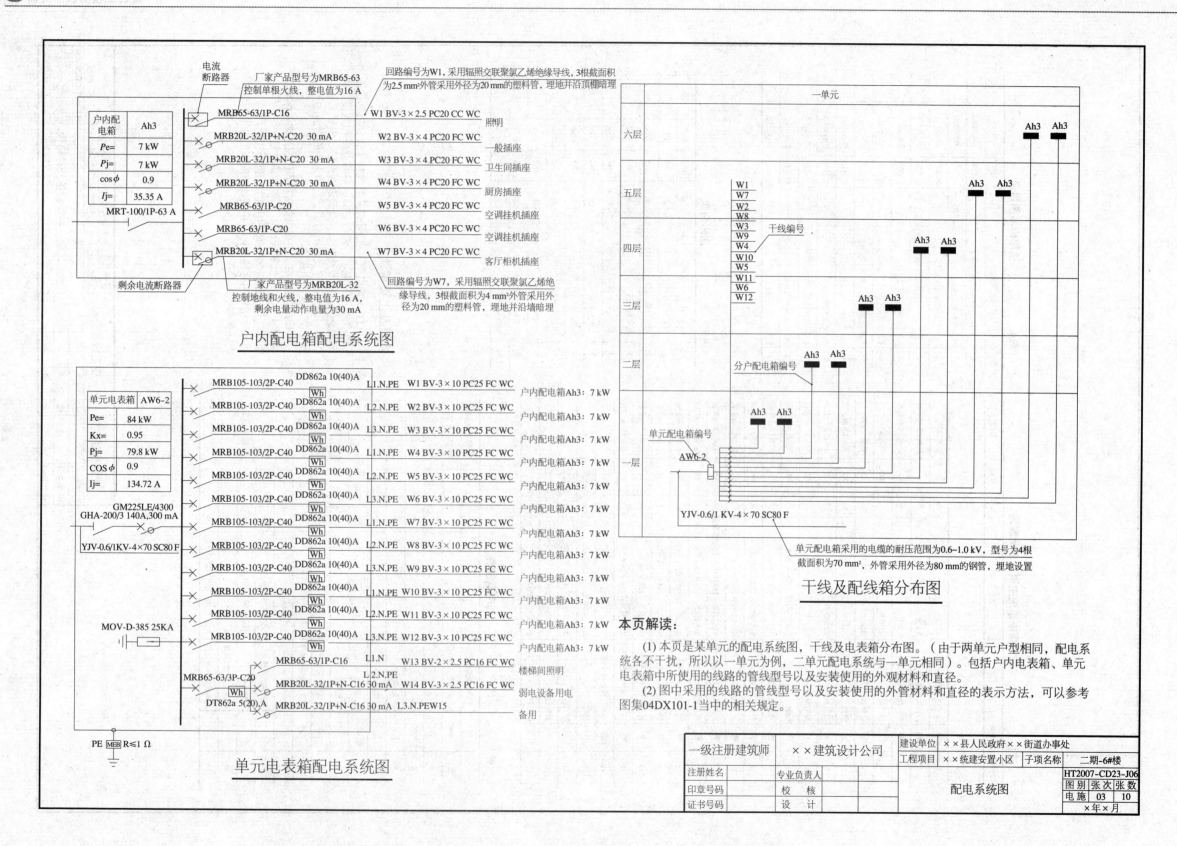

户内配电箱配电系统图

单元电表箱配电系统图

干线及配线箱分布图

本页解读：

(1) 本页是某单元的配电系统图，干线及电表箱分布图。（由于两单元户型相同，配电系统各不干扰，所以以一单元为例，二单元配电系统与一单元相同）。包括户内电表箱、单元电表箱中所使用的线路的管线型号以及安装使用的外观材料和直径。

(2) 图中采用的线路的管线型号以及安装使用的外管材料和直径的表示方法，可以参考图集04DX101-1当中的相关规定。

一级注册建筑师	××建筑设计公司	建设单位	××县人民政府××街道办事处	
注册姓名	专业负责人	工程项目	××统建安置小区	子项名称 二期-6#楼
印章号码	校 核	配电系统图		HT2007-CD23-J06 图别 张次 张数 电施 03 10
证书号码	设 计			×年×月

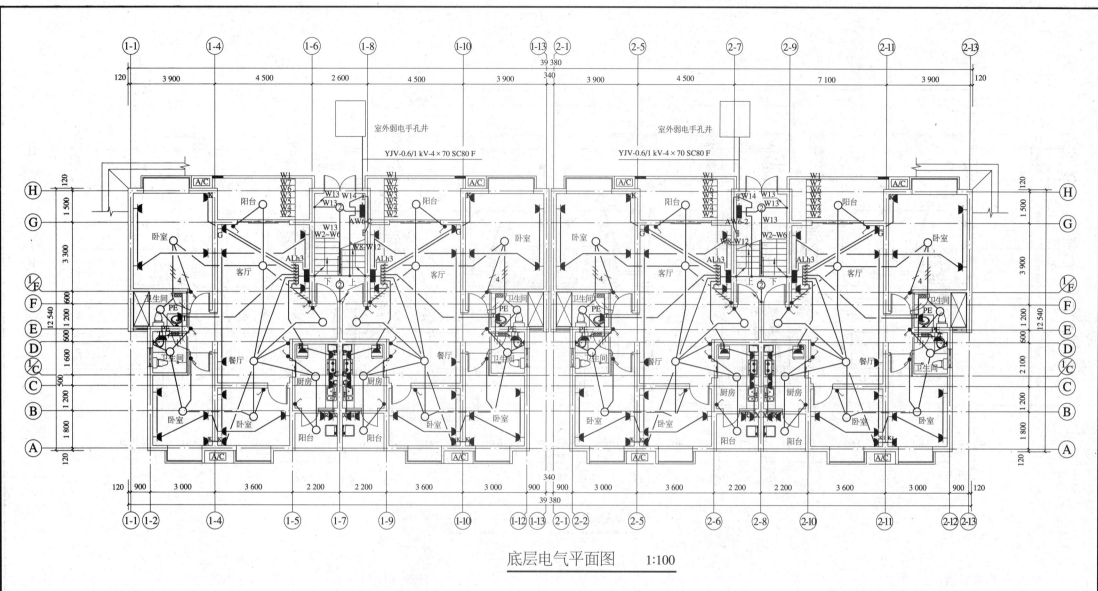

底层电气平面图   1:100

本页解读：

　　(1) 本页是首层电气平面图。从单元入口处看，总电线是一根，为 **YJV-0.6/1 kV-4×70 SC80 F**(含义见电气设计说明)。

　　(2) 从ALh3配电箱共引出7个回路，目的是使各用电设备互不干扰。如照明时单独一个回路，其他开关跳下来之后，室内的照明仍有电，灯不会不亮。各回路采用电线见户内配电箱配电系统图。

　　(3) 楼梯间AW6-2配电箱引出W13，W14回路，采用的电线见单元电表箱配电系统图。

一级注册建筑师	××建筑设计公司	建设单位	××县人民政府××街道办事处		
		工程项目	××统建安置小区	子项名称	二期-6#楼
注册姓名	专业负责人			HT2007-CD23-J06	
印章号码	校　核	底层电气平面图		图别 张次 张数	
证书号码	设　计			电施 04 10	
				×年×月	

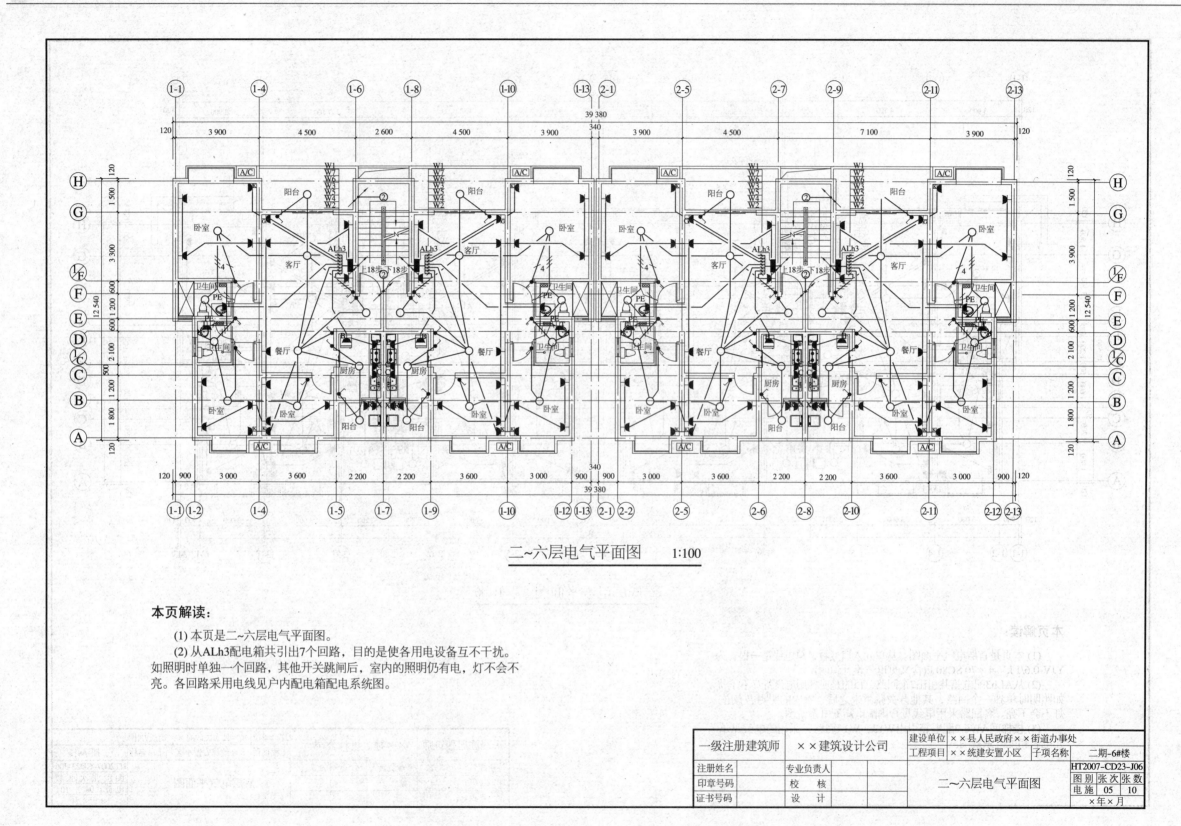

二~六层电气平面图   1:100

本页解读：

(1) 本页是二~六层电气平面图。

(2) 从ALh3配电箱共引出7个回路，目的是使各用电设备互不干扰。
如照明时单独一个回路，其他开关跳闸后，室内的照明仍有电，灯不会不
亮。各回路采用电线见户内配电箱配电系统图。

一级注册建筑师	××建筑设计公司	建设单位	××县人民政府××街道办事处		
		工程项目	××统建安置小区	子项名称	二期-6#楼
注册姓名	专业负责人				HT2007-CD23-J06
印章号码	校 核		二~六层电气平面图	图别	张次 张数
证书号码	设 计			电施 05	10
				×年×月	

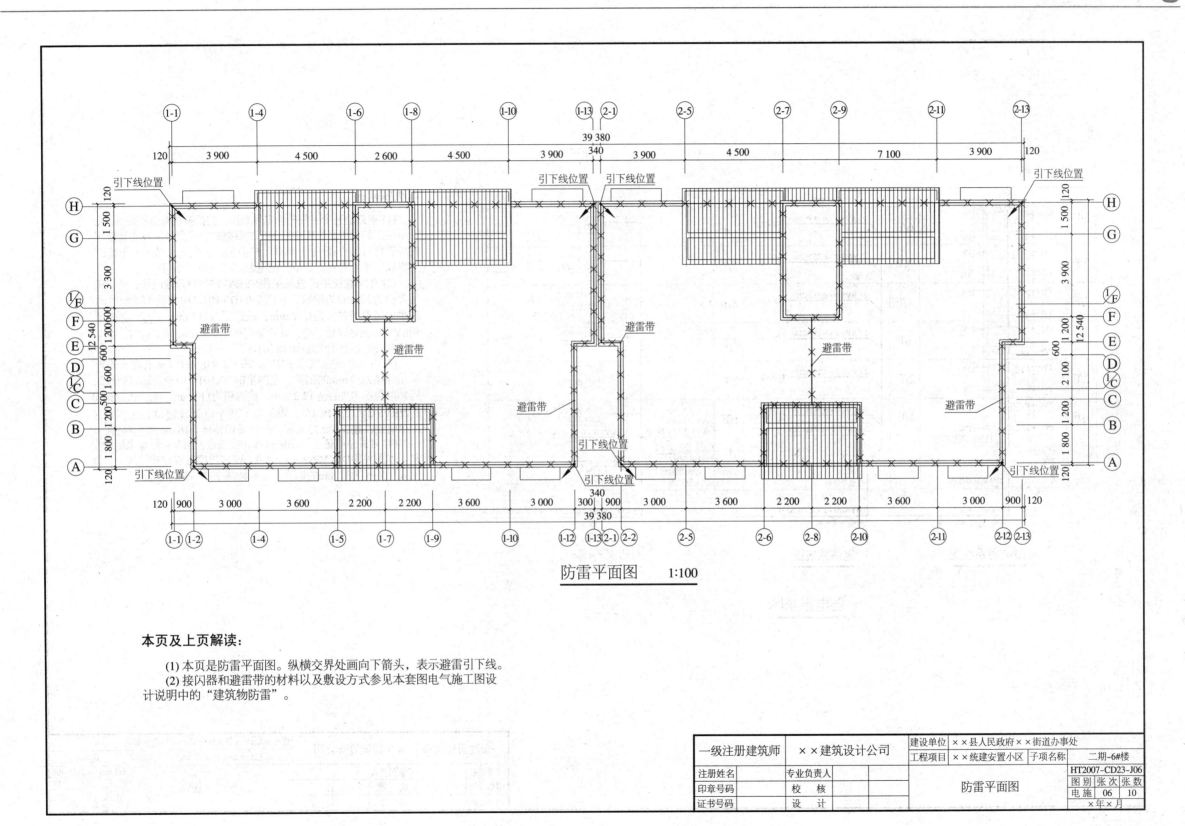

防雷平面图　　1:100

本页及上页解读：

(1) 本页是防雷平面图。纵横交界处画向下箭头，表示避雷引下线。

(2) 接闪器和避雷带的材料以及敷设方式参见本套图电气施工图设计说明中的"建筑物防雷"。

一级注册建筑师	××建筑设计公司		建设单位	××县人民政府××街道办事处	
			工程项目	××统建安置小区	子项名称	二期-6#楼
注册姓名		专业负责人			HT2007-CD23-J06
印章号码		校 核		防雷平面图	图别 张次 张数
证书号码		设 计			电施 06 10
					×年×月

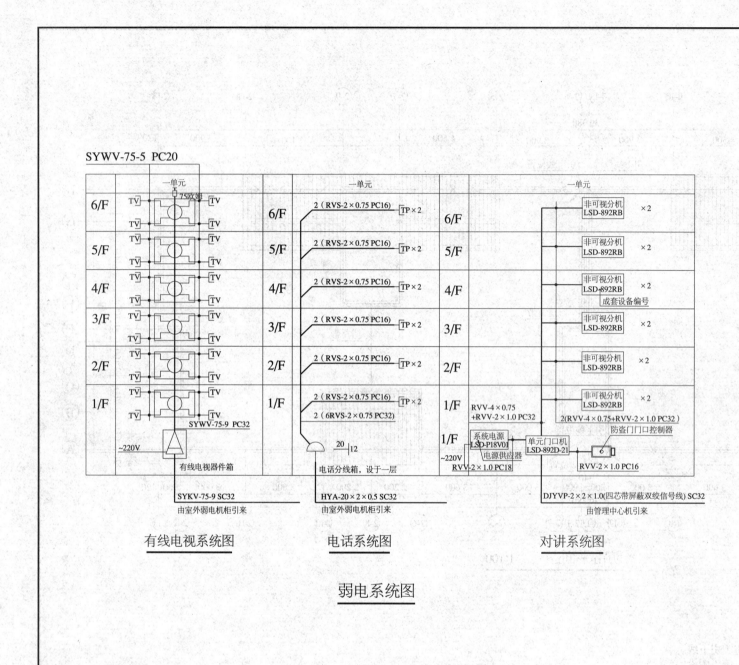

SYWV-75-5 PC20

有线电视系统图

电话系统图

对讲系统图

弱电系统图

本页解读:

(1) 本页是整个工程的弱电系统图。包括有线电视系统图、电话系统图和对讲系统图中所使用的线路的管线型号以及安装使用的外管材料和直径(由于两单元户型相同,配电系统各不干扰,所以一单元为例,二单元配电系统与一单元相同)。

(2) 有线电视系统总线采用SYKV-75-9的同轴电缆,外管采用外径为32 mm的钢管,在图集04DX101-1中查看的该型号的同轴电缆参考外径为12.2 mm,截面积为117 mm²。各户分线采用SYWV-75-5同轴电缆,外管采用外径为20 mm的塑料管,参考外径和截面积查询图集04DX101-1。

(3) 电话系统总线采用HYA-20×2×0.5的同轴电缆,外管采用外径为32 mm的钢管,在图集04DX101-1中查看的该型号的同轴电缆参考外径为12.2 mm,截面积为117 mm²。入户电话线采用2(RVS-2×0.75 PC16),表示每层两个电话线接口,采用双芯RVS电线,截面积0.75 mm²,外管采用外径为16 mm的塑料管。

(4) 对讲系统是土建预留管线和接线盒,由专业厂家来接线安装。本图采用DJYVP-2×2×1.0(四芯带屏蔽双绞信号线),外管采用外径为32 mm的钢管,每层楼两个非可视分机。

一级注册建筑师	××建筑设计公司	建设单位	××县人民政府××街道办事处		
		工程项目	××统建安置小区	子项名称	二期-6#楼
注册姓名	专业负责人				HT2007-CD23-J06
印章号码	校　核		弱电系统图	图别	张次 张数
证书号码	设　计			电施 07	10
				×年×月	

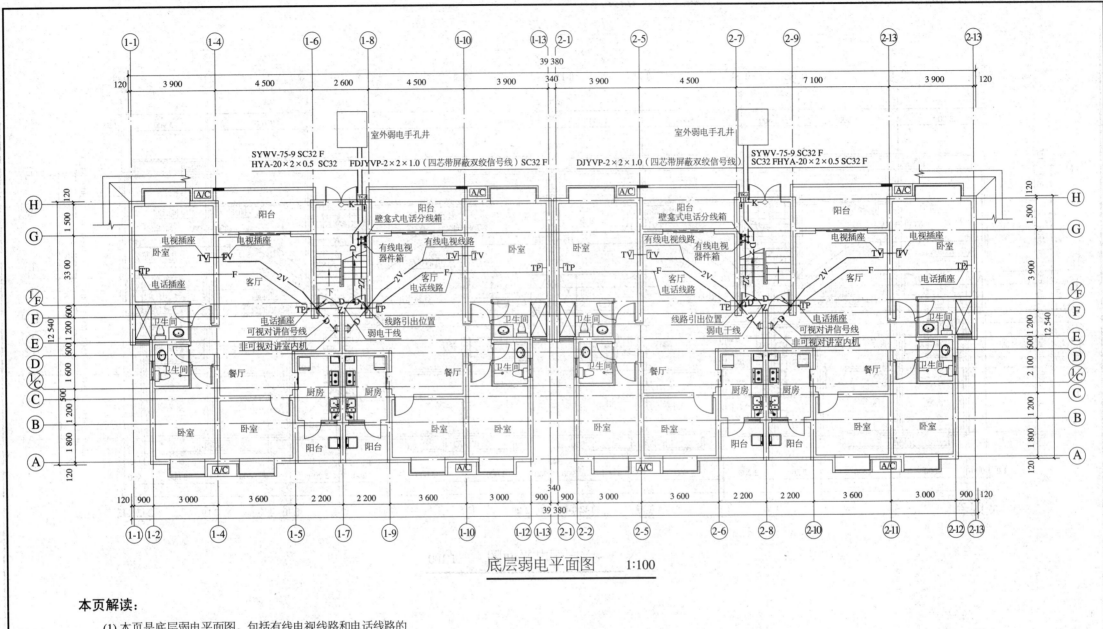

底层弱电平面图 1:100

本页解读：

(1) 本页是底层弱电平面图。包括有线电视线路和电话线路的安装位置、走向、引出位置以及壁龛式电话分线箱和有线电视器件箱在楼梯间的安装位置。

(2) 由图可知，单元每户有两个电视插座和电话插座，一个非可视对讲室内机。图例表示线路名称以及线路型号和敷设方法，查询本套图电气设计总说明的弱电线形表和弱电系统。

一级注册建筑师	××建筑设计公司		建设单位	××县人民政府××街道办事处	
			工程项目	××统建安置小区	子项名称 二期-6#楼
注册姓名	专业负责人				HT2007-CD23-J06
印章号码	校 核		底层弱电平面图		图别 张次 张数
证书号码	设 计				电施 08 10
					×年×月

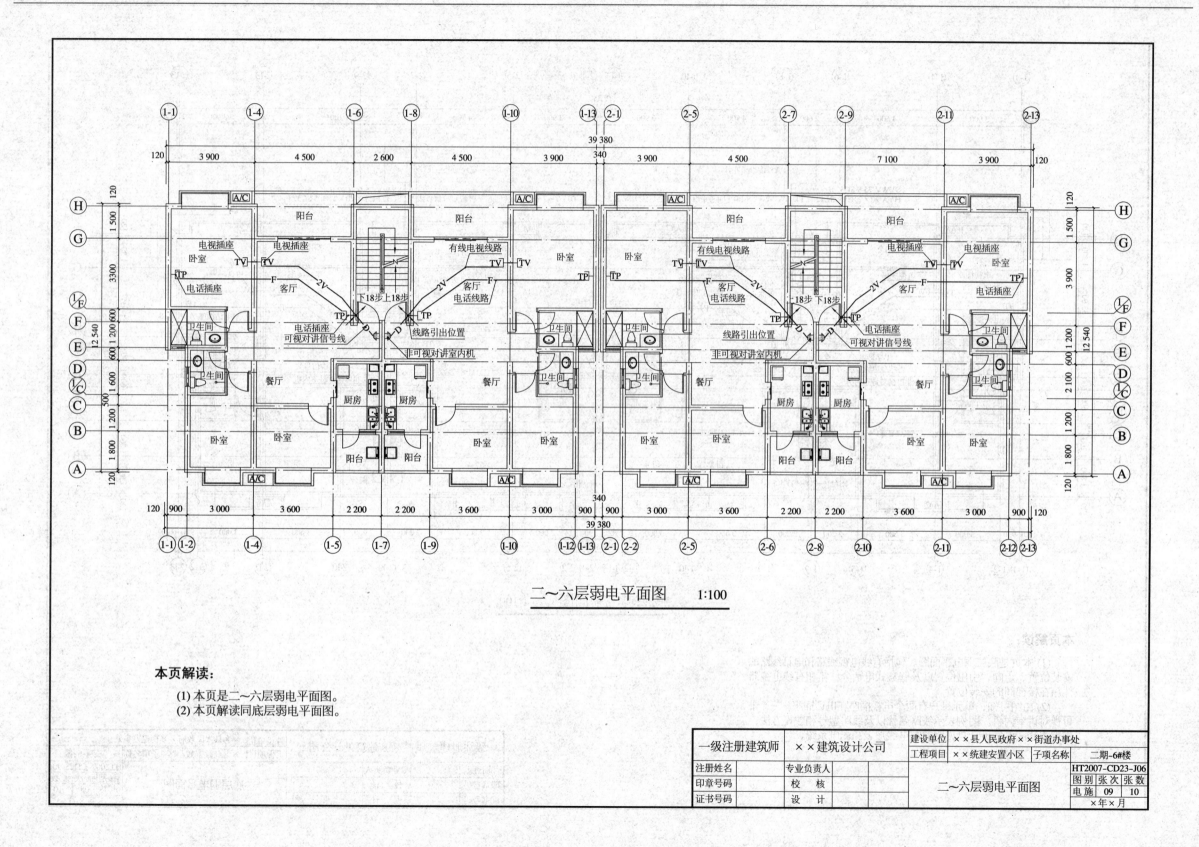

二~六层弱电平面图　　　1:100

本页解读：

(1) 本页是二~六层弱电平面图。

(2) 本页解读同底层弱电平面图。

一级注册建筑师	××建筑设计公司		建设单位	××县人民政府××街道办事处	
注册姓名		专业负责人		工程项目	××统建安置小区	子项名称	二期-6#楼
印章号码		校 核			HT2007-CD23-J06
证书号码		设 计		二~六层弱电平面图	图别 张次 张数
				电施 09 10
				×年×月

162

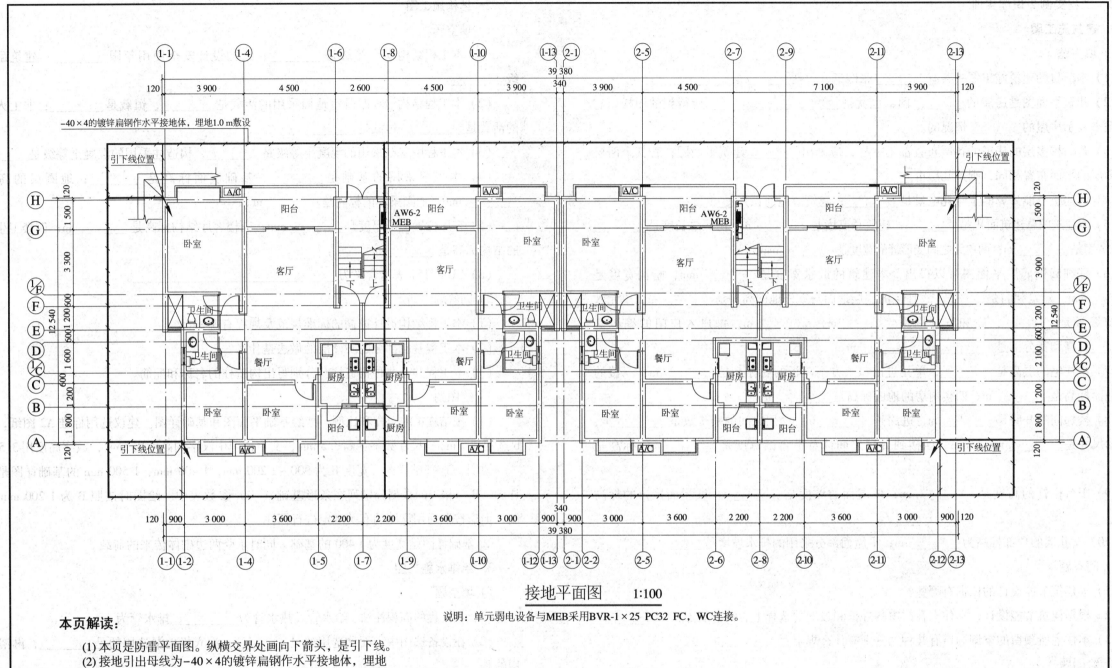

接地平面图　　1:100

说明：单元弱电设备与MEB采用BVR-1×25 PC32 FC，WC连接。

本页解读：

(1) 本页是防雷平面图。纵横交界处画向下箭头，是引下线。

(2) 接地引出母线为−40×4的镀锌扁钢作水平接地体，埋地1.0 m敷设。

(3) 单元弱电设备与MEB采用BVR-1×25 PC32 FC，WC连接。

(4) 防雷接地的要求以及建筑物内保护干线和设备进线总管的保护措施参见本套电气施工图设计说明中的"接地及安全"。

一级注册建筑师	××建筑设计公司	建设单位	××县人民政府××街道办事处	
		工程项目	××统建安置小区	子项名称 二期-6#楼
注册姓名	专业负责人			HT2007-CD23-J06
印章号码	校 核		接地平面图	图别 张次 张数
证书号码	设 计			电施 10 10
				×年×月

2.2.6 工程实例 2 识读实训

1. 建筑施工图

1）填空题

（1）本项目的建筑施工图一共有_____张图纸，包括_____。

（2）建筑平面图是房屋的_____图，也就是_____所得到的图样。它主要是来表示房屋的_____情况的。

（3）若一栋多层的房屋的各层布置都不一样，应画出_____建筑平面图；若其余两层或更多层的平面布置相同，则这几层可_____。

（4）该建筑节能计算的全年耗电量是_____；建筑节能面积是_____。

（5）本建筑的总建筑面积是_____；建筑总高度是_____m；房屋总长度是_____m，总宽度是_____m；两单元之间变形缝的宽度是_____mm。

（6）仔细阅读底层平面图可以得出，本建筑的散水宽度是_____mm，暗沟宽度是_____mm，建筑朝向是_____；住宅的底层地面与室外地面高差是_____m；单元入户门的编号是_____，高和宽分别是_____m；每户入户门的编号是_____，高和宽分别是_____m，_____m。

（7）本住宅的层高是_____；单元进出口上方雨篷板的底标高是_____m；三楼的楼层地面标高是_____m；四楼厨房的地面标高是_____m。

（8）楼梯间的开间是_____m，进深是_____m；楼层之间的踏步数是_____步，踏步的尺寸是_____mm×mm；四楼到五楼之间休息平台的宽度是_____m，标高是_____m。

（9）阳台栏杆的高度是_____mm；坡屋面的坡度是_____°，坡屋面檐口的标高是_____。

（10）女儿墙的顶部标高为_____m；平屋面部分采用的排水坡度是_____。

2）问答题

（1）本建筑节能设计的依据有哪些？

（2）根据建筑节能设计，本住宅在门窗的外框和玻璃的选择上有哪些规定？

（3）本住宅所预留的空调洞口有几种？分别有什么规定？

3）绘图题

（1）根据教师要求抄绘整套或部分内容。建议选用标准 A2 图纸，线宽 b 选用 0.7 mm，尺寸数字字高 3.5 mm，文字说明中汉字的高度用 5 mm，数字高度用 3.5 mm。

（2）按 1∶50 的比例结合本套图纸中的信息，绘制楼梯间大样图。

（3）结合当地情况并查阅相关图集，绘制出本建筑的散水和暗沟大样。

2. 结构施工图

1）填空题

（1）本工程结构安全等级是_____；结构设计安全使用年限_____；建筑耐火等级_____。

（2）本工程结构计算时卧室地面采用的活载是_____，恒载是_____；非上人屋面的活载是_____，恒载是_____。

（3）本工程中基础采用的混凝土等级是_____，构造柱采用的混凝土等级是_____。

（4）本工程采用的基础是_____，基础底面标高是_____；地圈梁的高度是_____mm，地圈梁顶的标高是_____m。

（5）客厅位置板的厚度是_____mm；三楼客厅结构标高是_____m；四楼卫生间处的结构标高是_____m。

（6）GL-4151 表示含义为_____。

2）问答题

（1）本工程结构设计遵循的标准规范及规程有哪些？

（2）本工程基础部分的防潮层的做法是什么？

（3）本工程共有几种构造柱？分别写出构造柱的名称和配筋。

3）绘图题

（1）按结施 4 的图样和比例，抄绘基础平面图和基础详图。建议选用标准 A2 图纸，线宽 b 选用 0.7 mm，尺寸数字字高 3.5 mm，文字说明中汉字的高度用 5 mm，数字高度用 3.5 mm。

说明：① 基础详图一宽度 B 为 900～1 200 mm，1 400 mm，1 500 mm 的基础详图是通用详图，B 与相应的数据分别列在条形基础（一）参数表中。绘图时按照 B 为 1 200 mm 来绘制，但应按照通用详图的有关规定进行标注。

② 基础详图是宽度为 1 400 的基础，同时承受两边砌体传来的荷载。

3. 给排水施工图

1）填空题

（1）本工程的高程注法：给水管及热水管为_____，排水管为_____。

（2）在设备选用中，面盆选用的是_____，洗衣机地漏选用的是_____，淋浴器选用的是_____。

（3）本工程室外给水总管采用的是_____塑钢管；污水管采用的是_____塑料管；雨水管采用的是_____塑料管。

（4）在给水管网中，采用的水管管径分别是_____，LXS 型水表的标高是_____，截止阀的标高是_____，总进水管的标高是_____。

（5）在排水支管图中，立管与支管连接处的标高是_____；在排水系统展开图中，生活排水立管有_____种，公称直径分别是_____；排水总管的公称直径是_____，标高是_____，连接进入污水井的坡度是_____。

（6）在空调凝结水、雨水立管展开图中，空调冷凝水管公称直径是_____，与立管连接处的标高是_____。

（7）YTLD－1 表示_____，连接阳台处底楼转角的标高是_____，连接雨水支管转角处的标高是_____，接入散水暗沟处的水平管道的公称直径是_____。

2）问答题

（1）室内给水管道的要求是什么？

（2）室内给水系统的流程是什么？室内排水系统的流程是什么？

4. 电气施工图

1）填空题

（1）本工程住宅照明及空调负荷均为_____；供电方式采用_____。

（2）本工程的防雷保护为_____；避雷带采用_____。

（3）电话系统中电话出线盒采用的是_____插座，电话出线盒底边距地_____m暗装。

（4）户内配电箱箱配电系统图中 W4 指的是_____回路，采用的电缆型号是_____；每个楼层有_____分户配电箱，分户配电箱距地_____m 安装。

（5）电话系统总线采用_____的同轴电缆；入户电话线采用_____。

2）问答题

（1）建筑防雷要求中的引下线采用的是什么材料？有什么要求？

（2）单元配电箱采用的电缆是什么型号？型号的含义是什么？

5. 评价标准

评价标准表如表 1 所示，对掌握施工图的读图要领的情况进行评价。后面的实训习题是对识图能力的进一步测试。

表 1　　　　　　　　　　评 价 标 准

任务目标			掌握施工图的读图要领							
考核内容		分值	考核标准	评定等级						
				学生自评				教师评价		
类	项			A	B	C	D	A	B	C	D
素质	学习态度	15	A. 学习认真，学习总结全面 B. 学习较认真，学习总结较全面 C. 学习一般，学习总结一般 D. 学习不认真，学习总结差								
	语言表达能力和应变能力	15	A. 应变能力强 B. 应变能力较强 C. 应变能力一般 D. 应变能力较差								
知识	知识点的掌握程度	20	A. 通过提问反映的知识点掌握熟练 B. 通过提问反映的知识点掌握较熟练 C. 通过提问反映的知识点掌握一般 D. 通过提问反映的知识点掌握较差								
	识图的熟练与准确	10	A. 施工图识读准确 B. 施工图识读较准确 C. 施工图识读一般 D. 施工图识读不准确								
能力	能力目标的掌握程度	20	A. 对制图及建筑构造知识理解全面 B. 对制图及建筑构造知识理解较全面 C. 对制图及建筑构造知识理解一般 D. 对制图及建筑构造知识理解较差								
	知识的灵活运用能力	10	A. 所学知识运用灵活 B. 所学知识运用较灵活 C. 所学知识运用一般 D. 所学知识运用较差								
	理论与实践结合的能力	10	A. 理论与实践结合紧密 B. 理论与实践较紧密 C. 理论与实践一般 D. 理论与实践不紧密								
合　计		100									
权　重				0.3				0.7			
成绩评定											
教师签字											

实训成果：优秀—100～90 分；良好—89～75 分；合格—74～60 分；不合格 59 分以下。

6. 实训习题1

1) 楼梯方案设计题

根据下列给出的条件，完成题目。

已知：

(1) 该楼梯所在建筑为砖混结构，层高为3 m，楼层4层，楼梯间的开间和进深及门窗尺寸见图。

(2) 楼梯间的室内外高差为1.2 m。

(3) 该楼板和平台板都采用100 mm厚的钢筋混凝土板：门窗洞口上方的过梁尺寸为240×180，中间扶手宽度为80 mm，楼梯井的宽度为100 mm，楼层圈梁的尺寸为240×240，平台梁的尺寸为350×240，楼梯进出口处的门洞上方雨篷的外挑长度为900 mm，屋面女儿墙高900。

(4) 楼梯栏杆、扶手、防滑条以及女儿墙压顶的做法选用当地标准图集；要求：参考项目给出的砖混结构楼梯的画法，根据条件画出楼梯的各层平面图以及楼梯间的剖面图。

绘图要求：

(1) 选用标准A2图纸，线宽b选用0.7 mm，尺寸数字字高3.5 mm，字说明中，汉字的高度用5 mm，数字高度用3.5 mm。

(2) 完成楼梯图纸，计算准确，尺寸标注清楚。

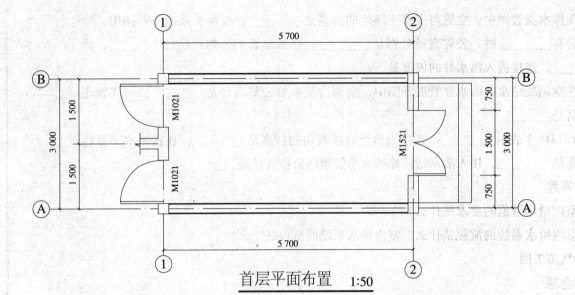

首层平面布置 1:50

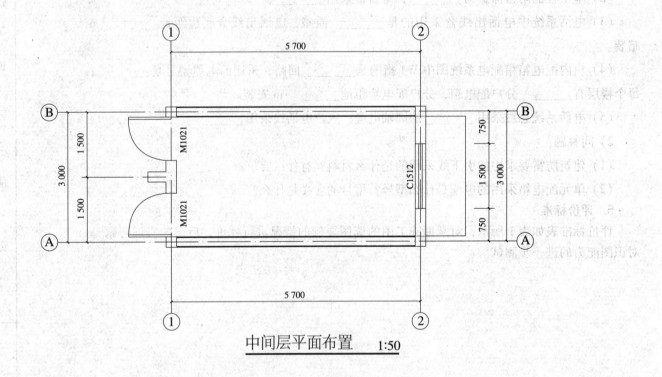

中间层平面布置 1:50

2) 实训习题1参考答案

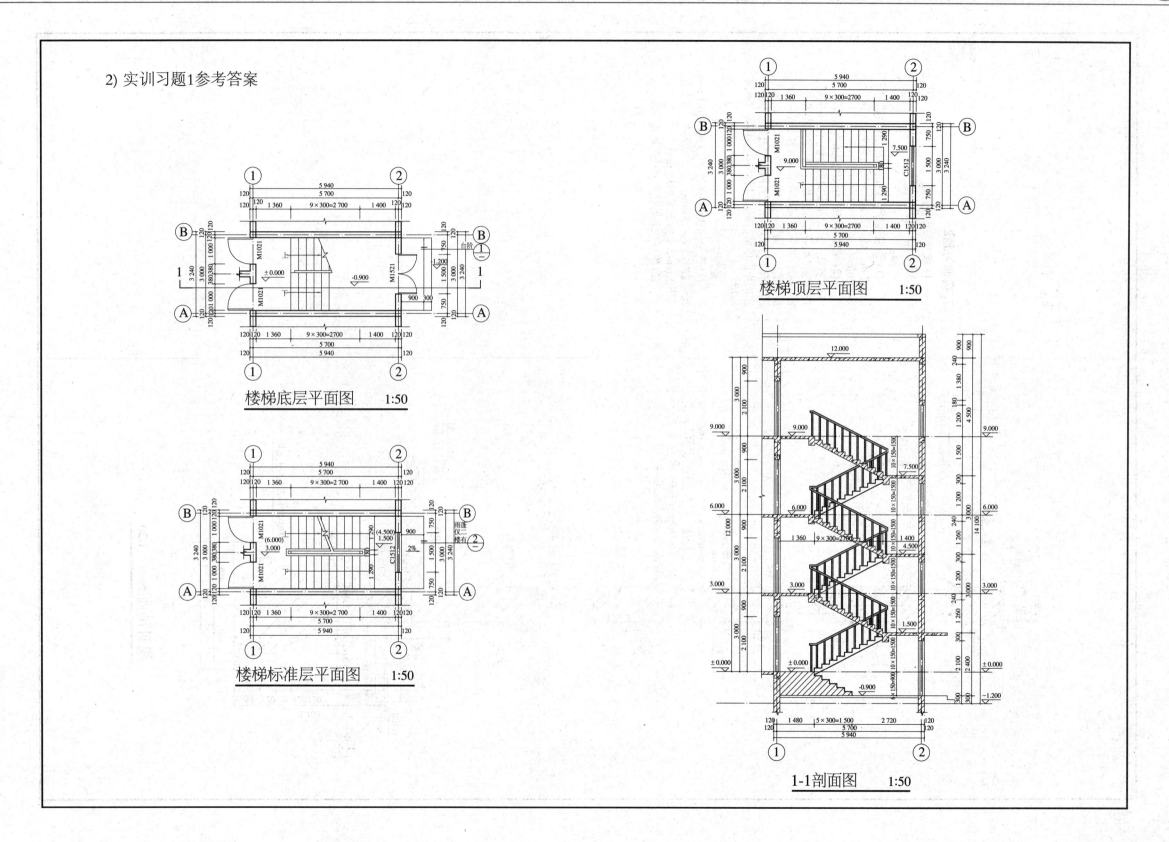

楼梯底层平面图　　1:50

楼梯标准层平面图　　1:50

楼梯顶层平面图　　1:50

1-1剖面图　　1:50

7. 实训习题2

1) 墙身节点设计题
根据下列给出的条件,完成题目。
已知:
(1) 该墙体所在建筑为砖混结构,层高为3 m,楼层为5层,窗台高900,窗户高1 200;
(2) 墙体的基础为大放脚条形基础。
要求:① 学生查阅当地相关标准图集,自行选择相应部位的做法大样来完成墙身剖面图;② 需要完成的节点大样包括防潮层、勒脚、过梁、圈梁、泛水、压顶、散水、滴水等;③ 需要查阅的构造做法包括:室内地面做法、室内楼板层做法和防水屋面做法。
绘图要求:
(1) 选用标准A3图纸,线宽b选用0.7 mm,文字说明中汉字高度用3.5 mm,尺寸数字字高3.5 mm,数字的高度用5 mm,数字高度用3.5 mm。
(2) 根据相应的标注方法完成剖面图。

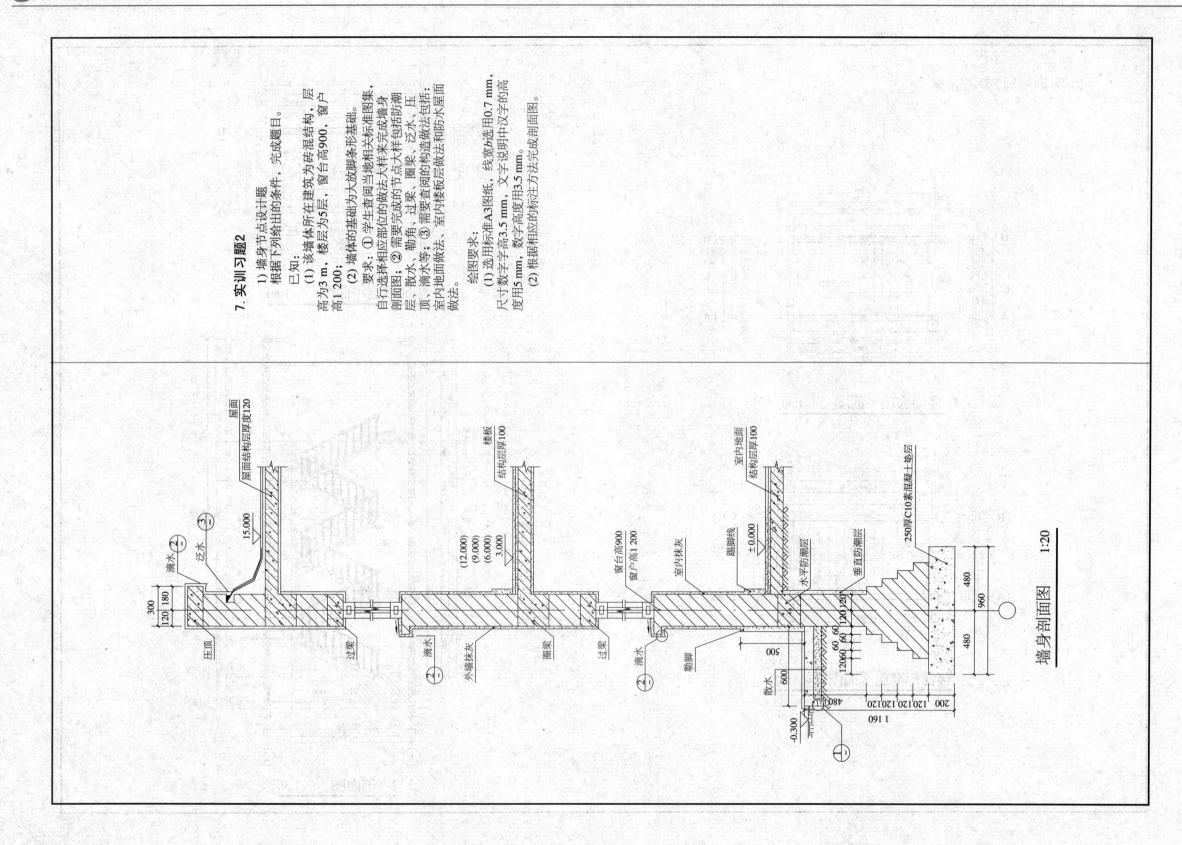

墙身剖面图 1:20

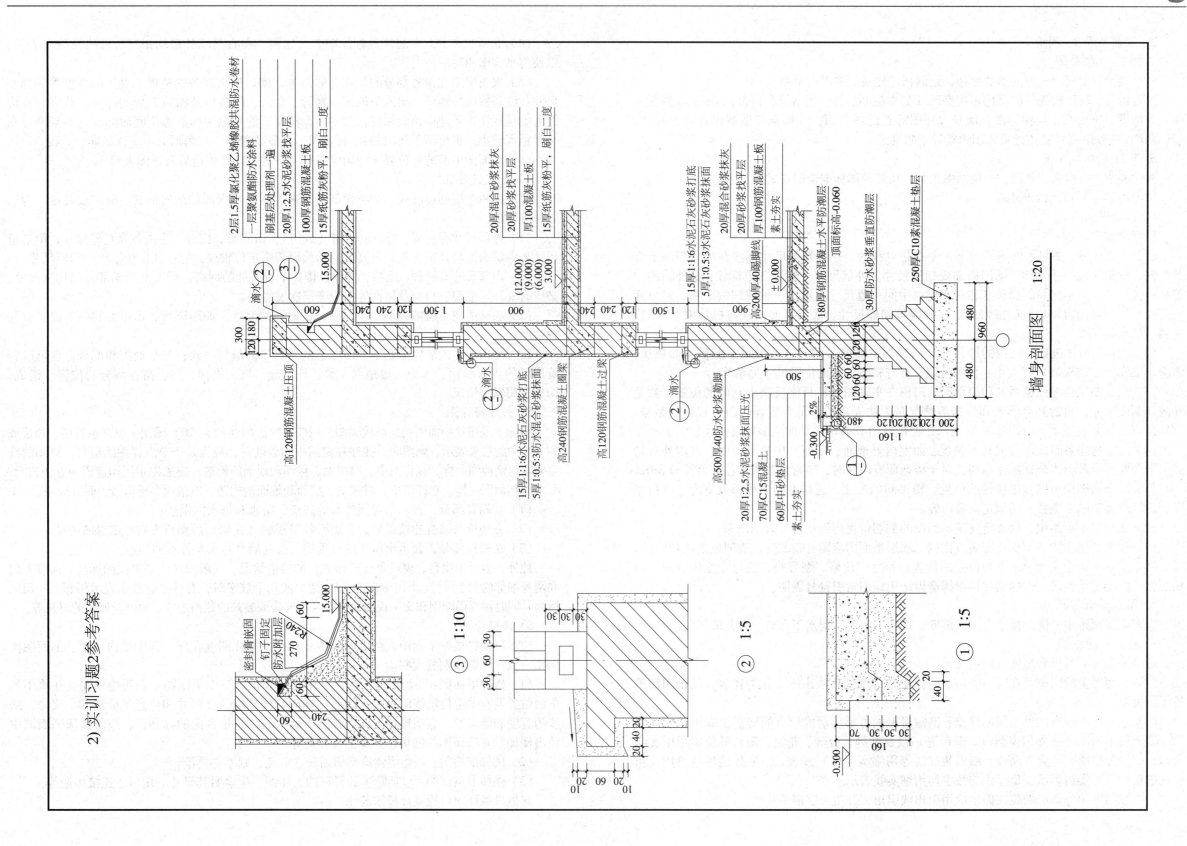

2) 实训习题2参考答案

墙身剖面图 1:20

2层1.5厚氯化聚乙烯橡胶共混防水卷材
一层聚氨酯防水涂料
刷基层处理剂一遍
20厚1:2.5水泥砂浆找平层
100厚钢筋混凝土板
15厚纸筋灰粉平，刷白二度

15.000

滴水

①
③

600

120 180

300

高120钢筋混凝土压顶

240 240

120 1 500

15厚1:1:6水泥石灰砂浆打底
5厚1:0.5:3防水混合砂浆抹面

②
滴水

20厚混合砂浆抹灰
20厚砂浆找平层
厚100混凝土板
15厚纸筋灰粉平，刷白二度

(12.000)
(9.000)
(6.000)
3.000

900

240 240

高120钢筋混凝土过梁
高240钢筋混凝土圈梁
高120钢筋混凝土过梁

120 1 500

②
①
滴水

15厚1:1:6水泥石灰砂浆打底
5厚1:0.5:3防水砂浆抹面

20厚混合砂浆抹灰
20厚砂浆找平层
厚100钢筋混凝土板

900

高200厚40踢脚
±0.000

高500厚40防水砂浆踢脚

20厚1:2.5水泥砂浆面压光
70厚C15混凝土
60厚中砂垫层
素土夯实

500

180厚钢筋混凝土水平防潮层
顶面标高-0.060
30厚防水砂浆垂直防潮层

素土夯实

250厚C10素混凝土垫层

480
960
480

120 120 120 120 60 60

-0.300

2%

480

200 120 120 120 120

1 160

③ 1:10

15.000
60
R240
270
密封膏嵌固
钉子固定
防水附加层
60
60
240

30 30
60
30 30

② 1:5

10
20 60 20

20 40 20

① 1:5

-0.300

40
20

30 30 30
70

1 160

8. 实训习题3：测绘

步骤1：测绘草图

教学要求：根据建施图的形成原理，绘制指定建筑的施工图草图。

学习内容：测绘较简单的民用多层房屋（如本院办公楼、图书馆、宿舍），要求绘制平面图，立面图，剖面图，楼梯详图，墙身大样图等建施图草图，并根据草图测出各部分尺寸，（注意尺寸模数协调）具体做哪些图由指导老师确定。

步骤2：绘制施工图

教学要求：根据测绘草图，应用制图工具，按照制图标准绘制正式施工图。

学习内容主要包括以下几点：

1）建筑平面图

应标注如下内容：

（1）外部尺寸：如果平面图的上下、左右是对称的，一般外部尺寸标注在平面图的下方及左侧，如果平面图不对称，则四周都要标注尺寸。外部尺寸一般分三道标注：最外面的一道是外包尺寸，表示房屋的总长度和总宽度；中间一道尺寸表示定位轴线间的距离，最里面一道尺寸，表示门窗洞口、门或窗间墙、墙端等细部尺寸。底层平面图还应标注室外台阶、花台、散水等尺寸。

（2）内部尺寸：包括房间内的净尺寸、门窗洞、墙厚、柱、砖垛和固定设备（如厕所、盥洗、工作台、搁板等）的大小、位置及墙、柱与轴线的平面位置尺寸关系等。

（3）纵、横定位轴线编号及门窗编号：门窗在平面图中，只能反映出它们的位置、数量和洞口宽度尺寸，窗的开启形式和构造等情况是无法表达的。每个工程的门窗规格、型号、数量都应有门窗表说明，门代号用 M 表示，窗代号用 C 表示，并加注编号以便区分。

（4）标注房屋各组成部分的标高情况：如室内外地面、楼面、楼梯平台面、室内外台阶面、阳台面等处都应当分别标注标高。对于楼地面有坡度时，通常用箭头加注坡度符号表明。

（5）从平面图中可以看出楼梯的位置、楼梯间的尺寸、起步方向、楼梯段宽度、平台宽度、栏杆位置、踏步级数、楼梯走向等内容。

（6）在底层平面图中，通常将建筑剖面图的剖切位置用剖切符号表达出来。

（7）建筑平面图的下方标注图名及比例，底层平面图应附有指北针，表明建筑的朝向。

（8）建筑平面中应表示出各种设备的位置、尺寸、规格、型号等，它与专业设备施工图相配合，供施工等使用，有的局部详细构造做法用详图索引符号表明。

2）屋顶平面图

应表明屋面排水分区、排水方向、坡度、檐沟、泛水、雨水下水口、女儿墙等的位置。

3）建筑立面图

反映出房屋的外貌和高度方向的尺寸。

（1）立面图上的门窗可在同一类型的门窗中较详细地各画出一个作为代表，其余用简单的图例表示。

（2）立面图中应有三种不同的线型：整幢房屋的外形轮廓或较大的转折轮廓用粗实线表示；墙上较小的凹凸（如门窗洞口、窗台等）以及勒脚、台阶、花池、阳台等轮廓用中实线表示；门窗分格线、开启方向线、墙面装饰线等用细实（虚）线表示。室外地坪线可用比粗实线稍粗一些的实线表示，尺寸线与数字均用细实线表示。

（3）立面图中外墙面的装饰做法应用引出线引出，并用文字简单说明。

（4）立面图在下方中间位置标注图名及比例。左右两端外墙均用定位轴线及编号表示，以便与平面图相对应。

（5）表明房屋立面各部分的尺寸、如雨篷、檐口挑出部分的宽度、勒脚的高度等局部小尺寸；注写室内外地坪、出入口地面、勒脚、窗台、门窗顶及檐口等处的标高。数字写在横线上的是标注构造部位顶面标高，数字写在横线下的是标注构造部位底面标高（如果两标高符号距离较小，也可不受此限制）。标高符号位置要整齐、三角形大小应该标准、一致。

（6）立面图中有的部位要画详图索引符号，表示局部构造另有详图表示。

4）建筑剖面图

要求用两个横剖面图或一个阶梯剖面图来表示房屋内部的结构形式、分层及高度、构造做法等情况。

（1）外部尺寸有三道：第一道是窗（或门）、窗间墙、窗台、室内外高差等尺寸；第二道尺寸是各层的层高；第三道是总高度。承重墙要画定位轴线，并标注定位轴线的间距尺寸。

（2）内部尺寸有两种：地坪、楼面、楼梯平台等处的标高；所能剖到的部分的构造尺寸。必要时要注写地面、楼面及屋面等的构造层次及做法。

（3）表达清楚房屋内的墙面、顶棚、楼地面的面层，如踢脚线、墙裙的装饰和设备的配置情况。

（4）剖面图的图名应与底层平面图上剖切符号的编号一致；和平面图相配合，也可以看清房屋的入口屋顶、天棚、楼地面、墙、柱、池、坑、楼梯、门、窗各部分的位置、组成、构成、用料等情况。

5）外墙身详图

实际上是建筑剖面图的局部放大图，用较大的比例（如1：20）画出。可只画底层、顶层或加一个中间层来表示，画图时，往往在窗洞中间处断开，成为几个节点详图的组合。详图的线型要求与剖面图一样。在详图中，对屋面、楼面和地面的构造，应采用多层构造说明方法表示。要求与剖面图一样。在详图中，对屋面、楼面和地面的构造，应采用多层构造说明方法表示。

（1）在勒脚部分，表示出房屋外墙的防潮、防水和排水的做法。

（2）在楼板与墙身连接部分，应表明各层楼板（或梁）的搁置方向与墙身的关系。

（3）在檐口部分，表示出屋顶的承重层、女儿墙、防水及排水的构造。

此外，表示出窗台、窗过梁（或圈梁）的构造情况。一般应注出各部位的标高、高度方向和墙身细部的大小尺寸。图中标高注写有两个或几个数字时，有括号的数字表示相邻上一层的标高。同时注意用图例和文字说明表达墙身内外表面装修的截面形式、厚度及所用的材料等。

6）楼梯详图

应尽可能将楼梯平面图、剖面图及踏步、栏杆等详图画在同一张图纸内，平、剖面图比例要一致，详图比例要大些。

（1）楼梯平面图：要画出房屋底层、中间层和顶层三个平面图。表明楼梯间在建筑中的平面位置及有关定位轴线的布置；表明楼梯间、楼梯段、楼梯井和休息平面形式、尺寸、踏步的宽度和踏步数，表明楼梯走向；各层楼地面的休息平台面的标高；在底层楼梯平面图中注出楼梯垂直剖面图的剖切位置及视剖方向等。

（2）楼梯剖面图：若能用建筑剖面图表达清楚，则不必再绘。

（3）楼梯节点详图：包括踏步和栏杆的大样图，应表明其尺寸、用料、连接构造等。

其他设备详图可视具体要求绘出。

项目2.3 工程实例3：某化工机械厂金工车间

1. 单层工业厂房施工图概述

工业厂房施工图与民用建筑施工图在图示原理和图示方法上基本相同，但由于工业建筑与民用建筑在构造上有较大的差异，图样形式上也有些不同。

工业厂房按层数分为单层厂房、多层厂房和混合式厂房。多层厂房的结构形式和构造一般与民用建筑相类似，其施工图的识读方法与前面所述相同。对于冶金类和机械制造类厂房，一般均设有较重的设备，生产产品的体积大、质量大，因而大多采用单层厂房。单层工业厂房常采用柱承重的排架结构和刚架结构。

单层工业厂房全套施工图一般包括总图、建筑施工图、结构施工图、设备施工图、工艺流程图及有关文字说明。建筑施工图包括平面图、立面图、剖面图和详图，结构施工图主要包括基础结构图、结构布置图、屋面结构图和节点构件详图，设备施工图包括水、暖、电、工艺设备等施工图。

2. 项目工程特点

工程实例3为某机械厂金工车间，为钢结构工业厂房，在荷载和其他条件相同的情况下，钢结构比其他结构的构件截面尺寸小，结构重量轻，便于运输、安装，特别适用于跨度大、荷载大、安装高度较高的结构。

该金工车间采用了双坡门式刚架结构，建筑面积 2 909.68 m^2，总长度132.6 m，总宽度21 m，耐火等级为Ⅱ级，建筑耐久年限为50年，建筑抗震设防烈度为7度（0.15 g），场地类别为Ⅱ类，结构安全等级为二级。

该建筑分高低两部分，高跨部分为金工车间，低跨部分为车库。车间内有两台吊车。屋盖采用C型钢檩条及十字交叉圆钢组成支撑系统，屋面板为彩色压型钢板。墙檩为C型冷弯薄壁型钢，墙板采用轻型彩钢夹心板，重量轻、外观美、施工速度快。

3. 学习目标

（1）了解单层工业厂房施工图的组成及其重要结构构件。

（2）熟悉单层工业厂房建筑平面图、立面图、剖面图及详图的内容，单层工业厂房基础结构图、结构布置图和屋面结构图的内容。

（3）掌握单层工业厂房建筑施工图与结构施工图的图示内容与识读。

4. 学习重点

（1）单层工业厂房的施工图的组成。

（2）单层工业厂房建筑施工图的平面图、立面图、剖面图和详图的识读。

（3）单层工业厂房结构施工图的基础图、结构布置图、屋面结构图及详图的识读。

5. 教学建议

本项目的学习方法应该是教师讲解与学生实践相结合。首先课堂上教师对整套图纸的内容包括文字部分、尺寸标注部分和符号表示部分作详细的讲述，其次学生在教师导学之后对整套图纸或者图纸中的部分进行手工抄绘，来熟悉项目当中的细节部分所表达的含义。

6. 关键词

识读（reading），抄绘（copy painting），平面图（building plans），立面图（building elevation），剖面图（construction profile），图示内容（contenticon）

2.3.1 图纸目录

表1

图 纸 目 录

建设单位 CLIENT	×××工业设备安装公司		项目名称 PROJECT	×××化工机械厂金工车间		设计阶段 DESIGN PHASE	施工图	第1版
专业 SPECIALITY	序号 NO.	图纸编号 DRAWING NO.	图 纸 名 称 DRAWING TITLE		图幅 DRAWING SIZE	版本编号 EDITION NO	备注 REMARKS	
建筑专业	01	建施-01 页	建筑设计总说明		A2	第1版		
	02	建施-02 页	一层平面图		A2	第1版		
	03	建施-03 页	东、西立面图		A2	第1版		
	04	建施-04 页	南、北立面图，1-1 剖面、2-2 剖面图		A2	第1版		
	05	建施-05 页	屋面泛水图及大样详图		A2	第1版		
	06	建施-06 页	检修坑详图、夹芯板雨篷图		A2	第1版		
结构专业	07	结施-01 页	钢结构设计总说明		A2	第1版		
	08	结施-02 页	基础平面布置图		A2	第1版		
	09	结施-03 页	独基详图、墙基大样、屋面支承大样及材料表		A2	第1版		
	10	结施-04 页	地脚螺栓平面布置图		A2	第1版		
	11	结施-05 页	屋面围护结构布置图、①—⑰轴墙架布置图（一）		A2	第1版		
	12	结施-06 页	屋面支撑平面布置图 ①—⑰轴柱间支撑立面示意图 吊车梁平面布置图		A2	第1版		
	13	结施-07 页	GJ-1 大样图		A2	第1版		
	14	结施-08 页	GJ-1 材料表及节点大样图		A2	第1版		
	15	结施-09 页	GJ-2 大样图		A2	第1版		
	16	结施-10 页	GJ-2 材料表及节点大样图		A2	第1版		
	17	结施-11 页	ZC2 大样及材料表		A2	第1版		
给排水专业	18	设施-01 页	一层采暖给排水平面图		A2	第1版		
	19	设施-02 页	采暖给排水设计说明、采暖系统图、给排水系统图		A2	第1版		
电气专业	20	电施-01 页	电气设计说明		A2	第1版		
	21	电施-02 页	一层电照平面图		A2	第1版		
工程编号 PROJECT NO.	06048		页次 PAGE	第 页		日 期 DATE	2006-02	

2.3.2 建筑工程施工图

建筑设计总说明

1. 建筑设计说明

1) 建筑概况

(1) 本建筑主体为钢结构,主体一层。

(2) 本建筑为工业厂房,其空间组合以生产工艺要求而设计的。

(3) 总建筑面积为:±2 909.68 m²。

(4) 建筑地点:石河子市开发区。

(5) 抗震设防烈度:7度。

2) 设计依据

国家现行的有关法规范:《建筑设计防火规范》(GB 50016-2014);《建筑灭火器配置设计规范》(GB 50140-2005);《屋面工程技术规范》(GB 50345-2012);《工业建筑防腐蚀设计规范》(GB 50046-2008)。

3) 建筑标高

该建筑物室内标高±0.000 m,图中所注标高均为建筑完成标高,以米为单位,室内外地坪高差为-0.300 m。

4) 其他

建筑物耐火等级为二级,火灾危险等级属丁类。灭火器配置场所危险等级为轻危险极,按《建筑灭火器配置设计规范》(GB 50140-2005)配置灭火器,磷酸铵盐干粉灭火器,推车式灭火器,型号为MFT/ABC20,具体位置及数量见平面图。

2. 建筑材料及构造说明

(1) 墙体:建筑外围护墙1 200 mm以下为370厚砖,以上为100 mm厚彩钢夹心板。

(2) 屋面:100 mm厚彩钢夹心板。

(3) 所有主要钢结构及其配件均必须经除锈处理。

(4) 所有外露钢构件均需刷防火涂料,柱耐火极限2.0 h,梁耐火极限1.5 h。

3. 工程做法

1) 地面为混凝土地面(燃烧性能:A级)

做法为:

(1) 120 mm厚C20混凝土随捣随抹,表面撒1:1水泥沙子压实抹光。

(2) 150 mm厚5~32卵石灌M5混合砂浆。

(3) 素土夯实。

2) 1 200 mm以下内墙面为乳胶漆墙面(砖墙,燃烧等级:A级)

做法为:

(1) 刷无光油漆或乳胶漆。

(2) 6厚1:2.5水泥砂浆压实抹光。

(3) 12厚1:3水泥砂浆打底扫毛或划出纹道。

3) 1 200 mm以下外墙(砖墙)面为乳胶漆墙面(喷或刷涂料墙面)

做法为:

(1) 喷(刷)外墙涂料。

(2) 5厚1:2.5水泥砂浆抹面。

(3) 15厚1:3水泥砂浆打底扫毛。

4. 其 他

(1) 所有工程的制作、安装及施工,均应遵守国家制定的现行建筑施工规范要求及建筑工程强制性标准(建筑部分)。

(2) 施工时,必须了解和熟悉设备施工图及工艺交底说明中的各项有关要求,如遇图面不清或施工困难应与设计单位联系,会同甲方设计监理等单位协商解决。

(3) 未注明屋面及墙面做法参见图集《压型钢板、夹芯板屋面及墙体建筑构造》(01J925-1)。

门 窗 表

类别	设计编号	洞口尺寸/mm		数量	采用标准图集及编号		备注
		宽	高		图集代号	编号	
门	M-2	6 000	6 000	3	甲方自定		彩钢推拉门
	M-2	4 000	4 500	2			彩钢平开门
窗	C-1	3 600	1 500	74	新03J706	HC32	单框双玻塑钢窗
	C-1	3 600	1 200	35	新03J706	HC28	单框双玻塑钢窗

×××建筑设计研究院		建设单位	×××工业设备安装公司		
设计	校对	工程名称	×××化工机械厂金工车间		
制图	审核	建筑设计总说明	工号	06048	
			图号	建施01	
专业负责	项目负责		日期	×年×月	

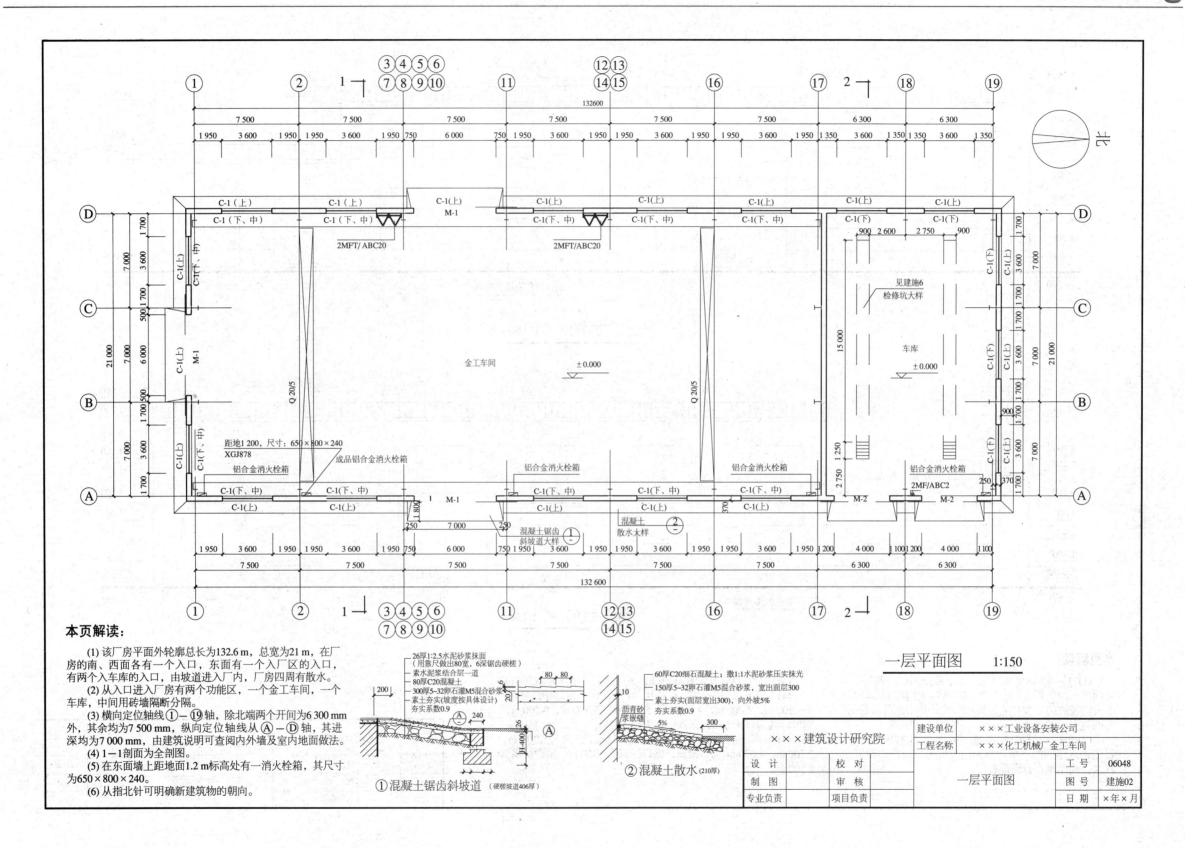

本页解读：

(1) 该厂房平面外轮廓总长为132.6 m，总宽为21 m，在厂房的南、西面各有一个入口，东面有一个入厂区的入口，有两个入车库的入口，由坡道进入厂内，厂房四周有散水。

(2) 从入口进入厂房有两个功能区，一个金工车间，一个车库，中间用砖墙隔断分隔。

(3) 横向定位轴线①—⑲轴，除北端两个开间为6 300 mm外，其余均为7 500 mm，纵向定位轴线从Ⓐ—Ⓓ轴，其进深均为7 000 mm，由建筑说明可查阅内外墙及室内地面做法。

(4) 1—1剖面为全剖图。

(5) 在东面墙上距地面1.2 m标高处有一消火栓箱，其尺寸为650×800×240。

(6) 从指北针可明确新建筑物的朝向。

一层平面图 1:150

① 混凝土锯齿斜坡道 （硬楼坡道406厚）

② 混凝土散水 (210厚)

×××建筑设计研究院		建设单位	×××工业设备安装公司
		工程名称	×××化工机械厂金工车间
设 计	校 对		工 号	06048
制 图	审 核	一层平面图	图 号	建施02
专业负责	项目负责		日 期	×年×月

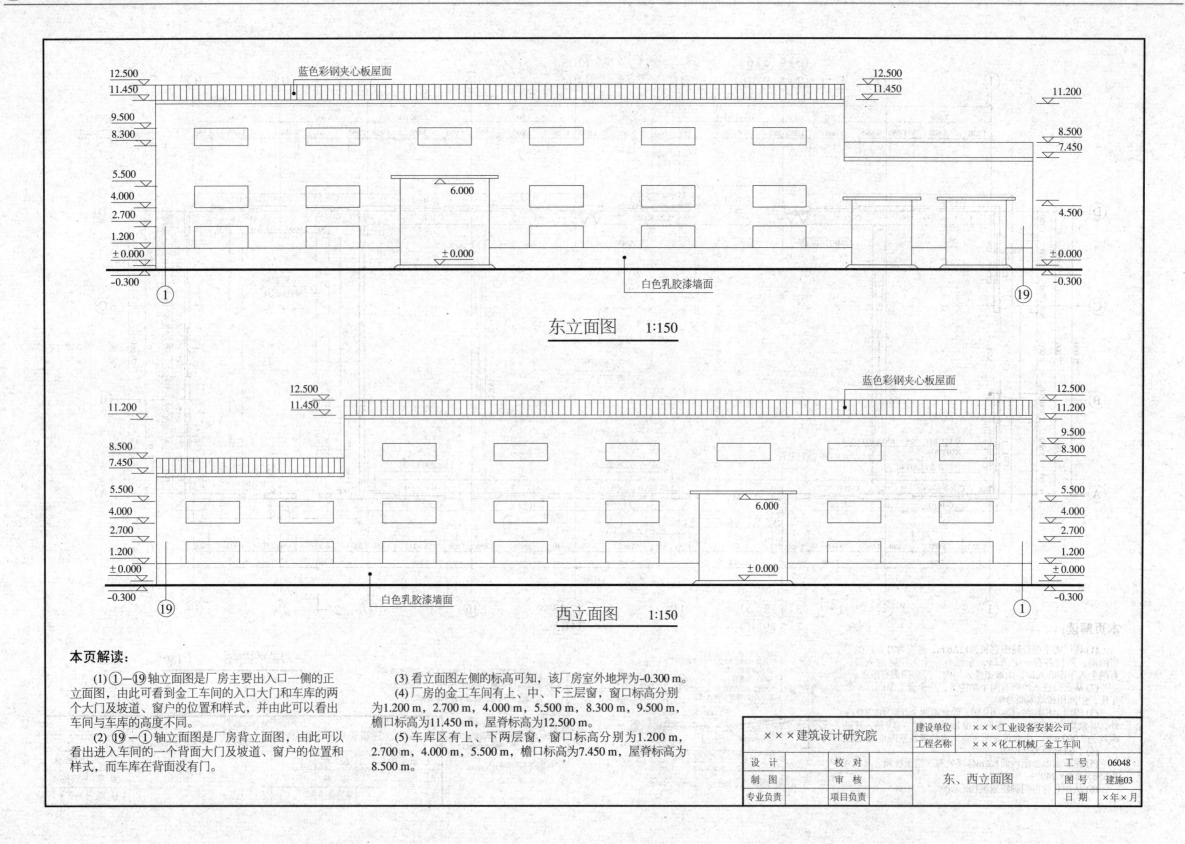

东立面图   1:150

蓝色彩钢夹心板屋面

白色乳胶漆墙面

西立面图   1:150

蓝色彩钢夹心板屋面

白色乳胶漆墙面

本页解读：

(1) ①—⑲轴立面图是厂房主要出入口一侧的正立面图，由此可看到金工车间的入口大门和车库的两个大门及坡道、窗户的位置和样式，并由此可以看出车间与车库的高度不同。

(2) ⑲—①轴立面图是厂房背立面图，由此可以看出进入车间的一个背面大门及坡道、窗户的位置和样式，而车库在背面没有门。

(3) 看立面图左侧的标高可知，该厂房室外地坪为-0.300 m。

(4) 厂房的金工车间有上、中、下三层窗，窗口标高分别为1.200 m，2.700 m，4.000 m，5.500 m，8.300 m，9.500 m，檐口标高为11.450 m，屋脊标高为12.500 m。

(5) 车库区有上、下两层窗，窗口标高分别为1.200 m，2.700 m，4.000 m，5.500 m，檐口标高为7.450 m，屋脊标高为8.500 m。

×××建筑设计研究院		建设单位	×××工业设备安装公司
		工程名称	×××化工机械厂金工车间
设 计	校 对		工 号	06048
制 图	审 核	东、西立面图	图 号	建施03
专业负责	项目负责		日 期	×年×月

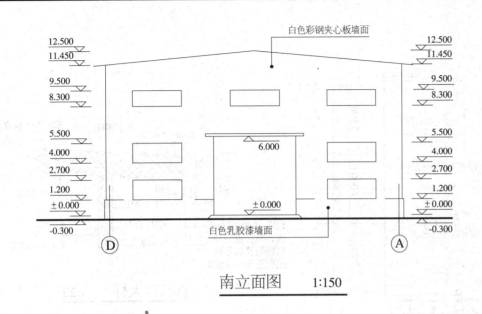

南立面图　　1:150

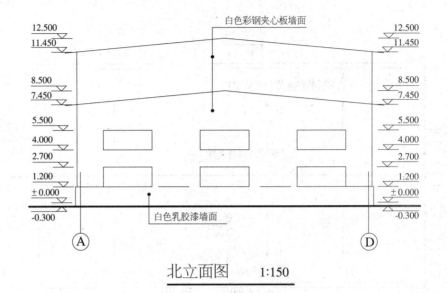

北立面图　　1:150

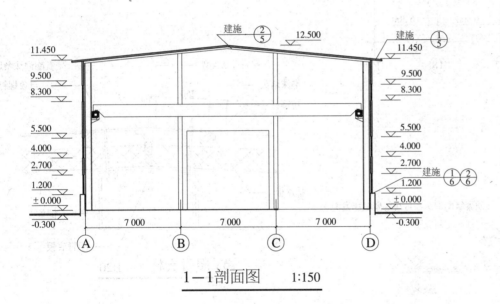

1—1剖面图　　1:150

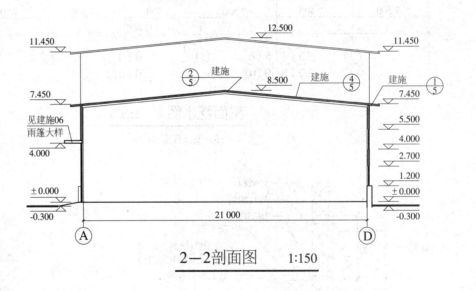

2—2剖面图　　1:150

本页解读:

(1) 南立面图是厂房的侧立面图，由此可看到金工车间的侧入口大门及坡道、窗户的位置和样式。

(2) 北立面图是反映厂房车库区的侧立面图，由此可以看出车库侧面的窗户的位置和样式，以及车间与车库侧面的高差情况。

(3) 1—1剖面图表明该厂房为单层双坡排水的门式刚架，图中可见各标高（地面、窗上下口、檐口、屋脊）数值。

(4) 2—2剖面图表明该厂房的车库部分为单层双坡排水的门式刚架，图中可见车库部分各标高数值。

(5) 屋脊、檐口、雨篷及窗上下口大样详见建施06。

×××建筑设计研究院		建设单位	×××工业设备安装公司		
		工程名称	×××化工机械厂金工车间		
设　计	校　对	南、北立面图 1—1剖面、2—2剖面图		工　号	06048
制　图	审　核			图　号	建施04
专业负责	项目负责			日　期	×年×月

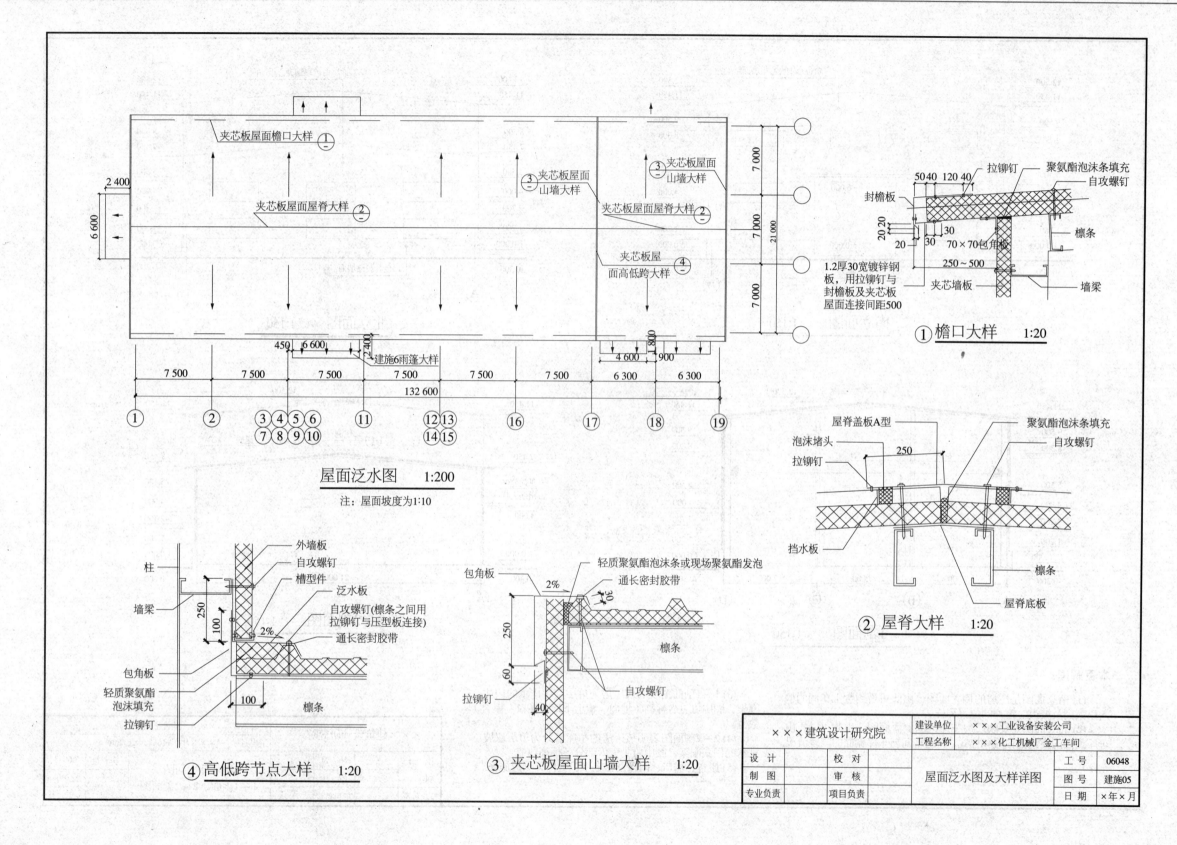

夹芯板屋面檐口大样 ①

夹芯板屋面屋脊大样 ②

③ 夹芯板屋面山墙大样

③ 夹芯板屋面山墙大样

夹芯板屋面屋脊大样 ②

夹芯板屋面高低跨大样 ④

2 400

6 600

2 400

建施6雨篷大样

450 6 600

7 500 7 500 7 500 7 500 7 500 7 500 6 300 6 300

4 600 900

800

132 600

7 000 7 000 7 000 21 000

① ② ③④⑤⑥ ⑦⑧⑨⑩ ⑪ ⑫⑬ ⑭⑮ ⑯ ⑰ ⑱ ⑲

屋面泛水图 1:200

注：屋面坡度为1:10

拉铆钉 聚氨酯泡沫条填充 自攻螺钉

封檐板

50 40 120 40

20 20 30 70×70包角板

20 30

250～500

墙梁

夹芯墙板

1.2厚30宽镀锌钢板，用拉铆钉与封檐板及夹芯板屋面连接间距500

① 檐口大样 1:20

屋脊盖板A型 聚氨酯泡沫条填充

泡沫堵头 250 自攻螺钉

拉铆钉

挡水板

檩条

屋脊底板

② 屋脊大样 1:20

柱

外墙板

自攻螺钉

槽型件

泛水板

墙梁

250

100

2%

自攻螺钉(檩条之间用拉铆钉与压型板连接)

通长密封胶带

包角板

轻质聚氨酯泡沫填充

拉铆钉

100

檩条

④ 高低跨节点大样 1:20

包角板

轻质聚氨酯泡沫条或现场聚氨酯发泡

2%

通长密封胶带

30

250

檩条

自攻螺钉

拉铆钉

60

40

③ 夹芯板屋面山墙大样 1:20

×××建筑设计研究院		建设单位	×××工业设备安装公司		
		工程名称	×××化工机械厂金工车间		
设 计		校 对		工 号	06048
制 图		审 核	屋面泛水图及大样详图	图 号	建施05
专业负责		项目负责		日 期	×年×月

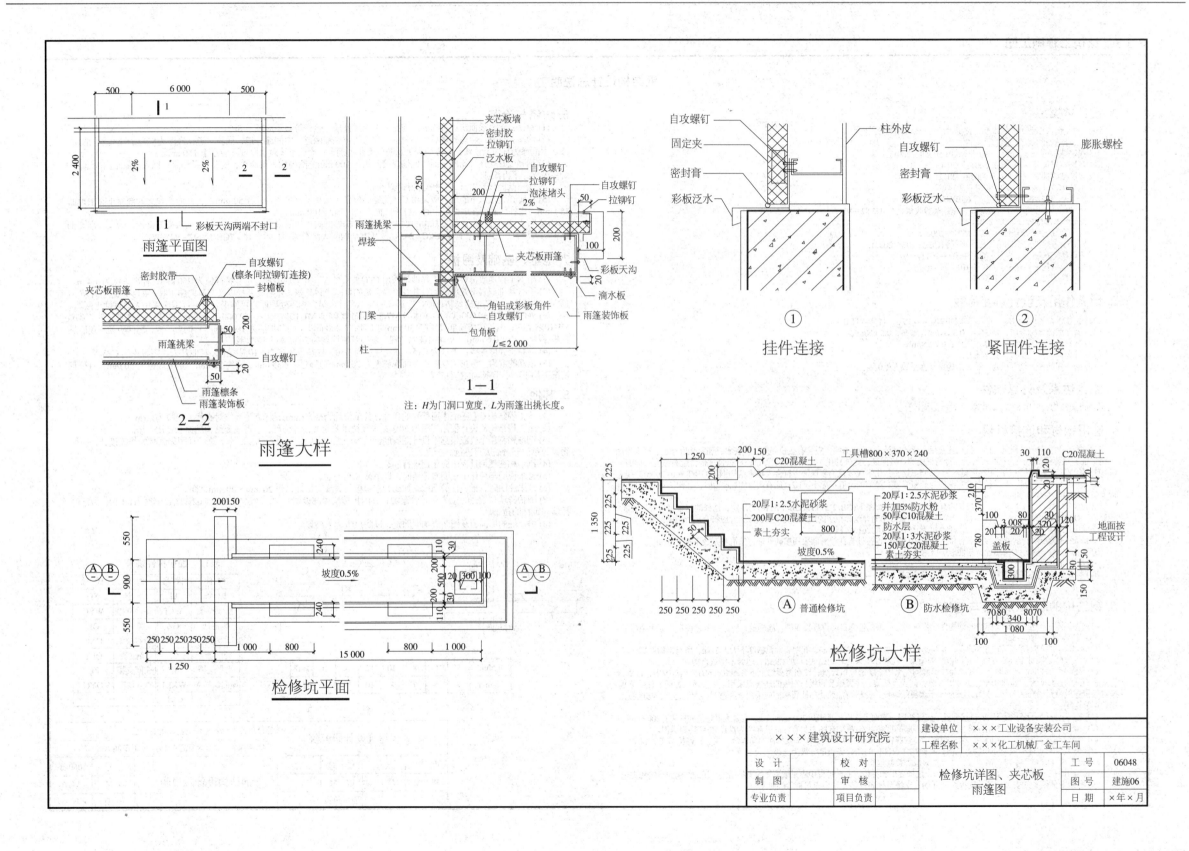

雨篷平面图

雨篷大样

2—2

1—1

注：H为门洞口宽度，L为雨篷出挑长度。

① 挂件连接

② 紧固件连接

检修坑平面

检修坑大样

Ⓐ 普通检修坑

Ⓑ 防水检修坑

×××建筑设计研究院	建设单位	×××工业设备安装公司		
	工程名称	×××化工机械厂金工车间		
设 计	校 对	检修坑详图、夹芯板雨篷图	工 号	06048
制 图	审 核		图 号	建施06
专业负责	项目负责		日 期	×年×月

2.3.3 结构工程施工图

钢结构设计总说明

1. 设计依据

(1) 本工程依据业主的要求及工艺提供的设计资料进行设计。

(2) 设计遵循的规范、规程及标准：
《建筑结构可靠度设计统一标准》(GB 50068—2001)，
《建筑抗震设计规范》(GB 50011—2010)，
《建筑结构荷载规范》(GB 50009—2012)，
《钢结构设计规范》(GB 50017—2014)，
《冷弯薄壁型钢结构技术规范》(GB 50018—2002)，
《钢结构高强度螺栓连接的设计、施工及验收规程》(JGJ 82—91)，
《碳素结构钢》(GB 700—2006)，
《低合金高强度结构钢》(GB/T 1591—2008)，
《门式刚架轻型房屋钢结构技术规程》(CECS 102—2002)，
《建筑地基基础设计规范》(GB 50007—2011)，
《混凝土结构设计规范》(GB 50010—2012)，
《砌体结构设计规范》(GB 50003—2011)。

2. 地震作用及设计可变荷载

(1) 抗震设防烈度为7度，设计基本加速度为0.15 g，特征周期0.5 s。

(2) 屋面活荷载标准值：主刚架，0.3 kN/m²；檩条，0.5 kN/m²。

(3) 基本风压：0.5 kN/m²；基本雪压：0.7 kN/m²。

(4) 吊车荷载及其布置详见结施05。

(5) 本工程结构安全等级为二级，结构重要性系数为1.0。

3. 结构体系及计算软件

钢排架结构；采用STS（2005版）进行结构计算。

4. 选用钢材和连接材料

(1) 本工程主刚架结构梁、柱、抗风柱及吊车梁的钢材为Q345-B钢，应具有抗拉强度、伸长率、屈服强度和硫、磷含量的合格保证，对焊接结构尚应具有碳含量、冷弯试验的合格保证，其化学成分及力学性能还应符合《低合金高强度结构钢》(GB/T 1591)的规定。其他未注明的钢材均为Q235-B钢，其化学成分及力学性能应符合《碳素结构钢》(GB 700—2006)的规定。

(2) 主钢结构的钢材，其抗拉强度实测值与屈服强度实测值的比值不应小于1.2；应有明显的屈服台阶，且伸长率应大于20%；应有良好的可焊性和合格的冲击韧性。

(3) 焊接材料：手工焊接，焊条应符合现行标准《碳钢焊条》(GB/T 5117或GB/T 5118)的规定。选择的焊条型号应与性能相适应，Q235钢采用E43××型自动焊接或半自动焊接采用的焊丝和相应的焊剂应与能相适应，并应符合现行国家标准的规定。两种不同强度的钢材相接时，可采用与低强度钢材相适应的连接材料。

(4) 高强度螺栓，摩擦型连接，其性能等级为10.9级；连接处构件接触面采用喷砂处理，抗滑移系数不小于0.50。

(5) 普通螺栓，采用C级螺栓，其性能等级为4.6级。

(6) 柱脚锚栓，采用Q235钢。

(7) 栓钉，采用圆柱头焊钉；其技术条件须符合GB 10433—2002的规定。

5. 钢结构的制作、安装与连接

(1) 焊接钢柱、钢梁、钢支撑的钢构件，均应在工厂采用埋弧自动焊焊接成型。施焊前，应进行工艺评定，证明施焊工艺符合国家标准GB 986—88的有关规定。

(2) 高强度螺栓应在工厂车间内钻孔，孔径比螺栓公称直径大1~1.5 mm，孔壁表面粗糙度不大于2.5 u，所有钢构件制作以前，须足尺放样，无误后方可下料制做。刚架梁、柱板件应采用轧制边或自动气割边，边缘不得进行剪切。

(3) 刚架梁与柱刚性连接时，梁翼缘与柱翼缘间采用全融透坡口焊缝；柱在梁翼缘上下各500 mm的节点范围内，柱翼缘与柱腹板间的连接焊缝，应采用全融透坡口焊缝；门式刚架、柱翼缘及腹板与端板的连接应采用全融透坡口焊缝。柱在梁翼缘对应位置处设置横向加劲肋，其厚度不应小于梁翼缘板厚度，此横向加劲肋与梁翼缘间采用全融透对焊缝连接，与腹板采用角焊缝连接。

(4) 上、下翼缘板及腹板三者的拼接焊缝不应设在同一截面上，应相互错开200 mm以上，与加劲肋焊缝应错开200 mm以上。

(5) 未注明的连接焊缝为角焊缝，角焊缝的焊脚高度参见本图(如详图中另有标注以详图为准)，长度均为满焊。

(6) 对接焊缝的质量等级不低于二级；刚架梁、柱翼板及端板的角焊缝，梁、柱连接节点、肩梁节点、柱脚节点的质量等级为外观检查二级；其他构件或部位的角焊缝质量等级为三级。

(7) 未经设计许可，不得在钢架梁、柱上打火或焊接其他构件。

(8) 钢构件在运输吊装过程中应采取措施防止过量变形和失稳。安装过程中应采取可靠的支撑措施，保证结构的稳定和安全。

(9) 刚架主体结构的安装应从有支撑跨间开始，支撑及檩条安装完毕后方可拆除临时支撑。

6. 防锈与涂装

(1) 除锈：钢材表面应进行喷砂（或抛丸）除锈处理，除锈等级不应低于Sa2。

(2) 涂漆：钢材经除锈处理后六小时内，应涂防锈底漆两道，中间漆一道，面漆一道，底漆为红丹或铁红系列防锈漆，中间漆为环氧云铁漆，面漆的种类及颜色由业主确定；涂层总漆膜总厚度不应小于150 um。

(3) 高强度螺栓连接的摩擦面、现场焊接两侧各100 mm范围内均不得涂漆，安装完后补涂；插入混凝土内的钢柱柱脚范围内亦不得涂漆。

(4) 闭口截面构件应沿全长和端部焊接封闭。

(5) 柱脚在地面以下的部分应采用C15混凝土包裹（保护层厚度不应小于50 mm），并应使包裹的混凝土高出地面150 mm。当柱脚底面在地面以上时，柱脚底面应高出地面100 mm。

(6) 防火涂料应根据建筑设计中的耐火等级及各构件的耐火极限来确定，防火涂料的喷涂应符合现行国家标准《钢结构防火涂料应用技术规程》(CECS 24:90)及《钢结构防火涂料通用技术条件》(GB 14907—94)的规定。

7. 地基、基础及围护

(1) 根据工程地质资料，本工程地基采用CFG桩法处理，处理后的地基承载特征值为250 kPa，标准冻深为1.4 m。

(2) 所有基础应置于处理后的，并经检验合格的地基上；基槽、基坑的开挖以及基础的施工时，如发现遇有井坑、墓穴、杂填土、人防地道等情况时，应通知勘察、设计人员作相应处理后方可施工。基础周围应采用无腐蚀性土回填。

(3) 外围护墙：±0.000以下的墙体为M7.5水泥砂浆砌筑MU10黏土砖；±0.000~1.000 m的墙体为M5混合砂浆砌筑MU10黏土砖；围护砖墙顶部设置厚130 mm的压顶；1.000 m以上的围护墙为100 mm厚彩钢夹芯板，屋面板为彩色压型钢板(板厚不小于0.6 mm)，及保温玻璃丝棉。墙檩及屋檩均为C型冷弯薄壁型钢。

(4) 混凝土强度等级：条基为C15，独立基基为C30，柱下垫层为C10混凝土，其他凡未注明者均为C25。

(5) 钢筋的混凝土保护层厚度：楼板现浇板为20 mm，基础梁为35 mm，柱为35 mm，基础底板为50 mm；且任何情况下均不应小于钢筋的公称直径。

8. 其他

(1) 本工程结构专业图纸中所标注的尺寸，其单位均为毫米(mm)，标高均为相对高程，单位为米(m)。

(2) 本工程结构的使用年限为50年；未经技术鉴定或设计许可，不得改变结构用途和使用环境。

(3) 钢结构制作单位应根据本设计图编制钢结构施工详图方可进行加工制作。施工详图编制时如修改设计，应征得设计单位同意后方可进行。

(4) 钢结构在使用过程中应定期进行油漆，维护。

(5) 若本说明与单体中说明有矛盾时，以单体说明为准。

(6) 凡未注明时，梁、柱截面横向加劲肋在腹板与翼缘交接处，作20 mm×20 mm切角。

(7) 围护砖墙与钢柱的拉结参见结施02；外围护墙顶部设置圈梁，做法参见结施02详图；钢筋为1φ10，做法同砖墙与钢柱的拉结。

(8) 檐口处的屋面板及檩条应加强固定，以防风吸力下破坏。

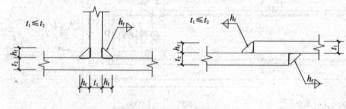

表1 图中构件编号

构 件	代 号	构 件	代 号
檩条	LT	系杆	XG
屋面拉条	WLT	屋面隅撑	WYC
构造柱	GZ	墙梁	QL
现浇梁	XL	墙斜拉杆	QXL
刚架	GJ	墙拉条	QLT
水平支撑	SC	柱间支撑	ZC
屋面斜拉条	WXLT	墙隅撑	QYC
吊车梁	GDL		

t_1/mm	5	6	8	10	12	14	16	≥18
h_t/mm	5	5	7	8	10	12	12	14

×××建筑设计研究院		建设单位	×××工业设备安装公司		
		工程名称	×××化工机械厂金工车间		
设 计		校 对		工 号	06048
制 图		审 核	钢结构设计总说明	图 号	结施01
专业负责		项目负责		日 期	×年×月

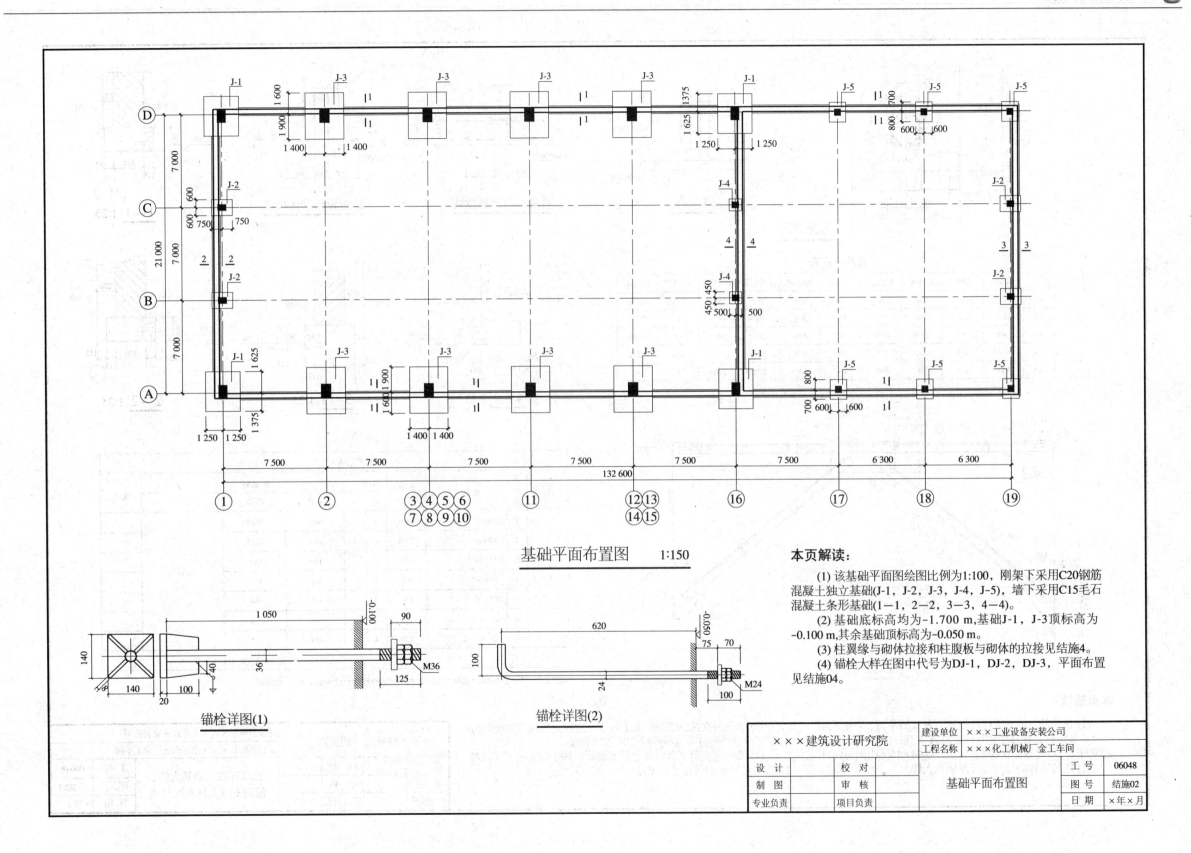

基础平面布置图   1:150

锚栓详图(1)

锚栓详图(2)

本页解读：

(1) 该基础平面图绘图比例为1:100，刚架下采用C20钢筋混凝土独立基础(J-1，J-2，J-3，J-4，J-5)，墙下采用C15毛石混凝土条形基础(1—1，2—2，3—3，4—4)。

(2) 基础底标高均为-1.700 m，基础J-1，J-3顶标高为-0.100 m,其余基础顶标高为-0.050 m。

(3) 柱翼缘与砌体拉接和柱腹板与砌体的拉接见结施4。

(4) 锚栓大样在图中代号为DJ-1，DJ-2，DJ-3，平面布置见结施04。

×××建筑设计研究院		建设单位	×××工业设备安装公司		
		工程名称	×××化工机械厂金工车间		
设 计		校 对		工 号	06048
制 图		审 核		基础平面布置图	图 号	结施02
专业负责		项目负责			日 期	×年×月

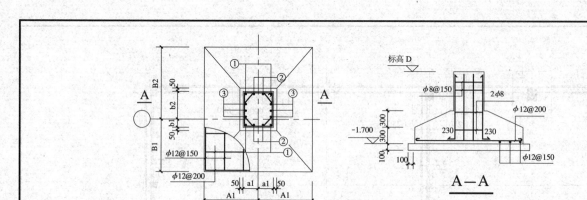

独基详图

独基一览表

编号	A1/mm	a1/mm	B1/mm	B2/mm	b1/mm	b2/mm	①号钢筋	②号钢筋	③号钢筋	标高 D
J-1	1 250	300	1 375	1 625	350	600	2 ⌀22	2 ⌀22	3 ⌀20	-0.100
J-2	600	225	750	750	300	300	2 ⌀20	2 ⌀14	2 ⌀14	-0.050
J-3	1 400	250	1 600	1 900	350	650	2 ⌀22	3 ⌀20	3 ⌀20	-0.100
J-4	450	225	500	500	250	250	2 ⌀20	2 ⌀14	2 ⌀14	-0.050
J-5	600	225	700	800	200	300	2 ⌀20	2 ⌀14	2 ⌀14	-0.050

A—A

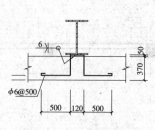

柱翼缘与砌体拉结

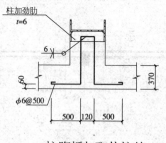

柱腹板与砌体拉结

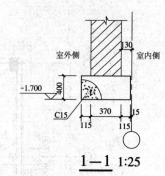

1—1 1:25

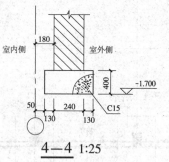

4—4 1:25

3—3 1:25

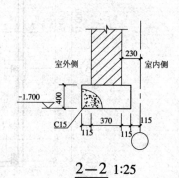

2—2 1:25

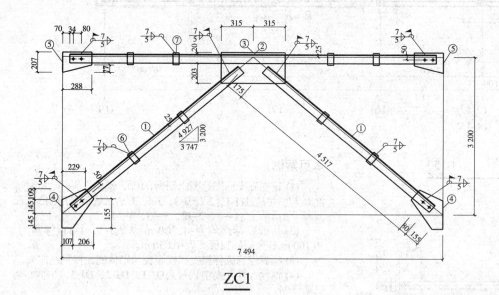

ZC1

材料表

构件编号	零件号	截面	长度 /mm	数量		重量/kg			备注
				正	反	单重	总重	合计	
zc1	1	L90×6	4 631	4		38.7	154.7		
	2	L90×6	7 354	1	1	61.4	122.8	319.1	
	3	-313×10	630	1		15.5	15.5		
	4	-253×10	459	2		6.1	12.2		
	5	-207×10	288	2		4.7	9.4		
	6	-60×10	120	4		0.6	2.3		
	7	-60×10	120	4		0.6	2.3		

本图构件总重 319.1 kg

说明: (1) 切断边距为2D(D为螺栓直径); (2) 未注明的焊缝焊脚尺寸为6 mm, 长度一律满焊。

本页解读:

　　(1) 各柱基、墙基大样图描述了各基础平面、立面的细部尺寸及标高, 柱基中钢筋的配量及布置, 由轴线至基础边缘的尺寸可为施工放线提供依据, 基础大样图比例为1:25。

　　(2) 柱与墙体的拉结大样及墙基大样。

　　(3) 水平斜支撑(SC)为刚架上弦水平支撑, 采用角钢(Q235)制作, 节点处通过节点板螺栓连接焊接而成。

　　(4) 节点区表明了各杆件之间的关系, 施工时需进行实际放样(参考材料表中截面及长度)。

×××建筑设计研究院		建设单位	×××工业设备安装公司		
		工程名称	×××化工机械厂金工车间		
设 计	校 对	独基详图、墙基大样、屋面支承大样及材料表		工 号	06048
制 图	审 核			图 号	结施03
专业负责	项目负责			日 期	×年×月

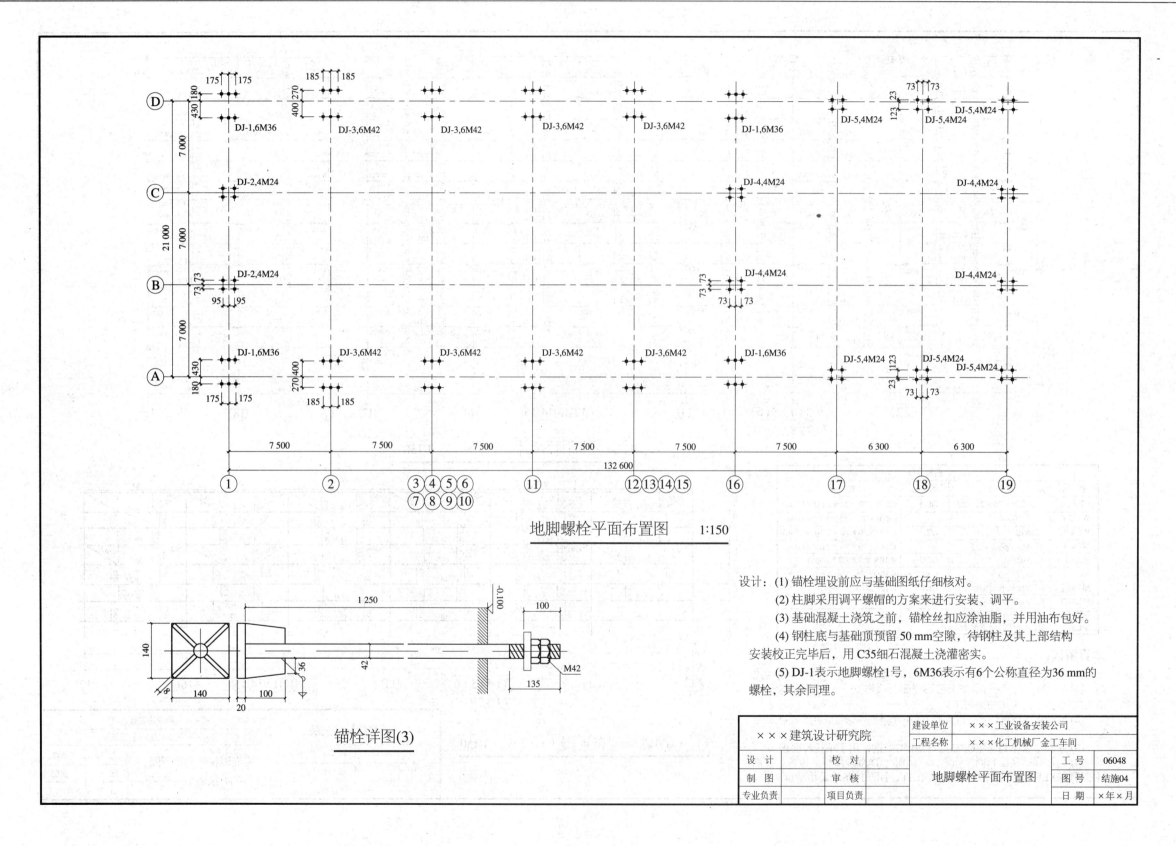

地脚螺栓平面布置图 1:150

锚栓详图(3)

设计：(1) 锚栓埋设前应与基础图纸仔细核对。
(2) 柱脚采用调平螺帽的方案来进行安装、调平。
(3) 基础混凝土浇筑之前，锚栓丝扣应涂油脂，并用油布包好。
(4) 钢柱底与基础顶预留 50 mm 空隙，待钢柱及其上部结构安装校正完毕后，用 C35细石混凝土浇灌密实。
(5) DJ-1表示地脚螺栓1号，6M36表示有6个公称直径为36 mm的螺栓，其余同理。

×××建筑设计研究院	建设单位	×××工业设备安装公司		
	工程名称	×××化工机械厂金工车间		
设 计	校 对		工 号	06048
制 图	审 核	地脚螺栓平面布置图	图 号	结施04
专业负责	项目负责		日 期	×年×月

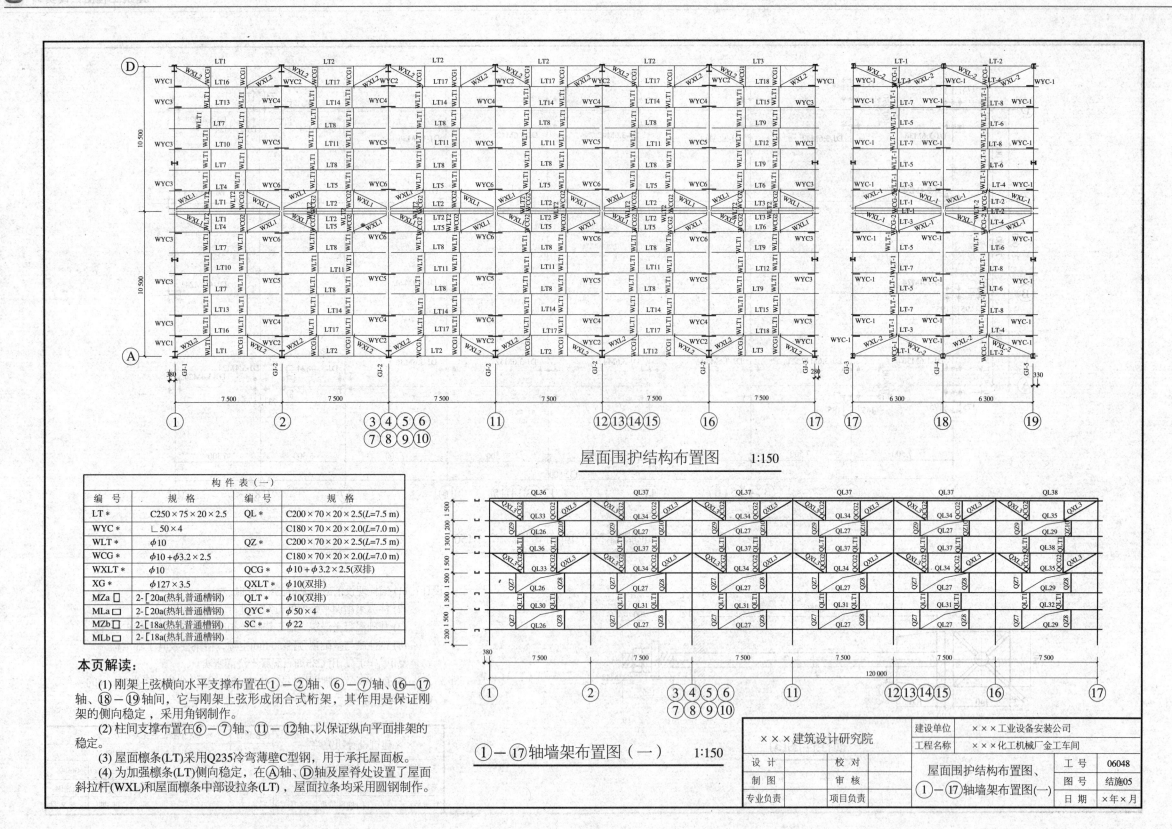

屋面围护结构布置图   1:150

①—⑰轴墙架布置图（一）   1:150

构 件 表（一）			
编号	规 格	编号	规 格
LT *	C250×75×20×2.5	QL *	C200×70×20×2.5(L=7.5 m)
WYC *	∟50×4		C180×70×20×2.0(L=7.0 m)
WLT *	φ10	QZ *	C200×70×20×2.5(L=7.5 m)
WCG *	φ10+φ3.2×2.5		C180×70×20×2.0(L=7.0 m)
WXLT *	φ10	QCG *	φ10+φ3.2×2.5(双排)
XG *	φ127×3.5	QXLT *	φ10(双排)
MZa □	2-[20a(热轧普通槽钢)	QLT *	φ10(双排)
MLa □	2-[20a(热轧普通槽钢)	QYC *	φ50×4
MZb □	2-[18a(热轧普通槽钢)	SC *	φ22
MLb □	2-[18a(热轧普通槽钢)		

本页解读：

(1) 刚架上弦横向水平支撑布置在①—②轴、⑥—⑦轴、⑯—⑰轴、⑱—⑲轴间，它与刚架上弦形成闭合式桁架，其作用是保证刚架的侧向稳定，采用角钢制作。

(2) 柱间支撑布置在⑥—⑦轴、⑪—⑫轴，以保证纵向平面排架的稳定。

(3) 屋面檩条(LT)采用Q235冷弯薄壁C型钢，用于承托屋面板。

(4) 为加强檩条(LT)侧向稳定，在Ⓐ轴、Ⓓ轴及屋脊处设置了屋面斜拉杆(WXL)和屋面檩条中部设拉条(LT)，屋面拉条均采用圆钢制作。

×××建筑设计研究院		建设单位	×××工业设备安装公司		
		工程名称	×××化工机械厂金工车间		
设计		校对		屋面围护结构布置图、①—⑰轴墙架布置图(一)	工号 06048
制图		审核			图号 结施05
专业负责		项目负责			日期 ×年×月

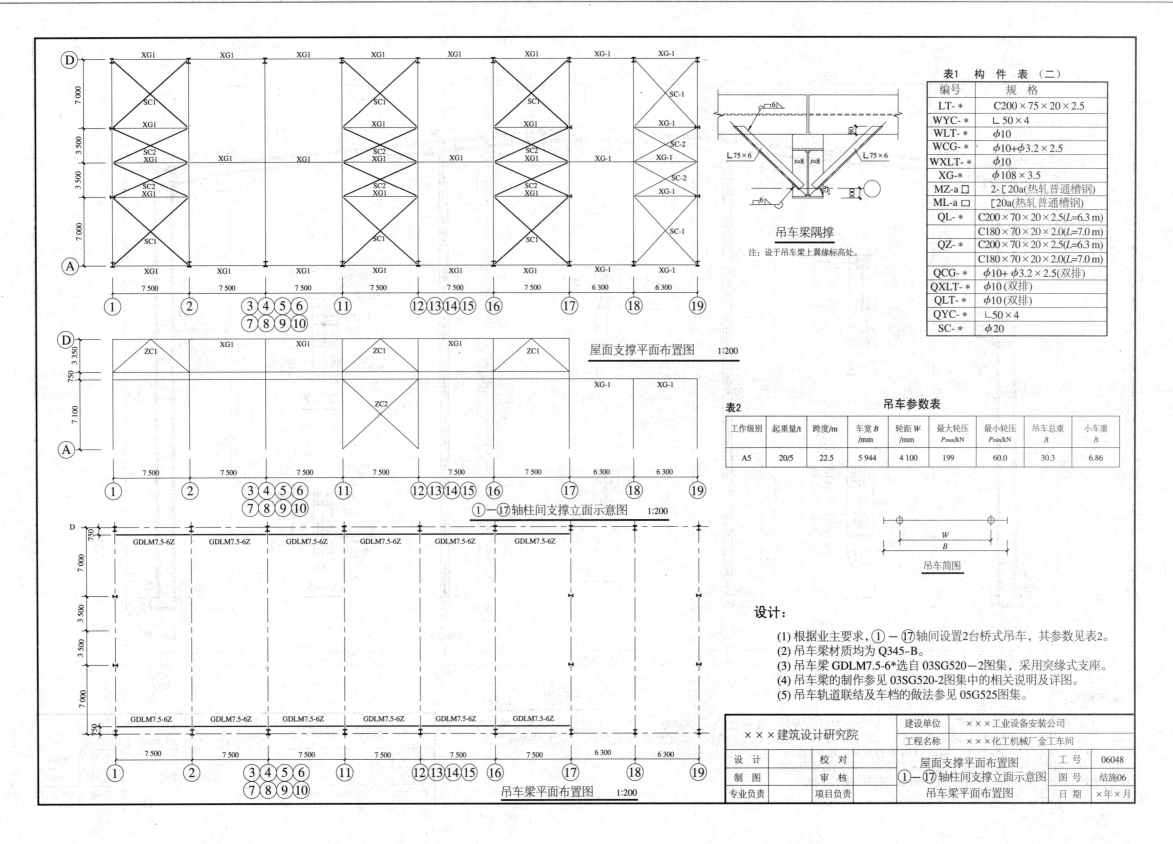

表1　构件表（二）

编号	规　格
LT-*	C200×75×20×2.5
WYC-*	∟50×4
WLT-*	φ10
WCG-*	φ10+φ3.2×2.5
WXLT-*	φ10
XG-*	φ108×3.5
MZ-a □	2-[20a(热轧普通槽钢)
ML-a □	[20a(热轧普通槽钢)
QL-*	C200×70×20×2.5(L=6.3 m)
	C180×70×20×2.0(L=7.0 m)
QZ-*	C200×70×20×2.5(L=6.3 m)
	C180×70×20×2.0(L=7.0 m)
QCG-*	φ10+ φ3.2×2.5(双排)
QXLT-*	φ10(双排)
QLT-*	φ10(双排)
QYC-*	∟50×4
SC-*	φ20

吊车梁隅撑

注：设于吊车梁上翼缘标高处。

屋面支撑平面布置图 1:200

表2　吊车参数表

工作级别	起重量/t	跨度/m	车宽B /mm	轮距W /mm	最大轮压 P_{max}/kN	最小轮压 P_{min}/kN	吊车总重 /t	小车重 /t
A5	20/5	22.5	5 944	4 100	199	60.0	30.3	6.86

吊车简图

①－⑰轴柱间支撑立面示意图 1:200

设计：

(1) 根据业主要求，①－⑰轴间设置2台桥式吊车，其参数见表2。
(2) 吊车梁材质均为Q345-B。
(3) 吊车梁GDLM7.5-6*选自03SG520-2图集，采用突缘式支座。
(4) 吊车梁的制作参见03SG520-2图集中的相关说明及详图。
(5) 吊车轨道联结及车档的做法参见05G525图集。

吊车梁平面布置图 1:200

×××建筑设计研究院		建设单位	×××工业设备安装公司		
		工程名称	×××化工机械厂金工车间		
设 计	校 对	屋面支撑平面布置图		工 号	06048
制 图	审 核	①－⑰轴柱间支撑立面示意图		图 号	结施06
专业负责	项目负责	吊车梁平面布置图		日 期	×年×月

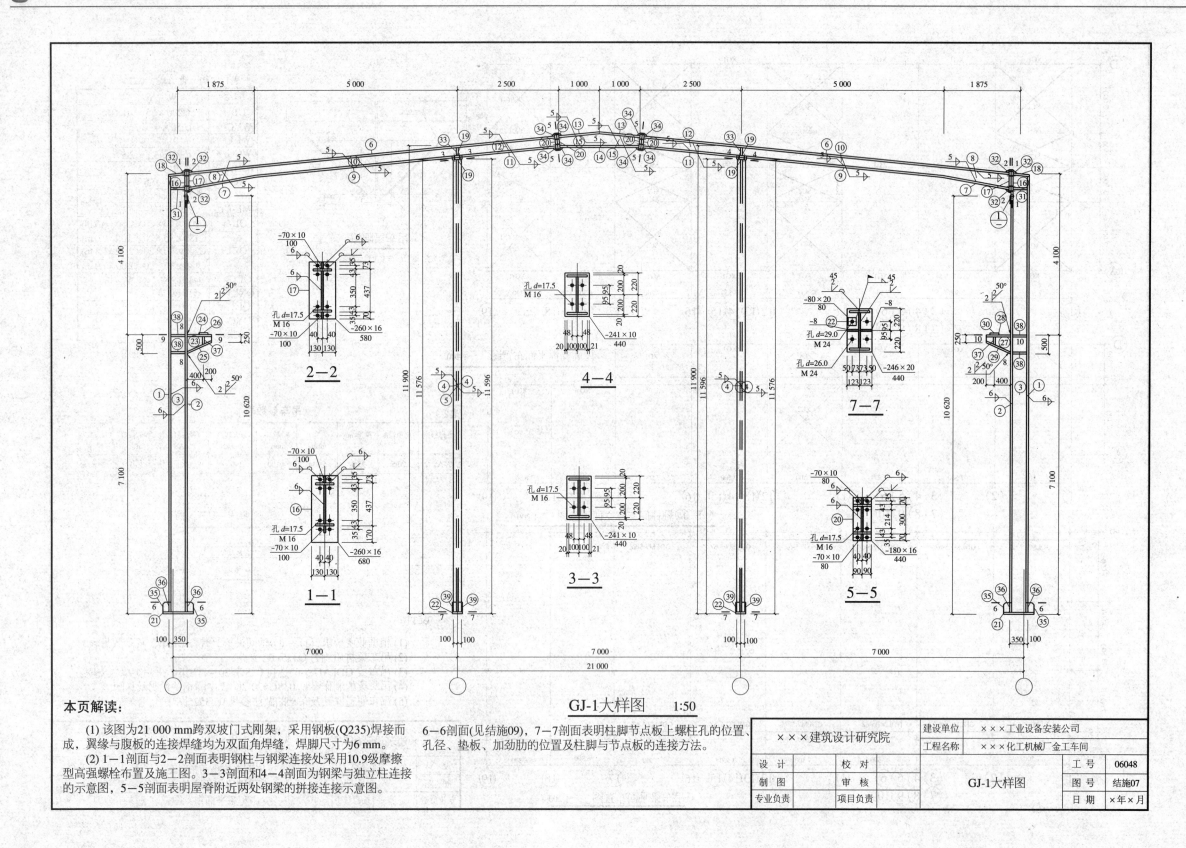

GJ-1大样图   1:50

本页解读：

（1）该图为21 000 mm跨双坡门式刚架，采用钢板(Q235)焊接而成，翼缘与腹板的连接焊缝均为双面角焊缝，焊脚尺寸为6 mm。

（2）1—1剖面与2—2剖面表明钢柱与钢梁连接处采用10.9级摩擦型高强螺栓布置及施工图。3—3剖面和4—4剖面为钢梁与独立柱连接的示意图，5—5剖面表明屋脊附近两处钢梁的拼接连接示意图。

6—6剖面(见结施09)，7—7剖面表明柱脚节点板上螺柱孔的位置、孔径、垫板、加劲肋的位置及柱脚与节点板的连接方法。

×××建筑设计研究院		建设单位	×××工业设备安装公司
		工程名称	×××化工机械厂金工车间
设 计	校 对		工 号 06048
制 图	审 核	GJ-1大样图	图 号 结施07
专业负责	项目负责		日 期 ×年×月

材料表

构件编号	零件编号	规格	长度/mm	数量正	数量反	单重	共重	总重	注
GJ-1	1	-260×12	11 147	2		273.0	546.0	3 937.7	
	2	-260×12	10 598	2		259.6	519.1		
	3	-426×6	11 193	2		224.1	448.2		
	4	-200×10	11 576	4		181.8	727.0		
	5	-380×6	11 567	2		207.0	414.0		
	6	-180×8	9 145	2		103.4	206.8		
	7	-180×8	1 690	2		19.1	38.2		
	8	-418×6	1 685	2		27.4	54.8		
	9	-180×8	4 872	2		55.1	110.2		
	10	-284×6	5 025	2		67.0	134.0		
	11	-180×8	2 391	2		27.0	54.1		
	12	-284×6	2 512	2		33.4	66.8		
	13	-180×8	1 005	2		11.4	22.7		
	14	-180×8	1 942	1		22.0	22.0		
	15	-380×6	1 005	2		15.5	30.9		
	16	-260×16	680	2		22.2	44.4		
	17	-260×16	580	2		18.9	37.9		
	18	-260×8	440	2		7.2	14.4		
	19	-241×10	241	4		4.6	18.2		

材料表

构件编号	零件编号	规格	长度/mm	数量正	数量反	单重	共重	总重	注
GJ-1	20	-180×16	440	4		9.9	39.8	3 937.7	
	21	-490×22	750	2		63.5	126.9		
	22	-246×20	440	2		17.0	34.0		
	23	-476×10	600	1		21.5	21.5		
	24	-260×12	600	1		14.7	14.7		
	25	-260×12	662	1		16.2	16.2		
	26	-220×12	220	1		4.6	4.6		
	27	-456×10	600	1		21.5	21.5		
	28	-260×12	600	1		14.7	14.7		
	29	-260×12	662	1		16.2	16.2		
	30	-220×12	220	1		4.6	4.6		
	31	-120×8	426	4		3.2	12.8		
	32	-70×10	100	6		0.5	3.3		
	33	-87×10	285	4		1.9	7.8		
	34	-70×10	80	4		0.4	3.5		
	35	-150×10	250	8		2.9	23.5		
	36	-115×10	250	8		2.3	18.1		
	37	-125×10	315	4		2.6	10.4		
	38	-127×10	426	8		4.2	34.0		
	39	-120×8	250	4		1.9	7.5		

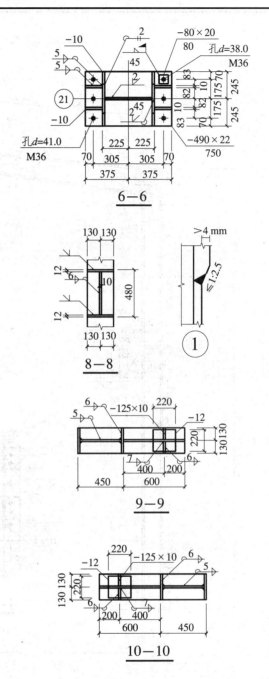

本页解读：

(1) 材料表中表明了刚架中每一个零件的规格、长度、数量及重量。

(2) 8—8，9—9和10—10剖面表明牛腿节点板上螺柱孔的位置、孔径、垫板、加劲肋的位置及柱脚与节点板的连接方法。

×××建筑设计研究院	建设单位	×××工业设备安装公司		
	工程名称	×××化工机械厂金工车间		
设计	校对	GJ-1材料表及节点大样图	工号	06048
制图	审核		图号	结施08
专业负责	项目负责		日期	×年×月

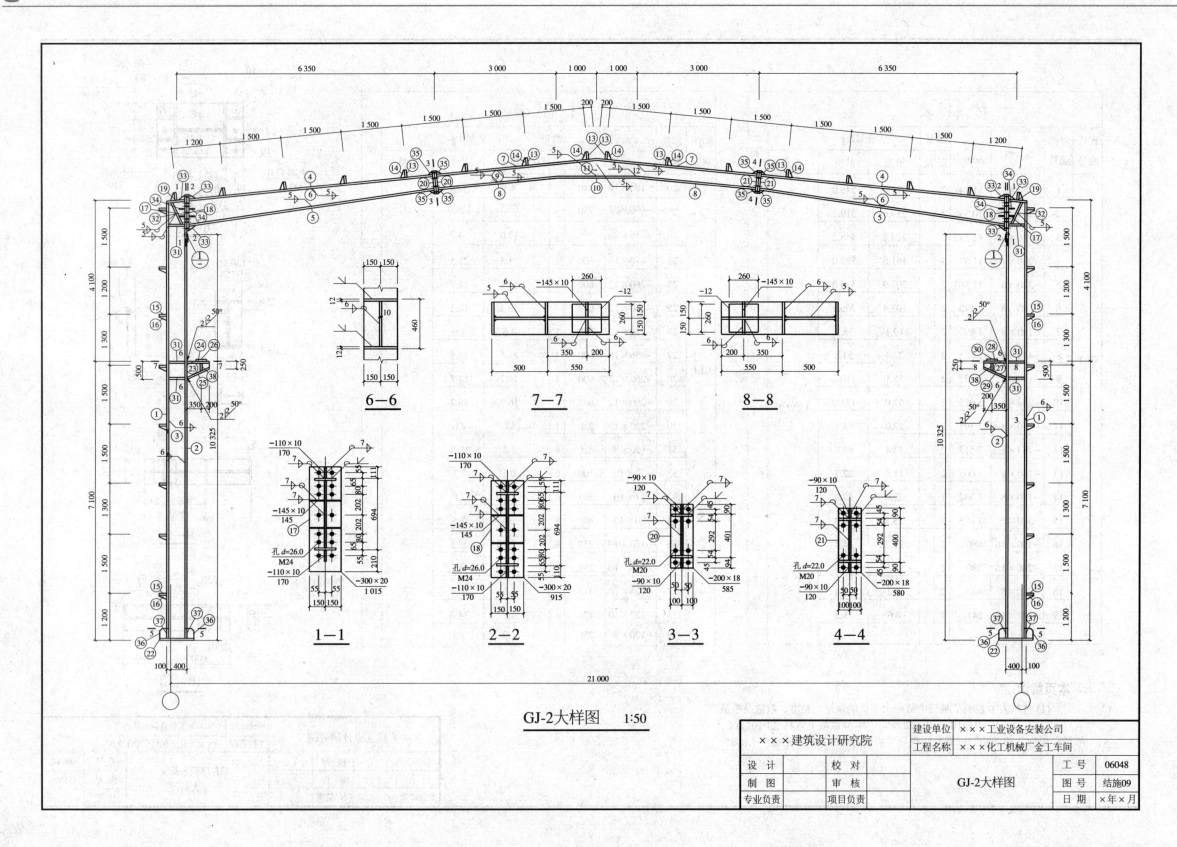

GJ-2大样图   1:50

×××建筑设计研究院		建设单位	×××工业设备安装公司		
		工程名称	×××化工机械厂金工车间		
设　计	校　对		GJ-2大样图	工　号	06048
制　图	审　核			图　号	结施09
专业负责	项目负责			日　期	×年×月

材 料 表

构件编号	零件编号	规格	长度/mm	数量 正	反	单重	共重	总重	注
	1	−300×12	11 141	2		314.8	629.7		
	2	−300×12	10 300	2		291.1	582.1		
	3	−476×6	11 189	2		250.3	500.6		
	4	−200×10	6 087	2		95.6	191.1		
	5	−200×10	6 163	2		96.8	193.5		
	6	−666×6	6 180	2		151.6	303.1		
	7	−180×8	4 002	2		45.2	90.5		
	8	−180×8	2 997	2		33.9	67.7		
	9	−384×6	2 997	1		54.1	54.1		
GJ-2	10	−180×8	1 922	1		21.7	21.7	3 574.8	
	11	−382×6	1 998	1		35.3	35.3		
	12	−479×6	4 002	1		80.7	80.7		
	13	−195×6	150	16		1.4	22.0		
	14	−100×6	195	16		0.9	14.7		
	15	−185×6	150	16		1.3	20.9		
	16	−100×6	185	16		0.9	13.9		
	17	−300×20	1 015	2		47.8	95.6		
	18	−300×20	915	2		43.1	86.2		
	19	−300×10	491	2		11.6	23.1		

材 料 表

构件编号	零件编号	规格	长度/mm	数量 正	反	单重	共重	总重	注
	20	−200×18	585	2		16.5	33.1		
	21	−200×18	580	2		16.4	32.8		
	22	−540×25	840	2		89.0	178.0		
	23	−476×10	550	1		18.8	18.8		
	24	−300×12	550	1		15.5	15.5		
	25	−300×12	608	1		17.2	17.2		
	26	−260×12	260	1		6.4	6.4		
	27	−476×10	550	1		18.8	18.8		
	28	−300×12	550	1		15.5	15.5		
GJ-2	29	−300×12	608	1		17.2	17.2	3 574.8	
	30	−260×12	260	1		6.4	6.4		
	31	−147×10	476	12		5.5	65.9		
	32	−100×6	727	4		3.4	13.7		
	33	−110×10	170	6		1.5	8.8		
	34	−145×10	145	16		1.7	26.4		
	35	−90×10	120	8		0.8	6.8		
	36	−170×12	250	8		4.0	32.0		
	37	−120×12	250	8		2.8	22.6		
	38	−145×10	316	4		3.0	12.1		

说明：材料说明见结施08。

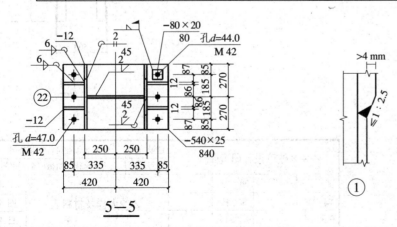

5—5

①

×××建筑设计研究院	建设单位	×××工业设备安装公司		
	工程名称	×××化工机械厂金工车间		
设 计	校 对	GJ-2材料表及 节点大样图	工 号	06048
制 图	审 核		图 号	结施10
专业负责	项目负责		日 期	×年×月

说明：
(1) 切断边距为2D（D为螺栓直径）。
(2) 未注明的焊缝焊脚尺寸为6mm，长度一律满焊。

本页解读：
(1) 水平斜支撑（SC）为刚架上弦水平支撑，采用角钢（Q235）制作，节点处通过节点板螺栓连接焊接而成。
(2) 节点区表明了各杆件之间的关系，施工时需进行实际放样（参考材料表中截面及长度）。

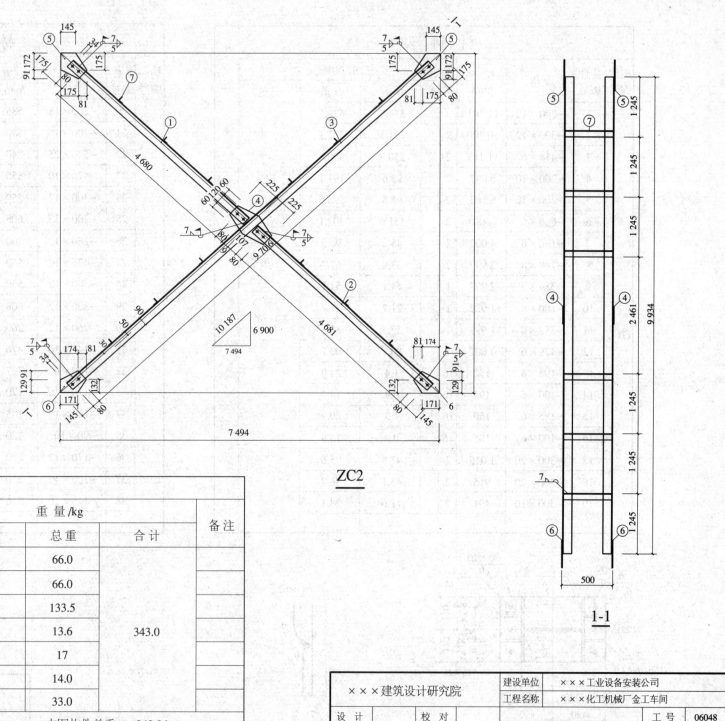

ZC2

1-1

材 料 表

构件编号	零件号	截面	长度/mm	数量		重量/kg			备注
				正	反	单重	总重	合计	
ZC2	1	∟90×56×6	4 908	1	1	33.0	66.0	343.0	
	2	∟90×56×6	4 909	1	1	33.0	66.0		
	3	∟90×56×6	9 935	1	1	66.8	133.5		
	4	−240×8	450	2		6.8	13.6		
	5	−256×8	264	4		4.2	17		
	6	−194×8	288	4		3.5	14.0		
	7	∟63×6	472	12		2.7	33.0		

本图构件总重： 343.0 kg

×××建筑设计研究院	建设单位	×××工业设备安装公司		
	工程名称	×××化工机械厂金工车间		
设计	校对		工号	06048
制图	审核	ZC2大样及材料表	图号	结施11
专业负责	项目负责		日期	×年×月

2.3.4　采暖、给排水工程施工图

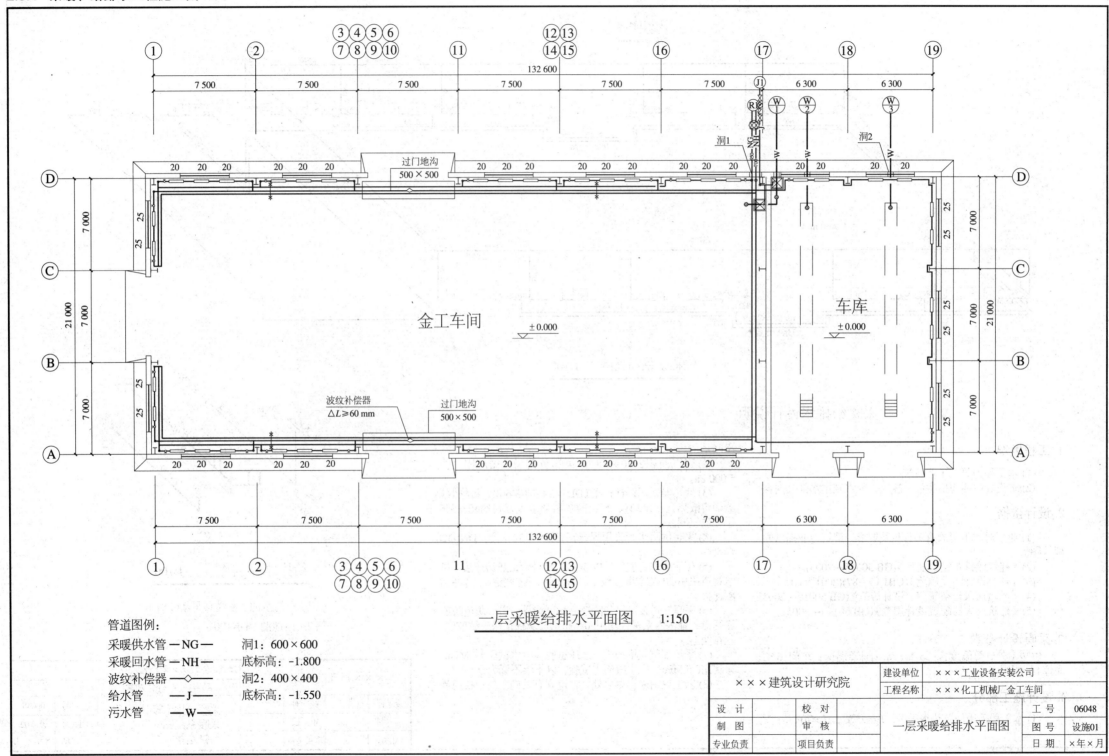

一层采暖给排水平面图　　1:150

管道图例：

采暖供水管 —NG—　　　洞1：600×600
采暖回水管 —NH—　　　底标高：-1.800
波纹补偿器 —◇—　　　　洞2：400×400
给水管 —J—　　　　　　底标高：-1.550
污水管 —W—

×××建筑设计研究院		建设单位	×××工业设备安装公司		
		工程名称	×××化工机械厂 金工车间		
设 计	校 对		一层采暖给排水平面图	工 号	06048
制 图	审 核			图 号	设施01
专业负责	项目负责			日 期	×年×月

189

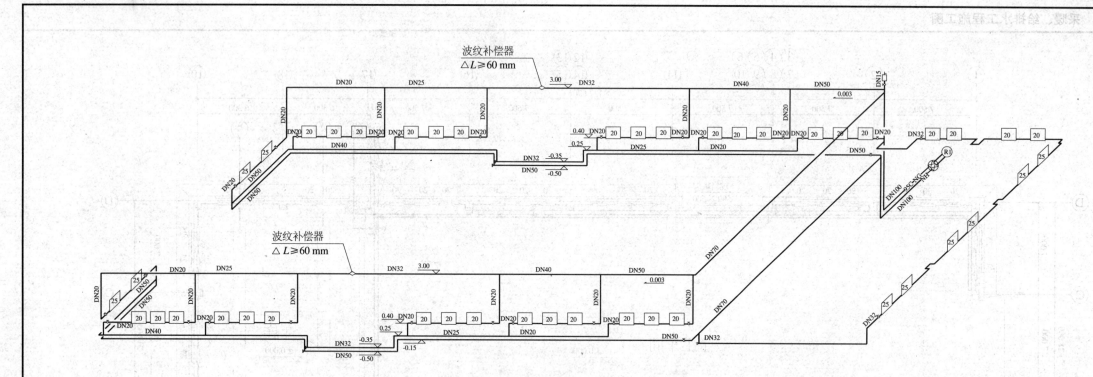

采暖系统图　　1:100

采暖给排水设计说明

1. 工程概况

(1) 本工程为单层工业建筑。

(2) 本设计主要包括生活、暖气、给水及排水部分内容。

2. 设计依据

(1) 业主对本工程的有关意见及要求，建筑专业提供的建筑图。

(2)《建筑绘排水设计规范》(GB 50015—2003)。

(3)《建筑设计防火规范》(GBJ 16—87)(2001版)。

(4)《采暖通风与空气调节设计规范》(GB 50019—2003)。

(5)《建筑灭火器配置设计规范》(GB 50140—2005)。

3. 采暖设计参数

供暖室外计算温度：-25 ℃，室内计算温度：车间16 ℃，车库14 ℃。

4. 设计施工部分

(1) 本工程采用低温热水采暖，T_g=95 ℃，T_h=70°，水平串联系统。

(2) 建筑面积2 909.68 m²；热负荷为：循环阻力为5 000 Pa。

(3) 散热器采用铸铁柱型TDD1-G-0.88/5-6(8)，每柱散热器额定散热量：142 W，每组散热器顺水流方向均装一圆6手动放气阀。

(4) 采暖供回水管采用焊接钢管DN≤32丝接，DN>320焊接。

(5) 生活给水管道采用PP-R给水塑料管，热熔连接。排水管道采用UPVC双壁波纹塑料排水管，承插接口，柔性胶圈连接。

(6) 采暖管道及支吊架除锈后均刷樟丹一道，灰色防锈漆两道。地沟内采暖管均用50厚超细玻璃棉瓦保温缠玻璃丝布两道。

(7) 系统安装完毕须进行水压试验，给水试压0.8 MPa，采暖用0.5 MPa。排水做闭水试验，以不渗不漏为合格。

(8) 以上说明未详尽之处，请遵守有关施工与验收规范。

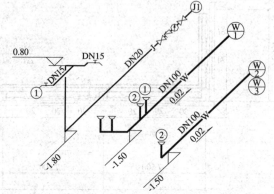

给排水系统图　　1:100

① — 污水池，安装详见新02S1-6

② — 地漏，DN100

×××建筑设计研究院		建设单位	×××工业设备安装公司		
		工程名称	×××化工机械厂金工车间		
设 计	校 对	采暖给排水设计说明 采暖系统图 给排水系统图		工 号	06048
制 图	审 核			图 号	设施02
专业负责	项目负责			日 期	×年×月

2.3.5 电气工程施工图

电气设计说明

1. 设计依据

(1) 甲方提供的设计任务书及有关市政条件。

(2) 国家现行的有关规程、规范如下：

① 《低压配电设计规范》(GB 50054—2011)。

② 《建筑照明设计标准》(GB 50034—2013)。

2. 设计范围：

本次设计只设计丁类厂房的照明部分。

3. 供电电源及配电系统设计：

(1) 本工程照明电源引自车间的动力配电箱。

(2) 低压配电电压等级为交流380V，220 V，50 Hz。

(3) 低压进线箱内设有功计量表。

(4) 功能性灯具如出口和疏散指示灯需有国家主管部的检测报告，达到设计要求的方可投入使用。

4. 主要设备选型与安装

(1) 室内配电箱均为挂墙明装，底边距地1.5 m。

(2) 本工程插座均采用普通二、三孔插座，底边距地1.2 m，本工程所有插座选用安全型插座。

(3) 厂房内金属卤化物灯具安装在钢梁下，导线穿钢管均沿墙或钢梁明敷设，插座电气管线暗敷设在地面及墙内，其他管线均按国家相关规范严格施工，图例如表1。

5. 线缆选型及敷设

(1) 除注明外，正常照明支线选用BV-3×4 mm聚氯乙烯绝缘铜芯导线，插座支线选用BV-3×4 mm导线。

(2) 管材：SZ——镀锌铜管， SC——焊接铜管。

(3) 敷设方式：FC——埋地暗敷， WC——沿墙暗敷。

6. 接地系统

本工程采用TN-C-S配电系统。

7. 其他

(1) 未说明部分参见国家现行规范、规定、规程和新02系列电气标准设计图集。

(2) 施工中所需配电箱尺寸以厂家提供为准。

(3) 施工中应与各专业、各厂家密切配合，遇有问题及时提出，协商解决，未经设计人员同意擅自修改设计图纸者后果自负。

图 例

表1

序号	图例	名称及规格		单位	数量	备 注
1		暗装单相二、三孔插座	220 V / 16 A	只		距地1.2 m
2		照明配电箱		套		距地1.5 m，挂墙明装
3		雨篷灯	220 V / 60 W	只		吸顶 (节能型)
4		金属卤化物灯(自带电容补偿CosΦ>0.9)		只		钢梁下安装 220 V / 200 W
5		防水密闭型灯100 W		只		
6		暗装双极开关250 V/10 A		只		安装高度：距地1.3 m

AL

BV-5×10
SC32 FC/WC
Pe=6.4 kW
PE N

BM65-63/1P/C16A			L₃NPE	备用
BM65-63/2P/C25A	2 KW	BV-3×6 SC25 FC/WC	L₂NPE N5	AL1箱
BM65L-63/2P C16	1 000 W	BV-3×4 SC20 FC/WC	L₁NPE N4	插座
BM65L-63/2P C16 30 mA	1 000 W	BV-3×4 SC20 FC/WC	L₃NPE N3	插座
BM65-63/1P/C16A	1 200 W	BV-3×4 SC20 WE/CE	L₂NPE N2	照明
BM65-63/1P/C16A	1 200 W	BV-3×4 SC20 WE/CE	L₁NPE N1	照明

BM65-63/3P/C25A

AL1

BV-3×6
SC25 FC/WC
Pe=2 kW

BM65-63/2P/C20A
PE N

BM65-63/1P/C10A			L₁NPE	备用
BM65L-63/2P C16 30 mA	1 000 W	BV-3×4 SC20 FC/WC	L₁NPE N2	插座
BM65-63/1P/C10A	600 W	BV-3×25 SC20 CC	L₁NPE N1	照明

×××建筑设计研究院	建设单位	×××工业设备安装公司		
	工程名称	×××化工机械厂金工车间		
设计	校对	电气设计说明	工号	06048
制图	审核		图号	电施01
专业负责	项目负责		日期	×年×月

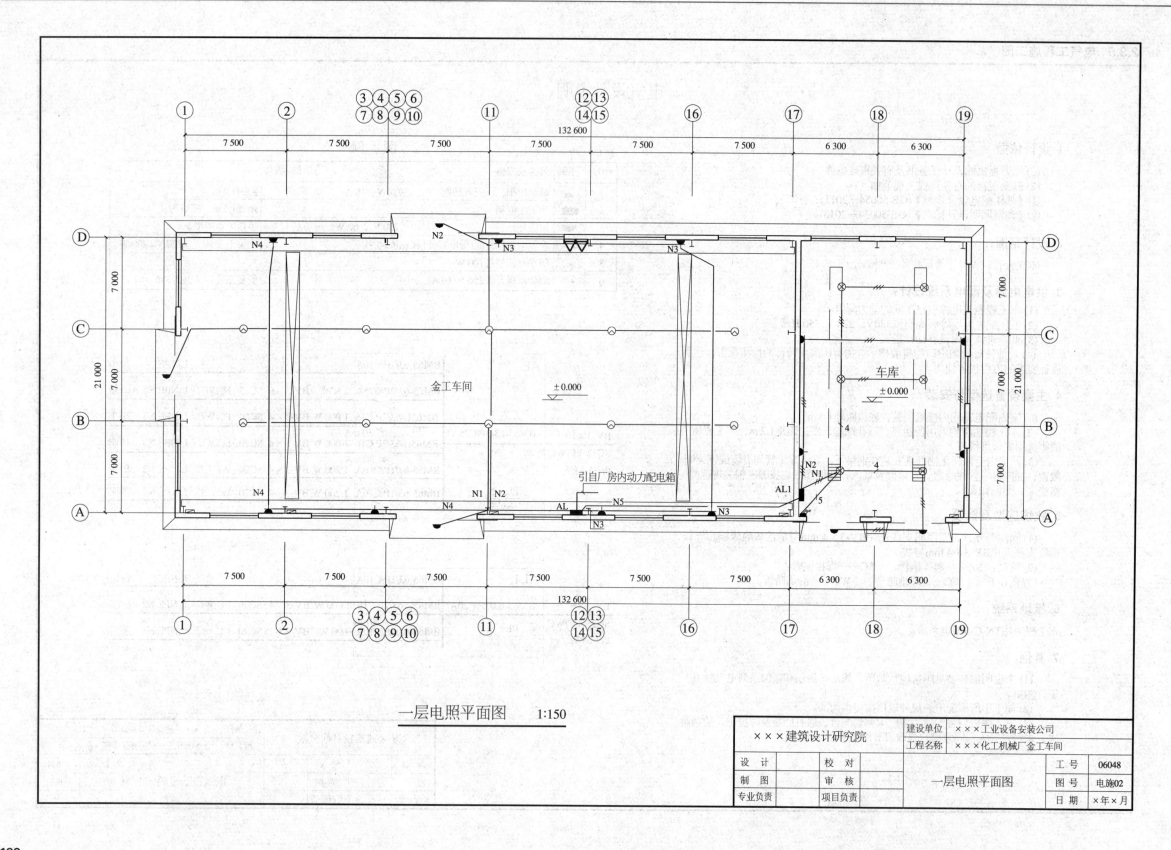

一层电照平面图   1:150

×××建筑设计研究院		建设单位	×××工业设备安装公司		
		工程名称	×××化工机械厂金工车间		
设 计	校 对		一层电照平面图	工 号	06048
制 图	审 核			图 号	电施02
专业负责	项目负责			日 期	×年×月

2.3.6　工程实例3　识读实训

（1）知识目标：

① 了解钢结构建筑施工图和结构施工图的表达及组成。

② 熟悉钢结构施工图的图示内容、方法及作用。

③ 熟悉刚架梁、柱的截面形式、连接形式及构造要求。

④ 学会查阅和使用标准图集。

（2）能力目标：能够读懂钢结构工程施工图。

任务1　了解工程概况及施工图组成

（1）识读该套工程图建筑及结构总说明，了解工程概况，完成表1统计。

表1　　　　　　　　　　　统计表

工程名称		设计使用年限	
建筑层数		结构型式类型	
建筑面积		结构安全等级	
工程等级		抗震等级	
耐火等级		设防烈度	
房屋朝向		梁柱耐火极限	

（2）思考：

① 单层工业厂房工程施工图由哪几部分组成？

② 建筑施工图、结构施工图及设备施工图分别由哪几部分组成？

③ 试述建筑施工图的识读方法。

任务2　识读钢结构工程施工图

识读该项目工程施工图，完成下列问题：

（1）工业厂房按层数分为_____层和_____层；本厂房是_____层工业厂房。

（2）单层工业厂房的承重结构一般有_____、_____两种结构类型，本厂房的结构为_____。

（3）本厂房的平面图比例为_____。共有_____个横向定位轴线，有_____个纵向定位轴线。厂房总长为_____m，总宽为_____m。

（4）该建筑有_____个出入口，有_____个消火栓箱。

（5）厂房室内地面标高为_____m，室外地面标高为_____m。

（6）厂房的檐口标高为_____m，车库的檐口标高为_____m。

（7）屋面排水坡度为_____，是_____排水方式。室外散水坡度为_____。

（8）该厂房内有_____台桥式吊车，最大起重吨位是_____。

（9）该厂房基础形式为_____，编号为_____，基础底标高为_____m。

（10）刚架上弦横向水平支撑布置在_____轴之间。

（11）厂房的柱间支撑布置在_____轴之间。

（12）找出图中的错误。

任务3　构件及材料调查统计

（1）识读建筑及结构施工图，完成构件统计表（表2）。

表2　　　　　　　　　　　门窗统计表

门窗位置	设计编号	洞口尺寸/mm	数量	门窗类型	采用标准图集
	M-1				
	M-2				
	C-1				
	C-2				

（2）识读结构施工图，完成材料信息表（表3）。

表3　　　　　　　　　　　结构构件材料信息表

构　　件	钢材型号、混凝土强度、类型、等级
刚架梁、柱、吊车梁	
基础混凝土	
墙体材料	
高强螺栓	
普通螺栓	
柱脚锚栓	

任务4　绘制建筑施工图

识读并绘制该单层厂房的建筑施工图（平、立、剖面任选一个）。

要求：图纸为2号，绘图比例为1∶100。

任务5　绘制结构施工图

（1）识读并绘制一榀刚架结构详图。

要求：图纸为2号，绘图比例为1∶100。

（2）抄绘GJ1或GJ2中各节点剖面图。

要求：图纸为3号，绘图比例为1∶20。

（3）绘制ZC1大样图中的②③④⑤节点图。

要求：图纸为3号，绘图比例为1∶20。

任务6 参观在建工业厂房

参观当地一个在建工业厂房，并对照实物查看相关的图纸，写出参观日志。

工业厂房名称	
工程概况	
结构体系	
梁的施工工艺	
柱的施工工艺	
墙的施工工艺	
施工流程	
参观认识体会（300 字左右）	

任务7 抄绘节点大样图

（1）抄绘下列各节点图。

要求：图纸为 3 号，绘图比例为 1∶10。

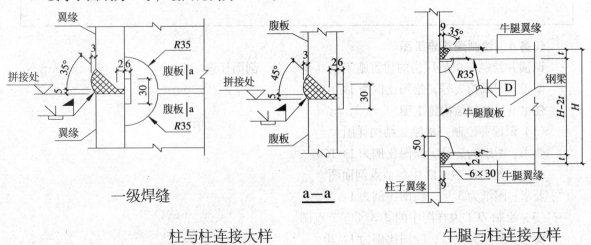

柱与柱连接大样   牛腿与柱连接大样

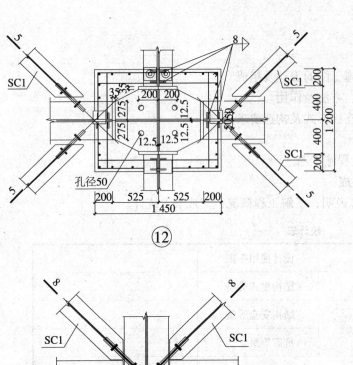

⑫

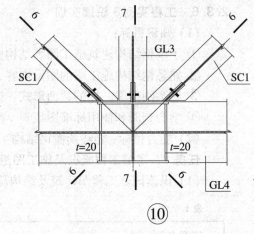

⑩

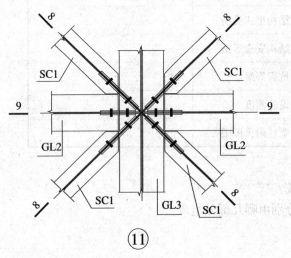

⑪

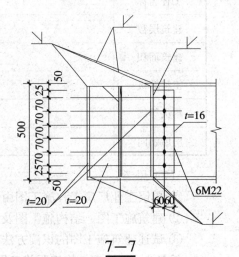

7—7

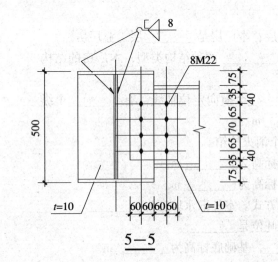

5—5

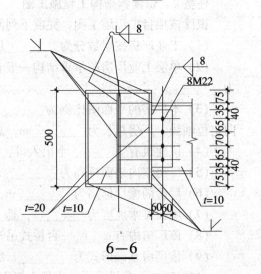

6—6

评 价 标 准

任务目标			掌握施工图的读图要领								
考核内容		分值	考核标准	评定等级							
				学生自评				教师评价			
类	项			A	B	C	D	A	B	C	D
素质	学习态度	15	A. 学习认真，学习总结全面 B. 学习较认真，学习总结较全面 C. 学习一般，学习总结一般 D. 学习不认真，学习总结差								
	语言表达能力和应变能力	15	A. 应变能力强 B. 应变能力较强 C. 应变能力一般 D. 应变能力较差								
知识	知识点的掌握程度	20	A. 通过提问反映的知识点掌握熟练 B. 通过提问反映的知识点掌握较熟练 C. 通过提问反映的知识点掌握一般 D. 通过提问反映的知识点掌握较差								
	识图的熟练与准确	10	A. 施工图识读准确 B. 施工图识读较准确 C. 施工图识读一般 D. 施工图识读不准确								
能力	能力目标的掌握程度	20	A. 对制图及建筑构造知识理解全面 B. 对制图及建筑构造知识理解较全面 C. 对制图及建筑构造知识理解一般 D. 对制图及建筑构造知识理解较差								
	知识的灵活运用能力	10	A. 所学知识运用灵活 B. 所学知识运用较灵活 C. 所学知识运用一般 D. 所学知识运用较差								
	理论与实践结合的能力	10	A. 理论与实践结合紧密 B. 理论与实践较紧密 C. 理论与实践一般 D. 理论与实践不紧密								
合 计		100									
权 重				0.3				0.7			
成绩评定											
教师签字											

实训成果：优秀—100～90分；良好—89～75分；合格—74～60分；不合格59分以下。

单元3 建筑工程图自审与会审

项目3.1 建筑工程图自审

1. 项目概述

建筑工程施工图自审由施工单位在工程施工前进行，施工图自审是施工准备阶段一项重要的技术工作，它起到了解工程概况，熟悉并理解施工图，发现施工图中的问题，提出建设性的修改建议，加快施工速度，提高生产效率、保证施工质量的作用。

该项目详细叙述了建筑、结构、给排水、采暖通风、电气施工图自审的内容及要点，并强调了不同专业施工图之间的互相审核，以便设计的意图能在施工中顺利实现，减少损耗，保证施工质量。

2. 学习目标

(1) 了解图纸自审的目的。

(2) 熟悉图纸自审的程序。

(3) 掌握图纸自审的基本内容。

3. 学习重点

(1) 图纸自审的基本内容。

(2) 图纸自审的步骤。

(3) 发现图纸中的错误与不足。

4. 教学建议

(1) 教学方法：建议采用项目教学法，按资讯、决策、计划、实施、总结、评价"六步法"进行教学。

(2) 教学资源：施工图纸一套、相关的设计规范、标准图集、施工规范等。

(3) 教学组织：

① 由指导老师组织学生划分为学习小组，分别对给定的全套施工图纸进行自审。

② 各小组在认真自审的基础上，写出自审记录。

③ 各小组选派代表在自审总结会议上进行自审汇报。

(4) 教学成果：每组完成一份图纸自审工作总结。

(5) 教学评价：以学生小组为评价对象，以小组间提出问题解答问题的概念与逻辑性，以图纸自审工作总结的全面性，结合评价标准给出评分等级。

5. 关键词

建筑工程 (architecture engineering)，施工图 (construction drawings)，自审 (oneself check)，施工 (construction)

3.1.1 建筑工程图自审的目的

施工单位一般把企业内部各专业会审叫"自审"（或内部会审）；把参与工程建设的各方（建设单位、设计单位、监理单位、施工单位等）的共审叫"外审"（或外部会审）。参加内部会审的人员一般有生产技术主管领导、施工技术员（土建、设备、电气等）、质检员、安全员、材料员、预算员。

建筑工程图自审 (oneself check) 的根本目的是熟悉理解图纸，发现图中错误，提出修改建议，为工程开工做好充分的准备。

设计好的建筑工程 (construction engineering) 施工图 (construction drawings) 是设计人员的思维作品，这种构思形成的建筑物是否完善，是否切合实际环境，是否能在一定施工条件下实现，这需要施工人员通过仔细读图，领会设计意图，才能将建筑物施工成完美的建筑新产品。但大量的工程实践表明，施工图总是或多或少存在"漏"、"碰"、"错"等一些问题，以至难以施工 (construction)。"漏"是施工图内容表达不齐全；"碰"是指同一内容在不同的图纸中表达不一致，由于设计人员的专业不同，设计的程序不同，当综合到一个工程上时，有时会出现某些矛盾；"错"是指技术错误或表达错误。这需要施工人员在施工前认真读图进行校对，找出图纸中的问题，对表达遗漏的内容与设计单位联系加以补充。对存在的碰头、错误、不合理或无法施工的内容提出修改建议或合理化建议。对不能判断的疑难问题要记录下来，最终形成图纸自审纪要。

进行建筑工程图自审是施工准备阶段的重要技术工作之一，看图和审图必须具备一定的技术理论水平、房屋构造和设计规范的基本知识以及丰富的施工经验，这样才能把看图与审图工作做好。

3.1.2 建筑工程各专业施工图之间的关系

整套工程图包括建筑设计施工图、结构设计施工图、给水排水设计施工图、采暖设计施工图、电气设计施工图。这些图纸由不同专业的设计人员依据建筑设计图纸为基础而设计。因为，每一座建筑的设计，首先由建筑师进行构思，从建筑的使用功能、环境要求、历史意义、社会价值等方面，确定该建筑的造型、外观艺术、平面大小、高度和结构形式。当然建筑师也必须具备一定的结构常识和其他专业的知识，才能与这些专业的工程师相配合。所以，作为结构工程师在结构设计上，首先应尽量满足建筑师构思的需要，达到建筑功能的发挥。再如水、电、暖、通等的设计，也都是为满足建筑功能需要配合建筑设计而布置的。所以，作为施工人员应该了解各专业设计的主次配合关系，审图时要以建筑施工图为"基准"。审图时发现矛盾和问题，要按"基准"来统一。

3.1.3 建筑施工图自审内容

1. 建筑总平面图

建筑总平面图是房屋总体定位的依据，尤其是群体建筑施工时，建筑总平面图更具有重要性。建筑总平面图一般审核的内容是：

(1) 平面设计中建筑物坐标、定位尺寸、标高标注是否有误或缺漏。

(2) 设计确定的房屋室内建筑标高零点的相应绝对标高值是多少。

(3) 竖向设计中场地及道路标高是否不利于排水。

(4) 根据总平面图结合施工现场查核总建筑平面图布置是否合理，有无不可克服的障碍，

能否避开不利地形和地下构筑物（如坡地、半岩半土、地下防空洞等），能否保证施工的实施（见案例1）。

（5）在建筑总平面图上如果绘有水、电等外线图，则应了解水电引入线路与现场环境的实际供应水电线路是否一致。

（6）若总平面图上绘有排水系统，则应结合工程现场查核图纸与实际是否有出入，能否与城市排水干管相连接。

（7）消防车道宽度、距离是否满足消防要求。

2. 建筑设计总说明及工程做法

建筑设计总说明及工程做法是用文字及图表形式来表达工程概况及要求的图样，一些图纸中不宜表达的建筑构造做法、材料要求、施工要求及注意事项均强调于此。建筑设计总说明一般审核的内容是：

（1）装饰做法表达的是否完整，材料是否禁用。

（2）选用的标准图集施工单位是否齐备，图集是否过时。

（3）建筑构造做法是否详细。

（4）各防水、防火、围护门窗等设计的性能等级是否注明。

3. 建筑平面图

建筑平面图是施工图中最基本的图样之一，在施工过程中，建筑平面图是进行放线、砌墙、安装门窗等工作的依据。建筑平面图一般审核的内容是：

（1）建筑平面图的轴线编号是否齐全，尺寸是否符合设计规定的统一模数，因为构配件的生产是以模数为基准的，若发现尺寸不符合模数时，审核中应提出。

（2）查看平面图上尺寸注写是否齐全，分尺寸的总和与总尺寸是否相符。

（3）底层平面图中指北针、剖面图剖切位置、散水的表示是否缺漏。

（4）局部定位尺寸、标高是否个别有误或缺漏。

（5）门窗编号、数量与门窗表是否一致，门的开启方向是否符合防火疏散要求，窗的设计是否利于通风和卫生清洁。

（6）楼梯上下方向标注是否缺漏，或与楼梯详图是否一致。

（7）屋顶平面图中上人孔、水箱、检修梯等是否缺漏。

（8）卫生间、浴室、厨房地面标高是否比其他房间低，低多少，是否有坡度，以便施工时在构造上采取措施。

（9）平面图中有哪些说明、索引号、剖切符号及相配合的图集，审核它们之间有无矛盾，防止施工返工或修补的出现。

（10）主要建筑构造节点做法是否缺漏。

（11）采用新工艺、新材料时，需一一对照标准图和已成熟的相关标准。

4. 建筑立面图

建筑立面图是表示建筑物体形和外貌、外墙装饰和构造要求的图样。建筑立面图一般审核内容是：

（1）立面图中表达的内容与平面图是否一致。

（2）立面图中的标高和竖向尺寸数值，二者之间有无矛盾。室外地坪的标高是否与建筑总平面图上标的一致，关键标高是否齐全。

（3）外墙装饰做法标注是否齐全，有些材料或工艺不适合当地的自然条件或材质上还不过关的也可提出建议。

（4）立面图中构造节点索引标注是否有缺漏，是否有详图或采用什么标准图集。

5. 建筑剖面图

建筑剖面图是表示房屋的内部结构、分层情况、各层高度、楼面和地面构造做法等的图样，在施工中，可作为进行分层、砌筑内墙、铺设楼（屋）面板等工作的依据。建筑剖面图一般审核内容是：

（1）通过平面图与剖面图的对照看剖面图在平面图上的剖切位置和剖视方向是否一致。

（2）轴线编号、尺寸、标高标注是否有误或缺漏，与立面图上所注的尺寸标高有无矛盾。

（3）查看屋顶坡度的标注，是结构找坡还是构造找坡，坡度是否足够，构造找坡的做法是否有说明。

（4）屋面保温的做法、防水的做法是否齐全，相配套的索引和标准图集是否标注清楚。

（5）楼梯间处的标高与建筑平面图和楼梯详图是否一致（特别是别墅建筑）。

（6）剖面图应表达的内容是否完整。

6. 建筑详图

建筑详图是建筑细部的施工图，建筑详图必须与建筑施工图中的那张图对照起来审，建筑详图一般的审核内容是：

（1）详图上的标高、尺寸、构造细部是否有问题，能否实现施工。

（2）选用的标准图集与设计图能否吻合上，有些标准图集与设计图结合使用时，连接上可能要做些修改。

（3）标准图上选配的零件、配件目前是否已淘汰，或已经不生产，以防没有货源需重新修改图纸而耽误施工进展。

（4）楼梯布置是否符合强制性条文，如楼梯平台上部及下部过道处的净高不应小于2 m，楼段净高不应小于2.2 m的规定。

（5）栏杆设计是否符合强制性条文，如栏杆高度不应小于1.05 m的规定，有儿童活动的场所，栏杆设计应采用不易攀登的构造设计。

（6）节点详图造型、尺寸、标高与平面图或剖面图是否一致。

（7）不同结构相邻处的节点大样是否齐全（如主楼为箱基，裙楼为独立柱基时的细部防水构造）。

3.1.4 结构施工图的自审内容

结构施工图主要用来作为施工放线、挖基槽、支模板、绑钢筋、设置预埋件、浇捣混凝土、编制预算和施工组织设计的依据。

1. 结构设计总说明

结构设计总说明将结构设计的依据、选用的结构材料、选用的标准图集和对施工的要求等进行了综合性说明，一般审核内容是：

（1）结构材料选用及强度等级说明是否完整，包括各部分混凝土强度等级、钢筋种类、砌体块材种类及强度等级、砌筑砂浆种类及等级。

（2）后浇带和防水混凝土掺加剂有无要求。

（3）有关构造要求说明或详图是否有缺漏。

2. 基础施工图

基础平面图是结构施工图中最基本的图样之一，也是施工中最先接触的图样，它对基坑的开挖、放线起到至关重要的作用。基础平面图一般审核内容是：

（1）进行核对建筑平面图的轴线位置，并与结构平面图核对相应的上部结构，有没有相应的基础。同时对轴线尺寸、总尺寸进行核对，以便在施工放线时应用无误。

（2）基础大样图是否与基础平面图"对号"，基础详图是否完整准确。大样图上尺寸是否与平面图一致，基础对轴线是偏心还是中心。

（3）基础的埋深是否符合地质勘探资料的情况。

（4）如果在老建筑物边上进行新建筑的施工，应考虑老建筑的基础埋深，必要时应对新建筑基础埋深或相邻基础结构构造适当修改，防止以后出现问题。

（5）基础中有无管道通过，图上的标注是否明确，所示构造是否合理。

（6）基础所有材料是否说明清楚，尤其是材料强度和要求，同时考虑不同基础或不同构件（基础与柱或基础与地梁等）施工时是否方便，应采取什么措施。

（7）桩位说明是否完整准确，桩位标注是否有缺漏，如桩顶标高、桩长、进入持力层深度等，与桩平面图对照是否有误。

（8）桩基施工控制要求是否合理，沉管或成孔有无困难，桩基施工时是否对周边构成影响。

（9）基础构件定位是否有误，有无缺漏。

（10）基础平面位置和高度方向与排水沟、集水井、管沟布置是否碰头。

3. 混凝土结构构件施工图

（1）柱布置及定位尺寸标注是否有误，特别注意上下层变截面柱的定位。

（2）柱中配筋是否个别缺漏或有误，仔细核对图上钢筋的根数、规格、长度和锚固要求，有的图上锚固长度未标，要查看相应的标准图集。

（3）墙布置及定位尺寸标注是否有误，特别注意上下层变截面墙的定位。对照各层建筑平面图查对抗剪墙在水平、竖向有无落空或削弱。

（4）墙身、墙边缘构件、连梁配筋标注是否个别缺漏或有误。

（5）梁布置是否合理，梁定位尺寸是否个别缺漏。

（6）梁平法标注内容是否完整准确。

（7）对照建筑施工图的门窗、洞口位置及标高，查看梁面、梁底标高是否合理，有无"碰头"现象。

（8）梁或柱内预埋件是否缺漏。

（9）查看结构设计是否引起施工困难，比如操作空间不够、施工质量不能保证等。

（10）梁柱节点、洞口有加强筋时，有无配筋密集无法浇筑混凝土或插捣处。

4. 楼（屋）面板施工图

（1）对照建筑平面图，查看板面标高是否有误或缺漏，一般楼层的结构标高和建筑标高是不一样的，结构标高要加上楼地面构造厚度才是建筑标高。

（2）现浇板配筋标注是否完整准确。

（3）现浇板预留孔洞、洞口加筋等标注是否完整准确。

（4）有集中排布线管的现浇板，板厚是否足够。

总之，对结构施工图的审核应持慎重态度，因为建筑的安全使用、耐久年限都与结构牢固密切相关。不论是材料种类、强度等级、使用数量，还是构造要求都应阅后牢记。审核结构施工图，需要我们在理论知识上、经验积累上、总结教训上都加以提高。

3.1.5 给水排水施工图的自审

室内给排水施工图主要包括给排水管道平面图、给排水管道系统图、安装详图、图例和施工说明。一般审核内容是：

（1）从设计总平面图中查看供水系统水源引入点在何处。管道的走向、管径大小、水表的阀门井的位置及管道埋深是否合适。

（2）看设计说明的内容，与平面、系统图或材料表表达的内容是否有不一致的地方，比如供水方式、排水体制、管材材料等。

（3）平面图、详图中给水排水管道是否与门窗相碰。

（4）给水排水管道之间、给水排水管道与其他工种的风管、桥架等是否相碰。

（5）给水排水进出户管是否与地梁相碰。

（6）消火栓位置是否与配电箱相碰，喷头位置是否与暖通专业的风口相碰。

（7）卫生设备安装详图所参标准图集是否标注，各设备所需安装与检修空间是否够用。

（8）管道在平面图的走向与系统图是否一致，管道管径、标高的标注是否有缺漏或错误。

（9）有水的房间，地漏是否缺漏，坡度的坡向有否缺漏。

（10）排水的室外部分管道坡度是否注写，坡度是否足够。有无检查用的窨井、窨井的进深是否足够。

（11）竖向穿层、横向过剪力墙等较大洞口处应对照结构图查看位置及标高。

3.1.6 供暖施工图的自审

供暖施工图可分为外线图和建筑内部施工图两部分。外线图（室外热网施工图）主要是从热源供暖到房屋入口处的全部图纸。建筑内部供热施工图主要了解暖气的入口及立管、水平管的走向，各类管径的大小、长度、散热器的型号和数量。一般审核内容是：

（1）看设计说明的内容，与平面图、系统图或材料表表达的内容是否有不一致的地方。

（2）供热线路的走向、管道地沟的大小、埋深、保温材料等是否表达完整。

（3）外线图中管径大小、管沟大小是否完整准确、沟内管道间距是否便于保温操作。

（4）内部供热施工图上暖气的入口及立管、水平管的位置走向是否完整准确。

（5）各类管径的大小、长度、散热器的型号和数量是否有缺漏。

（6）较长的房间室内是否有膨胀管装置，过墙处有无套管，管道固定处是否使用了可移动支座。

（7）地辐射采暖时，盘管的实排长度、密度、间距是否满足设计参数，布管是否与装修位置重叠。

3.1.7　电气施工图的自审

建筑电气施工图主要包括图纸目录、电气设计说明、动力与照明系统图、动力与照明平面图、设备材料表等，一般审核内容是：

（1）对照目录表，看图纸是否有缺漏。

（2）看设计说明了解总的配电量，根据设计时与建设单位将来可能变更的用电量的差额来核实进电总量是否足够，各分路电量分配是否大致均衡，避免施工中再变更。

（3）电流用量和输电导线的截面是否匹配，一般都是输电导线应留有可能增加电流量的余地。

（4）看电气设计说明内容，与平面图、系统图、材料表表达的内容是否一致，比如供电方式、管线敷设方式、选用的灯具、规格、型号、材料等。

（5）平面图中配电箱位置是否合理，暗装是否方便且不破坏建筑结构，有无与给水排水专业消火栓相碰。

（6）灯具安装高度是否便于检修维护，位置是否合理，有无和梁相碰或设于梁边的情况。

（7）线路走向是否与其他专业相碰，有无迂回供电，力求做到线路距离最短、便于施工、美观合理。

（8）暗设时，从表箱成束引出的套管是否与结构配筋、设备管道、留洞等矛盾，弯管半径是否足够，结构厚度宽度是否能够包容。

（9）看防雷平面图首先复核防雷等级，注意避雷带、避雷网的布置情况是否符合各防雷等级要求，看敷设方法、引下线的位置及做法是否合理得当。对照结构图看竖向连续配筋，焊接引下线是否有保证。

（10）基础接地平面图看接地形式，接地电阻的大小选择是否合理，看接地测试点的位置、标高及做法等是否已标注。

（11）接地总等电位、电梯、设备接地引上线是否有漏缺。

（12）对系统内的电气线路，则要看是明线还是暗线，是架空绝缘线还是有地下小电缆沟。线路是否以最短距离到达设备使用地点。暗管交错走时是否重叠，一些具体问题还要与土建施工图核对。

3.1.8　不同专业施工图之间的校对

为使设计的意图能在施工中实现，不同专业施工图必须做到互相配合。施工前各种专业施工图除进行自审外还应进行互相校对审核。否则很容易在施工中出现这样或那样的问题和矛盾。事先在施工图上解决矛盾有利于加快施工进度，减少损耗，保证施工质量。

1．建筑施工图与结构施工图的校核

（1）校对建筑尺寸与结构尺寸在轴线、开间、进深这些基本尺寸上是否一致。

（2）校对建筑施工图的标高与结构施工图标高之差值，是否与建筑构造层厚度一致。

（3）核对建筑详图和相配合的结构详图，查对它们的尺寸，造型细部及与其他构件的配合。

2．土建与给水排水施工图的相互校核

（1）给水排水的出入口的标高是否与土建结构适应，基础的留洞是否影响结构，管道过墙是否碰地梁。

（2）对底层商用上层住宅的建筑，在厨房或卫生间处应核对管道的走向及建筑的相应天棚装饰。

（3）对给水排水管集中于竖向管道井时，要核对土建图上留出的通道尺寸是否足够，维修人员进入有无操作余地，管道内部排列是否合理。

（4）对管道过墙、穿板处，核对土建是否留洞，避免土建施工完后又重新凿洞。

3．土建与供暖施工图的相互校核

（1）管道标高与暖气沟的埋深有无矛盾，暖气沟进入建筑物时，入口位置对房屋结构的预留口是否一致，对结构有无影响。

（2）供暖管道在房屋内部的位置与建筑上的构造有无矛盾，如水平管的标高是否使门窗开启发生碰撞。

（3）散热器放置的位置建筑上是否留槽，数量是否配合。

（4）对管道过墙、穿板的预留孔洞校核与给水排水相仿。

4．土建与通风施工图的相互校核

（1）通风管道比较粗大，在与土建施工图进行校核时，要看过墙、过板时预留洞是否在土建图上有标注，结构图上有无措施保证开洞后的结构安全。

（2）通风管道的标高与相关建筑的标高能否配合。

（3）通风管道通过重要结构时，核查结构上有无加强措施。

5．土建与电气施工图的相互校核

当工程采用暗线埋置管线时，审核时应考虑管径的大小和走向所处的位置。避免出现以下情况：

（1）现浇楼板内管径太粗，底下有钢筋垫起，使管道不能覆盖。

（2）管道不粗但有交错的双层管，也会使楼板厚度内的管道不能覆盖。

（3）管径较粗，管道埋在板跨之中，虽然浇筑的混凝土能够盖住，但正好在混凝土受压区，对结构受力不利。

（4）管道沿板的支座走，等于将连续板变为简支板，改变了板的受力性能。

（5）管道向上穿过空心板且排列太密，要切断空心板的肋，切断预应力钢筋，这是不允许的。

（6）在砖砌混合结构中，砖墙或柱断面较小的地方也不宜在其上穿（留）暗线管道。

3.1.9　项目实训

1．实训案例

以本教材单元2中任一实训项目为例，进行施工图自审，并编制自审记录。

2．思考题

（1）建筑工程图自审的目的是什么？

（2）各专业施工图互审时为什么要以建筑施工图为"基准"？

（3）图纸自审一般包括哪些内容？认真填写能力评价表（表1）。

表1 图纸自审能力评价标准

工作任务		分值	评分标准（指标内涵）	学生自评	教师评价
工作资讯		4	A. 资料（图纸、规范、标准图集等）搜集全面 B. 资料（图纸、规范、标准图集等）搜集较全面 C. 搜集到部分图纸、规范、标准图集等 D. 没有搜集到资料		
工作决策		4	A. 自主形成完整的图纸自审工作的目标 B. 形成较完整的图纸自审工作的目标 C. 由教师帮助形成图纸自审工作的目标 D. 没有形成图纸自审工作的目标		
工作计划		6	A. 工作计划全面，步骤清晰、时间安排得当 B. 工作计划较全面，步骤较清晰、时间安排得当 C. 工作计划一般，步骤、时间安排欠妥 D. 无工作计划		
实施	划分小组	6	A. 人员划分合理，能够实现图纸自审模拟过程 B. 人员划分基本合理，能够实现图纸自审模拟过程 C. 人员划分欠妥当，基本实现图纸自审模拟过程 D. 人员划分不当，不能实现图纸自审模拟过程		
	内部预审	30	A. 审图认真，能发现图纸中出现的问题，形成预审记录 B. 审图较认真，发现部分图纸问题，形成预审记录 C. 审图一般，发现个别图纸问题，形成预审记录 D. 审图不认真，未发现图纸中问题		
	表达能力	30	A. 发言人语言表达能力强，能够澄清问题，记录全面 B. 发言人语言表达能力一般，能够澄清问题，记录全面 C. 发言人基本能够澄清问题，记录基本全面 D. 发言人不能澄清问题，记录不全面		
	自审纪要质量	20	A. 形成全面的自审纪要，文件质量好 B. 形成较全面的自审纪要，文件质量较好 C. 形成自审纪要，但不全面 D. 未形成自审纪要		
评价	合计	100			
	权重			0.2	0.8
	实得分				

注：优秀100~90分；良好89~75分；合格74~60分；不合格59分以下。

项目3.2 建筑工程图会审

1. 项目概述

图纸会审是使各参建单位熟悉设计图纸、领会设计意图、掌握工程特点、难点，找出需要解决的技术难题和拟定解决方案。将图纸中因设计缺陷而存在的问题消灭在施工之前。同时，图纸会审可以提高施工质量、节约施工成本、缩短施工工期，从而提高效益。因此，施工图纸会审是工程施工前的一项必不可少的工作。

该项目详细的叙述了建筑工程施工图会审的目的、原则、人员、内容、程序及图纸会审纪要，并附有图纸会审实训工作手册，使学生能够尽快将所学专业知识与能力和生产实际相结合，练就过硬的职业技能。

2. 学习目标

（1）了解图纸会审的目的。
（2）熟悉图纸会审的程序。
（3）掌握图纸会审的基本内容。

3. 学习重点

（1）图纸会审的基本内容。
（2）熟悉图纸会审的程序。
（3）了解图纸会审纪要内容。

4. 教学建议

（1）教学方法：建议采用项目教学法，按资讯、决策、计划、实施、总结、评价"六步法"进行教学。

（2）教学资源：施工图纸一套、相关的设计规范、标准图集、施工规范等。

（3）教学组织：
① 由指导老师组织学生划分为四个小组，分别代表建设单位、设计单位、监理单位、施工单位。
② 会审前，各小组应组织内部自审，反复推敲问题内容，在正式确定后，再列出来。
③ 问题确定后，各小组确定会议发言人代表及记录员。
④ 由指导老师主持图纸会审。

（4）教学成果：每组完成一份图纸会审纪要。

（5）教学评价

以学生小组为评价对象，以小组间提出问题解答问题的概念与逻辑性，以图纸会审纪要的全面性，结合评价标准给出评分等级。

5. 关键词

建筑工程（construction engineering）施工图（construction drawings）会审（meeting check）施工（construction）

3.2.1 建筑工程图会审的目的

建筑工程（construction engineering）施工图（construction drawings）会审（meeting check）是收到施工图审查中心审查合格的施工图设计文件（包括施工图和审查时变更的联系单）后，由建设单位或监理单位负责组织施工单位、设计单位、材料、设备供货等相关单位，在施工（Construction）前各单位全面细致地熟悉图纸，审查出施工图中存在的问题并提交处理的一项重要活动。

图纸会审的目的：
（1）使各参建单位特别是施工单位熟悉设计图纸、领会设计意图、掌握工程特点、难点，

找出需要解决的技术难题和拟定解决方案。

（2）图纸中存在的问题可以在图纸会审时被发现和尽早得到处理，将图纸中因设计缺陷而存在的问题消灭在施工之前。

（3）通过施工图纸会审可以提高施工质量、节约施工成本、缩短施工工期，从而提高效益。因此，施工图纸会审是工程施工前的一项必不可少的工作。

3.2.2 图纸会审的原则

图纸会审应坚持先大后小、先重点后一般的基本原则。即始终围绕减少施工难度、提高我方经济效益、降低生产成本、提高生产效率、有利于工程质量、确保施工安全，加快施工进度的各项目标而展开，最后进行图纸纠错。

3.2.3 图纸会审人员

图纸会审时参加人员视工程规模、重要性、复杂程度而定。对重要工程下列人员必须参加图纸会审。

建设方：现场负责人员及其他技术人员；设计方：设计院总工程师、项目负责人及各个专业设计负责人；监理方：项目总监、副总监及各个专业监理工程师；施工单位：项目经理、项目副经理、项目总工程师及各个专业技术负责人；其他相关单位：技术负责人。

3.2.4 图纸会审的内容

1. 重点内容

（1）施工图纸是否无证设计或越级设计，是否经正规设计单位正式签章、是否通过有关部门评审。

（2）设计图纸与说明是否符合当地要求。

（3）设计地震烈度是否符合当地要求。

（4）几个设计单位共同设计的，或同一设计单位的不同专业部门设计的，图纸相互间有无矛盾；专业图纸之间、平立剖面图之间有无矛盾，标高是否一致。

（5）建筑节能、防火、消防是否满足要求。

（6）建筑与结构构造是否存在不能施工，或施工难度大，容易导致质量、安全或工程费用增加等方面的问题。

（7）关键工序是否可以通过设计进行优化，以加快工程进度，减少工程成本。

（8）施工图纸是否有特殊要求，施工装备条件能否满足设计要求，如需要采用非常规的施工技术措施时，技术上有无困难，能否保证施工安全。

（9）是否采用了特殊材料或新型材料，其品种、规格、数量等材料的来源和供应能否满足要求。

（10）是否有违反强制性条文的情况。

2. 一般内容

（1）表达不规范，能造成理解偏差，须进一步澄清的问题。

（2）施工做法是否具体，与施工质量验收规范、规程等是否一致。

（3）地质勘探资料是否齐全。

（4）施工图纸与说明是否齐全。

（5）总平面与施工图的几何尺寸、平面位置、标高等是否一致。标注有无遗漏。

（6）建筑、结构与各专业图纸本身是否有差错及矛盾，建筑图与结构图的表示方法是否清楚且符合制图标准。

（7）结构施工图中设计钢筋锚固长度是否符合其抗震等级的规范要求；预埋件是否表示

清楚；有无钢筋明细表或钢筋的构造要求在图中是否表示清楚。

（8）地基处理方法是否合理。

（9）施工图中所列各种标准图册施工单位是否具备。

监理、业主、施工单位在图纸会审专题会上提出的问题，均视为图纸会审的一部分。

（10）施工安全、环境卫生有无保证，监理、业主、施工单位在图纸会审专题会上提出的问题，均视为图纸会审的一部分。

3.2.5 图纸会审的程序

图纸会审应开工前进行。如施工图纸在开工前未全部到齐，可先进行分部工程图纸会审。基本程序如下：

（1）建设单位或监理单位主持会议。

（2）设计单位进行图纸交底。

（3）施工单位、监理单位代表提出问题。

（4）逐条研究，统一意见后形成图纸会审记录文件。

（5）各方签字、盖章后生效。

图纸会审前必须组织预审。阅图中发现的问题应归纳汇总，会上派一代表为主发言，其他人可视情况适当解释、补充。施工单位及设计单位专人对提出和解答的问题作好记录，以便查核。

3.2.6 监理工程师对施工图审核的原则和重点

1. 监理工程师施工图审核的主要原则（监理机构）

（1）是否符合有关部门对初步设计的审批要求。

（2）是否对初步设计进行了全面、合理的优化。

（3）安全可靠性、经济合理性是否有保证，是否符合工程总造价的要求。

（4）设计深度是否符合设计阶段的要求。

（5）是否满足使用功能和施工工艺要求。

2. 监理工程师进行施工图审核的重点

（1）图纸的规范性。

（2）建筑功能设计。

（3）建筑造型与立面设计。

（4）结构安全性。

（5）材料代换的可能性。

（6）各专业协调一致的情况。

（7）施工可行性。

3.2.7 图纸会审纪要

（1）图纸会审纪要由组织会审的单位（一般为监理单位）汇总成交，交设计、施工等单位会签后，定稿打印。

（2）图纸会审纪要应写明工程名称、会审日期、会审地点、参加会审的单位名称和人员姓名。

（3）图纸会审纪要经建设单位盖章后，发给持施工图纸的所有单位，其发送份数与施工图纸的份数相同。

（4）施工图纸提出的问题如涉及到需要补充或修改设计图纸者，应由设计单位负责在一定的期限内交付图纸。

（5）对会审会议上所提问题的解决办法，施工图纸会审纪要中必须有肯定性的意见。

（6）施工图纸会审纪要是工程师施工的正式技术文件，不得在会审记录上涂改或变更其内容。

3.2.8 项目实训

以本教材单元2中任一实训项目为例，进行施工图会审，并编制会审纪要，过程按表2进行。

表2　　　　　　　　　　　　**图纸会审实训工作手册**

工作对象		授课日期		计划学时	
工作内容	图纸会审			2	
教学方法	任务驱动（理论＋实践）				
工作目标	知识		能力	素质	
	（1）了解图纸会审的目地。 （2）熟悉图纸会审的程序。 （3）掌握图纸会审的基本内容		能进行图纸会审	（1）认真负责。 （2）严谨、一丝不苟。 （3）坚持到底，决不半途而废	
工作重点及难点	（1）图纸会审的基本内容。 （2）发现图纸中的"错、碰、漏"				
工作资源	课件展示，录像、施工图展示				
教学过程	**1．信息获取** 1）教师讲解（30分钟） （1）布置任务。 （2）图纸会审时的知识点 ① 图纸会审的目地 ② 图纸会审的程序 ③ 图纸会审的基本内容 2）学生针对工作任务搜集有关资料及采集相关信息 ××工程施工图、相关标准图集，规范等				
	2．工作目标决策 完成＿＿＿＿＿＿＿＿＿＿＿工程图纸会审，形成图纸会审纪要				
	3．制定完成该任务的计划 根据工作目标要求，确定工作计划（80分钟内完成）。 工作任务 / 划分小组 / 内部预审 / 确定会议发言人代表 / 会审召集主持 / 会审 / 形成会审纪要 完成时间 负责人				
	4．具体工作过程 （1）由指导老师划分为四个小组，分别代表业主、设计单位、监理单位、施工单位。 （2）会审前，各小组应组织内部预审，反复推敲问题内容，在正式确定后，再列出来。 （3）问题确定后，各小组确定会议发言人代表及记录员。 （4）会审召集与主持 ① 由施工单位提出会审时间（或由业主指定时间），由业主召集安排并具体负责相关事宜。 ② 由业主或业主委托监理工程师主持。 （5）会审 ① 由主持人致开场白，并安排会议顺序和相关事项 ② 由设计单位进行设计交底或对图纸中的问题进行说明等（对特殊部位有特殊要求处应进行技术措施交底），交底按建筑、结构等顺序进行。 ③ 由施工单位代表、监理单位代表针对图纸中的相关疑问或问题请设计单位答复。 ④ 会商可能的重大变更。 ⑤ 会商交流后形成会审纪要（会议中各参加方均应记录相关事宜，主要内容记录以施工单位的为主。在会商时，参照各方记录，形成统一意见后，由施工单位整理，报请各参加单位审查并鉴章后形成正式设计施工文件并生效） （表3）				
	5．检查评价（表4）				

表3　　　　　　　　　　　　**图纸会审记录**

图纸会审记录表			编　号	
工程名称			日　期	
地　点			专业名称	
序号	图号	图纸问题	图纸问题交底	
会签栏	建设单位	监理单位	设计单位	施工单位

注：① 由施工单位整理、汇总，建设单位、监理单位、施工单位、城建档案馆各保存一份。

② 图纸会审记录应根据专业（建筑、结构等）汇总、整理。

③ 设计单位应由专业设计负责人签字，其他相关单位应由项目技术负责人或相关专业。

表4		图纸会审能力评价标准		
工作任务	分值	评分标准（指标内涵）	学生自评	教师评价
工作资讯	4	A. 资料（图纸、规范、标准图集等）搜集全面 B. 资料（图纸、规范、标准图集等）搜集较全面 C. 搜集到部分图纸、规范、标准图集等 D. 没有搜集到资料		
工作决策	4	A. 自主形成完整的图纸会审工作的目标 B. 形成较完整的图纸会审工作的目标 C. 由教师帮助形成图纸会审工作的目标 D. 没有形成图纸会审工作的目标		
工作计划	6	A. 工作计划全面，步骤清晰、时间安排得当 B. 工作计划较全面，步骤较清晰、时间安排得当 C. 工作计划一般，步骤、时间安排欠妥 D. 无工作计划		
实施 划分小组	6	A. 人员划分合理，能够实现图纸会审模拟过程 B. 人员划分基本合理，能够实现图纸会审模拟过程 C. 人员划分欠妥当，基本实现图纸会审模拟过程 D. 人员划分不当，不能实现图纸会审模拟过程		
实施 内部预审	30	A. 审图认真，能发现图纸中出现的问题，形成预审记录 B. 审图较认真，发现部分图纸问题，形成预审记录 C. 审图一般，发现个别图纸问题，形成预审记录 D. 审图不认真，未发现图纸中问题		
实施 会审	30	A. 发言人语言表达能力强，能够澄清问题，记录全面 B. 发言人语言表达能力一般，能够澄清问题，记录全面 C. 发言人基本能够澄清问题，记录基本全面 D. 发言人不能澄清问题，记录不全面		
实施 会审纪要质量	20	A. 形成全面的会审纪要，文件质量好，经过参加单位审查并鉴章 B. 形成较全面的会审纪要，文件质量较好，经过参加单位审查并鉴章 C. 形成会审纪要，但不全面，参加单位鉴章 D. 未形成会审纪要		
合计	100			
评价 权重			0.2	0.8
实得分				

注：优秀100~90分；良好89~75分；合格74~60分；不合格59分以下。

项目3.3 审图实例

1. 总平面图

（1）避开不利地形、地物的调整：某干休所地处丘陵地段，土质为岩石与砾土相接，而设计单位根据城市规划绘制了总平面图，并未进行现场实测，结果使某些房屋处于山坡、半软半硬地基之上。为避开不利地段，为减少室外暖沟不必要的开挖石方，会审后多栋号进行了调整。

（2）关于标高（±0.000）的调整：某小区地处碱泉街一带，地下水位较高，但有不透水层封闭。前期工程按原设计标高需挖掉不透水层，造成基础施工困难。后期工程会审时提出适当提高±0.000标高，进行干爽作业，使主体工程提前了50 d竣工。

2. 建筑总说明

关于门窗围护设计性能等级：某小区居民投诉门窗不保温，委托（法院）检测时，原设计未明确气密性与水密性等级，结果无法仲裁。同时，建筑做法及材料变更时无设计依据，造成分包商有可乘之机。

3. 建筑平面图

不同结构相邻时需标注节点大样：某地区一高层建筑主楼为箱形基础裙房为独立基础，该地区地下水丰富，主楼防水为箱形基础外部设卷材，而裙房为室内独立基础，顶面设压水板，两结构相交处没有详细的防水构造大样，至使后期大量渗透。

4. 建筑剖面图

楼梯间标高：某别墅建筑楼梯间与不同使用要求的房间相连，因各房间建筑地面做法差异较大，产生标高不一致，致使楼梯间放线困难。图纸会审时，经详细计算，进行了适当调整，确保了楼梯间的放线。

5. 基础施工图

（1）基础留洞：某高层建筑主体工程基础留洞处，审图时对照设备施工图发现洞顶标高过低，不满足排水坡度，经商议提高了洞顶标高，避免了洞顶处混凝土的开凿。

（2）相邻基础：某市物价局两栋住宅楼（1号、2号），为重复使用施工图，但施工1号楼时未对接建部位设置共用基础，一年后施工2号楼时只能在隔开间设置了加强基础，各纵向墙下设置基础挑梁，挑起相邻的山墙。

6. 主体结构图

某市儿童医院后建主楼三层以上外挑5.5 m，以横向钢筋混凝土墙为深梁外挑，剪力墙中大量设置斜向拉筋，造成墙、柱（暗柱）梁节点施工困难。

附录 A 常用图例与符号

A.1 常用建筑材料图例

表 A-1 中的图例选自《房屋建筑制图统一标准》(GB/T 50001—2001)。

表 A-1   常用建筑材料图例

序号	名 称	图 例	备 注
1	自然土壤		包括各种自然土壤
2	夯实土壤		
3	砂、灰土		靠近轮廓线绘较密的点
4	砂砾石、碎砖三合土	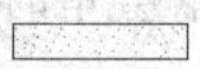	
5	天然石材		
6	毛石		
7	普通砖		包括实心砖、多孔砖、砌块等砌体。断面较窄不易绘出图例线时,可涂红
8	耐心砖		包括耐酸砖等砌体
9	空心砖	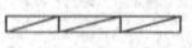	指非承重砖砌体
10	饰面砖		包括铺地砖、马赛克、陶瓷锦砖、人造大理石等
11	混凝土		1. 本图例指能承重的混凝土及钢筋混凝土 2. 包括各种强度等级、骨料、添加剂的混凝土 3. 在剖面图上画出钢筋时,不画图例线 4. 断面图形小,不易画出图例线时,可涂黑
12	钢筋混凝土	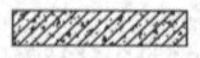	
13	焦渣、矿渣	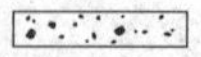	包括与水泥、石灰等混合而成的材料
14	纤维材料	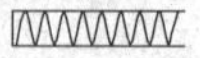	包括矿棉、岩棉、玻璃棉、麻丝、木丝板、纤维板等

续表

序号	名 称	图 例	备 注
15	松散材料		
16	木材		1. 上图为横断面,上左图为垫木、木砖或木龙骨。 2. 下图为纵断面
17	胶合板		应注明为 x 层胶合板
18	石膏板		包括圆孔、方孔石膏板、防水石膏板等
19	金属		1. 包括各种金属。 2. 图形小时,可涂黑
20	网状材料		1. 包括金属、塑料网状材料。 2. 应注明具体材料名称
21	液体		应注明具体液体名称
22	玻璃		包括平板玻璃、磨砂玻璃、夹丝玻璃、钢化玻璃、中空玻璃、加层玻璃、镀膜玻璃等
23	多孔材料		包括水泥珍珠岩、沥青珍珠岩、泡沫混凝土、非承重加气混凝土、软木、蛭石制品等
24	塑料		包括各种软、硬塑料及有机玻璃等
25	防水材料		构造层次多或比例大时,采用上面图例
26	粉刷	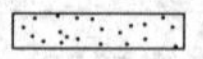	本图例采用胶稀的点

A.2 总平面常用图例

表 A-2 和表 A-3 中的图例选自《总图制图标准》(GB/T 50103—2001)。

表 A-2   总平面图图例

序号	名 称	图 例	备 注
1	新建筑图	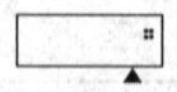	1. 需要时,可用▲表示出入口,可在图形内右上角用点数或数字表示层数。 2. 建筑物外形(一般以±0.000高度处的外墙定位轴线或外墙面线为准)用粗实线表示。需要时,地面以上建筑用中粗实线表示,地面以下建筑用虚线表示
2	原有建筑物		用细实线表示
3	计划扩建的预留地或建筑物		用中粗虚线表示

续表

序号	名　称	图　例	备　注
4	拆除的建筑物		用细实线表示
5	散状材料露天堆场		
6	其他材料露天堆场或露天作业场		需要时可注明材料名称
7	铺砌场地		
8	冷却塔（池）		应注明冷却塔或冷却池
9	水塔、贮罐		左图为水塔或立式贮罐，右图为卧式贮罐
10	水池、坑槽		也可以不涂黑
11	烟囱		实线为烟囱下部直径，虚线为基础，必要时可注明高度和上、下口直径
12	围墙及大门		上图为实体性质的围墙，下图为通透性质的围墙，若仅表示围墙时不画大门
13	挡土墙		被挡土在"突出"的一侧
14	坐标	X105.00 Y425.00　A105.00 B425.00	上图表示测量坐标下图表示建筑坐标
15	方格网交叉点标高	-0.50 | 77.85 / 78.35	"77.35"为原地面标高，"77.85"为设计标高，"-0.50"为施工高度，"-"表示挖方（"+"表示填方）
16	填挖边坡		1. 边坡较长时，可在一端或两端局部表示。
17	填挖边坡		2. 下边线为虚线时表示填方
18	雨水口		
19	消火栓井		
20	室内标高	151.00(±0.000)	
21	室外标高	● 143.00 ▼ 143.00	室外标高也可采用等高线表示

表 A-3　　　　　　　　　　　　　管线与绿化图例

序号	名　称	图　例	备　注
1	管线	——代号——	管线代号按国家现行有关标准的规定标注
2	地沟管线	——代号——　——代号——	1. 上图用于比例较大的图面，下图用于比例较小的图面。 2. 管线代号按国家现行有关标准的规定标注
3	管桥管线	——代号——	管线代号按国家现行有关标准的规定标注
4	架空电力、电讯线	—○—代号—○—	1. "○"表示电杆。 2. 管线代号按国家现行有关标准的规定标注
5	常绿针叶树		
6	落叶针叶树		
7	常绿阔叶乔木		
8	落叶阔叶乔木		
9	常绿阔叶灌木		
10	落叶阔叶灌木		
11	竹类		
12	花卉		
13	草坪		
14	花坛		
15	绿篱		
16	植草砖铺地		

A.3 建筑、室内设计专业工程图常用图例

表 A−4 中图例与符号选自《建筑制图标准》（GB/T 50104—2001）。

表 A−4 构造及配件图例

序号	名 称	图 例	说 明
1	底层楼梯	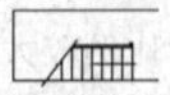	
2	中间层楼梯	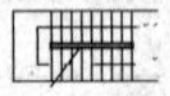	1. 上图为底层楼梯平面，中图为中间层楼梯平面，下图为顶层楼梯平面 2. 楼梯及栏杆扶手的形式和梯段踏步数应按实际情况绘制
3	顶层楼梯	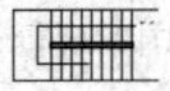	
	检查孔		左图为可见检查孔 右图为不可见检查孔
	孔洞	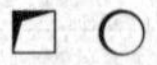	阴影部分可以涂色代替
	墙顶留洞	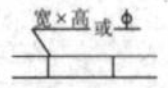	1. 以洞中心或洞边定位 2. 宜以涂色区别墙体和留洞位置
	烟道		1. 阴影部分可以涂色代替 2. 烟道与墙体为同一材料，其相接处墙身线应断开
	通风道	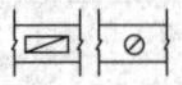	
	电梯		
	新建的墙和窗		1. 本图以小型砌块为图例，绘图例，绘图时应按所用材料的图例绘制，不易以图例绘制的，可在墙面上以文字或代号注明 2. 小比例绘图时平、剖面窗线可用单粗实线表示
	单层固定窗	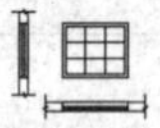	
	单层外开平开窗	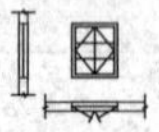	
	单层内开平开窗	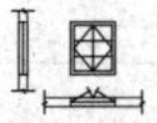	1. 窗的名称代号用 C 表示 2. 立面图中的斜线表示窗的开启方向，实线为外开，虚线为内开；开启方向线交角的一侧为安装合页的一侧，一般设计图中可不表示 3. 图例中，剖面图所示左为外，右为内，平面图所示下为外，上为内 4. 平面图和剖面图上的开线仅说明开关方式，在设计图中不需表示 5. 窗的立面形式应按实际绘制 6. 小比例绘图时平、剖面的窗线可用单粗实线表示
	双层内外开平开窗	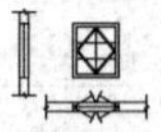	
	左右推拉窗	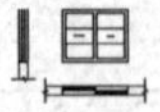	
	单层外开上悬窗	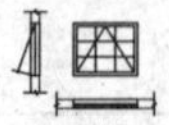	
	单层中悬窗	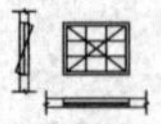	
	单层内开下悬窗	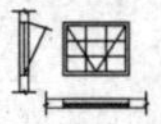	

续表

序号	名 称	图 例	说 明
	入口坡道	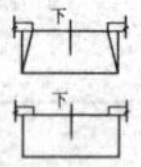	
	桥式起重机	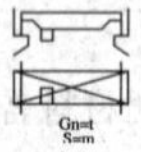	
10	自动门	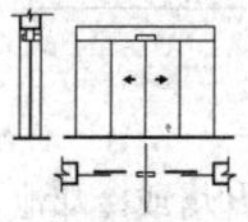	1. 门的名称代号用 M 2. 图例中剖面图左为外、右为内，平面图下为外、上为内 3. 立面形式应按实际情况绘制
1	单扇门（包括平开或单面弹簧）	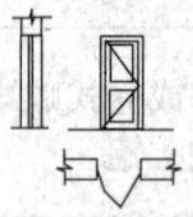	1. 门的名称代号用 M 2. 图例中剖面图左为外、右为内，平面图下为外、上为内 3. 立面图上开启方向线交角的一侧为安装合页的一侧，实线为外开，虚线为内开 4. 平面图上门线应90°或45°开启，开启弧线宜绘出 5. 立面图上的开启线在一般设计图中可不表示，在详图及室内设计图上应表示 6. 立面形式应按实际情况绘制
2	双扇门（包括平开或单面弹簧）	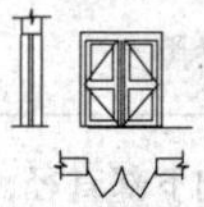	
3	对开折叠门	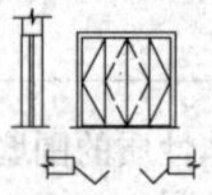	
4	推拉门	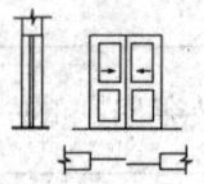	1. 门的名称代号用 M 2. 图例中剖面图左为外、右为内，平面图下为外、上为内 3. 立面形式应按实际情况绘制
5	墙外单扇推拉门	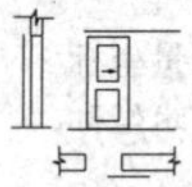	
6	墙外双扇推拉门	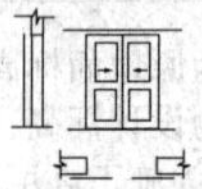	1. 门的名称代号用 M 2. 图例中剖面图左为外、右为内，平面图下为外、上为内 3. 立面形式应按实际情况绘制
7	单扇双面弹簧门	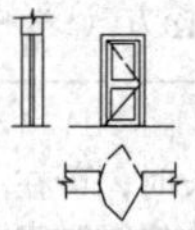	
8	双扇双面弹簧门	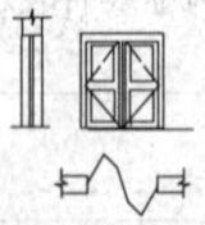	
9	转门	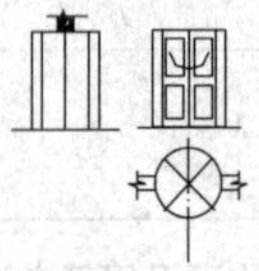	1. 门的名称代号用 M 2. 图例中剖面图左为外、右为内，平面图下为外、上为内 3. 平面图上门线应90°或45°开启，开启弧线宜绘出 4. 立面图上的开启线在一般设计图中可不表示，在详图及室内设计图上应表示 5. 立面形式应按实际情况绘制

A.4 结构专业常用图例与符号

表 A-5—表 A-11 中的图例选自《建筑结构制图标准》（GB/T 50105—2001）。

A.4.1 常用图例

表 A-5 一般钢筋

序号	名 称	图 例	说 明
1	钢筋横截面	●	
2	无弯钩的钢筋端部	──	下图表示长、短钢筋投影重叠时，短钢筋的端部用45°斜划线表示
3	带半圆形弯钩的钢筋端部	──	
4	带直钩的钢筋端部	──	
5	带丝扣的钢筋端部	──	
6	无弯钩的钢筋搭接	──	
7	带半圆弯钩的钢筋搭接	──	
8	带直钩的钢筋搭接	──	
9	花篮螺丝钢筋接头	─▭─	
10	机械连接的钢筋接头	─▭─	用文字说明机械连接的方式（或冷挤压或螺旋纹等）

A.4.2 常用结构构件代号

表 A-6 预应力钢筋

序号	名 称	图 例
1	预应力钢筋或钢绞线	──·─··
2	后张法预应力钢筋断面　无粘结预应力钢筋断面	⊕
3	单根预应力钢筋断面	+
4	张拉端锚具	▷──·─··
5	固定端锚具	▷──·─··
6	锚具的端视图	⊕
7	可动联结件	··─▅─··
8	固定联结件	·─▅─·

表 A-7 钢筋的焊接接头

序号	名 称	接头型式	标注方法
1	单面焊接的钢筋接头		
2	双面焊接的钢筋接头		
3	用帮条单面焊接的钢筋接头		
4	用帮条双面焊接的钢筋接头		
5	接触对焊的钢筋接头（闪光焊、压力焊）		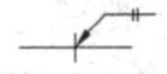
6	坡口平焊的钢筋接头	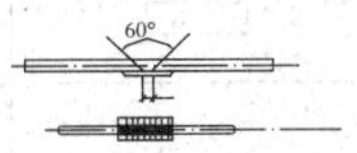	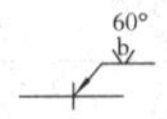
7	坡口立焊的钢筋接头	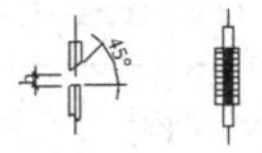	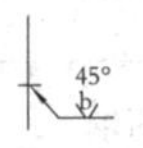
8	用角钢或扁钢做连接板的钢筋接头	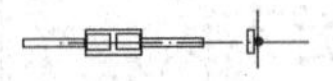	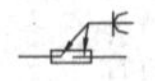
9	钢筋或螺（锚）栓与钢板穿孔塞焊的接头		

表 A-8 钢筋的画法

序号	说 明	图 例
1	在结构平面图中配置双层钢筋时，底层钢筋的弯钩应向上或向左，顶层钢筋的弯钩则向下或向右	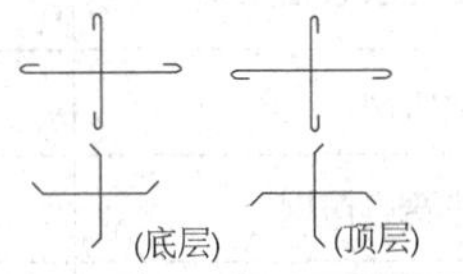 （底层）（顶层）
2	钢筋混凝土墙体配双层钢筋时，在配筋立面图中，远面钢筋的弯钩应向上或向左，而近面钢筋的弯钩向下或向右（JM 近面，YM 远面）	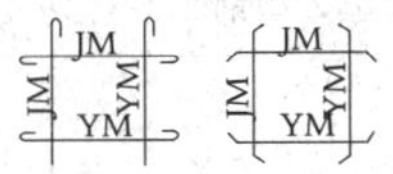
3	若在断面图中不能表达清楚的钢筋布置，应在断面图外增加钢筋大样图（如：钢筋混凝土地、楼梯等）	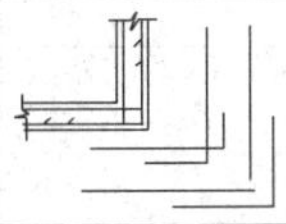
4	图中所表示的箍筋、环筋等若布置复杂时，可加画钢筋大样及说明	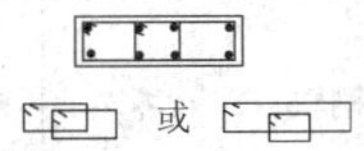 或
5	每组相同的钢筋、箍筋或环筋，可用一根粗实线表示，同时用一两端带斜短划线的横穿细线，表示其余钢筋及起止范围	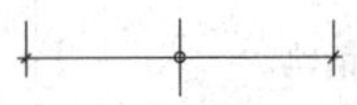

表 A-9　　常用型钢的标注方法

序号	名称	截面	标注	说明
1	等边角钢	∟	∟b×t	b为肢宽　t为肢厚
2	不等边角钢		∟B×b×t	B为长肢宽，b为短肢宽，t为肢厚
3	工字钢		IN　Q N	轻型工字钢加注Q字，N工字钢的型号
4	槽钢		N　Q N	轻型槽钢加Q字，N槽钢的型号
5	方钢		□b	
6	扁钢		−b×t	
7	钢板		−b×t / L	宽×厚 / 板长
8	圆钢	⊘	φd	
9	钢管	○	DN×X / d×t	内径 / 外径×壁厚
10	薄壁方钢管	□	B□b×t	
11	薄壁等肢角钢		B∟b×t	薄壁型钢加注B字，t为壁厚
12	薄壁等肢卷边角钢		B b×a×t	
13	薄壁槽钢		B h×b×t	
14	薄壁卷边槽钢		B h×b×a×t	薄壁型钢加注B字，t为壁厚
15	薄壁卷边Z型钢		B h×b×a×t	
16	T型钢	T	TW×× / TM×× / TN××	TW为宽翼缘T型钢 / TM为中翼缘T型钢 / TN为窄翼缘T型钢
17	H型钢	H	HW×× / HM×× / HN××	HW为宽翼缘H型钢 / HM为中翼缘H型钢 / HN为窄翼缘H型钢
18	起重机钢轨		QU××	TW为宽翼缘T型钢 / TM为中翼缘T型钢 / TN为窄翼缘T型钢
19	轻轨及钢轨		××kg/m 钢轨	HW为宽翼缘H型钢 / HM为中翼缘H型钢 / HN为窄翼缘H型钢

表 A-10　　螺栓、孔、电焊铆钉的表示方法

序号	名称	图例	说明
1	永久螺栓		
2	高强螺栓		
3	安装螺栓		1. 细"+"线表示定位线。
4	胀锚螺栓		2. M表示螺栓型号。
5	圆形螺栓孔		3. φ表示螺栓孔直径。
6	长圆形螺栓孔		4. d表示膨胀螺栓、电焊铆钉直径。
7	电焊铆钉		5. 采用引出线标注螺栓时，横线上标注螺栓规格，横线下标注螺栓孔直径

A.4.3　常用结构构件代号（表 A-11）

表 A-11　　常用结构构件代号

序号	名称	代号	序号	名称	代号	序号	名称	代号
1	板	B	17	车挡	CD	33	支架	ZJ
2	屋面板	WB	18	屋面梁	WL	34	柱	Z
3	空心板	KB	19	圆梁	QL	35	框架柱	KZ
4	槽形板	CB	20	过梁	GL	36	构造柱	GZ
5	折板	ZB	21	连系梁	LL	37	基础	J
6	密肋板	MB	22	基础梁	JL	38	设备基础	SJ
7	楼梯板	TB	23	楼梯梁	WJ	39	桩	ZH
8	盖板或沟盖板	GB	24	檩条	LT	40	柱间支撑	ZC
9	挡雨板或檐口板	YB	25	屋架	WJ	41	垂直支撑	CC
10	吊车安全走道板	DB	26	托架	TJ	42	水平支撑	SC
11	墙板	QB	27	天窗架	CJ	43	梯	T
12	天沟板	TGB	28	钢架	GJ	44	雨篷	YP
13	梁	L	29	框架	KJ	45	阳台	YT
14	吊车梁	DL	30	框架梁	KL	46	梁垫	LD
15	单轨吊车梁	DDL	31	框支梁	KZL	47	预埋件	M
16	轨道连接	DGL	32	屋面框架梁	WKL	48	暗柱	AZ

A.5 水暖专业工程图常用图例

表 A-12—表 A-21 中图例与符号选自《暖通空调制图标准》（GB/T 50114—2001）、《给排水制图标准》（GB/T 50106—2001）。

表 A-12   **水、汽管道阀门和附件**

序号	名 称	图 例	附 注
1	阀门（通用）、截止阀		1. 没有说明时，表示螺纹连接 法兰连接时 焊接时 2. 轴测力画法 阀杆为垂直 阀杆为水平
2	闸阀		
3	手动调节阀		
4	球阀、转心阀		
5	蝶阀		
6	角阀	或	
7	快放阀		也称快速排污阀
8	止回阀	或	左图为通用，右图为升降式止回阀，流向同左。其余同阀门，类推
9	减压阀	或	左图小三角为高压端，右图右侧为高压端。其余同阀门，类推
10	安全阀		左图为通用，中为弹簧安全阀，右为重锤安全阀
11	集气罐、排气装置		左图为平面图
12	自动排气阀		
13	活接头		
14	法兰		
15	法兰盖		
16	丝堵		也可表示为：
17	金属软管		也可表示为：
18	绝热管		
19	保护套管		
20	固定支架		
21	介质流向	或	在管断开处，流向符号宜标注在管道中心线上，其余可同管径标注位置
22	坡度及坡向	$i=0.003$ 或 $i=0.003$	坡度数值不宜与管道起、止点标高同时标注。标注位置同管径标注位置

表 A-13   **暖通空调设备图例**

序号	名 称	图 例	说 明
1	散热器及手动放气阀	15 15 15	左为平面图画法，中为剖面图画法，右为系统图、Y轴测图画法
2	散热器及控制器	15 15 15	左为平面图画法，右为剖面图画法
3	轴流风机	或	
4	离心风机		左为左式风机，右为右式风机
5	水泵		左侧为进水，右侧为出水
6	空气加热、冷却器		左、中分别为单加热、单冷却、右为双功能换热装置
7	板式换热器		

表 A-14   **调控装置及仪表图例**

序号	名 称	图 例	说 明
1	温度计	T 或	左为圆盘式温度表，右为管式温度计
2	压力表	或	左为左式风机，右为右式风机
3	流量计	F.M. 或	左侧为进水，右侧为出水
4	能量表	F.M. 或 T1 T2	
5	水流开关	F	
6	记录仪		

表 A-15   暖通空调设备图例

序号	名　称	图　例	说　　明
1	生活给水管	——J——	
2	热水给水管	——RJ——	
3	热水回水管	——RH——	
4	中水给水管	——ZJ——	
5	循环给水管	——XJ——	
6	循环回水管	——Xh——	
7	热媒给水管	——RM——	
8	热媒回水管	——RMH——	
9	蒸气管	——Z——	
10	凝结水管	——N——	
11	废水管	——F——	可与中水源水管合用
12	压力废水管	——YF——	
13	通气管	——T——	
14	污水管	——W——	
15	压力污水管	——YW——	
16	雨水管	——Y——	
17	压力雨水管	——YY——	
18	膨胀管	——PZ——	
19	保温管		
20	多孔管		
21	地沟管		
22	防护套管		
23	管道立管	XL-1　XL-1 平面　系统	X：管道类别 Y：立管 1：编辑
24	伴热管		
25	空调凝结水管	——KN——	
26	排水明沟	坡向	
27	排水暗沟	坡向	

表 A-16   管道附件

序号	名　称	图　例	备　注
1	套管伸缩器		
2	方形伸缩器		
3	钢性防水套管		
4	柔性防水套管		
5	波纹管		
6	可曲挠橡胶接头		
7	管道固定支架		
8	管道滑动支架		
9	立管检查口		
10	清扫口	平面　系统	
11	通气帽	成品　铅丝球	
12	雨水斗	YD-　YD- 平面　系统	
13	排水漏斗	平面　系统	
14	圆形地漏		通用。如为无水封，地漏应加存水弯
15	方形地漏		
16	自动冲洗水箱		
17	挡墩		
18	减压孔板		
19	Y形除污器		
20	毛发聚集器	平面　系统	
21	防回流污染止回阀		
22	吸气阀		

表 A-17　　　　　　　　　　　管道连接

序号	名　称	图　例	备　注
1	法兰连接	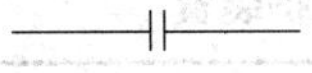	
2	承插连接	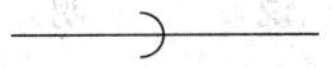	
3	活接头	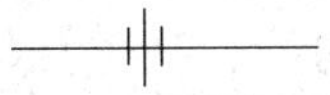	
4	管堵	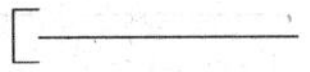	
5	法兰堵盖		
6	弯折管	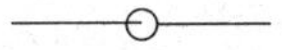	表示管向后及向下弯转90°
7	三通连接	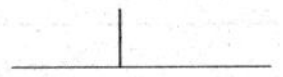	
8	四通连接	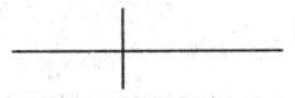	
9	盲板		
10	管道丁字上接	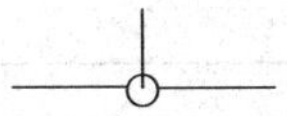	
11	管道丁字下接	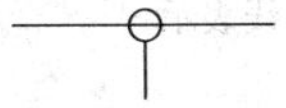	
12	管道交叉	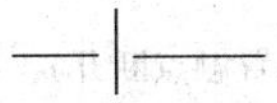	在下方和后面的管道应断开

表 A-18　　　　　　　　　　　消防设施

序号	名　称	图　例	备　注
1	消火栓给水管	—XH—	
2	自动喷水灭火给水管	—ZP—	
3	室外消火栓		
4	室内消火栓（单口）	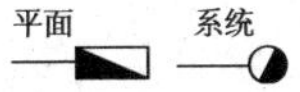 平面　系统	白色为开启面
5	室内消火栓（双口）	 平面　系统	
6	水泵接合器	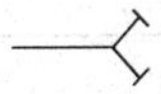	
7	自动喷洒头（开式）	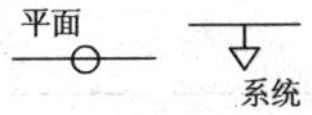 平面　系统	
8	自动喷洒头（闭式）	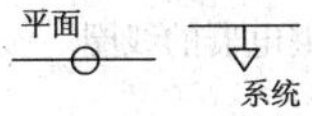 平面　系统	下喷

表 A-19　　　　　　　　　　　卫生设备及水池

序号	名　称	图　例	备　注
1	立式洗脸盆		
2	台式洗脸盆	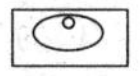	
3	挂式洗脸盆		
4	浴盆	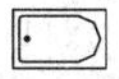	
5	化验盆、洗涤盆	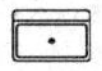	
6	带沥水板洗涤盆	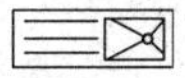	不锈钢制品
7	盥洗槽	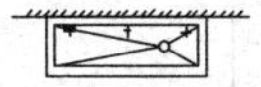	
8	污水池		
9	妇女卫生盆		
10	立式小便器		
11	壁挂式小便器		
12	蹲式大便器	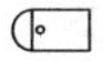	
13	坐式大便器		
14	小便槽	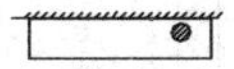	
15	淋浴喷头		

表 A-20　　　　　　　　　　　小型给水排水构筑物

序号	名　称	图　例	备　注
1	矩形化粪池	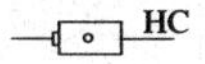 HC	HC 为化粪池代号
2	圆形化粪池	 HC	
3	隔油池	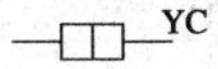 YC	YC 为除油池代号
4	沉淀池	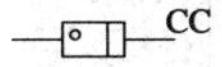 CC	CC 为沉淀池代号

续表

序号	名　称	图　例	备　注
5	降温池	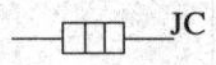	JC 为降温池代号
6	中和池	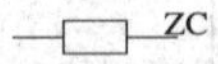	ZC 为中和池代号
7	雨水池		单口
			双口
8	阀门池检查井	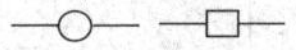	
9	水封池		
10	跌水井		
11	水表井		

表 A－21　　　　　　　　　仪　表

序号	名　称	图　例	备　注
1	温度计		
2	压力表		
3	自动记录压力表		
4	压力控制器		
5	水表	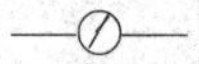	
6	自动记录流量计	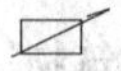	
7	温度传感器	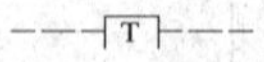	
8	压力传感器	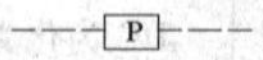	
9	pH 值传感器	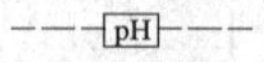	
10	酸传感器	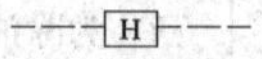	
11	碱传感器	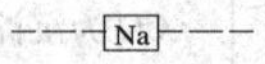	

A.6　电气专业常用图例与符号

A.6.1　常用图例（表 A－22—表 A－24）

表 A－22　　　　　　　　　控制、保护装置

序号	图形符号	说　明	标准
1	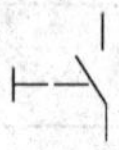	手动开关的一般符号	IEC
2	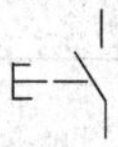	按钮开关（不闭锁）	IEC
3		位置开关，动合触点 限制开关，动合触点	IEC
4		位置开关，动断触点 限制开关，动断触点	IEC
5		多极开关一般符号单线表示	GB
6	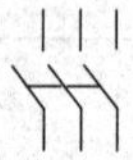	多极开关一般符号多线表示	GB
7		接触器（在非动作位置触点断开）	IEC
8		具有自动释放的接触器	IEC
9		接触器（在非动作位置触点闭合）	IEC
10		断路器	IEC
11		隔离开关	IEC
12		负荷开关（符合隔离开关）	GB
13	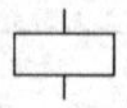	操作器件一般符号	IEC
14	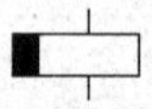	缓慢释放（缓放）继电器的线圈	IEC

续表

序号	图形符号	说　　明	标　准
15	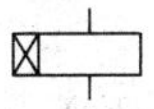	缓慢吸合（缓吸）继电器的线圈	IEC
16	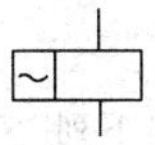	交流继电器的线圈	IEC
17	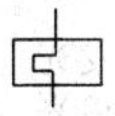	热继电器的驱动器件	IEC
18		跌开式熔断器	GB
19	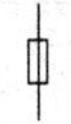	熔断器一般符号	IEC
20	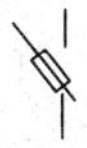	熔断器式开关	IEC
21	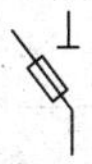	熔断器式隔离开关	IEC
22	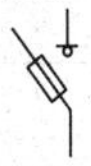	熔断器式负荷开关	IEC
23	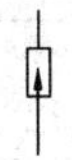	避雷器	IEC
24		接地一般符号 注：如表示接地的状况或作用不够明显，可补充说明	IEC
25		电感器、线圈、绕组、扼流圈	IEC
26	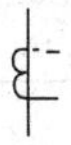	电流互感器	IEC
28	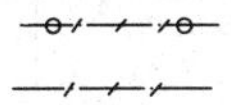	接地装置 (1) 有接地极 (2) 无接地极	GB
28		具有自动释放的负荷开关	IEC
30		阀的一般符号	GB
31	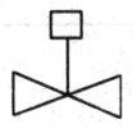	电磁阀	GB

表 A-23　　　　　　　插座、开关

序号	图形符号	说　　明	标　准
1		单相插座	
2		暗装	GB
3		密闭（防水）	
4		防爆	
5		带保护接点插座 带接地插孔的单相插座	IEC
6		暗装	GB
7		密闭（防水）	GB
8		防爆	
9		带接地插孔的三相插座	
10		带接地插孔的三相插座暗装	GB
11		密闭（防水）	
12		防爆	
13	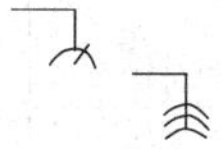	多个插座（示出三个）	IEC
14	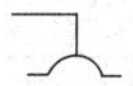	具有护板的插座	IEC
15	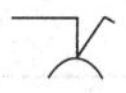	具有单极开关的插座	IEC
16	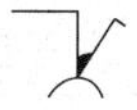	具有联锁开关的插座	IEC
17	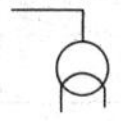	具有隔离变压器的插座（如电动剃刀用的插座）	IEC
18		插座箱（板）	GB
19	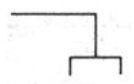	电信插座的一般符号 注：可用文字或符号加以区别 如：TP—电传 　　TX—电话 　　TV—电视 　　◁—扬声器 　　M—传声器 　　FM—调频	IEC

续表

序号	图形符号	说　明	标　准
20		带熔断器的插座	GB
21		开关一般符号	IEC
22	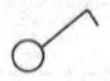	单极开关	GB
23		暗装	
24	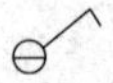	密闭（防水）	GB
25		防爆	
26	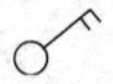	双极开关	IEC
27		双极开关暗装	
28	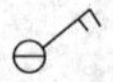	密闭（防水）	GB
29		防爆	
30	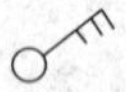	三级开关	
31		暗装	GB
32	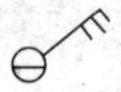	密闭（防水）	
33		防爆	
34	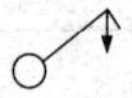	单极拉线开关	IEC
35	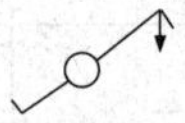	单极双控拉线开关	GB
36		多拉开关（用于不同照度）	IEC
37	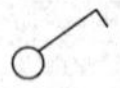	单极限时开关	IEC
38	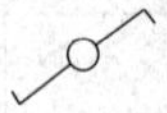	双控开关（单极三线）	IEC
39		具有指示灯的开关	IEC
40	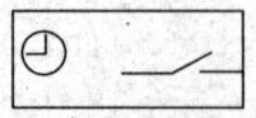	定时开关	IEC
41		钥匙开关	IEC

表 A－24　　　　　照明灯具

序号	图形符号	说　明	标　准
1		灯和信号灯的一般符号 注：①如果要求指示颜色，则在靠近符号处标出下列字母： 　　RD 红 BU 蓝 YE 黄 WH 白 GN 绿 ②如要指出灯的类型，则在靠近符号处标出下列字母： Ne 氖 Xe 氙 Na 钠 Hg 汞 I 碘 IN 白积 EL 电发光 ARC 弧光 FL 荧光 IR 红外线 UV 紫外线 LED 发光二极管	IEC
2		投光灯的一般符号	IEC
3	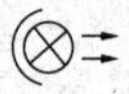	聚光灯	IEC
4		泛光灯	IEC
5	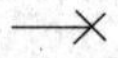	示出配线的照明出线位置	IEC
6	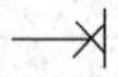	在墙上的照明引出线（示出配线的左边）	IEC
7		荧光灯的一般符号	IEC
8	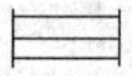	三管荧光灯	GB
9	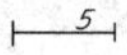	五管荧光灯	GB
10		防爆荧光灯	GB
11		防水防尘灯	GB
12		球形灯	GB
13		安全灯	GB
14		隔爆灯	GB
15		天棚灯	GB
16		花灯	GB
17		壁灯	GB

A.6.2 电气照明常用导线敷设方式代号（表 A-25）

表 A-25　　　　　　　电气照明常用导线敷设方式代号表

序号	名　称	代号	序号	名　称	代号
一	导线敷设方式的标注		4	沿墙面敷设	QM
1	用瓷瓶或磁性敷设	R	5	沿顶棚面或顶板面敷设	PM
2	用塑料线槽敷设	PR	6	暗敷设在梁内	LA
3	用钢线敷设	SR	7	暗敷设在柱内	ZA
4	穿焊接钢管敷设	CR	8	暗敷设在墙内	QA
5	穿电线敷设	TC	9	暗敷设在屋面或地板内	DA
6	穿硬聚氯乙烯管敷设	PC	10	暗敷设在屋面或顶板内	PA
7	穿阻燃半硬聚氯乙烯管敷设	FPC	三	灯具安装的标注文字代号	
8	用电缆桥架敷设	CT	1	线吊式	CP
9	用磁夹敷设	PL	2	固定线吊式	CP1
10	用塑料夹敷设	PCL	3	防水线吊式	CP2
11	穿蛇皮管敷设	CP	4	链吊式	Ch
二	导线敷设部位的标注		5	管吊式	P
1	沿钢索敷设	SR	6	吸顶式或直附式	S
2	沿屋架或跨屋架敷设	LM	7	墙壁内安装	WR
3	沿柱或跨柱敷设	ZM	8	支架上安装	SP

参 考 文 献

[1] 刘晓平. 建筑工程施工图实例及识读指导 [M]. 北京：中国建筑工业出版社，2006.

[2] 夏玲涛. 施工图识读实务模拟 [M]. 北京：中国建筑工业出版社，2008.

[3] 梁玉成. 建筑识图 [M]. 北京：中国环境科学出版社，2007.

[4] 中华人民共和国建设部. GB/T 50001—2001　房屋建筑制图统一标准 [S]. 北京：中国计划出版社，2001.

[5] 中华人民共和国建设部. GB/T 50103—2001　总图制图标准 [S]. 北京：中国计划出版社，2002.

[6] 中华人民共和国建设部. GB/T 50104—2001　建筑制图标准 [S]. 北京：中国计划出版社，2002.

[7] 中华人民共和国建设部. GB/T 50105—2001　建筑结构制图标准 [S]. 北京：中国计划出版社，2002.

[8] 中华人民共和国建设部. GB/T 50106—2001　给水排水制图标准 [S]. 北京：中国计划出版社，2002.

[9] 中华人民共和国建设部. GB/T 50114—2001　暖通空调制图标准 [S]. 北京：中国计划出版社，2002.

[10]　中华人民共和国建设部. 03G 101—1　混凝土结构施工图平面整体表示方法制图规则和构造详图 [S]. 北京：中国计划出版社，2006.